1 MONTH OF
FREE
READING

at
www.ForgottenBooks.com

By purchasing this book you are eligible for one month membership to ForgottenBooks.com, giving you unlimited access to our entire collection of over 1,000,000 titles via our web site and mobile apps.

To claim your free month visit: www.forgottenbooks.com/free346523

ISBN 978-0-656-69287-3
PIBN 10346523

This book is a reproduction of an important historical work. Forgotten Books uses
state-of-the-art technology to digitally reconstruct the work, preserving the original format
whilst repairing imperfections present in the aged copy. In rare cases, an imperfection in
the original, such as a blemish or missing page, may be replicated in our edition. We do,
however, repair the vast majority of imperfections successfully; any imperfections that
remain are intentionally left to preserve the state of such historical works.

Jahrbuch

des

Sch...

Jahrbuch

des

Schweizer Alpenclub.

Zweiter Jahrgang.

1865.

Bern.

Verlag der Expedition des Jahrbuchs des S. A. C.

1865.

Jahrbuch

des

Schweizer Alpenclub.

———•••———

Zweiter Jahrgang.

1865.

Bern.

Verlag der Expedition des Jahrbuchs des S. A. C.

1865.

Inhaltsverzeichniss.

Text.

IV

Artistische Beigaben.

Artistische Extrabeigaben.

I.

Chronik des Club.

Von *Meyer-Bischoff.*

Schweizer Alpen-Club.

Wenn unser erstes Jahresbuch bei seinem Erscheinen in den Kreisen heimischer Leser überall mit einer überraschend freundlichen Aufnahme begrüsst wurde, so wollen wir uns dessen nicht überheben. Wir fühlen es, dass der strenge Massstab gründlicher Forschung nur an wenige unsrer Leistungen gelegt werden kann, weil überhaupt die Bestrebungen unseres Vereines, eine höhere wissenschaftliche Grundlage zu gewinnen, noch sehr in der Entwicklung begriffen sind. Bei der Herausgabe des zweiten Jahrbuches ermuthigt uns aber die Gewissheit, dass unser vaterländisches Publikum gerne hört, was ihm aus dem Gebiete der uns allen so lieben Berge geboten wird, dass auch über unsere schweizerische Grenze hinaus, Hunderte von Gesinnungsgenossen mit uns sympathisiren und bei den Erzählungen unserer Fahrten in die Hochalpen in freudiger Erinnerung neu wieder aufleben. Alpenluft durchweht die Blätter unseres Buches, so möge es denn wiederum seine Fahrt beginnen und allen Freunden des Gebirgs unsere Grüsse künden.

In erster Linie für die Mitglieder des Clubs bestimmt, bringen wir eine kurze Schilderung aus den Sektionen und der Thätigkeit des Central-Comité für 1864. Sollten diese folgenden Zeilen manchen unserer Leser nicht interessiren, so möge er getrost dieses Capitel überschlagen.

Indem wir an die Chronik des ersten Jahresbuches wieder anknüpfen, müssen wir vor allem erwähnen, dass

1 *

die Anzahl unserer Mitglieder sich auf erfreuliche Weis:
vermehrt hat, und gegenwärtig über 400 beträgt.

Die *Sektion Jura in Aarau* ist eine der kleinsten aber de.
thätigeren des Vereins, deren 8 Mitglieder sich in 14tägigei
regelmässigen Zusammenkünften sehen, wobei wissenschaft
liche Discussionen und Vorträge über Erlebnisse und Er
scheinungen auf alpinem Gebiete stattfinden. Die verschiedenen Reisen, welche von denselben diesen Sommer in
den Gebirgen von St. Gallen, Uri und Graubünden, in die
Gletscherreviere des Prättigau und Unterengadin ausgeführt
wurden, bezeugen die Wanderlust, die unter ihnen herrscht.

Den 64 Mitgliedern der *Sektion Basel* kann ebenfalls
ein eifriges Bestreben, die höhern Vereinszwecke zu fördern, nachgerühmt werden. Eine freundliche Geselligkeit
herrscht bei den 14tägigen regelmässigen Versammlungen,
bei denen von den Mitgliedern in reicher Abwechselung
wissenschaftliche und erzählende Vorträge gehalten werden.
Eine auf Alpenliteratur bezügliche Bibliothek von dato über
400 Bänden, welche meistens freiwilligen Schenkungen von
Particularen in Basel zu verdanken ist, und die durch An-
schaffung neuerer Werke vermehrt wird, unterstützte diese
Bestrebungen. Diese Büchersammlung wird nebst einer
reichhaltigen Sammlung von Karten und Gebirgs-Panoramen
fleissig benützt. Im Interesse des Unternehmens selber
müssen wir hier berühren, dass auf Anregung dieser Sektion
in dem Maderanerthal, Canton Uri, ein Gasthof „*zum schweizerischen Alpen-Club*" erbaut und diesen Sommer für alle
Touristen eröffnet wird. Der Unternehmer und Erbauer ist
Herr Jndergand, Gastwirth zum Kreuz in Amsteg an der
Gotthardstrasse. Wir versprechen demselben eine gute Zukunft, denn dieses herrliche, mit allen Reizen der Alpenwelt
geschmückte Thal wird jeden Besucher in hohem Grade

befriedigen. Grossartige Gletscherreviere und Wasserfälle, dunkle Tannenwälder, frische grüne Matten birgt es in seinem Schoosse, umragt von 10—11000' hohen eisgekrönten Hörnern, deren Besteigungen in diesem Jahrbuch noch näher erwähnt werden. Ausser den vielen Excursionen, welche die Basler Clubisten diesen Sommer ohngeachtet ungünstiger Witterung ausführten, erzählen wir, dass eine Vereinsexpedition von 16 Personen, der sich noch 2 Luzerner Clubisten anschlossen, den Gipfel des Uri Rothstock bestieg, so dass zu gleicher Zeit mit den Führern und Trägern, und noch zufällig von Engelberg her über den Gletscher eingetroffenen 2 Clubistensöhnen, 28 Personen auf dieser Höhe von 9300' zusammentrafen.

Die *Sektion Bern* steht mit der Zahl ihrer 95 Mitglieder und wie immer mit den montanistischen Leistungen, von denen unser Jahrbuch wieder einige der hervorragendsten giebt, obenan. Die jugendliche Begeisterung ihres würdigen Vorstandes, des Herrn Regierungsstatthalters Gottlieb Studer, geht auch auf die Sektion über, die sich ohnediess durch tüchtige Gebirgskenner im Berner Oberland verstärkt hat. Noch erwähnen wir, dass ein Mitglied derselben mit seiner Schwester die Besteigung der über 11000' hohen Altels gemacht hat. Auch in andern Sektionen zeigen sich unter Frauen und Jungfrauen solche unternehmende Bergsteigerinnen, dass wir vielleicht auch das schwächere schöne Geschlecht in unsere Reihen aufnehmen müssen, wenn es mit dem stärkeren an Ausdauer wettzueifern fortfährt. Von Clubisten der Sektion Bern wurden die beiden Thierberge im Triftgebiet, die Jungfrau, Piz Zuppó und Piz Morteratsch in der Berninakette bestiegen, ferner Viescherhörner und Wannehorn, so wie die, lange für unersteiglich gehaltene Spitze der Nünenen in der Stockhornkette. — Auf dem von

ihm zuerst bestiegenen Studerhorn feierte der werthe **Ob**-
mann der Sektion seinen 61. Geburtstag; möge der gütige
Himmel ihm noch viele solcher frohen Festtage verleihen!

Die *Sektion Tödi in Glarus*, deren 45 Mitglieder in dem
Canton zerstreut wohnen, sehen sich ziemlich regelmässig
in den Vereinsversammlungen. Die vollständige Ausrüstung
der Schirmhütte am Tödi hat sie sich auf verdankenswerthe
Weise mit namhaften Geldopfern aus ihrer Cassa angelegen
sein lassen, so dass dieser Bau jezt auf solide und dauer-
hafte Weise vollendet ist. Der Wildschutz, den auf ihre
Veranlassung die Regierung des Cantons dem Wildstand
angedeihen lässt, hat schon lezten Sommer eine sichtbare
Vermehrung der Gemsen zur Folge gehabt. Die Regulirung
des Führerwesens in ihrem Canton will sich die Sektion
ebenfalls zur Aufgabe stellen. Bei einer grösseren gesell-
schaftlichen Excursion, an der sich über 15 Clubisten be-
theiligten, wurde zum ersten Male die höchste Spitze des
Glärnisch, der „Bächistock“, bestiegen.

Die *Sektion Rhätia* (Graubünden) ist dieses Jahr Vorort
des schweizerischen Alpen-Clubs. Obschon eine der jüngern gegründeten Sektionen, zählt sie in ihrer Mitte gewiegte
Kenner und Erforscher der Alpen und wissenschaftliche
Kräfte, die dem Verein zur Zierde gereichen. Von ihnen
besitzt die vaterländische Literatur gediegene Arbeiten, wie
sie schon vor früheren Jahren öfters in den Jahresberichten
der bündnerischen naturforschenden Gesellschaft niedergelegt sind. Diese Sektion zählt 59 Clubisten, von denen
38 in Chur selbst, 21 in den verschiedenen Gebirgsthälern
dieses Cantons wohnen. Man versammelt sich ziemlich regelmässig, und nach Besorgung der Vereinsgeschäfte werden
von einzelnen Mitgliedern Vorträge gehalten. Den letzten
Sommer machte die Sektion einen grösseren Ausflug auf die

Salzfluh, ca. 9000' hoch, einen der Gipfel der Rhäticonkette, wobei auch die höchst interessanten Höhlen dieses Kalkgebirges besucht wurden. Mitglieder von Zürich und St. Gallen hatten sich dieser Excursion angeschlossen, über deren Ergebnisse eine kleine Brochure erscheinen wird. Die Anlage eines Weges auf das im Bezirk Churwalden liegende ca. 8000' hohe Stätzerhorn wird von Seite der Sektion energisch in Angriff genommen und noch diesen Sommer beendigt werden. Die Aussicht von diesem Gipfel bietet eines der schönsten und umfassendsten Gebirgs-Panoramen der Schweiz; von Parpan aus wird dann die Spitze in 3 Stunden ohne besondere Anstrengung zu erreichen sein.

Die Gründung der *Sektion Luzern* im Herzen der Schweiz am klassischen Gestade des schönsten unserer Schweizerseen, füllte eine Lücke in unsrer Reihe aus. Sie zählt jetzt 16 Mitglieder und wird ohne Zweifel bald die besten alpinen Kräfte aus den Cantonen Schwyz, Uri und Unterwalden an sich ziehen. In ihrer Mitte zählt sie eifrige Bergsteiger und Gebirgsjäger, welche die umliegenden Hochalpen genau kennen, so dass es nur wenige Gipfel der Urschweiz giebt, die sie nicht schon auf ihren Ausflügen heimsuchten.

Ueber die Sektionen Diablerets im Canton Waadt, über Neuchatel und Genf fehlen uns bis jetzt nähere Berichte. Doch wissen wir von einzelnen Mitgliedern, dass sich erstere bemüht, auch im Canton Wallis für unsere Reihen zu werben und daselbst eine Sektion zu gründen. Mitgliedern von Genf verdanken wir treffliche topographische Arbeiten für unsre Karten. Wir hören, dass einzelne ihrer Clubisten die Gebirge von Wallis und Savoyen fleissig bereisen, aus denen sie uns schon im ersten Jahresbuche interessante Mittheilungen brachten. Die erste Besteigung des Pollux

in der Monterosakette, des Thieralplistocks im Triftgebiet,
führte ein eifriges jüngeres Mitglied aus Neuchatel aus;
dasselbe bestieg ausserdem noch Jungfrau und Galenstock
und zeigte uns werthvolle Skizzen vor aus dem diesjährigen
Excursionsgebiet der Trift.

Unter dem Präsidium ihres verehrten Dr. Friedr. v. Tschudi
hat sich die *Sektion St. Gallen* auf 50 Mitglieder gehoben.
In den ordnungsmässigen Zusammenkünften werden mit
vielem Interesse die Mittheilungen einzelner Clubisten angehört. Die Vereinsausmärsche, welche diese Sektion öfters
unternimmt, zeichnen sich durch die gemüthlichste Heiter-
keit und Cordialität der Theilnehmenden aus. Es tragen
solche Vereinsfahrten viel dazu bei, den Sinn und die Liebe
zu Hochgebirgsreisen lebendig zu erhalten, und wie könnte
es hier auch anders sein, wenn ein genialer und poetischer
Führer sie organisirt und begleitet? Der auch im Ausland
rühmlich bekannte kühne Bergbezwinger Herr W. erkletterte lezten Sommer mit einem einzigen Führer die vordere
Spitze des Piz Rosegg. Es ist dieselbe nur wenige Fuss
niederer als die höchste Spitze, und der gleiche Gipfel, den
zuerst Mitglieder des englischen Alpenclubs mit einigen
Führern von Pontresina erreichten. Unser Jahresbuch giebt
eine Beschreibung dieser Bergbesteigung.

Die *Sektion Zürich* zählt unter ihren 34 Mitgliedern be-
währte Veteranen und Männer der Wissenschaft, die wir
mit Stolz zu den unsrigen zählen. Ausserdem verdanken wir
ihren unermüdlichen Zeichnern von Gebirgs-Ansichten und
Panoramen, den Herren Zeller-Horner und Müller-Wegmann,
die bereitwillige Liberalität, mit der sie unsrer Redaktion
ihre reich gefüllten Portefeuilles zur Verfügung stellen, die
übrigens auch jedem sie besuchenden Freunde der Alpen mit
grosser Gefälligkeit offen stehen. Wegen der grossen Ge-

nnigkeit sind ihre Zeichnungen für die topographische Erforschung der Gebirge von dauerndem Werthe. Es wäre
zu wünschen, die Mittel unseres Clubs erlaubten uns, alljährlich an die Publikation solcher Werke durch Litographie denken zu können. Möchten doch die jüngeren Mitglieder des
Vereins solche Thätigkeit eifrig nachahmen und sich auf
ihren Reisen immer recht angelegen sein lassen, das Gesehene zu skizziren. Durch öftere Uebung werden sie bald
eine gewisse Sicherheit im Auffassen und Entwerfen solcher
Skizzen erlangen.

Nachdem in der Herbst-Versammlung des schweizerischen
Alpen-Clubs in Glarus, Basel für das Geschäftsjahr 1864 als
Vorort und Herr Meyer-Bischoff zum Centralpräsidenten ge-
wählt worden war, ergänzte die Sektion Basel durch ihre
Wahlen das Central-Comité. — Herr Professor Rütimeyer
wurde zum Vicepräsidenten, Herr J. H. Kiefer-Weibel zum
Schriftführer, Herr Albert Hoffmann-Burkhardt zum Cassirer
und die Herren Leonhard Finninger und Dr. Bernoulli-
Werthemann zu Beisitzern desselben ernannt. Nach dieser
Constituirung setzte es sich sofort mit den andern schweizerischen Sektionen in geschäftliche Verbindung. — Anfangs
May wurden die neuen Mitgliederlisten angefertigt, gegen
Ende May auch die Programme für die offiziellen Excursionsgebiete an alle Clubisten versandt. Unter Mithülfe der
Berner Sektion wurde auf dem zweiten Plateau des Triftgletschers hinter dem Thältistock, am Fusse der Thierberge
in einer Höhe von 8000' eine Schirmhütte gebaut mit Platz
zum Uebernachten für 6 Personen. Der alte bekannte Führer aus dem Gadmenthal, Johannes von Weissenfluh, über-
nahm mit seinen Söhnen deren Ausführung und beendigte

sie Anfangs Juli. — Auf generöse Weise besorgte di⟨ Sektion Bern die innere Ausstattung der Hütte mit Koch ofen, der zugleich heizt, Geschirr zum Kochen und Ess- un⟨ Trinkservice.

Diese Schirmhütte wurde im letzten Sommer von vieler fremden und schweizerischen Touristen benützt und ge- währte manchem derselben bei dem unbeständigen Wetter ein schützendes Obdach. — Sie liegt in grossartigster Um- gebung mitten in der Eisregion, von ihr aus können nun leicht die umliegenden Gipfel besucht und mannichfache Gletscherübergänge nach allen Seiten hin gemacht werden. Die Erbauung solcher Schirmhütten in allen Gebirgen der Schweiz werden sich die Sektionen zur Aufgabe machen, weil durch deren Herstellung die Erforschung der Höchalpen wesentlich gefördert wird; und wo es nöthig ist, wird die Central-Cassa nach Massgabe ihrer Finanzen Beiträge dazu liefern. Mit Erlaubniss der eidgenössischen Militairbehörde und nachträglicher Bewilligung des Herrn General Dufour arbeitete Herr Steinmann in Genf, unser Clubmitglied und Mitarbeiter des eidgenössischen topographischen Bureaus eine Karte für unser Excursionsgebiet am Triftgletscher aus, welche von Leuzinger in Bern gestochen und allen Mit- gliedern des Alpen-Clubs um billigen Preis zur Verfügung gestellt wurde. Dieselbe wurde auch für unser 2. Jahresbuch in grösserem Massstab ausgeführt und giebt ein treffliches Bild dieser weit verzweigten Gebirgszüge und Gletscherregionen.

Um vielseitigen Wünschen zu entsprechen, erliess das Central-Comité eine Einladung zu einer nicht offiziellen Zu- sammenkunft, für den 23. May, aller Clubisten auf dem herr- lichen Aussichtspunkt und Curort Frohburg bei Olten. Diese Versammlung sollte bezwecken, die freundschaftlichen Ver- hältnisse unter den einander näher liegenden Sektionen fester zu knüpfen und besonders für den bevorstehenden Sommer gemeinschaftliche grössere und kleinere Excursionen verabreden zu können. Aus den Sektionen Aarau, Bern, Zürich, Luzern, Basel und Neuchatel vereinigten sich diesen Tag etwa 50 Mitglieder und verlebten einen recht gemüthlichen und fröhlichen Festtag, wobei manches besprochen und verhandelt wurde, das den Vereinszwecken wesentlich von Nutzen werden könnte.

Da nach dem Beschluss der Glarner Versammlung fortan die Bereisung der offiziellen Excursionsgebiete nicht mehr durch besonders bezeichnete Expeditionen unter Leitung des Central-Comité geschieht, sondern dem freien Ermessen der Clubisten überlassen wird, so müssen wir hier bekennen, dass sich dieser Modus als praktisch erwiesen hat, indem trotz der ungünstigen Witterungs-Verhältnisse des Sommers lebhaft in den genannten Gebieten gearbeitet wurde.

Das Tödigebiet sowohl als das Gebiet des Triftgletschers wurde von Seiten unsrer Clubisten vielfältig durchstreift, und unser Jahresbuch bringt darüber interessante Mittheilungen. — Dass ausser diesen Gegenden auch die Voralpen und deren Pässe, so wie bekanntere Berggipfel mittlerer Höhe zwischen 8 und 9000' bereist wurden, brauchen wir wohl nicht zu versichern, doch können wir Schilderungen solcher Touren nur ausnahmsweise in unserm Jahresbuche aufnehmen, wenn sie besonderes Interesse für Topographie und Wissenschaft darbieten.

Im Einverständniss mit der Sektion Basel hatte das Central-Comité beschlossen, die 2. General-Versammlung auf den 30. Septbr., 1. und 2. October nach Basel einzuberufen, und es wurden daher schon Ende Juli die Einladungen dazu an alle Clubisten abgesandt. Zudem wurde in diesem Rundschreiben an die Sektionen die Bitte gestellt, zu einer

Vorversammlung am 30. Septbr. jeweilen 2 Delegirte zu ernennen. Dieselben sollten die verschiedenen von den Sektionen zu machenden neuen Anträge prüfen, um sie dann gehörig motivirt der General-Versammlung zur Berathung und Abstimmung vorlegen zu können.

Diese Delegirten kamen denn auch am 30. Septbr. im Basler Clublokal zusammen, und ihre Vorberathung erleichterte wesentlich den Gang der am folgenden Tage stattfindenden Verhandlungen. Die Basler liessen es sich angelegen sein, den alten guten Ruf der Gastfreundschaft ihrer Vaterstadt zu bewähren. Für die besuchenden Gäste standen hinlänglich Privatquartiere zur Verfügung, welche indessen nicht alle benutzt wurden. Von verschiedenen Mitgliedern der Sektion Basel war ein reichlicher Vorrath von Ehrenweinen spendirt worden, in welchem die Jahrgänge von 1716, 1726, 1753 bis auf 1846 herab rühmlichst repräsentirt waren. Schon an dem gemüthlichen Vorabend des Festes erhielten dieselben gebührende Anerkennung.

Am 1. October Morgens fand die Hauptversammlung in dem Museumsgebäude statt. Die academische Behörde hatte zuvorkommend sämmtliche naturhistorische und Kunst-Sammlungen öffnen lassen, welche von den verehrlichen Festgästen mit vielem Interesse besichtigt wurden.

Der Centralpräsident Herr Meyer-Bischoff begrüsste Namens des Central-Comité und der Sektion Basel die schweizerischen Besucher mit herzlichen und freundschaftlichen Worten. In der Einleitung seines Geschäftsberichtes berührte er die höhern Zwecke des schweizerischen Alpen-Clubs, und betonte, wie es sich sämmtliche Mitglieder desselben zur Aufgabe machen sollten, sich als Pioniere dem Dienste der Wissenschaft unterzuordnen. Er sprach ferner Namens des Central-Comité und aller Anwesenden der Redaktion und allen Mitarbeitern des ersten Jahresbuches den wärmsten Dank für ihre viele Mühe und Arbeit aus. Hierauf folgte eine kurze Darlegung der Thätigkeit des Central-Comité im abgelaufenen Geschäftsjahr, mit Bericht über unsern finanziellen Status, und dann begannen die weitern Verhandlungen der Versammlung, aus denen wir die wichtigsten der Reihe nach folgen lassen.

Als Festort für 1865 wurde Chur und als Centralpräsident Herr Cantons-Forstinspektor Coaz, jetziger Obmann der Sektion Rhätia einstimmig gewählt.

Die letztjährigen Excursionsgebiete der Tödigruppe und des Triftgletschers bleiben zur Ergänzung noch für 1865 auf den Tractanden; als neue wurden bezeichnet das Gallinari-Gebiet zwischen Lugnetz und Medels, ferner die Selvretta-Gletscherregion im Prättigau.

Für die Herausgabe des Jahresbuches wurde ein ständ. Redaktions-Comité erwählt für die Dauer von 3 Jahren, t Wiederwählbarkeit, aus den Herren

Dr. Abrah. Roth in Bern,
Apotheker Lindt in Bern,
Professor Rütimeyer in Basel.

Der Paragraph 5 der Statuten wurde des ferneren dahin abgeändert, dass auch nicht in der Schweiz wohnende Ausländer in den schweizerischen Alpen-Club aufgenommen werden können und sich wegen der Aufnahme nur bei irgend einer Sektion zu melden haben.

Als Ehrenmitglieder wurden einstimmig aufgenommen die um die Erforschung der Hochalpen vielverdienten Herren

Professor Agassiz in Cambridge (Nordamerika),
Professor Tyndall in London.

Auf den Wunsch der Sektion Aarau wird den sämmtlichen Sektionen anempfohlen, eine Ordnung des Führer-

wesens in ihren Cantonen möglichst an die Hand zu nehı
und Verzeichnisse der tüchtigsten Bergführer anzuferti
und dem Comité einzusenden. Auf den Antrag des Hε
Coaz wird das Central-Comité bei der nächsten Gene
versammlung Vorschläge bringen, um die Nomenclatur
noch unbestimmten Bergspitzen auf geeignete Art zu
gänzen und überhaupt rationellere Principien auf dieε
Gebiet zur Geltung zu bringen.

Dieser Antrag wird von den besten und gewiegtes
anwesenden Montanisten warm befürwortet. Damit wuı
diese Sitzung geschlossen und um 1 Uhr in dem geschmaι
voll decorirten Saale des Café National ein gemeinschɑ
liches Mittag-Essen eingenommen, an dem 98 Mitglied
worunter 53 Gäste und 45 Angehörige der baslerisch
Sektion theilnahmen. — Mitten auf der Tafel prangte ε
Tafelaufsatz die ziemlich getreu nachgebildete Pyrami
des noch jungfräulichen Matterhorn. Lebhafte und heı
liche Toaste würzten dieses fröhliche Mahl, nach dessε
Beendigung alles sich zerstreute, um die Stadt und ih
Umgebungen zu besichtigen. — Abends 7 Uhr fand sι
wieder zahlreiche Gesellschaft zusammen in den alterthü
lichen Sälen des Schützenhauses und verlebte den Abeı
noch in ungetrübter Festfreude. — Für Sonntag Vormittaı
waren verschiedene Ausflüge in die Berge von Basellaı
verabredet. Als Endziel war Liestal bestimmt, wo mε
sich im Gasthof zum Falken noch einmal zu einem einfache
Mittag-Essen vereinigte. Zu schnell für Alle entschwaı
die Zeit, und das unerbittliche brausende Dampfross en
führte uns schnell die lieben Gäste, die in ihre Heimal
zurückkehrten, wie die Basler hoffen, in froher Erinnerun
an das 2. Jahresfest des schweizerischen Alpen-Clubs. ‾
Möge es noch lange in ihren Herzen fortleben!

II.

Fahrten im Clubgebiet.

Wo früher in seltenen Fällen die Thalleute die Gletscher
überschritten, sei es um Vieh zu rauben, wie in den alten
Fehden zwischen Bern und Wallis, sei es im gefährlichen
aber Gewinn bringenden Schmuggel zur Zeit der Franzosen-
kriege, oder flüchtend vor Krieges Noth, ziehen jetzt muntern
Sinnes kreuz und quer die Gletscher-Touristen sicher unter
der Führung erprobter Männer und wohl versehen mit des
Leibes Nothdurft, in ihrer Lust und Freude nicht ahnend, dass
auch in diesen dem Treiben der Menschen entrückten Höhen
Mitmenschen in Verzweiflung und Todesnöthen gerungen
haben. So sollen nach den Erzählungen alter Thalleute
österreichische Deserteure diesen Weg eingeschlagen, in der
eisigen Wildniss aber elendiglich bis auf einen einzigen
umgekommen sein; ebenso verunglückte ein Guttanner in
einem Gletscherschrunde, als er zu verbotener Zeit Schaaf
unbemerkt in das Berner Gebiet treiben wollte.

Die gedruckten Notizen über unsere Gegend finden wir
in *Gruners Eisgebirgen des Schweitzerlandes* von 1760,
diesem seiner Zeit sehr verdienstvollen Werke. Wenn uns
auch die damaligen Anschauungen und Ansichten über Gletscher und deren Verhältnisse jetzt kindlich und possierlich
vorkommen, so erstaunt man andererseits über viele genaue
Schilderungen. Unsere Höhen sind richtig benannt, einzig
ist der Name die guten Flühe zwichen Thierberg und Galen-
Stock total verschollen, dagegen hält Gruner den Rhone-
Gletscher als den Ausläufer des Trift- und Gelmer-Gletschers
in der Landschaft Bern und des Steinberg- und Lochberg-
Gletschers in der Landschaft Uri, welche alle sich zwischen
den Firsten der Furka *auslären*. Die Gletscher-Mulde selbst
beschreibt er als einen grossen 6 Stunden langen Kasten,
in welchem dieser Eisklumpen liegt.

Später treffen wir in *Hugi's Alpen-Reisen* eine kurze

Beschreibung namentlich der Umgebung des Sustens, doch wandte dieser eifrige Gletscher-Erforscher seine Arbeiten, wie bekannt, mehr andern Gegenden zu. Eine anziehende Beschreibung des Göschener Thals und der Göschener Alp, deren imposante Schönheit gebührend hervorgehoben wird, steht in dem *Gemälde der Schweiz, Kanton Uri, von Dr. A. Lusser;* das Lexicon v. Lutz, die Handbücher v. Ebel, Escher u. s. w. enthalten ebenfalls einige kurze Bemerkungen.

Die genauere Kenntniss der Gegend verdanken wir einer von Herrn *Reg.-Statthalter Studer* im Jahre 1839 unternommenen eigentlichen Entdeckungs-Reise. Herr Studer weis't in seinen *Topographischen Mittheilungen* den grossen bisherigen Irrthum der Karten nach, welche nach den fehlerhaften Bestimmungen des Ingenieur Frei die von der Windegg gesehene Gletscherhöhe als das höchste Joch bezeichneten. Die schönen Panoramen von Mährenhorn und Juchlistock, die anziehenden Schilderungen der Ersteigungen des Susten- und Steinhaushorns, ebenfalls in *Studer's Hochalpen,* sowie die Ersteigung des Gerstenhorns im Berner Taschenbuch von 1854 vervollständigten das richtige Bild dieser Hochalpen.

Von Herrn Pfarrer *Gerster* wurde eine gedrängte Notiz über seine Ersteigung des hintern Thierberg im *Intelligenzblatt* von Bern 1850 veröffentlicht.

Frisch und keck weht uns in den *Gletscherfahrten* von *Dr. A. Roth* ächte Firnluft entgegen; Sustenhorn und der Uebergang vom Gadmen-Thal zur Grimsel sind dort mit bekannter Meisterschaft beschrieben.

Auch englische Autoren würdigten unser Gebiet näherer Beachtung. Wir dürfen in unserm Ueberblick den Aufsatz von Herrn *Elliot Forster, Vom Grütli nach der Grimsel* in den *Peaks, Passes and Glaciers 2. Serie II. Vol.* nicht uner-

2*

wähnt lassen, ebensowenig diè im *Alpine Journal Vol. I.*
No. 8. p. 235 enthaltene Notiz eines Uebergangs vom Göschener Thal nach der Furka, welcher offenbar irrthümlich
als Damma-Pass bezeichnet wird.

Die geologische Beschreibung der Gegend ist in dem
klassischen Werke, *die Geologie der Schweiz von Prof.*
B. Studer enthalten; eine spezielle Abhandlung über die
Geologie der Berner Alpen unter den Aufsätzen dieses Ban-
des, welche wir der freundlichen Gesinnung unseres hoch-
verehrten Berner Geologen verdanken, giebt weitere Aufschlüsse über diese interessanten Structur-Verhältnisse.

Zur genaueren Kenntniss des Hasli- und Gadmen-Thals,
des Grimsel- und des Rhone-Gletschers, namentlich in Beziehung auf Gletscher-Phaenomene, wie die berühmten Gletscherschliffe etc., verweisen wir auf die 1844 erschienenen
höchst anregenden *Excursions et Sejours dans les Glaciers*
et les hautes regions des Alpes par Desor, in welchen die
dem klassischen, eine neue Epoche in der Gletscher-Theorie
begründenden Werke von *Agassiz, Études sur les glaciers*
zu Grunde gelegten Arbeiten in ihrer Entwicklung verfolgt
werden können.

Botanische Notizen müssen in den verschiedenen Floren
zusammengesucht werden. Am vollständigsten ist die Gegend der Grimsel und des Rhone-Gletschers sowie des
Susten-Passes bekannt; die aufgefundenen Arten sind in
dem *Verzeichniss der Phanerogamen und Gefäss-Krypto-*
gamen des Berner Oberlandes von Herrn Professor Fischer
oder auch in den *Floren von Hegetschweiler und Gaudin*
aufgezählt.

Weniger oder gar nicht möchte das Göschener Thal und
Alp in botanischer Beziehung erforscht sein.

———

Topographie der Gegend.

Zwischen der Aare im Westen und der Reuss im Osten
in einer geraden Distanz von circa 4½ bis 5 Stunden, nördlich begrenzt vom Gadmer- und Meyen-Thal, südlich von
m Furka-Pass und dem Urseren Thal, dehnt sich eine
altige Gebirgswelt aus. Vier parallele Gebirgszüge er-
ken sich vorherrschend von Nord nach Süd, mit theil-
er Neigung zu östlicher Abschwenkung. Der beträcht-
te weist im eigentlichen Centrum auch die grösste
ebung im Dammas-Stock auf.

Den westlichen Eckstein bildet das bereits 9232' hohe
chtreiche Mährenhorn, welches gegen den freundlichen
boden von Innertkirchen als äusserste Schildwacht den
gern Benzlaui-Stock vorschiebt. Gegen das Nessithal
teilen Gehängen abfallend, sandte es früher zu wieder-
ten Malen verderbliche Lawinen zu Thal. Eine derselben
b im Jahr 1817 einen Theil der Familie Weissenfluh.
82jährige Grossmutter unseres Vaters Weissenfluh ver-
bei dieser Katastrophe das Leben, 3 Kinder und ein
chen wurden glücklich aus ihrem kalten Grabe errettet.
ber die Einsattlung des Furtwang steht dasselbe in Ver-
dung mit Steinhaushorn und dem noch unerstiegenen
sen des Kilchli-Stocks. Auf diese folgen südlich die
ächten- und Diechterhörner. Von der nördlichern Gruppe
erstern zieht sich über das Strahlhorn der zackige Seiten-
der *Vordern* Gelmerhörner gegen die Aare zu und
esst die abgelegene Gelmer Alp von dem Hauptthal ab.
Thieralpli-Stock tritt eine zweite Gabelung des Gebirgs-
ein, südöstlich nach dem *Thier-Gweid* und dem seinen
tief in den Rhonefirn hinausstellenden *Tellen-Stock*; in

südlicher Richtung setzt sich der Hauptkamm über die *hinte*
Gelmer- und die Gerstenhörner nach dem Naegelis-Grätli fo
welches in steilen rundlichen Felssätzen nach der Grimselhö
abfällt. Die westliche Seite dieser Kette gegen das bekann
Hasli-Thal weist vielfach zackige mit steilen Firn- und Gl
scherhalden gepanzerte Gräte und wilde Felsabstürze, welc
die hoch hinaufragenden spärlichen Weiden mit Geröll u
Schutt bedrohen. Die tiefern Gehänge sind theilweise mit W
dungen und grünen Weiden geschmückt. Zahlreiche Wass
runse führen in die Tiefe des Thals und senden ihre Gewäss
der tobenden Aare zu. Der einzige begangene Pass fü
über den Furtwang von Guttannen nach dem Trift-Gletsch
und Gadmen; wiederholt wurde dieser Uebergang von Her
Prof. B. Studer mit seinen Schülern auf geologischen Exc
sionen ausgeführt.

Die östliche Abdachung, in ihrem nördlichen Theil dur
verschiedene Absenkungen in schöne Buchten getheilt,
der südlichen Hälfte beinahe eine gerade Linie verfolge
wird bis zur Kammhöhe von Firn bedeckt. In prachtvoll
Mulde dehnt sich von der diessseitigen Thalwand ein gross
Firnsaal bis zur Centralkette, auf beiden Seiten in weich
Böschungen ansteigend. Dies vereiste Hochthal wird zie
lich in der Mitte durch eine Querscheide, die *Trift-Limmi*,
welche der *Limmi-Stock* in eine obere und untere theilt,
zwei beinahe gleich grosse Reviere getrennt. Nach Südd
drängt der erst flache, dann immer zerrissener sich gesta
tende Rhone-Gletscher in eisiger Zunge gegen das Wall
hinunter. Seinen azurnen Gewölben entspringt der herrlic
Rhodan.

---

*) Limmi bezeichnet in dieser Gegend eine praktikable Ei
sattlung.

Von der Wasserscheide nördlich senkt sich der Trift-
Gletscher in ein schönes von felsigen Vorsprüngen einge-
rahmtes Firnbecken, welches mit gewaltigem Druck seine
starren Wogen durch eine vom Thälti-Stock einer- und dem
Jack-Gratli andererseits gebildete Thalsperre durchpresst
und eine wilde Zerklüftung des Eises bewirkt. Solche
Lokalitäten widerlegen auf den ersten Blick die gewagte
Theorie, nach welcher die Gletscher die Thalbildung verursacht haben sollten. Die chaotischen Eistrümmer, auf der
untern Thalstufe angelangt, vereinigen sich, einer plastischen
Masse gleich, zu einem ebenen Gletscherbecken, das über
die Windegg hinaus einen letzten kurzen Sprung macht, um
in finsterer Schlucht seine brausenden Wasser der Gadmer-
Aar zuzusenden.

Die Centralkette nimmt ihren nördlichen Ursprung an
einem aus mehreren ansehnlichen Kuppen bestehenden Gebirgsstock, dem Radolfshorn, Wanghorn, Gygli- und Drosi-
stock. Entsprechend der Einsattlung des Furtwang, einer
gleichzeitig geworfenen Spalte vergleichbar, wird diese
Gruppe von derjenigen der Thierberge durch die Steinlimmi
getrennt. Diese bilden einen massiven Stock, welchem keck
der vordere Thierberg mit 3091 M. entragt, und durch ein
hohes Firnthal geschieden, thürmt sich der hintere Thierberg
erst zu 3419 und etwas südlicher zu 3446 M. auf, und geht
über einen schmalen Kamm in den Winterberg über, auf
eine Länge von circa $1\frac{1}{2}$ Stunden stets eine sehr ansehnliche Höhe beibehaltend.

Auf der Urner Seite wird die ganze lange durch keine
tiefern Einsattlungen unterbrochene Kette vom Thierberg
bis zum *Gletschhorn* unter diesem Namen des Winterbergs
zusammengefasst, dessen kolossale, von jähen Eiskehlen
durchsetzte Felsabstürze mit den auf hohen Terassen sich

anschmiegenden Gletschern, dem Maasplank-Gletscher und Damma-Firn mit seinen Ausläufern des Rothfirns und Winter-Gletschers die Umgebung mit ewiger Erstarrung zu bedrohen scheinen.*)

Die Thierberge weisen dem Trift-Gletscher ein kahles, felsiges Antlitz; nur von der höchsten Spitze desselben ergiesst sich in jähem Falle ein Firnstrom in den zwischen dem Thältistock und einem vom Maasplankhorn, 3403 M., westlich sich auskeilenden Felsgrat eingebetteten Kessel. Ein zweites erweitertes Seitenthal schmiegt sich südlicher an die Hauptkette an, umfasst in seinem obern Theil von einem Ausläufer des Schneestocks. Von der Höhe der Wasserscheide aber hinweg reicht der Firn in ununterbrochener Blendung wellenförmig bis auf die höchsten Kuppen. In prächtigen Bogen umspannen die grandiösen Schneedämme den obersten Theil des Rhone-Gletschers. 3435 bildet den Eckstein, dann folgt 3547 und 3556. Diese letztere Höhe wurde als eigentlicher *Schneestock* bestimmt, welche Benennung früher dem gesammten Firnrücken zukam. Er wird um 77 M. vom *Damma-Stock* überragt.

Wenn verschiedene Standpunkte in der Schätzung der relativen Höhen zu der Vermuthung führten, der Damma-Stock könne nicht der höchste Punkt sein, so muss dagegen auf die Messungen der eidgenössischen Herrn Ingenieure hingewiesen werden, welche gerade in dieser Gegend mit äusserster Genauigkeit und Sorgfalt arbeiteten. Im unbedingten Vertrauen auf diese Vermessungen unterliess der Referent einen Reisebarometer mitzunehmen, bedauert aber, nicht wenigstens ein kleines Nivellirungs-Instrument zu sich gesteckt zu haben. Es wäre vielleicht ganz am Platze,

---

*) Vergleiche das Panorama von der Göschener Alp aus.

wenn das verehrliche Central-Comité solche und ähnliche kleine aber praktische Reise-Instrumente anfertigen und wie die Thermometer den Mitgliedern zum Ankauf überlassen oder einen Mechaniker mit der Anfertigung und dem Verkauf derselben betrauen würde.

Von grössern Distanzen, wie vom Studer- und Wannehorn stellt sich übrigens nicht minder die Ueberzeugung fest, dass der Damma-Stock mit 3633 M. der wahre unbeschränkte Gebieter dieser Höhen sei, und auch auf seinem Scheitel schwand uns jeder Zweifel. Nur der frech sich in die Lüfte spreizende Galen-Stock opponirt mit trotziger Miene und möchte die Differenz seiner Höhe von 35 M. bestreiten, erzürnt, dass ihm durch Messtisch und Theodolit unvermutheter Weise die Krone vom Scheitel gerissen wurde. Doch was reden wir von Krone und Herrscher, alle sind sie altehrwürdige schlichte Schweizer Bürger, ein jeder trägt nach Kräften bei zur Verherrlichung des Vaterlandes.

Der zweit höchste Punkt 3603 wird durch einen Felsenkegel gebildet, welcher haubenartig von einer mächtigen Firndecke überzogen ist; er wurde, da es nicht rathsam erschien, den nun einmal fixirten Namen Damma-Stock hieher als dem den Dammafirn eigentlich beherrschenden Gipfel zu verlegen, *Rhone-Stock* getauft, indem derselbe das ganze Gebiet des Rhone-Gletschers beherrscht.

Es folgt etwas südlicher ein nach Osten sich abzweigender wilder Felsenkamm, der im Gletschhorn mit 3307 gipfelt und sich dann über den Lochberg und Spitzliberg gegen das Reussthal absenkt.

Ueber eine ziemlich tiefe, zu einem Uebergang gewiss ganz passende Einsattlung setzt sich die Hauptkette im prächtigen Galen-Stock fort. Stolz erhebt sich seine hehre Gestalt ins Blau der Lüfte und besticht daher mehr als die

langgezogene, allmählig sich erhebende massive **Form** de
Damma. Wie angeklebt ragen seine Gefahr drohende
Schneewächten über dem dunkeln Abgrunde. Möge der Un
fall, der Herrn *Dollfuss* bei der ersten Besteigung **durch** di
Herren *Desor* und *Dollfuss* begegnete, spätere Besteiger zu
Vorsicht mahnen.

Gegen die Furka schliesst das Furkahorn diese Central
kette ab.

Mit den Thierbergen durch ein mächtiges Firn-Hochthal
das gegen den Hintergrund des Göschener Thals in senkrechten Fluhsätzen am Steinberg abbricht, verbunden, er
hebt sich südlich der Susten-Passhöhe die schöne Gruppe der
Sustenhörner in Form einer mächtigen Pyramide mit 3511 M.
die auf beiden Flanken von etwas niedrigern Ausgipfelungen
gestützt wird (Siehe Studers Hochalpen). Sie gab, als bekannt, dieses Jahr zu keinen Besteigungen Anlass. Entsprechend der Abbiegung der Centralkette schwenken auch
ihre Ausläufer östlich ab und umrahmen von Norden das
einsame Alpthal von Göschenen, in welches von dem Knoten-
punkte bei den Thierbergen in steilem schmalen Gehänge
der Kehlen-Gletscher niederzüngelt. Steinlimmi und Stein-
Gletscher senden in prächtigen Eisströmen die überfluthenden
erstarrten Massen gegen den Susten-Pass und gewähren dem
Wanderer eine prachtvolle Ansicht.

Die östlichste Gruppe ist die des kahlen und steilen
Flecken-Stocks oder Spitzliberges. Ein wildes Felsenjoch
verbindet sie mit den Sustenhörnern, von welchem der Wal-
lenbühlfirn in die rauhe Voralp hinuntergreift; nördlich entsendet der Gebirgsstock mehrere Gletscher ins Meienthal;
das ganze Revier bisher völlige Terra incognita. Der Spitzliberg ist von Nordwesten wenig sichtbar; für die nähere
Umgebung wird er vom vorliegenden um 109 M. niedrigern

Stückli-Stock verdeckt, erst auf höheren Punkten, wie Hoch-
stollen, Scheibengütsch erhebt sich seine Felsspitze über
den unbescheidenen Trabanten. Von östlichen Standpunkten
dagegen ist er leicht kenntlich an seinem schlanken Bau,
so vom Sixmadun und Bristenstock etc.

Bei der bedeutenden Erhöhung der Centralkette befrem-
det die bisherige Vernachlässigung des beschriebenen Gebiets, allein dieser Umstand erklärt sich leicht aus der Wahrnehmung, dass von beiden Seiten hohe Gebirgszüge den
Anblick derselben verwehren, und daher dieser Stock nirgends für besuchtere Lokalitäten den imposanten Anblick
gewährt, der am gleich hohen Tödi so bezaubernd anlockt.
Nur von bedeutenden Höhen gewahrt man die gewaltige
Bodenerhebung, dann aber entwickelt sich auch ein Bild von
hohem Interesse, von gewaltiger Kraft und erhabener Ruhe.
Aus grösserer Ferne von Norden her, z. B. von Bern, tauchen diese Berge namentlich bei Abendbeleuchtung deutlich
weissschimmernd oder golden von der untergehenden Sonne
angehaucht, hinter den grauen Kalkgebirgen hervor, als
wollten sie im hehren Kranze unserer Bergesgipfel den ihnen
gebührenden Rang beanspruchen.

Vorbereitungen.

Wie bereits in der Chronik des Club erwähnt, wurde im
Frühling vom Central-Comité ein Circular erlassen, welches
neben den nöthigen Angaben die hauptsächlichsten Erfor-
schungsziele hervorhob; eine vorzügliche Excursionskarte
wurde, wenn auch etwas spät, vertheilt, und am Thälti-Stock
glänzte mit ihren saubern tannenen Wänden ein Hüttchen
dem Wanderer zu freundlichem Willkomm entgegen. Die

Herstellung desselben beseitigte einen früher oft empfun
denen Uebelstand, indem die Entfernung der an den Glet
scherrändern liegenden Wohnungen zu beträchtlich war, un
gleichzeitig mit einem Uebergang noch im Centrum grösser(
Besteigungen zu verbinden; erfordert ja der Marsch von
Mühlestalden nach der Grimsel einen Zeitaufwand von circa
15 Stunden, vorausgesetzt, dass man mit Genuss und Ver-
stand reist und nicht eine Hetzjagd anstellt.

Die Lage der Hütte ist aber auch, abgesehen von dem
eigentlichen Zweck, eine ausgezeichnete. An den felsigen
Absturz des Thälti-Stocks gelehnt, liegt hart vor ihr der
prächtige Hochfirn des Trift-Gletschers, ansteigend in mehreren Terrassen zur Höhe der Trift-Limmi; tief zu Füssen
klaffen die blauen Schründe des Eissturzes, dessen Wogen
im tiefen Kessel unten wieder gebändigt das Bild eines gefrornen See's darbieten; dort wilde Leidenschaft, hier die
durch Kampf gewonnene selbstbewusste Ruhe. Jenseits des
Gletschers dominiren die Firnhalden des Steinhaushorns
und der Gwächten- und Diechterhörner, mitten drin steht
mit seinem felsigen Absturz das Trift-Stöckli, während zur
Linken die in den Winterberg übergehenden Thierberge mit
ihrer rauhen Wildheit den Besucher abzuschrecken versuchen. Wunderbar erhebend, ruft Herr Hofmann aus, ist
der Eindruck, wenn der schwarze sternenbesäete Himmel
sich von den schwach schimmernden weissen Bergesgestalten
abhebt und die ringsum herrschende Todesstille nur unterbrochen wird vom fernen gedämpften Rauschen des Gletscher-
bachs. O! ihr guten Stadt- und Thalleute, die ihr kopf-
schüttelnd den Beweggrund zu Bergbesteigungen in blossem
Ehrgeiz sucht, es als ein tollkühnes Gebahren ausschreit,
die Natur in ihren geheimsten Werkstätten erforschen zu
wollen, kommt und schaut selbst, das Herz wird auch Euch

aufgehen, ihr werdet mit uns empfinden, wie schön es ist da oben, wie tausendfältig alle Mühen und Anstrengungen belohnt werden.

Die dem Westwinde etwas ausgesetzte Position der Hütte veranlasste die Berner Sektion, im Herbst noch eine Ummauerung derselben vornehmen zu lassen. Sie misst circa 7′ in der Breite und 12′ in der Länge, und enthält neben der mit duftendem Bergheu versehenen Schlafstelle einen schmalen wackelnden Tisch und ditto Bank nebst eisernem Oefchen. Der schwierige Transport des Holzwerks die Thälti-Platten hinauf und der bescheidene Preis mögen die leichte Bauart und nicht zu übertreffende Einfachheit entschuldigen. Für ein Gletscher-Nachtlager logirt man ausgezeichnet und riskirt nicht, eine Bougie-Note bezahlen zu müssen.

Es darf die Erwartung ausgesprochen werden, dass die schöne Gelegenheit, ohne sehr grosse Anstrengung die Herrlichkeit einer imposanten Gletscherwelt zu geniessen und selbst beträchtliche, majestätische Aussicht bietende Höhen zu ersteigen, viele Bergliebhaber einladen werde, das gastliche Häuschen zu betreten und sich seinem Schutze anzuvertrauen. Für mehrtägige Arbeiten eines Naturforschers, Ingenieurs oder Photographen ist die Station sehr passend.

Da die Reisen selbst dem freien Ermessen der Einzelnen überlassen bleiben, wurden keine weiteren officiellen Anordnungen getroffen, und es lässt sich nicht verkennen, dass das freie Handeln des Individuums uns · oft unbotmässigen Republikanern sehr behagt, dass allerdings einem freien frohen Entschlusse die frische That auf dem Fusse folgt. Ob aber mit diesem freien und vollkommen gerechtfertigten Systeme sich nicht eine gewisse Initiative des Central-Comité verbinden liesse, möchte Referent sich die Freiheit nehmen, anzuregen.

Die Vereinszwecke würden sicherlich wesentlich gefördert, wenn bei Zeiten einzelne passende Persönlichkeiten für gewisse Aufgaben gewonnen würden, sei es für besonders wünschenswerthe Ersteigungen, für Zeichnungen oder Nachmessungen, für Lösung physikalischer und naturwissenschaftlicher Fragen und dergleichen. Die Schwierigkeiten, welche sich einer solchen Thätigkeit entgegensetzen, sind zwar, wie wir wohl wissen, gross, allein es wären ergänzende Versuche in dieser Richtung bei passender Gelegenheit wohl gerechtfertigt.

Planmässig und lebhaft attaquirten die Basler Montanisten beinahe das ganze Gebiet und zeichneten sich durch schöne Leistungen aus, sie bewiesen, dass auch nicht unmittelbar am Fusse der Bergriesen Wohnende das rechte Zeug zum Gletscherfahren besitzen und dass es nicht nöthig ist, eigene sich abschliessende Zirkel zu gründen.

Von Bern ging eine einzige grössere Expedition ab, welche aber nur im Vorbeigehen einen Ueberblick über diese Reviere gewinnen wollte und daher zur Lösung eigentlicher Hauptaufgaben nicht die nöthige Zeit verwenden konnte. Ueberhaupt wurden die eingefleischten Bergsteiger dieser Sektion durch andere Aufgaben im Gebiete der Berner Alpen in Anspruch genommen.

Einzeln unternahmen mehrere, verschiedenen Sektionen angehörende Clubisten grössere und kleinere Touren und verdanken wir denselben genauere Kenntniss über die von ihnen erstiegenen Gipfel. Der Uebersichtlichkeit wegen lassen wir eine chronologische Aufzählung der Excursionen folgen, soweit sie uns bekannt geworden sind.

1864. 6. Juli Aufrichtung der Clubhütte am Thältistock.

      7. - 1. Ersteigung des Schneestocks durch Hrn. Wenger mit Weissenfluh.

1864. 21. Juli 1. Ersteigung des Spitzlibergs durch Hrn.
Raillard und Fininger mit Zgraggen und
Blatter.

26. - 2. Ersteigung des Schneestocks durch Hrn.
Raillard und Kiefer.

28. - 1. Ersteigung des Damma-Stocks, 3509 und
3603, durch Hrn. Hofmann mit Weissenfluh und Fischer.

29. - 1. Ueberschreitung zwischen Thierbergen
und Thierbergsattel nach Göschener
Thal, von Hrn. Hofmann.

1. Aug. 1. Ersteigung des hint. Thierberg's, 3419'
durch Hrn. Preisse mit Weissenfluh.

2. - 1. Ersteigung des Diechterhorns durch Hrn.
Schwarzenbach mit Weissenfluh.

3. - 2. Ersteigung des Damma-Stocks durch Hrn.
Studer, Aebi, Lindt mit 2 Blatter und
Sulzer, nebst Ueberschreitung des Thier-
Alpligrats.

3. - Uebergang von Gadmen nach Grimsel von
Hrn. Rütimeyer.

6. - Uebergang über Stein-Gletscher nach Göschenen von Hrn. Schwarzenbach mit
Weissenfluh.

6. - Uebergang von Göschenen über Dammafirn
und Tiefen-Gletscher nach Furka, fälschlich Damma-Pass genannt, von Hrn.
Jacomb, englischer Clubist, mit Tännler.

12. - 2. Ersteigung des Spitzlibergs mit dem Voralpstock durch Hrn. Hauser mit 2 Elmer.

13. - Uebergang von Göschenen nach der Furka
durch Hrn. Hauser mit 2 Elmer.

1864. 13. Aug. Ersteigung des Galenstocks durch Hrn. Jacot.

13. - 1. Ersteigung des Thieralpli-Stocks, 3395, durch Hrn. Jacot mit Uebergang vom Gelmersee zur Clubhütte.

13. - Ersteigung des Galenstocks durch. Hrn. Braun (Photograph).

10. Sept. Recognoscirung der Dammakette zur Auffindung eines Passes nach Göschenen durch 2 Weissenfluh.

28. - Ersteigung des H. Thierbergs, 3446, durch Hrn. Wenger mit Weissenfluh.

Erwähnung verdient, dass unser verehrter Herr Präsident während 3 Tagen in der Clubhütte ausharrte und doch dem fatalen Wetter schliesslich weichen musste.

Bereisung des Gebietes.

Wir ersuchen nun den freundlichen Leser, den Fusstapfen unserer Excursionisten über Fels und Eis, Berg auf und hinunter folgen zu wollen.

Für die zahlreichen trefflichen Berichte und Mittheilungen statten wir den Einsendern, namentlich den Herren Studer, Hofmann, Raillard, Hauser, Schwarzenbach, Preisse, Wenger und Vater Weissenfluh, den aufrichtigsten Dank ab; bei dem reichhaltigen Material war es aber unthunlich, dieselben ausführlich wiederzugeben, so dass wir genöthigt waren, minder Wichtiges zu übergehen, um die Hauptpartien desto ungeschmälerter beibehalten zu können.

Der erste und letzte im Gebiet war Herr *Wenger* aus Bern, welcher die Güte hatte, bei dem Bau der Hütte selbst

mit Hand anzulegen und den Transport der wenigen Uten-
silien zu besorgen. Bei Schneegestöber wurde der Schneestock zum ersten Mal bestiegen, von der Aussicht konnte
unter solchen Umständen aber nicht viel gerühmt werden.
Reichlich entschädigt wurde Herr Wenger jedoch im September bei seiner Ersteigung des Hintern Thierbergs, 3446 M.,
durch einen jener durch Klarheit ausgezeichneten Herbst-
tage, welche sich unauslöschlich mit den zauberhaften Ein-
drücken des erlebten Genusses der Erinnerung einprägen.

Spitzliberg.

Mitte Juli waren auch schon Herr *Raillard* und Rathsherr *Fininger* aus Basel zur muntern alpinen Thätigkeit aus-
gezogen; die unbeständige kühle Witterung, die verhängten
Alpenzüge, durch welche wir Berner uns über den Zustand
der Hochfirne täuschen liessen bis wir von mehreren Seiten
die frohlockendsten Nachrichten erhielten, beeinträchtigten
war zeitweise die Ausführung ihrer Pläne, rasche Entschlossenheit verhalf ihnen aber doch zum Siege.

Nachdem sich die beiden Herren von ihrer Excursion
auf die Windgälle in Amstäg erholt, wo der menschen-
freundliche Kreuzwirth seine Gäste auf die Vorzüge des
Gletscherwassers aufmerksam zu machen und ein allge-
meines Vorurtheil gegen den Gebrauch desselben zu beseitigen suchte, begaben sie sich mit den Führern Maria Trösch
und Ambr. Zgraggen über Göschenen nach den im einsamen
Voralpthal gelegenen steinernen Hütten von Hornfeli, um
von hier aus den Spitzliberg, wie der Flecken-Stock vorzugsweise in der Umgebung genannt wird, zu erklimmen. In
anhaltendem Marsche über rauhe Pfade erreichten sie gegen
Mittag die oberste neu erbaute und mit Latten gedeckte

Hütte, welche auf einer mit Steinblöcken besäeten Terrasse, auf den Flühen genannt, gelegen, nur für wenige Tage im Hochsommer von den Sennen bezogen wird.

Durch strömenden Regen an weiterem Vordringen gehindert, brachten die armen Reisenden ohne Decken und nur mit knappem Proviant versehen, eine lange kalte Nacht in dieser aus aufeinandergeschichteten Steinen aufgeführten Hütte zu, durch deren Fugen der Wind unbarmherzig blies, und in der sie zum Schutz vor der Nässe des Bodens auf einem vom Dache losgerissenen und über zwei Steine gelegten Brette sitzend, mit Plaudern, Rauchen und dem Unterhalten eines Feuers sich ergötzen mussten. Nur einer aus der Gesellschaft zog es vor, unter einen hinten an die Hütte sich lehnenden Felsblock zu schlüpfen, wo er in stoischer Ruhe die Kameraden, welche ihm als Unterlage einiges Gesträuch reichen wollten, abmahnte mit den Worten: „*Löhnd numme si, i lieg ganz weich, i lieg ja im Dr ...!*"

Der Rückzug war unvermeidlich; durchnässt und still langte die geschlagene Kolonne schon um 7 Uhr Vormittag wieder in Göschenen an. In Bogen umwanderten sie diese und den folgenden Tag, bei trübseligem Himmel, den unwirthlichen Gebirgsstock über Wasen und die Sustenstrasse bis Innertkirchen. Doch als Nachmittags der Himmel sich aufhellte, spukte plötzlich wieder in ihren Köpfen der Spitzberg, und obschon sie sich nicht verhehlten, dass dessen Besteigung von dieser Seite zeitraubender und beschwerlicher sei, wurden rasch die nöthigen Vorbereitungen getroffen, dem trotzigen Gesellen noch einmal zu Leibe zu gehen. Von Meiringen wurde Caspar Blatter herbeschieden und mit ihm und Zgraggen noch Abends 9 Uhr die Steinalp wieder bezogen. Lassen wir nun Herrn Raillard selbst die weiteren Erlebnisse schildern.

Früh um 2 Uhr, es war Donnerstag den 21. Juli, wurde
anticipando ein tüchtiges Frühstück eingenommen und Punkt
3 Uhr traten wir in die dunkle Nacht hinaus. Aber welch
eine Nacht! Die Sterne flimmerten in unbeschreiblichem
Glanz am wolkenlosen Himmel, welch ein Tag musste dieser
Nacht folgen! Der gewaltige Stein-Gletscher, der endlos in
der dunkeln Ferne sich zu verlieren schien, mit seinen
kolossalen Eisbergen und Schründen machte eine recht un-
'che Physiognomie, und drüben das hohe Sustenhorn,
n weisse Kuppe mit dem dunkeln Himmel wundervoll
ntrastirte, schaute in seinen Eismantel gehüllt, bleich und
sterhaft auf uns hernieder.
Mit einigen frohen Juchzgern, die wir in die stille Nacht
aussandten, machten wir unsrer Freude Luft, dass der
mel dies Mal uns begünstigte, und die kühle erfrischende
rgenluft, welche vom Gletscher zu uns herüberwehte,
ch bald vollends den Schlaf von unsern Augen. Es
hell genug, um die bequeme Sustenstrasse hinaufzu-
dern und als wir auf der noch mit Schnee bedeckten
höhe anlangten, begann es schon zu tagen. Hier ver-
en .wir den Weg, überschritten ein kleines Schneefeld
zogen uns rechts zuerst über moosige Abhänge, dann
Geröll und Schutthalden, oft nur über schmale Absätze
itend, um die schroffen Ausläufer des Bockbergs herum.
u unsrer Linken stieg aus der Tiefe der Kalchthal-
her bis an die nördlichen Abhänge des Sustenhorns
r, und wir hofften, unsere Richtung verfolgend ohne
zusteigen über den oberen Theil dieses Gletschers
Joch zu erreichen, welches in steilem Felsabsturz dieses
abschliesst, und an dessen Südseite der Wallenbühl-
her sich in das Voralpthal hinabsenkt. Wir gewahrten jedoch bald, dass der Gletscher in seinem oberen Theil

3*

sehr zerklüftet ist, und zogen vor, jetzt schon auf denselben hinunter zu steigen, um dessen Mitte zu gewinnen. Es war 5 Uhr, als wir das Eis betraten, welches sehr fest und glatt war; wir lavirten zwischen den Schründen hindurch quer über den Gletscher, bogen dann rechts südlich über ein steiles Schneefeld hinauf, und lagerten uns bei'm Betreten der Felsen, um unser Feldfrühstück einzunehmen.

Wie schmeckte es uns in dieser Luft, in dieser wundervollen Natur; die Bergspitzen leuchteten bereits im goldenen Glanz der aufgehenden Sonne, es war einer jener Gottesmorgen, die unbeschreiblich sind, wo die ganze Natur in solch unübertrefflicher Reinheit vor uns liegt, als wäre sie eben erst aus der Hand des Schöpfers hervorgegangen, und wo wir uns selbst über alles Irdische erhaben fühlen. —

Doch nicht lange durften wir uns diesen wonnigen Träumen hingeben, denn nun galt es, die sich in erschreckender Höhe vor uns aufthürmende Felswand zu erklettern; das Gestein war sehr verwittert und locker, so dass man sich nicht immer fest darauf verlassen durfte; auch musste alle Vorsicht angewendet werden, dass nicht die zuletzt Gehenden von den sich stets lösenden Steinen getroffen würden. Wir gebrauchten hiezu eine volle Stunde und erreichten um 7 Uhr die Höhe des genannten Jochs, welches den Stückli-Stock mit dem Sustenhorn in einer Höhe von 2657 M. verbindet und als schmaler Felskamm den Kalchthal- und Wallenbühl-Gletscher trennt, eines Passes, der bereits vor mehreren Jahren von unserm vielgereisten Herrn G. Studer überschritten worden.

Hier öffnete sich uns schon eine glänzende Aussicht; alle Berge prangten in herrlichster Morgenbeleuchtung; hinter uns im Norden die schwarzen Urathshörner, der breite Titlis mit seinen senkrechten Felswänden, rechts die Susten-

hörner mit ihrer zierlichen Firnbekleidung, der Hornfeli-
stock; gerade vor uns in der Tiefe das uns bekannte Voralpthal; zunächst zu unsrer Linken der Stückli-Stock, der einen
Gletscher nach dem Kalchthal und einen Felsgrat gegen uns
herabsendet; weiter südöstlich unser Ziel, der felsige Gipfel
des Spitzlibergs, dem wir nun unsere besondere Aufmerksamkeit zuwendeten, und dessen Entfernung und Gestalt
uns noch ein gutes Stück Arbeit in Aussicht stellte. Doch
was ist das für ein schwarzer Punkt dort drüben auf dem
Titlis-Stollen, er bewegt sich? — Das Fernrohr zur Hand,
und wir bemerken deutlich einen einzelnen Mann, der nach
dem Gipfel wandert, den hat auch der schöne Tag früh
herausgelockt. —

Nach wenigen Schritten betreten wir den Wallenbühl-
gletscher, der anfänglich stark abfällt, wendeten uns jedoch
bald links in der Höhe bleibend, über steinige Abhänge, und
erblickten von hier eine Gemse, die auf einem Felsvorsprung
stehend, uns längere Zeit nicht zu bemerken schien, bis sie
uns witternd, plötzlich bergauf eilte. — Auf einer höheren
Abdachung angelangt, überschritten wir einige Schneefelder
und lagerten uns bei einer Quelle, um uns für die letzte
ernstliche Arbeit zu stärken, denn nun galt es erst dem
eigentlichen Berggipfel zu Leibe zu gehen. —

Von hier aus ziehen sich mehrere steile Felsgräte gegen
den Berg hin, und nachdem wir während längerer Zeit über
einen derselben hinaufgeklettert, gewahrten wir, dass er
nicht mit dem oberen Theile des Berges zusammenhängend
sei, und wir mussten denselben wieder verlassen, um einen
andern Kamm zu ersteigen, von wo aus wir plötzlich in
geringer Entfernung unter uns jener Alphütte auf den Flühen
ansichtig wurden, in welcher wir drei Tage vorher eine so
unerquickliche Nacht hatten verbringen müssen; wie ver-

schieden war heute der Anblick dieser Gegend gegen da
mals! Dieser Grat war so steil, dass meistens auch di
Hände zu Hülfe genommen werden mussten, doch wurde di
Steigung nach oben geringer und über ein kleines jähe
Schneefeld gelangten wir um halb 11 Uhr auf eine felsig
Einsattlung, wo sich uns die Aussicht nach Osten öf
nete. —

Hier erblickten wir den Gipfel unseres Berges in s
verführerischer Nähe, dass wir denselben in weniger al
einer Stunde glaubten erreichen zu können, und Blatte
kletterte ein Stück weit über die Felsen weiter, um zu re
cognosciren, erklärte aber bei seiner Rückkehr, es sei fa
unmöglich, hier weiter zu kommen, und wir würden a
Besten thun, wiéder bergab zu steigen und unseren We
über den Schnee hinauf zu suchen. Rasch ging es nu
wieder eine gute Strecke abwärts, dann wurde rechts al
geschwenkt und eine Schneekehle betreten, die sich entset
lich steil aber direkt nach dem Gipfel hinzieht; der Schne
war weich, und obschon langsam, näherten wir uns doc
zusehends der Höhe. Noch gings behutsam längs ein
überhängenden Schneegwächte vorbei und Halloh! wir sta
den auf dem höchsten Gipfel des Spitzlibergs. Es war 5 Mi
nach 1 Uhr, und welche Aussicht! kein Wölkchen war sicht
bar am weiten Horizont. —

Doch vor allem lasst uns ein wenig ausruhen, wir si
seit 10 Stunden auf den Beinen, und es war heiss, seh
heiss, hier auf dieser Höhe noch $+ 15^0$ Rr. Eine Flasche
Burgunder wurde entstöpselt, und wir feierten Hochzeit mi
dem jungfräulichen Berge; wie ein Regen auf dürrem Erd
reich, so versiegte die labende Flüssigkeit in den ausge
trockneten Kehlen. Es ist ein unbeschreiblich erhebende
Gefühl, zum ersten Mal einen Gipfel zu betreten, auf de

so lang die Erde steht, noch kein Sterblicher geweilt; wir
nehmen durch Aufstellung der Fahne Besitz davon, und es
ist uns, als ob derselbe nun unser Eigenthum wäre; wenn
wir ihn später einmal wieder aus der Ferne erblicken, so
freuen wir uns, wie wenn wir einen alten lieben Bekannteh
wieder sehen. —

Da flattern vier Schmetterlinge an uns vorbei, als wollten sie uns auslachen, dass wir so schwerfällig da herauf
gestiegen; dies leichte beflügelte Volk hat's bequemer. —

Der Gipfel hat eine ansehnliche Fläche, ist etwa 20
Schritte lang und hat die Richtung von Südwest nach Nordost; die eine Hälfte desselben besteht aus einer Wölbung
von Firnschnee, die nordöstliche dagegen aus zerbröckeltem
röthlichem Gestein. Aus dem Schnee gruben die Führer
das vollständige Gerippe einer Gemse, deren Kopf jedoch
so tief im Eise verborgen war, dass wir wegen Mangel an
Zeit darauf verzichten mussten ihn auszugraben, um die
Hörner mitzunehmen; es war vermuthlich ein angeschossenes
Thier, das sich auf diese Höhe geflüchtet und hier verenden
musste. —

Mit unbeschreiblichem Genuss weidete sich unser Auge
an der entzückenden Aussicht, die uns in unübertrefflicher
Reinheit entgegenstrahlte, und deren Grossartigkeit und
Ausdehnung überwältigend ist; die Zeit gestattete uns leider
nicht in die Einzelnheiten derselben einzutreten, wir mussten
uns mit dem Gesammteindrucke begnügen, der uns immer
unvergesslich sein wird.

Dieser Berggipfel kann wohl nur von der westlichen
Seite bestiegen werden, und der Reisende hat die Wahl, entweder die sehr steilen zerklüfteten Felsgräte zu erklimmen,
oder die sich bis zur Spitze jäh hinaufziehenden Schneekehlen zu benutzen, welch' Letzteres bei auch nur einiger-

massen günstiger Beschaffenheit des Schnee's weniger beschwerlich und zeitraubend und deshalb auch mehr zu empfehlen ist. Jedenfalls ist eine Besteigung von Göschenen über die Voralp und die Flühen, wie solche bei unserem ersten Versuch durch die schlechte Witterung vereitelt wurde, weit vorzuziehen, da dieser Weg näher und bequemer ist.

Während wir den heutigen ersten Besuch dieses Gipfels auf einem Zettel notirten und ihn in die leere Flasche versorgten, waren die Führer beschäftigt, ein Steinmannli zu errichten, in welchem eine Fahne aufgesteckt und in dessen Fuss die Flasche verwahrt wurde. Der Aufenthalt auf dieser Höhe war bei der warmen Temperatur äusserst angenehm, und es fiel uns nun um so schwerer, uns wieder von diesem mühsam errungenen herrlichen Standpunkt trennen zu müssen; doch die Zeit drängte, und wir hatten bis zur Steinalp noch einen langen Rückweg vor uns. —

20 Min. nach 2 Uhr, nach einem Aufenthalt von $5/_4$ Stunden, wurde wieder aufgebrochen; wir betraten anfänglich die nämliche Schneebahn, über die wir heraufgekommen, statt aber dann wieder über die Felsen zu steigen, folgten wir den Schneekehlen, welche gerade abwärts führen, und obschon wir mit jedem Schritt bis über die Kniee in den Schnee sanken, ging es doch bei unsern langen Schritten rasch vorwärts, und wie erstaunten wir, als wir auf der Seiten-Moräne des Wallenbühl-Gletschers anhielten und nach der Uhr sahen, dass wir nur eine Stunde gebraucht hatten, während uns der Weg von hier nach der Spitze, allerdings mit einigen Irrfahrten, über 5 Stunden Zeit gekostet hatte. Wir betraten nun den Gletscher, den wir seiner Länge nach hinanstiegen, und wie wohl behagte es nach all' dem Klettern unsern Gebeinen, wieder auf einem richtigen Gletscher marschiren zu können.

Um 5 Uhr gelangten wir auf das Joch, von wo wir wieder eine volle Stunde an der Felswand nach dem Kalchthal hinabzuklettern hatten, und da wir fanden, es sei nun für heute des Steigens und Kletterns genug, so gelüstete es uns nicht mehr nach den steilen Abhängen zu unsrer Linken, sondern wir wendeten uns über die Gletscher hinab, um die aus dem Thal verführerisch lockende Sustenstrasse zu gewinnen; ein zwar etwas weiterer aber desto bequemerer Weg, auf dem wir gegen 9 Uhr die Steinalp erreichten, welche wir 17³/₄ Stunden vorher verlassen hatten, vergnügt über den erlebten unvergesslichen Tag, mit Gefühlen des Dankes gegen Gott, der uns alle vor jedem Unfall bewahrt hatte, und mit der Befriedigung, einen Berggipfel überwunden zu haben, der uns nicht wenig Zeit und Mühe gekostet. —

Das gleiche Ziel im Auge rückte 14 Tage später Herr Hauser v. Glarus, der thätige Präsident der Sektion Tödi, aus dem vorjährigen Revier in argem Sturm von Unterschächen über das Brunni- und Griesthal in die Gotthardstrasse einmündend, das Göschener Thal hinauf. Es war in diesen Tagen des August vom 9. bis 11. in den Alpen bis tief in die Weiden hinunter Schnee gefallen, der sogar bis zum Dorf Göschenen reichte, und eine empfindliche Kälte machte sich bis in die untern Gegenden geltend.*) Die Heerden hatten die umliegenden Alpstäfel verlassen und Schutz in den heimathlichen Ställen suchen müssen. Die Temperatur der Luft am 12. August Morgens 6 Uhr im Schatten betrug in Göschenen + 9⁰, 6 L. Auf dem Marsche in die Voralp wird der Wanderer durch malerische Natur-

---

*) Siehe die der Redaktion gütigst mitgetheilte meteorologische Notiz unter den kleinern Mittheilungen.

scenen überrascht; aus dem wilden Thalgrund winkt plötzlich zwischen den Tannen die weissgetünchte Kapelle der
Göschener Alp; oberhalb des Zusammenflusses der Bäche,
welche aus der Göschener- und Voralp in rauschendem Laufe
zu Thal stürzen, schimmert durch einen Säulengang von
dunkeln Tannen ein schöner Wasserfall. des Voralpbaches,
zu beiden Seiten ragen gewaltige Coulissen von granitischem
Gestein, mit Tannen und Bergföhren eingefasst, in die Bläue
des Himmels.

In Mittwald, wo bereits die Senten wieder eingerückt
waren, stiess unser Freund auf ein originelles Bild der pri-
mitivsten Alpwirthschaft, die wahrscheinlich eine Prärogative
der Urner Alpen ist.

Das Sennthum dieser Alp, berichtet Herr Hauser, besteht aus 37 Kühen; die ganze Sennerie desselben wird unter einem einzigen Felsblock betrieben, dessen Südseite eine
Höhlung bildet, unter der man kaum aufrecht stehen kann;
zwei elende Schirmmäuerchen zur Linken und Rechten ver-
engen den Eingang, welch' letzterer dem Eintritt alles Lebenden und Todten offen ist. In dieser Höhlung werden Zieger
und Käslein gemacht; neben dem Kessel ist die Schlafstätte
von Senn und Hund, welche in der letzten Nacht mit einem
halben Fuss zugewehten Schnee's bedeckt wurden. Welcher
Kontrast zwischen diesem Bilde menschlicher Kultur und
jener objektiven Scene vom Waldstrom und Hain, welch' ein-
gefleischte Urprosa dort, welch' phantastischer Schwung hier!

In dieser Naturhöhle hätten auch wir die Süssigkeiten
des Nachtlagers zu kosten gehabt, wenn uns nicht ein zu-
fälliger Umstand begünstigt hätte. In Hornfeli nämlich befand sich ein alter Jäger, Namens Hans Gamma in der
Hütte, welcher schon seit 14 Tagen seine Kuh an einen
Beinbruch arznete; hier wies uns nun die Fürsicht des

Schicksals unsere Schlafstätte an. Es war $3^1/_2$ Uhr, als wir das luftige Gebäude erreichten, wo die Buben des Jägers seit einigen Tagen ein permanentes Feuer unterhalten mussten, damit der Patient nicht vor Kälte zu Grunde gehe. Wir ergriffen alsbald Besitz von dieser Hütte und richteten uns ein, als Besitzestitel stellten wir eine (neben derselben liegende) Stange, an welcher wir das von Hause mitgenommene 4 Ellen lange Flaggentuch anknüpften, am Frontispiz des Hauses auf, damit dem ferne weilenden alten Gamma das Zeichen werde, dass das Spital seiner Kuh diesen Abend in etwas Aussergewöhnliches metamorphosirt sei.

Während unsere Flagge lustig wehte, zeigte sich uns am westlichen Horizont ein interessantes Phänomen optischer Täuschung. Am ganzen Himmel war kein Wölkchen zu sehen, nur auf dem Scheitel des Hornfeli-Stockes erschienen uns einige transparente Flöckchen im Gold der untergehenden Sonne, deren Kontouren an den Aether zu reichen schienen. Ich konnte die isolirte Erscheinung dieser Nebel nicht begreifen, bis nach einiger Zeit Elmers Scharfblick zuerst entdeckte, dass eine auf jenem Gebirge weidende Schafheerde einige Plänkler auf den Grat entsendet habe, deren langhaarige Wolle von den Sonnenstrahlen beschienen werde, deren Brechungswinkel in Verbindung mit dem Standorte des Beobachters die sonderbare Täuschung bewirken konnte. — In der Dämmerung kam der alte Gamma ahnungsvoll, angesichts des flatternden Wimpels, mit einem Bündel Holz auf die Hütte zu. Es war nicht schwierig mit dem gutmüthigen Manne Bekanntschaft anzuknüpfen, um so weniger, als der sympathetische Zug der beiden Jägersleute, Gamma und Elmer, den Uebergang sehr erleichterte. —

Wir vernahmen von ihm die verfehlte Expedition Raillard's und Fininger's, welcher Umstand den Aufenthalt in

dieser elenden Schirmhütte bedeutend erträglicher machte
Zwar schützte einigermassen gegen die Kälte das nach alpinen Grundsätzen errichtete Lager von Heu und Decke in
Verbindung mit dem Opferfeuer, das der-alte Veterinär für
die Gesundheit seiner Patientin den Göttern darbrachte. Die
beiden Jäger setzten sich die ganze Nacht um den Opfer-
altar und plauderten, und nur das junge Blut Rudi's genoss
das Glück eines mehrstündigen Schlafes, ungeachtet der
kalte Luftzug um seine Schläfe säuselte.

Um 5 Uhr Nachmittags hatte das Thermometer im
Schatten $+ 11, 3$ gezeigt, um 7 Uhr $+ 6, 8$ und um $7^{1}/_{2}$ nur
noch $+ 2, 3$; die Nacht wurde eindringend kalt.

Samstag Morgens wurde schon um 2 Uhr der Kaffee bereitet, da die Konstellationen des Himmels einen schönen
Tag verkündeten, und um 3 Uhr 10 Minuten aufgebrochen.
Wir hatten auch alle Ursache zu frühzeitigem Abmarsch,
wenn wir unser Programm, Spitzliberg und Voralpstock,
ausführen wollten.

Um 4 Uhr 5 Minuten verglimmte der Morgenstern hinter
den Gletscherhörnern, 35 Minuten später küsste Helios mit
seinen Rosenlippen die Kuppen der Hörner. Als wir die
„Flühe" hinaufstiegen, war Alles mit einer harten Eiskruste
überzogen; zum Schutze der Hände gegen Erfrieren leisteten
die mitgenommenen wollgefütterten Winterhandschuhe treffliche Dienste. Um $5^{1}/_{2}$ Uhr gelangten wir zur obersten Hütte,
der letzten menschlichen Zufluchtsstätte in dieser einsamen
Gegend. Diese Hütte liegt nordnordöstlich von den Wallen-
bühlhütten, ungefähr in der Höhe von 2350 M. Hier zün-
deten wir ein Feuer an und genossen etwas Proviant. Nach
einer halben Stunde ward abmarschirt, alles unnöthige Gepäck dem Schutze des Hüttchens anvertraut. Da ich wohl
einsah, dass wir nicht alle drei die beiden Gipfel zugleich

besteigen konnten, detachirte ich den jungen Elmer mit den
nöthigen Instruktionen nach dem Voralp-Stock, während
Vater Elmer und ich die Richtung nach Spitzliberg oder
Fleckenstock einschlugen. Wir erreichten seinen Gipfel um
9³⁄₄ Uhr. Elmer war einige Schritte voraus und verkündete
mir in sichtlicher Konsternation die Entdeckung der Dokumente der primären Besteigung. Diese bestanden in einem
halbzerfallenen Steinmannli und einem umgebogenen Fähnlein, wir richteten sie auf, reparirten den Bau und stellten
ihn auf breitere Basis; bei dieser Operation entdeckten wir
eine Flasche mit dem darin aufbewahrten Billet. Mit Recht
melden unsere Vorgänger des Weitern, „die Reise war ungemein anstrengend" und heute wohl noch in höherm Maasse
als damals: in den letzten Tagen war mehrere Fuss tiefer
Schnee gefallen, die grimmige Kälte der letzten Nacht hatte
die tiefern Schichten mit einer Eiskruste eingefasst, diese
brach bei jedesmaligem Auftreten ein und so sanken wir
mit jedem Schritt bis an die Knie in den darunter lagernden pulverisirten Schnee und rutschten bei dem steil ansteigenden Terrain um die Hälfte des Schrittes zurück.
Dazu bedrohte uns fort und fort eine sehr ernste Gefahr,
weil das ganze Angriffsgebiet mit losen Steinblöcken bedeckt war, zwischen denen wir uns hindurchlootsen mussten;
die verborgenen Höhlen waren mit Schnee ausgefüllt und
manchmal klemmten sich unsere Füsse in denselben ein.
Sodann überraschte uns die markirte Stellung des Gipfels
mit mehrfachen perspektivischen Täuschungen. Es mochte
etwa 8¹⁄₂ Uhr sein, als wir den ersten hohen Gipfel, in dem
wir von der Ferne den Spitzliberg zu erblicken vermeinten,
erstiegen hatten. Zu unserer Enttäuschung grinste uns hinter demselben eine zweite Spitze entgegen, und so wieder-
holte sich das Spiel 3—4 Mal, bis wir die 3418 M. hohe

Zinne des eigentlichen Spitzliberges erreicht hatten, welche
wahrscheinlich nach seiner durch viele Spitzen unterbroche
nen Struktur diesen Namen erhalten hat. Die während un
seres Aufenthaltes daselbst beobachtete Temperatur betru
nicht mehr als $+$ 6, 1 am Clubthermometer No. 22. D
der Himmel vollkommen klar war, genossen wir eine
prachtvollen Ausblick auf das offizielle Excursionsgebie
als dessen Glanzquelle der Susten, die Gletscherhörner, di
Thierberge und der. Galenstock namhaft zu machen sind
Im Uebrigen entspricht die Aussicht des Berges nicht de
aussergewöhnlichen Anstrengungen, welche seine Besteigun
erfordert. Das anstehende Gestein ist Alpinit. — Von hie
aus konnten wir mit dem jungen Elmer, der schon um 8 Uh
den Voralpstock erreicht hatte und die Zwischenzeit zu
Errichtung einer Pyramide benützt hatte, in der Ursprach
correspondiren. Bezüglich der Identität dieses Stockes mus
ich hier eine Erläuterung beifügen. Rud. Elmer hatte jeden
falls denjenigen Gipfel erstiegen, welchen der alte Gamma
uns als den Voralpstock bezeichnet hatte; vom Fleckenstoc
aus zu urtheilen, schien mir aber ein hinterwärts liegende
Gipfel noch etwas höher zu sein, und ich hatte deshalb di
Meinung, Rud. Elmer habe denjenigen Gipfel erreicht, wel
cher in der Karte ohne Namen mit 3214 M. angegeben is
während der südöstlich davon liegende Voralpstock die Zah
3223 trägt. Der geringe Höhenunterschied und der Um
stand, dass ich nicht selbst auf jenem Gipfel war, lassen e
begreifen, wenn ich das Problem nicht als über allen Zwei
fel erhaben gelöst erkläre und vielmehr eine nachmalig
Verifikation durch einen Nachfolger wünsche.

Um 12 Uhr traten wir den Rückweg an, nachdem wir
die Flasche mit unserm Wahrzeddel auf der Nordseite de
Steinmannli an früherer Stelle verwahrt hatten. Nach zwe

Stunden mühseligen und wegen den verrätherischen Schneewehten nicht ungefährlichen Absteigens erreichten wir wieder die Hütte, wo wir unsern Ballast zurückgelassen hatten,
und wo der längst zurückgekehrte Rud. Elmer unser war-
tete. Der letztere erzählte uns, dass auf dem Gipfel vier
Gemsen nahe an ihn zugekommen seien; von einer frühern
Besteigung desselben habe er nicht die mindeste Spur getroffen; seine Aussagen über die verglichene Höhe mit den
unterhalb liegenden Gipfeln brachten ebenfalls kein kate-
gorisches Ergebniss; den von ihm mitgebrachten Hand-
stücken zufolge besteht die Masse des Voralpstocks aus
Granit. — Bei unserer Ankunft in der Hütte zeigte das
Thermometer um 2 Uhr blos + 8, 8⁰. Aus dieser und den
vorangegangenen Beobachtungen ergiebt sich, wie nach-
haltig die in den letzten Tagen eingetretene Kälte und
Schneefall gewirkt haben, um diese nach Jahres- und Tageszeit auffallend niedrigen Temperaturgrade zu erzeugen.

Um 3 Uhr wurde unsere Rückreise fortgesetzt. In-
gründlich abhold der Verfolgung des gleichen Weges hin
und zurück, entschloss ich mich, über den untern Theil des
Wallenbühlfirns die Richtung nach dem Hornfeli-Stock einzuschlagen und über die südöstlich von diesem liegenden
Gräte nach dem Göschenenalpli vorzudringen. Diese Kon-
zeption bei so vorgerückter Tageszeit darf als eine gewagte
bezeichnet werden.

Vor unserm Abmarsch von der Hütte ob den „Flühen"
hatten wir uns noch gehörig mit Wein und Fleisch restaurirt, unser übrigbleibenden Vorrath beschränkte sich noch
auf etwas Kirschgeist. Bald überzeugten wir uns, dass
nur ein unausgesetztes angestrengtes Vorwärtsschreiten auf
Leben und Tod uns ans Ziel bringen könne, wollten wir
nicht riskiren, mitten auf unwirthlichen Gräten von der

Nacht überfallen und dem Erfrieren preisgegeben zu wer
den. Ohne uns nur eine Minute Rast zu gönnen, gewannen
wir erst 7 Uhr Abends die Uebergangshöhe bei 2820 der
Karte. Mit der Dämmerung rückte von jenseits ein feind
liches Heer grauenvoller Nebel bergan und verfinsterte die
Luft. Aus der Tiefe hörten wir zwar das Rauschen der
Reuss, welches uns die Botschaft verkündete, dass hier ir
gendwo ein Durchpass gefunden werden müsse. Der alte
Elmer war uns voraus und rekognoscirte nach allen Seiten
wir hatten aus Leibeskräften zu thun, um ihm nachzufolgen
es war keine Zeit mehr, Kompass und Karte zu Rathe zu
ziehen. Wie den Sturmvogel das nahende Wetter unwider
stehlich und instinktmässig treibt, so trieb uns die anbre
chende Nacht überall einen Durchgang zu suchen, gleichviel
wohin wir verschlagen würden. Endlich fand Elmer einen
Engpass, der uns zwischen zwei Felsenribben (wie Scylla
und Charybdis) hindurchführte; wir folgten instinktmässig
ohne zu prüfen, wohin. Nach geraumer Zeit erblickten
wir in der Tiefe eine Gruppe Häuser, die zwar noch fern
von uns lag und welche wir als das Göschenenalpli hielten
Dieser Wahn gab uns neuen Muth und mit noch rascheren
Schritten ging es dem vermeintlichen Ziele zu. Es war
7$\frac{3}{4}$ Uhr, als wir zu jenen Häusern kamen und das Kirchlein suchten mit dem Pfarrhaus, wo das Excursionsregulativ
Nachtherberge angewiesen hatte. Doch es war Täuschung,
wir waren im Gwüest und das Göschenenalpli noch $\frac{3}{4}$ Stunden entfernt! Wir zauderten nicht lange, sondern verfolgten
langsam und vorsichtig im Dunkel der Nacht den auf dem
linken Ufer der Reuss an dem Berghang sich windenden
holperigen Pfad. Nach halbstündiger, langweiliger Wanderung gelangten wir auf ein schönes, weites Planum, an
dessen Westrande flimmerten uns Lichter entgegen und zün-

deten freudestrahlend auch in unsere Brust; es waren die
Leuchter von Pharus, wo wir aus dem Kampf mit den Gefahren der Berge in den Hafen der Ruhe gelangen sollten.
Es war 8½ Uhr vorbei, als wir an die Schwelle des Pfarr-
hauses gelangten. Der alte Pfarrherr und seine Haushäl-
terin, ebenfalls von vorgerücktem kanonischem Alter, hatten
sich bereits zu Bette geflüchtet, ob aus Freude über das
heute aus Göschenen angekommene Fass Wein oder von
Kälte und Holzmangel getrieben, wussten wir nicht. Es erforderte einigen Parlamentirens, bis wir Einlass erlangten;
dann aber kam der greise Seelenhirt bald in Fluss der Rede
und verplauderte zutraulich mit uns noch ein Paar nächtliche Stunden. Um 11 Uhr trennten wir uns, die Führer
instradirte der Pfarrherr auf's Heu, mich aber in sein, mit
alten Zeitungen tapezirtes, mit einem bäuerlichen Stuhl und
Weihwasserkessel ausmöblirtes Gastzimmer, in welchem vor
zwei Jahren der Bischof von Strassburg geschlafen, als er
auf seiner Reise nach Einsiedeln seinen alten geistlichen
Freund in dieser Wildniss besuchte und mit einem Gefolge
von 14 Personen daselbst während mehrern Tagen logirte.
Nun aber gute Nacht. es hat 11 Uhr geschlagen!

Göschenenalpli — Furka.

Hätte nicht die forcirte Tour von gestern unsere Kräfte
allzusehr angespannt, so wäre heute der Uebergang über
den Winter-, Tiefen- und Siedeln-Gletscher nach der Furka
versucht worden; so aber mussten wir uns bequemen, einen
leichtern, weniger zeitraubenden Uebergang zu finden. Bevor
wir aber unsere heutige Wanderung antreten, sei uns gestattet, dem merkwürdigen Hochthal eine einleitende Betrachtung zu widmen.

Schweizer Alpen-Club.

Das Göschenenalpli, in einer Höhe von beinahe 1800 M. gelegen, ist eine Wildniss im eigentlichsten Sinne des Wortes, ein wahres schweizerisches Sibirien, und die um das Kirchlein stehende Häusergruppe gleicht ganz einer Kolonie von Deportirten. Dieses Schicksal hat denn auch den greisen Seelenhirten des einsamen Alpendorfes betroffen: wie der Kaiser von Russland gewisse personas ingratas zu Aufsehern von sibirischen Kolonien auserwählt, so hat der Bischof von Chur den alten Pfarrherrn, der einst als Verwalter bei ihm angestellt war und in der Oekonomie etwas liberale Principien handhabte, in diesen abgelegenen Winkel konsignirt, damit er die letzten Jahre seines Lebens, ungestört durch die Zerstreuungen dieser Welt, der Kontemplation widmen könne. Dieses Thal war schon vor einem halben Jahrtausend bewohnt; nach einem Gesetze, das wir bei allen Bergvölkern wahrnehmen können, ging die Ansiedlung von oben nach unten, von der Höhe zur Niederung; dies beweist die Thatsache, dass hier, an der äussersten Grenze der Ansiedlung, fast unmittelbar an der Spitze der Gletscherzunge, die Kapelle angelegt wurde. Diese hat ein Alter von über 400 Jahren und wurde anno 1733 renovirt. Um sie, als das einzige Gotteshaus des Hochthales, konzentrirte sich naturgemäss die ganze Wohlhabenheit desselben. Damals waren die Gehänge zu beiden Seiten des Thales mit üppigen Waldungen bekleidet, welche die Holzbedürfnisse der Bevölkerung reichlich befriedigen konnten; die Viehheerden fanden in den ausgedehnten Alpweiden ihre genügende Nahrung, so dass sich das einfache Hirtenvolk in dieser Hochebene ganz behaglich fühlen mochte. Allein, wie die Bibel von unsern ersten Eltern bildlich sagt, sie haben sündhaft von den Früchten der Bäume gekostet und dadurch die Bedingungen ihres ursprünglichen Wohlseins untergraben, so

geschah es auch hier; die Ansiedler kannten die Bedeutung
der Wälder und die Bedingungen der Forterhaltung nicht,
sorglos wurde damit umgegangen, als ob sie ewig sich von
selbst verjüngen müssten, ohne Zuthun menschlicher Pflege
und Aufsicht. So kam es — eine Sünde, deren bejammerns-
werthe Folgen allüberall die Gegenwart betrauert — dass die
Wälder nach und nach gelichtet, die Berge und Alpen ihres
Schutzes entkleidet und der raschen Verwitterung und Ver-
wilderung preisgegeben wurden. Dieser Zustand nöthigte
von Zeit zu Zeit einzelne Ansiedler, ihre frühere Stätte zu
verlassen und thalauswärts zu wandern. So entstand zuerst
die neue Kolonie im Gwüst, dann in Horben und so nach und
nach durch das ganze Thal hinaus bis nach Göschenen.
Entsprechend dem Prozess der Ab- und Zunahme der Hülfsquellen der Natur, entwickelten sich auch die Armuth und
der Wohlstand der Menschen: wie nämlich jene Hülfsquellen
immer mehr von oben nach unten, von der Höhe zur Tiefe
sich zurückzogen, so zog sich auch der Wohlstand in gleicher Richtung zurück, so dass heute blos noch der ärmere
Theil der Bevölkerung in der Nähe der Kapelle seinen Sitz
hat, während der besser gestellte thalauswärts angesiedelt
ist. Wer jetzt dieses Hochthal betrachtet und vergleicht
mit dem, was es früher gewesen sein muss, möchte Thränen
der Wehmuth weinen. Ganz hinten im Thale in der Höhe
der Gletscher, am linken Ufer des Baches, der vom Kehlen-
firn abfliesst, streckt noch eine verstümmelte Arve ihre ab-
gestumpften Arme flehend gegen Himmel, als wollte sie
sagen: „ich bin noch der letzte Zeuge vergangener Herrlichkeit, die Sünden des Volkes an den Gaben der Natur haben
es dahin gebracht, darum ist der Fluch darüberhin gekommen." Jenseits des Baches fristet noch niedriger
Zwergwuchs sein kümmerliches Dasein. Zu beiden Seiten

des Thales ist Alles kahl und öde, keine einzige Herber;
mehr für die Singvögel, deren kaum einer sich hieher ve
irrt, nur das Klaggeschrei der Eule tönet durch die Lu
und um das Bild der grausigen Verwandlung recht gr
einzufassen, umschliessen den Hintergrund des entwaldet
Thales zwei Gletscher mit ihren eisigen Armen und strebe
immer tiefer und tiefer hinunter und drohen Alles zu ve
schlingen. So rächt sich die Sünde der Väter an ihr
Enkeln bis zum letzten Geschlecht! Nach und nach wii
sich das Klima so sehr verwildern, dass die letzten Uebe
reste der Ansiedlung verschwinden müssen. Aller Hol
bedarf muss jetzt schon mit schweren Opfern an Geld un
Schweisstropfen bitterer Arbeit aus dem Gwüst hieher g(
tragen werden. — Es wunderte mich nach all diesem g
nicht, als der Pfarrer uns sagte, gestern morgens 8 Uhr hab
es im Alpli geregnet, als wir im jenseitigen Thale der Voral
vom Verglimmen der Sterne bis zum Niedergang der Sonn
auch nicht das leiseste Wölkchen am Horizont erspähe
konnten; es wundert mich jetzt nicht mehr, dass gesten
Abend auf der Uebergangshöhe die feuchte Nebelschaa
aus dieser Einöde hinauf uns entgegenschlich; es wunde
mich auch nicht, dass heute morgens um $7^1/_2$ Uhr das Ther
mometer in der Sonne blos $+ 6, 3^0$ zeigte; es wunder
mich endlich nicht, dass uns der alte Pfarrherr gester
Abend sagte, er habe kein Holz zum Einheizen, und um u
ter dem Schutze des Duvet sich gegen die Kälte zu sicher
begebe er sich aus Rücksicht der Selbsterhaltung bei An
bruch der Nacht schon zur Ruhe.

Ganz entsprechend diesem Bilde der leblosen Natur ist
der Reflex derselben — der Kulturzustand des Volkes. Der
Pfarrherr ist der einzige Mann von irgend welcher Bildung
im Thale, er allein ist's, dessen Gesichtskreis über die engen

Grenzen der Gemarkung hinausreicht, niemals wird das
einsame Thal auch nur von einem Arzte von Fach heimgesucht, an seiner Stelle praktizirt der Pfarrherr seine Ele-
mentarkenntnisse aus der Kräuterkunde und heilt mittelst
derselben und durch die Gnade des Himmels die Krank-
heiten der Menschen. So ist also der Pfarrherr im eigentlichen Sinne des Worts der Hirt, und das Volk seine Heerde.
Dies patriarchalische Verhältniss veranschaulicht sich auch
in der Verwaltung der geistlichen Angelegenheiten. So z. B.
wird der Gottesdienst zu keiner bestimmten Stunde gehalten, im Winter wegen dem Schnee und im Sommer wegen
dem Heu, sondern der Pfarrer muss seine Präparate geistiger
Speise bei sich bewahren, bis die Heerde instinktmässig
sich derselben nähert. Diese kommt immer geschlossen, nie
vereinzelt aus den vorhalb im Thale gelegenen Weilern;
wer voraus ist, erwartet den Andern bei der üblichen Ruhe-
stelle. Erblickt dann von weitem der in stiller Sammlung
in seinem Studirzimmer ambulirende Pfarrherr die Spitze
der Schaar, so lässt er zur Messe läuten.

Es war 8 Uhr, als das feierliche Heer eingerückt war,
und der Pfarrherr sich für einige Minuten entschuldigte,
um die Messe zu lesen. Unterdessen machten wir uns reise-
fertig, — bald kam auch derselbe zurück, um schliesslich
die Rechte des Gastwirths zu handhaben. Nachdem wir
uns der Pflicht entledigt und den treffenden Tribut geleistet
hatten, nahmen wir Abschied und schlugen unsere Richtung
nach dem gewohnten Passwege ein, der von Göschenenalpli
nach Realp hinüberführt und dem wir als bekannt, keine
besondere Beschreibung widmen zu sollen glauben. Wir
mochten etwa eine halbe Stunde am südlichen Berghang
hinaufgestiegen sein, als wir das Thurmglöckchen des Kirch-
leins neuerdings schwingen hörten und den Dorfpfarrer

seine Gemeinde, die sich unterdessen im Rasen und an den Schwellen der Häuser gelagert hatte, nochmals zur Andacht führen sahen. Offenbar wurde jetzt die Predigt gehalten. Unterdessen hatten wir das interessante Hochthal noch einige Zeit in Sicht und warfen ihm manche Rückblicke zu. Ich möchte jedem, der Gelegenheit dazu hat, anempfehlen, dem klimatologisch und ethnographisch merkwürdigen Alpendorfe einen Besuch abzustatten. — Es war $11^1/_2$ Uhr, als wir die Uebergangshöhe (2778 M.) erreichten, von wo wir auf das zu unsern Füssen liegende Realp hinuntersahen. Hier machten wir einstündige Mittagsrast, indem wir uns gegen den schneidend kalten Nordwind hinter den regellos lagernden Felsblöcken auf der südlichen Abdachung des Passes zu schützen suchten. Das Thermometer wurde hier zunächst verifizirt und zeigte nach 15 Minuten langer Eintauchung im Schnee einen Nullpunkt-Fehler von $+ 0,2$ und um 12 Uhr eine wahre Temperatur von blos $+ 1,8$. Um auf dem kürzesten Wege nach der Furka zu gelangen, verliessen wir den Passweg und stiegen zunächst über die Köpfe hinunter, welche südlich der Zahl 2865 des Excursionskärtchens postirt sind — überschritten den im Tobel fliessenden Bach, der vom „Loch" herkommt, und hielten uns von da an fortwährend in der Höhe des Alpengeländes, unter 2591 durch, dem Tiefenbach zu, wo wir in die Furkastrasse einmündeten, deren Direktionslinie wir bis zum Gasthof auf der Passhöhe nicht mehr verliessen. Da es Sonntag war, konnten wir das bunte Getriebe der Strassenarbeiter, einer kleinen Armee von beinahe 2000 Mann, nicht beobachten; es war Alles still und öde, nur einmal begegneten wir einigen „Wälschen", welche ungeachtet des Sonntagsgebotes mit Aushebung von Erde beschäftigt waren. Dafür gestattete uns die Ruhe des Tages eine ungestörte Besichtigung des grossartigen Werkes der Neuzeit mit seinen Attributen des alpinen Barackenbaues nnd der kriegslagerähnlichen Marketenderwirthschaft. Die Strasse ist so angelegt, dass sie das Thal vollkommen beherrscht und sich in ziemlich gleichmässiger Neigung nach der Furka bewegt. Das Baumaterial besteht zumeist aus Granit. Die Arbeiten auf dieser Seite des Passes waren schon so weit vorgerückt, dass sie im Sommer 1865 ganz wohl vollendet werden können; ihr Vorrücken nahm regressiv von unten nach oben ab; während die untersten Loose oberhalp Realp bereits ausgebaut waren, regten sich zu oberst die ersten Schaufeln zur Aushebung von Rasen und Humus. — Während wir uns, uneingedenk der widrigen Kälte, an dem bewundernswerthen Denkmal eidgenössischen Unternehmungsgeistes ergötzten, rüstete sich in unserm Rücken wieder einmal ein feindliches Armeekorps aus dem Reiche der Lüfte zu unserer Verfolgung. Bereits schlagfertig, hatten die fliegenden Feinde, aus dem Göschenenalpli hersegelnd, das Joch besetzt, wo wir Mittagsrast gehalten, und begannen alsbald den Kriegstanz, in seitlicher Bewegung dem Gebirgszug folgend, welcher jenes Joch mit der Furka verbindet. Bald waren wir von einem heftigen Schneegestöber umringt, welches uns nicht mehr verliess bis wir über die Schwelle des Furkagasthofs getreten waren. Die Uhr zeigte $\frac{1}{2}5$, das Thermometer seit Mittag unverändert $+ 1, 8$, sank in einer Stunde auf $+ 1, 3$ und bis 7 Uhr sogar unter den Gefrierpunkt auf $- 0, 5$. Die Gäste des Hôtels kauerten fröstelnd um den geheizten Ofen, die nordischen Windstösse bliesen durch alle Fugen, es ward immer kälter und kälter. Wenn der Wintersturm im Gebirge nach den Tagen der Sonnengluth für den Alpenwanderer als isolirte Staffage im Reisegemälde seinen eigenthümlichen Reiz hat, so ist dagegen

Nichts so geeignet, demselben den Genuss zu schmälern, als die anhaltende, Körper und Geist deprimirende Kälte-empfindung, wie selbe seit einigen Tagen unsern Tastsinn beschäftigt; doch, wir sind diesen Abend in einer Höhe von 2436 M. überm Meer, da müssen wir freilich dem Andrang der arktischen Gesellen etwas übersehen; wer aber hätte sich wohl vor 20 Jahren geträumt, dass nach diesem Zeit-raum eine Fahrstrasse über den Rücken dieses Berges ihr silbernes Band hinziehe, und dass vielleicht nach zwei Jah-ren schon der Posthornschall seine Wellen an die Zinken schlägt, wo einst nur das unmelodische Brausen des Windes die Luft erschütterte? — ·

Thierberge.

Wie bereits erwähnt, hatte Herr Pfarrer *Gerster* im Jahre 1850 einen der drei mit Höhen-Angaben bezeichneten Haupt-Gipfel der hintern Thierberge, erstiegen; es scheint dies aber sogar dem in diesem Gebiet wie in seinem Hause orientirten Vater Weissenfluh nicht bekannt gewesen zu sein, indem er 1861 Hrn. *Elliot Forster* und Hrn. *Hardy Dufour* denselben Gipfel als jungfräulich bezeichnete und die Herren dadurch veranlasste, sich dem gleichen Ziele zuzuwenden. Eine Abbildung des in eine scharfe Firnschneide auslaufen-den Berges, den Herr Forster als den höchsten Thierberg bezeichnet, findet sich in dem oben citirten interessanten Aufsatze Forster's. Die ganze Beschreibung widerspricht übrigens in mehreren wesentlichen Punkten den positivsten Angaben unserer zwei Clubisten; weder Herr Wenger noch Herr Preisse erkennen den gezeichneten Gipfel als einen der von ihnen erstiegenen. Der höchste Gipfel, 3446 M., zeigt die grosse Fläche und nach Norden steiles Felsgehänge und kann jedenfalls in einer ¹/₂ Stunde vom Thierbergsattel nicht erreicht werden. Ob daher der vordere Thierberg 3091 oder 3343, oder welche andere Spitze von jenen Herren gewonnen worden, lassen wir dahingestellt. Bei der bisherigen Unbestimmtheit der Benennungen ist eine derartige Verwechslung leicht möglich und erklärlich.

Die nächste nördliche Spitze, 3419, erklomm Anfangs August Herr *Preisse* von Bern mit den zwei Söhnen Weissenfluh's, Andreas und Johannes. Nach abgehaltenem Kriegs- · rath mit der bekannten Führer-Familie, und nachdem unser Jubbruder dem berühmt gewordenen Eierdätsch der Mutter Weissenfluh die gehörige Ehre erwiesen, wurde im kleinen, sogar mit einem Harmonium versehenen Gasthofe zum Stein übernachtet, der von Hrn. Preisse und Hrn. Schwarzenbach als den Verhältnissen entsprechend empfohlen wird. So bildet dieses Wirthshaus den eigentlichen Ausgangspunkt für die Ersteigung des Sustenhorns. Mit erstem Morgengrauen wurde der Stein-Gletscher überschritten und am Thierbergli vorbei steuerte die Expedition an dem steilen Firnhang dem Joche zu, welches sich südlich ins Göschenenthal absenkt. Sie erreichte dasselbe um 8 Uhr und fanden hier das Depositum des Herrn Hofmann, welcher diesen Pass den Tag vorher überschritten hatte.

Nachdem der Grat des Kehlen-Gletschers erreicht war, musste über eine sehr steile Firnkante eine Reihe von Stufen eingehauen werden, und um 10 Uhr genossen sie die doppelte Freude einer gelungenen Ersteigung und reinen Aussicht. Titlis und Sustenhorn und die Berner Kolosse bilden die Glanzpunkte derselben, einen eigenen Reiz bietet im Gegensatz zu dem ernsten grandiosen Charakter der Hochalpen der auch von Herrn Wenger besonders betonte Blick in's freundliche Haslithal hinunter und bis auf den blau leuchtenden Brienzer See.

Nachdem die Augen sich an dem grossartigen und abwechselnden Panorama momentan ersättigt, wurde eine weiss und rothe Fahne entfaltet, und munter kletterte der obligate Mutz im weissen Kreuz unermüdlich weiter. Die heitere Stimmung unseres Trios spiegelt sich wohl am besten in dem Umstand, dass an diesem Tage sage 12 Flaschen Burgunder geleert wurden.

Die Bergspitze ist nach der Angabe des Herrn Preiss 5—6 Schuh lang und 1½—2′ breit und zeigt einige hervorragende Felsriffe.

Beim Hinuntersteigen wurde versucht direkt nach dem Trift-Gletscher einen Weg zu finden, allein über steile Felswände herausragende gefährliche Schneewächten liessen nach zweistündigem Suchen den Plan aufgeben und die Richtung nach der Steinlimmi einschlagen, von wo um 6 Uhr Abends die Windegg, Papa Weissenfluh's Sommerresidenz, besucht wurde. Um 9 Uhr Abends in Mühlestalden eingerückt, lockte die milde Nacht und die Aussicht erfrischenden Gerstensaft, wohl auch auf ein gutes Bett, die Unermüdlichen nach Innertkirchen ins sehr gut gehaltene Gasthaus des Herrn A. Nägeli, allwo noch bis spät in die Nacht mit eben angelangten Berner Clubisten ein Paar heitere Stunden verplaudert wurden.

Besondere Mühe gab sich Herr *Hofmann* aus Basel, einen direkten Weg von der Clubhütte nach Göschenen zu entdecken. Auf seine Veranlassung kundschaftete der immer lebenslustige Führer-Veteran die Umgebung der hintern Thierberge aus; sein Bericht lautete nicht sehr günstig, indem er entschieden von einem Versuch, um diese Stöcke herum zu klettern, abrieth. Demgemäss wurde beschlossen

um den Thältistock herum auf misslichen Pfaden und über
den zwischen Vorder und Hinter Thierberg herabfliessen-
den Gletscher zum Sattel, *Zwischen Thierbergen*, emporzu-
dringen und rechts die Uebergangsstelle zu suchen. Um
8 Uhr 10 Min., den 29. Juli, nach gut dreistündiger Arbeit,
langte Herr Hofmann mit den Führern Andreas Weissenfluh
und Joh. Fischer auf der vom Vater bezeichneten Höhe an,
aber welche Enttäuschung, als sie durch den plötzlich wie
durch Zauberschlag sich hebenden Nebelschleier nicht des
erwarteten Göschenen, sondern der bekannten Sustenstrasse
ansichtig wurden. Sie hatten zu viel links gehalten und
standen über der Steinlimmi, den Steinlimmi-Gletscher zu
ihren Füssen. Doch der Missmuth wurde wacker nieder-
gekämpft und rechts zogen sie hinan in der Richtung des
hintern Thierbergs steil einen furchtbar zertrümmerten, mit
zahllosen Schründen durchzogenen Gletscher erklimmend.
Nach Ueberwindung vielfacher Schwierigkeiten und ver-
schiedenartiger Gletscher-Manoeuvres, Ueberkriechen von
schmalen Schneebrücken und dergl. war die Höhe zwischen
3343 und 3419 um 10 Uhr erreicht. Der Hintere Thierberg hätte in kurzer Zeit von hier gewonnen werden können, doch mahnten die wild herauf tobenden Nebel keine
Zeit zu versäumen. In lothrechtem Absturze senkt sich der
ganze Gebirgsstock, berichtet Herr Hofmann, gegen den
Kehlen-Gletscher, so dass nur die einzige enge Schneekehle,
über welcher sie standen, den Zugang zum Gletscher ermöglicht. Der Vorsicht wegen liessen sie durch zwei hinab-
gestürzte Felsblöcke die oberste Schneeschicht wegputzen
und stiegen dann dem Felsrande nach abwärts. Eine Schlittenfahrt brachte die Gesellschaft gänzlich auf den tiefern
Gletscher hinunter. Herr Hofmann nennt die Passstelle
Thierbergsattel. Rasch ging es über den mit smaragdgrünen

Spalten durchzogenen Gletscher thalwärts, um 12¹/₂ Uhr war sein Ende erreicht, und um 2 Uhr rückte die Parthie dem Herrn Kaplan von Göschener Alp auf den Leib. Noch 3 Stunden Marsch durch das abwechselnd wilde und enge, dann reizend-schöne Thal, und die Gotthardstrasse ist erreicht; vertauscht wird das schöne Gletscherwandern mit der rasselnden staubaufwirbelnden Diligence.

Ein anderer bisher wohl nur selten betretener Uebergang führt von der Steinalp zwischen den Sustenhörnern und den Thierbergen über den Sustenfirn ins Göschener Thal und kann nach Herrn *Schwarzenbach's* Tagebuch als ein sehr schöner und ungefährlicher Gletscherpass jedem einigermassen geübten Bergsteiger empfohlen werden. Namentlich soll auf dem Joche selbst, etwas unterhalb 3174 M. der Excursionskarte, der Anblick der nahe liegenden Gipfel Sustenhorn, Thierberge, Schneestock ein grossartiger sein.

Für Herrn Schwarzenbach knüpfte sich an diese durch das herrlichste Wetter begünstigte Reise die leidige Nachwehe einer Sehnerv-Ueberreizung, welche sich in doppelter oder unbestimmter Wahrnehmung der Gegenstände äusserte. Erst nach zwei Tagen, welche theilweise in vollständiger Ruhe und Finsterniss zugebracht wurden, verschwand dieser Gletscherspuk.

Schnee- und Damma-Stock.

Der Weg zur Clubhütte führt von Mühlestalden, der Heimath der Weissenfluh, steil aufwärts einem knüppligen schmalen Pfad entlang hoch über dem schäumenden Bach nach der steinreichen Triftalp, wo in der unreinlichen Hütte zur Noth ein Unterkommen gefunden werden kann. Für die Pacht der beiden Triftberge, des sonnigen und schattigen

entrichtet der Schäfer der Gemeinde einen jährlichen Pacht-
zins von 100 Fr., mit der Berechtigung, das nöthige Holz
zu schlagen; er übernimmt zur Sömmerung ca. 1000 Schaafe
im Haslithal und in Obwalden, und erhält hiefür als Lohn für
ein Schaaf im Haslithal 50 Cts., in Obwald 1 Fr., muss aber
das Salz selbst ankaufen. 8 Miethgeissen liefern ihm und
dem Schafbuben den kargen Unterhalt. Gegen die Windegg
zu, einem felsigen Ausläufer des strotzig Grätli, wird der
Weg immer rauher, wilder, schon erhebt man sich über den
äussersten Theil des Trift-Gletschers, aber wie hat sich
seine Gestalt verändert, seit Herr Studer im Jahre 1839 ihn
zuerst besucht! Damals quollen die Eismassen in den
bizarrsten Formen und Klippen hochaufgethürmt über die
Terrassen herunter und boten dem Wanderer eines der
erhabensten Gemälde. Auch jetzt noch ist dasselbe ein
überraschèndes, obwohl sich der Gletscher wohl um 100 Fuss
gesenkt hat. Die charakteristischen rundlichen, von der
Reibung des Eises weiss polirten Felsköpfe, welche früher
unter dem Gletscher begraben lagen, treten nun in bedeutender Höhe über demselben zu Tage und umsäumen seine
schmutzig-weisse Fläche mit einem zweiten grauweissen
Borde. In frühern Jahren soll wiederholt der Gletscher bei
der Windegg so hoch angewachsen sein, dass das Schmelz-
wasser keinen Abfluss mehr fand und zu einem jener gefährlichen Seeen sich aufstaute, welche plötzlich verheerend
ausbrechen und ganze Thalschaften überfluthen.

Einen schroffen Gegensatz zu diesen übermächtigen
Naturgewalten liefert auch hier die beinahe überall in den
Alpen sich wiederholende Sage von üppigen, grasreichen Al-
pen. So erzählte die 80jährige Grossmutter Weissenfluh ihrem
Grossohne, unserm jetzigen Papa Weissenfluh, die Weide auf
der Trift sei, der Sage nach, so ergiebig gewesen, dass die

Kühe dreimal mussten gemolken werden. Dies wurde den übermüthigen Sennen lästig, und da sie von Spiel und Tanz von ihren Mädchen lassen mussten, um ihre Geschäfte zu besorgen, fluchten sie gräulich über die üppigen Gräser. Die Moral folgte in der Nacht, und alles, Menschen und Vieh verstob mit furchtbarem Krachen. Wohl im Zusammenhang mit diesen Sagen möchte die Behauptung gebracht werden, es hätte auf der Windegg in älterer Zeit eine Stadt gestanden; die Ruinen derselben werden wirklich an Ort und Stelle gezeigt, sie erweisen sich aber lediglich als diejenigen sehr primitiver Ställe oder Hirten-Hüttchen; immerhin ist es auffallend, dass in dieser Trümmerregion eine Anzahl solcher Steinhäuschen gebaut und benutzt worden sind. Jetzt haust ein leibhaftiger Berggeist in der Person Vater Weissenfluh's in diesen öden Revieren, doch nicht neckisch wie Rübezahl, sondern darauf bedacht, schöne Krystalle zu erbeuten, oder dem edlen Gewild dieser Region, den flüchtigen Gemsen, nachzusetzen, oder Alpenwanderern unter seiner sichern Obhut das Geleite zu geben.

Hier am Rande des Gletschers beobachteten wir eine in ihren Effekten zauberhafte, obwohl sehr leicht erklärliche Naturerscheinung. Der Westwind blies mit Macht die Nebelmassen über die Kämme, tiefer und tiefer senkten sich die Wolken, blaugrau starrte der Gletscher vor uns und in den Intervallen der heulenden Windstösse herrschte ein unheimliches Schweigen in der ernsten Natur. Mit einemmal fängt der vor uns liegende Gletscher an zu dampfen, wie wenn aus seinen Spalten vulkanische Rauchsäulen aufstiegen, welche schwer sich über den Boden lagern. Kaum wird dieses von plötzlicher Abkühlung der herabbrausenden warmen mit Wasserdünsten geschwängerten Luft zeugende Phänomen staunend wahrgenommen, so deckt wie mit Zauber

ber ein zusammenhängender Nebelschleier das ganze Thal, ein leuchtender Blitz mit krachendem Donnerschlag giebt das Signal zum Losbruch eines prasselnden Hagelschlags. Schleunig wird Obdach gesucht, und hierhin und dorthin stiebt die Schaar auseinander, wenige so glücklich, ein solches zu finden. Als der ärgste Sturm vorüber war, stellte sich einer und der andere pudelnass wieder ein, dann erst fand sich ein mächtiger überhängender Fels, welcher an der Stelle der lange vergebens gesuchten Windegghütte als Parapluie dienen musste.

Unsere Gesellschaft, bestehend aus Hrn. Reg.-Statthalter Studer, Fürsprech *Aebi* und dem *Referenten*, begleitet von Caspar und Jakob Blatter und Peter Sulzer, entschloss sich nach kurzer Berathung, trotz wenig einladendem Wetter, den Gletscher zu betreten. Zwar prasselte es wieder über unsern Körpern, als ob wir vom Boden weggespült werden sollten. Dessenungeachtet langten wir wohlgemuth nach einer kleinen Stunde am Fusse des Thälti-Stockes am jenseitigen Gletscherrand an und begannen nass um und um an der glatten, nur sparsam von Vegetation unterbrochenen Felswand, den Thälti-Platten, neben den stürzenden Bächen emporzuklettern. Da gewahrten wir halb zur Freude, halb zum Verdruss, hoch über uns in der Gegend der Hütte, mehrere Männer, welche unsern abentheuerlichen Zug beobachtet hatten. Da giebt es eine komische Nachtruhe, war unser innerster Gedanke, aber der biedere Clubist Herr Schwarzenbach hatte es anders beschlossen. Trotz vorgerückter Uhre und höchst unangenehmer Witterung erachtete er sich auf seinem hohen Posten als abgelöst und trat den Rückweg an. Bald begegneten wir uns an dem steilen Abhang und begrüssten uns mit ernstem Handschlag. Nach kurzem Suchen wurde jubelnd unser Quartier im hölzernen Häuschen

bezogen. Es brauchte einige Kunstgriffe, um für alle sech
Mann auf dem hinkenden Bänkchen Platz zu finden, danebe
zu kochen und die wenigen Habseligkeiten, das Gepäck hat
ten wir direkt auf die Grimsel instradirt, zu trocknen. Not
macht aber erfinderisch, und zu guter Letzt wurde ein seh
gemüthliches Abendessen genossen, sogar, Dank einer vo
Frau St. uns bescheerten Ueberraschung, in Leckerbisse
geschwelgt. Zur grossen Wohlthat gereichte uns das vo
der Berner Section der Station gewidmete eiserne Oefche
und behaglich streckten wir uns zur Ruhe ins weiche du
tende Bergheu.

Indem wir zur nähern Beschreibung des Central-Stoc
übergehen, fassen wir die nahezu übereinstimmenden B
schreibungen des Schnee- und Damma-Stocks in einen B
richt zusammen. Seinem Namen entsprechend, hatte d
Schneestock seinen ersten Besucher in seinem Elemen
frostig empfangen. Vor zwei Jahren misslang ein Versu
Dr. *Simmlers,* und wenn Herr *Wenger* sein Ziel glückli
erreichte, so wob der Berggeist boshaft dicke Schleier v
seinen Augen. Gnädig empfing er aber die Herren *Railla*
und *Kiefer* und söhnte sich sichtlich mit dem Schwei
Alpen-Club aus. Die von diesen Herren erhaltene Ausku
bestimmte Herrn *Hofmann,* dem Damma-Stock sich zu
wenden.

Von der Clubhütte betritt man unmittelbar den in d
erfrischenden Morgenluft hart gefrornen Firn. Auf de
herrlichen Schneegefilde über die Mulde, im Sack, ist d
Marsch wunderhübsch, steiler geht's dann die glatten Fir
halden hinan gegen die flache Einsattlung, welche zwische
3435 und 3282 die Verbindung der rechts liegenden Lim
mit dem Hauptkamm herstellt. Es müssen hier für nic
mit Steigeisen bewaffnete Füsse mit dem Pickel Tritte au

geschürft, „gebäckelt", werden, was den Marsch etwas verzögert. Doch bald wird man mächtig überrascht, plötzlich dem Gegenstand seiner Wünsche sich gegenüber zu sehen und mit einem Blick das in Millionen Brillanten funkelnde Firnbecken des Rhone-Gletschers staunenden Auges zu überschauen. Es ist dieser Punkt eine eigentliche Vorbereitung auf die Genüsse, die den Wanderer auf der Höhe erwarten, und giebt ihm Gelegenheit, sich in der neu erschlossenen Welt des Ausblicks nach Süden zurecht zu finden. Hier wähle nun! glücklicher Sterblicher! mit „rechte Schulter vor" geht's direkt nach dem Schneestock, in geradem Frontmarsch gelangst du freilich zuletzt über etwas steile Firnhänge zum Damma-Stock, oder was noch viel rationeller, befolge das gute Beispiel Herrn Hofmann's, der gleich alle hier mit Höhenangaben versehenen Gipfelerhebungen sich unterthänig machte und eine graziöse Guirlande vom Schneestock bis zum Rhone-Stock zog. Herr Hofmann erreichte den Gipfel des Schneestocks in der kurzen Zeit von kaum Stunden nach dem Abmarsch von der Clubhütte, die Sektion Studer den Damma-Stock in 5 Stunden; die spiegelglatte Oberfläche des Firns und ein längerer zum Zeichnen benutzter Aufenthalt auf dem Sattel erklären diese Differenz hinlänglich. Der Damma-Stock kennzeichnet sich schon von weitem durch eine vom Gipfel südöstlich sich herunterziehende Trümmerhalde, über welche zuletzt emporgeklettert wird. Um 8 Uhr Morgens, den 28. Juli, stand Herr Hofmann, um 9 Uhr, den 3. August, Herr Studer und Consorten auf diesem herrlichen Gipfel, dessen mächtige Granitblöcke vor dem kalten Nordwinde liebreichen Schutz gewähren, und gestatten, sich ganz dem hehren Genusse der Aussicht hinzugeben. O! du wunderbares, köstliches Schauen über die Riesenbildungen der Alpenwelt hinaus in weite, weite

Fernen, von blendenden Lichtmeeren in finstere Schluchten,
über funkelnden Schnee zum düstern Fels! wie schwach
und matt nur vermögen Worte dies wonnige Entzücken zu
schildern!

Auf hohem Firn und Felspostamente hat der Gebieter
der Umgebung in gewaltiger Runde die ganze im Festgewande prangende Familie und zahlreichen Hofstaat um sich
versammelt, über wellenförmige Einsenkungen reicht der
Damma-Stock seinen fast ebenbürtigen Nachbarn die Hand.
Zur Rechten ruht auf weichen Schneepolstern der durch die
neueren Karten unverdient zurückgesetzte Schneestock, an
ihn sind gelehnt die in westlicher Richtung verlaufenden
unbedeutendern Culminationen 3547 und 3435. Zur Linken
Dammas reiht sich eine spitze Grataukeilung 3509 an und
als südlichste Gipfelung die zierlich abgerundete Firnkuppe
3603, der Rhone-Stock, dessen Ersteigung etwas grössere
Mühe kostet als die seiner Kameraden. Gegen den Dammafirn überhängende Gwächten machen das Betreten der obersten Kante unsicher. Ein zackiger niedrigerer Felsgrat,
über welchen sehr wahrscheinlich ein Pass vom Rhone-
Gletscher nach Realp oder Göschenen gefunden werden
kann, stellt die Verbindung mit dem Galen-Stock her,
diesem imponirenden kühnen Eisgipfel. Vom Schneestock
halb verdeckt strecken die Thierberge ihre wilden Felsengipfel empor, an sie schliesst sich die schöne Gruppe der
Sustenhörner und des Spitzlibergs, eine Scenerie voll Kraft
und Mark, und in grösserer Entfernung erkennen wir den
Schlossberg, Titlis, die Spannörter. Unmittelbar östlich entfaltet sich in ungeheuerer Ausdehnung das reichste Panorama
über die Central- und Ost-Schweiz. Ueber die schroffen
grausigen Wände taucht erst der Blick in die schattigen
Kehlen und wilden Gestaltungen des Dammafirns bis auf

die grünen Weiden der Göschenen-Alp und verfolgt im
engern Thalgrund das silberblinkende Wasser des Reuss-
bachs. Wilde zackige Gesellen umlagern dieses Thal, über
den Lochberg und seine Nachbarn erheben sich die Hoch-
Warten des Gotthardt, und darüber hinweg die Gebirge der
Maggia, Livenen und Blegno-Thäler, dem dreigipfligen Campo
Tencca gegenüber glänzen die Kuppen der Kette des Rheinwaldhorns, östlicher weist uns Herr Studer mit staunen-
erregender Sicherheit die Gruppen des Gorschen und Sixmadun und dahinter die längs dem Tavetsch-Thal sich
hinziehenden Gebirge, überragt vom Scopi, Monte Cristallo,
P. Camadra mit dem gewaltigen Medelser-Gletscher, ferner
vom P. Lavaz, dem Muraau und in hintern Gliedern von
den Ketten, welche die Thäler von Ghirone, Somvix, Lugnez
und von Savien umkränzen. In weitester Ferne schimmern
in bläulichen Umrissen die kolossalen Wände der Bernina-
Kette und der Gruppe des Piz d'Err, und vielleicht dürften
die entferntesten kaum dem Auge wahrnehmbaren, wie zarter
Hauch am Horizont schwebenden Spitzen den Oetzthaler-
fernern beizuzählen sein.

Eine bestimmt abgesonderte Gruppe bildet der Centralpunkt der Glarner Alpen, die über ihre gesammte Umgebung
emporragende Kuppe des Tödi. Deutlich unterscheiden wir
den grossartigen Halbkreis von Bergen, welche seine Flanken
nach Westen und Süden umlagern, während die nördlichen
Aussen-Bastionen durch Windgälle, Scheerhorn und den
massiven Glärnisch bezeichnet sind. Näher steht uns der
mächtige Weitenalp- und Oberalp-Stock, den Fuss gebadet
im bläulichen Dufte des tiefen Thales.

So sehr die Ostseite durch den Reichthum und die bedeutenden Distanzen ein genaueres Studium verdient, so
verführerisch wird die Aufmerksamkeit nach Osten durch

5 *

die Majestät der Berner Alpen abgelenkt. Es ist unmöglich, dieses grossartige Bild in Worten zu zeichnen. Gehet selbst hin, werthe Clubisten, und schwelget in diesem Hochgenuss. Schon der Vordergrund ist erhaben, die herrliche reine Hochfläche des Rhone-Gletschers wird durch die barocken Zähne der Gersten- und Gelmer-Hörner eingefasst, nörd-licher breiten Thieralpli-Stock in mehreren schönen Pyra-miden, Diechter- und Gwächtenhorn von oben bis unten ihre weiten weissen Talare aus. Jenseits dieser Kette er-heben sich die bedeutenderen Höhen der Scheidewände zwi-schen den Hasli-, Urbach-, Unter- und Lauter-Aar-Thälern, wir erkennen den Hühnerthäli-Stock, ewig Schnee-, Rytzli-und Hangend-Gletscherhorn. In dritter Linie erblicken wir den nackten gezähnten Kamm der Lauter-Aarhörner, welche im schaurigen Schreckhorn gipfeln. Hoch erhaben über alles Volk der Berge thront die schwarze Pyramide des Finster-Aar-horns nach beiden Seiten in regelmässiger Ordnung flankirt; rechts über Agassizhorn von der Gruppe der Viescher-Hörner, neben denen sich die Eiger und die Jungfrau hervorschieben, übermächtig verdeckt das Schreckhorn die hinten liegenden Parthien, und imposant endigt die riesige Gruppe im Bergli-Stock und dem dreigipfligen Wetterhorn. Die linke Flanke, wenn auch schwächer vertreten, vollendet die herrliche Ar-chitektur; mächtig halten die Wannehörner das Gleich-gewicht aufrecht, das Ober-Aarhorn und seine den Oberaar-Gletscher einfassenden Kameraden Roth-, Löffel-, Sidelhorn tragen das Ihrige zur Abrundung des Gemäldes bei, vor welchem das staunende Auge wie festgebannt ist. Das Bild ist einem durch Gottes Gebot erstandenem Dome vergleich-lich, mit zahllosen Spitzen und Kuppeln, breiten, weissmar-mornen Kirchendächern, mit Thor, Schiff und Portalen der wundersamsten Arbeit. Ausgebaut ist nur der Hauptthurm

im Finster-Aarhorn, der zweite, das abgestumpfte Schreckhorn entbehrt, wie dies so oft bei unsern Kirchen der Fall
ist, der Zierde einer letzten Spitze. Ein solches Heiligthum
zu betreten durchschauert den sterblichen Menschen mit hei-
liger Andacht, und demüthig steht er da in seiner Schwäche
vor der Allmacht Gottes. Die Aussicht ist aber noch bei
weitem nicht erschöpft, auch die Kolosse des Wallis beanspruchen mit Recht, dass man sich mit ihnen beschäftige.
Da sind sie aufmarschirt die stolzen Gipfel; duftend in som-
merlicher Gluth vom Helsen, Monte Leone, Rossbodenhorn,
der fernen Monte-Rosakette, den herrlichen Mischabel-Spitzen
und dem unbezwungenen Matterhorn bis zur reinen Pyramide
des Weisshorns, ja bis zum Combin und hart am Galmihorn
erkennt das Auge noch die theilweise verdeckte Gestalt des
Mont-Blanc.

Ja wohl! wenn je ein Gipfel, so verdient unser Damma
l und oft besucht zu werden, er bietet zwar nicht das ro-
ntische Interesse einer mit grossen Schwierigkeiten ver-
denen Ersteigung; das Aufregende der Gefahr, die über-
chenden plötzlichen Veränderungen der Bodenverhältnisse
gehen ihm ab, die Aussicht ist aber eine wunderbar erhabene,
die blendenden ausgedehnten Firnen, die schönen Formen
ringsum, die grossse Abwechslung der Gruppirung, die
Uebersicht so vieler Bergreviere und ihrer Gliederung be-
weisen die überaus günstige Lage dieses Standpunkts.

Der Gipfel ist einige Fuss breit und dehnt sich von Nord
nach Süd aus, so dass er für eine zahlreiche Gesellschaft auf
seinen breiten Granitblöcken Raum zum behaglichen Aufenthalt bietet. An die Kuppe lehnt sich gegen den Schneestock eine gewaltige Schneegwächte, welche über die Tiefen
des Dammafirns hinausragt. Entsetzlich steil fallen die Felsmassen nach dieser Seite ab, ein schwacher Stoss genügt,

die losen Trümmer mit Donnergepolter in den Abgrund zu stürzen, und doch wie lange schon ruhen diesse Blöcke auf der hohen Zinne.

Das Gestein war vielfach mit Flechten und Moos bedeckt, die Lecidea Morio, v. testudinaria Sch. und die Imbricaria stygia v. lanata Hp. verleihen dem Granit einen schwarzen Ueberzug; lebhaft gelb klebt daran Lecidea geographica v. conglomerata, weit und breit die einzigen Stellvertreter und Rudera der bunten Vegetation der Erdoberfläche.

Während die Temperatur bei Herrn Hofmanns Besuch auf dem Schneestock um 7. 10 + 5⁰ R., auf dem Rhone-Stock um 8. 25 + 0⁰ R., bei Bisewind also ziemlich frisch war, genoss die Studersche Expedition, möglichst unter dem Schutze der Blöcke sonnseits gelagert, das Panorama, während zwei Stunden bei ganz angenehmer Wärme; zeitweise bliesen Windstösse aus Norden kalt über den obersten Saum, so dass schon beim Aufstehen ein merklicher Unterschied sich geltend machte. Diese sehr rücksichtslosen Winde möchten denn auch einem Versuch, Höhen vermittelst Luftballons auf wenig anstrengende Weise zu gewinnen, bedeutende Schwierigkeiten in den Weg legen; so ein Anprall an das zackige Gestein könnte noch verderblichere Folgen nach sich ziehen, als das tragische Ende der Nadarschen Reise.

Herr Hofmann kehrte von seiner Entdeckungsreise zur Hütte zurück, wo er schon um 1½ Uhr anlangte und hier vor einem heftigen Gewitter gastlichen Schutz fand.

Unsere Expedition stieg, am Seil angebunden, die sehr glatten Firnhänge gegen die Triftlimmi hinunter, diese rechts über sich lassend. Indem wir die tiefere Firnmulde vermieden, steuerten wir, tief im weichen Schnee watend,

einer Einsattlung des Grates zu, der sich vom Thieralpli-
Stock als Thiergweid mitten in den Rhone-Gletscher hinein
absenkt. Wir hatten den Plan im Kopfe, den Uebergang
nach dem Gelmersee zu versuchen; und eben stiegen wir in
stetigem Tempo den furchtbar blendenden Firnhang heran,
als wir drei Mann in der untern Triftlimmi, welche gewöhnlich als Uebergang gewählt wird, auftauchen sahen. Neu-
gierig spähten wir mit den Fernröhren, ihre Züge zu erkennen, allein wir waren schon zu entfernt und zu hoch,
kaum war das gegenseitige Zujauchzen vernehmbar und erst
auf der Grimsel hatten wir das Vergnügen, in dem Reisenden
unsern alten Freund, Herrn Prof. *Rütimeyer*, zu begrüssen,
welcher fataler Weise durch das vorgestrige Gewitter auf-
gehalten, uns nicht mehr einholen konnte, um die schöne
Reise gemeinsam mit uns auszuführen.

Im Schweisse unseres Angesichts langten wir auf dem
Kamm an und hatten nun zu wählen, entweder längs desselben nach dem untern Thieralpli-Stock und von da hinunter über den Aelpli-Gletscher die Richtung nach Gelmersee
zu nehmen, oder wir mussten in das Firnthal hinabsteigen,
welches uns von den hintern Gelmerhörnern trennte. Zwischen den ausgezackten Felswänden dieses Kammes führen
steile mit Schnee angefüllte Kehlen empor und weisen den
einzig möglichen Uebergang. Da bereits einige Zweifel an
der Möglichkeit, zu dieser vorgerückten Tageszeit noch eine
solche Unternehmung auszuführen, laut wurden, fuhren wir
rasch in das Thier-Thäli, so benannt, weil die Gemsen in
dieser abgelegenen Gegend sich sicher wähnend, gerne hier
im Schatten ruhen, hinunter. Nachdem einige böse Schründe
übersetzt waren, guckten wir die garstige Felswand genauer
an, und gelangten schliesslich zu der unangenehmen Einsicht, dass es gerathener sei, von unserem Vorhaben abzu-

stehen und uns der befreundeten Grimsel zuzuwenden, auf welchem Wege wir nicht befürchten mussten, an irgend einer Felswand stecken zu bleiben und übernachten zu müssen.

Seither hat Herr *Jacot* von Neuenburg von der Handeck und dem Gelmersee her den untern Gipfel des Thieralpli-Stockes mit leichter Mühe erstiegen und ohne irgend Schwierigkeiten zu treffen, den Weg nach der Clubhütte eingeschlagen. In den vierziger Jahren scheint der verstorbene Herr Pfr. Fetscherin von Guttannen aus die hintern Gelmerhörner überschritten und unter grossen Strapazen den Rhone-Gletscher erreicht zu haben.

Der Marsch den Rhone-Gletscher hinaus war, wie er schon mehrfach geschildert worden, sumpfig und lang. Am Fusse des südlichen Gerstenhorns betritt man wieder das Abere und steigt über Fels, Trümmer und Schneehalden auf rauhen Pfaden nach dem Hochthälchen von Saas, welches vom Nägelis-Grätli eingefasst wird.

Nur einsam sprossen hier einige wenige Alpen-Pflänzchen, einige Ranunkeln, Gentianen, Steinbrech-Arten und die dem schmelzenden Schnee entkeimende Soldanella. Kaum finden einige Schaafe auf diesem sterilen Boden nothdürftige Nahrung. Erst an dem steilen Abhang, wo plötzlich das gastliche Grimsel-Hospiz uns aus der Tiefe Willkomm entgegen winkt, deckt die Pflanzenwelt in zusammenhängenden Rasen den Fels und schmückt die Halde mit mannigfaltigen Kindern Flora's. Fusshohes Gras geht hier unbenutzt zu Grunde, da die Hänge, desshalb die „leiden-Weid" geheissen, zum Abätzen zu steil sind, und die Heuer lieber an bequemeren Orten mähen. Hier wird, wie man an der Ueppigkeit der Pflanzen sieht, keine Raubwirthschaft getrieben. Zur besten Zeit, Abends 7 Uhr, langten wir auf der Weide am See an

und labten mit der schäumenden frischgemolkenen Milch
den lechzenden trocknen Gaumen. Von der Familie Huber
in gewohnter herzlicher Weise empfangen, wurden noch bis
spät in die Nacht mit unserm Herrn Vice-Präsidenten Be-
rathungen über unser Clubbuch gepflogen und endlich zu
neuen Anstrengungen die nöthige Ruhe und Erholung gesucht.

Bevor wir wieder von der Grimsel scheiden, glauben
wir vielen Lesern unseres Jahrbuchs einen Gefallen zu er-
weisen, wenn wir über die denkwürdigen Kämpfe auf der
Grimsel im Jahre 1799 einen gedrängten Auszug aus Prof.
Lohbauer's Arbeit „*der Kampf auf der Grimsel*". Bern,
Buchhandlung Walthardt 1838, folgen lassen.

Es war im August jenes thatenreichen Jahres, als Franzosen und Oesterreicher sich um die Herrschaft der Alpen-
übergänge stritten. Die letztern hielten die Linie der
Central-Alpen, Gotthardt und Grimsel, besetzt. Auf der
Höhe dieses wilden Passes, 6665′ überm Meere, lagerten
2 Bataillone, 1430 Mann stark, mit 40 Walliser Schützen,
während Wochen jeder Witterung und nagendem Hunger
ausgesetzt. Vom Haslithal herauf drängten die Franzosen
unter Gudin mit 4½ Bataillonen oder bei 4000 Mann, trotz
ihrer Uebermacht in grosser Verlegenheit, wie sie der festen
Stellung des Feindes sich bemächtigen könnten. Durch
einen jener Zufälle, welche so oft über das Schicksal von
Gefechten entscheiden, kam dem französischen General zu
Ohren, dass Fahner, Wirth in Guttannen, sich geäussert, er
wollte wohl den Franzosen einen Weg zeigen, auf welchem
sie ohne Verlust hinter die Oestreicher kommen und ihnen
den Rücken brechen könnten. Das Schicksal der Oestreicher
war besiegelt, und gern oder ungern musste der unbedacht-
same Rathgeber die Umgehungs-Kolonne, 300 bis 400 Chas-
seurs, führen.

Am 14. August mit Tagesgrauen rückte die Hauptmasse der Franzosen langsam über den Räterichsboden vor und lenkte durch ihre drohende Aufstellung die ganze Aufmerksamkeit der Walliser sowohl, welche als Vorposten den Spital-Nollen besetzt hielten und den Uebergang über die um den Fuss dieser Felsabsenkung schäumende Aare vertheidigten, als auch der Oestreicher selbst gegen das Thal zu. Diese waren in zwei Treffen, das erste in geringer Höhe hinter dem Spital, das zweite auf dem Grimselsattel selbst aufgestellt.

Fahner hatte unterdessen mit den Jägern an der obern Bögelisbrücke, etwas unterhalb des Räterichsboden, links abgeschwenkt und erkletterte mühvoll die nächste Schlucht bis an die von den Gerstenhörnern herabhängenden Schnee- und Gletscherzungen, wo Fahner sich rechts wandte und in vielen Krümmungen in ziemlich horizontaler Richtung Felsränder und Gletscher umgehend, dem Felsenkamm des Nägelis-Grätli entlang vorrückte.

Die wilde fremdartige Grauenhaftigkeit der Scenerie und die ungewohnte körperliche Anstrengung überwältigte den Muth der französischen Soldaten. Dreimal hielten sie und drohten ihren Führer niederzuschiessen. Ob das Ansehen der Officiere oder die Zauberformel des auf den Knieen um sein Leben flehenden Fahner's, *Liebe gnädige Herren Franzosen*, ihm das Leben retteten, der Marsch wurde fortgesetzt bis nach fünfstündiger Arbeit die Kolonne fast über den Köpfen der Oestreicher anlangte und wie ein Hochgewitter auf die Getäuschten den verderblichen Hagel nieder schmetterte.

Blasser Schrecken musste die in ihrer Rückzugslinie Bedrohten erfassen, als nun auch plötzlich das bisher nur matt angesponnene Gefecht vom Thal herauf eine ernstere

Gestalt annahm. Die Franzosen, die Bestürzung ihrer Geg-
ner benutzend, rückten mit wildem Jubelruf in hellen Haufen
vor. Dem drohenden Verderben wissen sich die Walliser
mit dem Instinkt von Bergleuten geschickt zu entziehen
und verschwinden spurlos.

Theilweise leisteten die Oestreicher Widerstand, der aber
bald in regellose Flucht und Verwirrung sich gestaltete, als
die Hauptmasse der Franzosen in wildem Anlaufe, ohne
einen Schuss abzufeuern, die Grimselhöhe selbst zu erstür-
men begannen mit dem verhängnissvollen Schlachtruf: „en
avant camarades! avancez, avancez!" Eine halbe Stunde
dieser Jagd bergauf über Fels und Stein genügte, und
erobert war die so sicher geglaubte Stellung. Die nach der
Felsenwand zu zwischen den äussersten Felsköpfen des
Nägelis-Grätli und dem Todtensee eingeengten Fliehenden
wurden vom Todesblei der Umgehungskolonnen nieder-
geschmettert. Auch der Weg nach Ober-Gestelen war bereits von einer zweiten feindlichen Spitze abgeschnitten. In
Verzweiflung und starrer Tapferkeit fechtend, fanden viele
Streicher den Tod, viele stürzten in den See und ertran-
ken in den eisigen Fluthen, andere versprengt irrten in der
eisigen Wildniss herum und verkamen elendiglich vor
Kälte, Hunger und Erschöpfung, deren Gerippe viele Jahre
später unter Steinblöcken gefunden wurden. Ueber 300
Mann, welche einen Ausweg suchend, gegen den Fuss des
Gelmhorns sich zogen, plötzlich aber auch hier auf eine
gegen den Trübtensee entsandte Truppe stiessen, wurden ge-
fangen genommen, nachdem sie in soldatischem Ingrimm
Gewehre und Säbel an den Felsblöcken zerschmettert.
Wenn einerseits durch dieses und andere Treffen jener
Zeit der Werth der Gebirgsstellungen bedeutend in Frage
gestellt wurde, so lernen wir andererseits den grossen Werth

der genauen Terrain-Kenntniss schätzen und schöpfen daraus für uns Schweizer die Zuversicht, dass bei entschlossener einiger Vertheidigung gegen einen äussern Feind die schweizerische Armee diesem vielfach überlegen sein muss, denn in solchem Fall giebt es keinen Fahner!

Galen-Stock.

Obwohl keine Beschreibung der diesjährigen Ersteigung durch Herrn *Jacot* einlangte, dürfen wir diesen prächtigen Gipfel nicht mit Stillschweigen übergehen und benutzen daher dankbar die von Herrn *Raillard* freundlich zur Verfügung gestellte Skizze seines im Jahr 1863 ausgeführten Besuches. Herr Raillard verliess den 21. Juli um $6\frac{1}{2}$ Uhr die Grimsel mit den zwei Brüdern Blatter nach einer regnerischen Nacht und bei zweifelhaftem Wetter. Den bereits bekannten Weg über Nägelis-Grätli einschlagend, hatten sie in Saas das Vergnügen 7 Gemsen in der Nähe zu beobachten; ein unachtsames junges Thierchen liess sie sogar bis auf 8 Schritte heranschleichen. In 3 Stunden war der Rand des Rhone-Gletschers erreicht, der hier ohne Schwierigkeit in einer kleinen Stunde überschritten wird. Bei günstigem Firn kann man über denselben vom Fusse des Berges bis zur Spitze ansteigen, allein bei erweichtem Schnee ist es vorzuziehen, einem felsigen Absatz zur Rechten sich zuzuwenden und erst in beträchtlicher Höhe nach Norden schwenkend, die steilen hängenden Schneefelder zu betreten, welche von der herrlichen Firnkuppel zu seiner gewaltigen Basis herabwallend dem Stocke eine so wundervoll glänzende, weithin sichtbare Bekleidung verleihen. Um $1\frac{1}{2}$ Uhr war die gewölbte Kuppel erstiegen, und bei der angenehmen Temperatur auf dem Schnee ausgestreckt, genoss Herr

nach Braun.

Gipfel des Galenstocks.

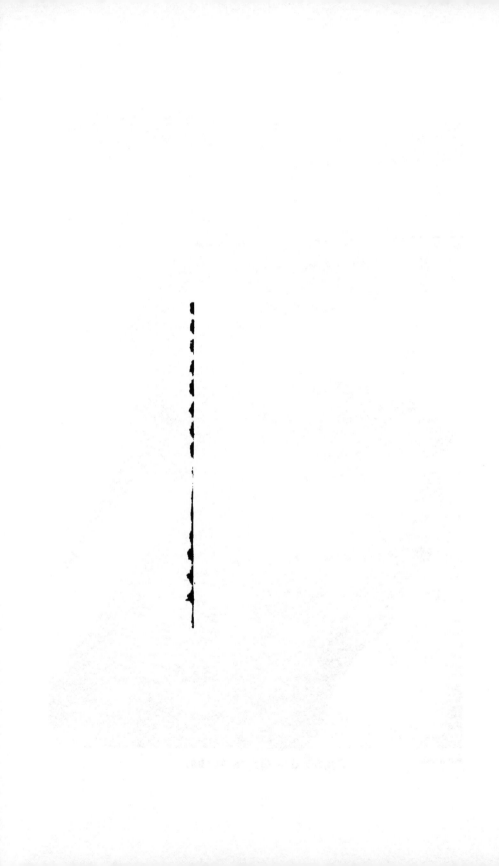

Raillard eine bei der grossen Anstrengung wohl verdiente, freilich nicht ganz vollständige Aussicht. Diese stimmt mit derjenigen des Damma-Stockes in den Haupt-Parthien ganz überein. Einige sehr gelungene Photographien von Herrn *Braun* in Dornach, auf dem Gipfel selbst aufgenommen, geben eine sehr getreue Vorstellung sowohl der Gestaltung des Gipfels mit seinen grandiösen Schneewächten als einiger Theile des Panoramas. Der Rückweg lässt sich durch Rutschparthien bedeutend abkürzen, die langen Schritte Herrn Raillard's im tiefen Schnee mögen auch das Ihrige dazu beigetragen haben, dass in nur $1^{1}/_{2}$ Stunde der jenseitige Gletscherrand erreicht war. Wohlbehalten rückte unser Freund um 7 Uhr wieder auf der Grimsel ein.

Diechterhorn.

Bevor wir uns anschicken, diese in der Mitte der westchen Kette gelegene Höhe zu ersteigen, müssen wir den Leser mit dem freundlichen Berichterstatter Herrn *Schwarenbach* näher bekannt machen.

Nach dessen eigener Ueberzeugung gehört unser geehrter Clubbruder zu derjenigen Klasse von Mitgliedern, welche als schwere Kavallerie des Alpen-Clubs bezeichnet werden können, nicht wegen allzustarker Corpulenz, Herr Schwarenbach ist ein sehr stattlicher kräftiger Mann, als vielmehr wegen vorgerückten Jahren. Daher heisst sein Grundsatz beim Bergsteigen „nur langsam voran" und die Wahl seiner Führer fällt vorzugsweise auf Männer der alten Garde, am liebsten rüstige Sechziger, dies Mal natürlich auf Vater Weissenfluh mit seinen 65 Jährlein. Ursprünglich auf den Rath der Aerzte zur Herstellung der Gesundheit in den Bergen herumwandernd, befolgt der Genesene diese Kurart mit

dem besten Erfolg. In zweiter Linie wird der Verprovian-
tirung grosse Aufmerksamkeit gezollt und ziemlich häufig
Erfrischungs - Stationen eingeschoben, welche aber Herr
Schwarzenbach, um den jüngern Collegen nicht Aergerniss
zu bereiten, mit Stillschweigen übergeht. Bei diesem System
des langsamen Fortschritts kömmt man natürlich nicht so
rasch, aber desto sicherer an das vorgesteckte Ziel und
geniesst des grossen Vorzugs, alles genau zu beobachten
und die empfangenen Eindrücke bleibender festzuhalten.

Herr Schwarzenbach eröffnete seinen Feldzug vom
Wirthshaus in Gadmen aus, einer reinlichen und einfachen
Bauernwirthschaft, das er als Hauptquartier auserkor. Das
abgelegene und zerstreute, zum Theil aus netten und reinlichen Wohnungen bestehende Dörfchen, dessen Bevölkerung
ausschliesslich vom Ertrag der Alpenwirthschaft und etwas
Holzausfuhr lebt, macht in dieser schönen Jahreszeit einen
günstigen Eindruck. Der zu Gadmen gehörende Weiler
Obermatt wurde im Jahre 1808 von einer Lawine zerstört
welche 23 Menschen und 74 Stück Vieh unter ihrer Wucht
begrub; 1862 zerstörte das Feuer dasselbe ohnehin schwer
heimgesuchte Dörfchen. Die Versuche, Seidenweberei ein-
zuführen, scheinen bis jetzt nicht recht geglückt zu sein
es widerstrebt dem freien Aelpler, sich an den Webstuhl
fesseln zu lassen; gegen die Fesseln des Wirthshauses indess
ist der Widerstand nicht so andauernd.

· Der 1. August wurde benutzt, um am Fusse des Radolf
oder Radlefshorns herumbiegend über die Windegg, in die
Clubhütte einzukehren. Von hier wurde den folgenden
Morgen gegen das in vollem Glanze sich gegenüber aufthürmende Diechterhörn aufgebrochen. Im Zickzack wurde
auf dem nach und nach steil ansteigenden ununterbrochenen
Firn allmälig dem Gipfel zugestrebt, der langsame Fort-

chritt, sonst so erprobt, zeigte hier eine unangenehme In-
convenienz, indem die warmen Sonnenstrahlen den Schnee
so intensiv erweichten, dass unsere Reisenden bis über die
Kniee einsanken. Circa 100′ unter der Spitze nehmen die
aus grossen übereinander geworfenen scharfen Granitblöcken gebildeten Felsspitzen ihren Anfang. Nach Er-
kletterung derselben stand Herr Schwarzenbach um 9 Uhr
nach fünfstündigem Marsche auf der obersten Spitze. Es
ist die am meisten nach Süden gewendete, auf deren höchstem Punkte eine grosse wagrecht liegende Granitplatte zum
Ausruhen einladet. Die Aussicht ist majestätisch und erhaben, in der Runde die umliegenden Bergeshäupter, deren
Gruppen angedeutet sind in Pilatus, Titlis und Susten-
horner, Damma- und Galen-Stock, Gotthardt, Ofen- und
Mittelhorn, Monte Leone, Finsteraar- und Schreckhorn, aber
Herr Schwarzenbach fand sie trotz der hellen Sonne und
mildem Wetter, um 9½ Uhr zeigte der Thermometer
+ 10½° R., unendlich wild und rauh, und er vermisste
in den wohlthuenden Anblick der Vegetation tragenden
de, nichts als todte Steine, Schnee und Eis. Da sich
in Anzeichen vorfand, dass je ein menschlicher Fuss diese
itzen betreten habe, so wurde der Wahrzettel mit allen
Formalitäten, mit Feder und Tinte ausgefüllt, deponirt.
Nach ⁵/₄ Stunden Aufenthalt wurde wieder über die
Steine mit Sorgfalt heruntergeklettert und noch tiefer
als zuvor in der linden Schneemasse eingesunken und hin
und her gewackelt, bis eine steilere Stelle das mühselige
Marschiren mit einer sausenden Schlittenfahrt unterbrach,
wobei einige Purzelbäume sich ereignet zu haben scheinen.
Eine kleine schwarze Wolke am Trift-Stock trieb die Führer
zur Eile und um dem drohenden Elemente zu entgehen,
wurde der übliche Grundsatz vergessen und im Sturmschritt

der Hütte zugeeilt. Noch war die Suppe nicht fertig, als unser bekanntes Hagelwetter mit Sturm und Donner losbrach und mit furchtbarer Gewalt auf Dach und Wände seinen Zorn austobte.

Wie grossmüthig Herr Schwarzenbach der Parthie Studer und Comp. die enge Herberge räumte, ist bereits erzählt, die tragische Beschreibung aber des schlimmen von Insassen wimmelnden Nachtquartiers mitten unter den Geissbuben der Triftalp, erregte in den weichen Herzen jener Eindringlinge aufrichtige Gewissensbisse, dass sie, freilich ohne Absicht, solche nicht einmal durch Insekten-Pulver zu beseitigende Qualen und einen so beschwerlichen Marsch verursacht hatten. Möge der geehrte Herr Clubgenosse unseres warmen Dankes versichert sein!

Wenn wir nun einen Rückblick werfen auf die diesjährigen Leistungen, so gewahren wir unzweideutig einen schönen Fortschritt im zweiten Jahre unsrer Thätigkeit, eine freudige Entwicklung. Nicht nur betheiligte sich eine schöne, wenn auch im Verhältnisse zur Mitgliederzahl immerhin noch beschränkte Anzahl von Clubisten an der Bereisung des officiellen Gebiets, sondern es wurden auch die hauptsächlichsten Aufgaben trotz vielfacher Störungen durch ungünstige Witterung glücklich gelöst, so dass nur einige wenige Lücken im nächsten Feldzug nachzuholen bleiben. So wurde namentlich die Auffindung eines Uebergangs von Göschenen direkt über die Centralkette nach dem Trift oder Rhone-Gletscher durch Eintritt von bösem Wetter vereitelt. Es ist dies zwar jedenfalls ein schwieriges Unternehmen, und unbedingt anzurathen, dasselbe vom Göschener Thal aus zu versuchen, doch gehört das Wagniss nicht ins Reich der Unmöglichkeit oder frecher Tollkühnheit. In der Umgebung des Damma-Stockes könnte wahrscheinlich ein oder die andere der sehr jähen Firnkehlen, welche zum Dammafirn hinunterschiessen, ein mühsames Emporklimmen ermöglichen, wenn nicht die grandiosen, fast überall heraustretenden Schneemassen den Zugang zum Kamm verwehren. In diesem Umstand liegt die hauptsächlichste Schwierigkeit, die sich auch bei unvorsichtigem Vordringen zur eigentlichen Gefahr gestalten könnte. Der Zustand des Firns, die Menge des Schnees werden das eine Mal den Angriff gelingen lassen, ein ander Mal aber möglicherweise abweisen. Also Glück auf, dem kühnen ersten Versuch!

Vom Gelmer-See oder der Handeck, als der Ausgangsstation, dürften noch andere Richtungen nach der Clubhütte einzuschlagen sein, als diejenige, welche Herr Jacot über den Thieralpli-Stock wählte, so z. B. zwischen diesem und dem Diechterhorn oder noch zweckmässiger zwischen dem letztern und dem Gwächtenhorn. Die Einschnitte sind zwar nicht bedeutend, bei der bedeutenden Erhebung dafür der Genuss desto grösser. Sehr interessant möchte eine Excursion von der Handeck über Gelmer-See und über die hintern Gelmerhörner nach dem Rhone-Gletscher sein. Diese könnte dann quer überschritten werden, um den Kamm zwischen dem Galen-Stock und 3513 zu gewinnen, von welchem aller Wahrscheinlichkeit nach der Tiefen-Gletscher erreicht werden kann. Jedenfalls ist es rathsamer, den Weg von der Handeck aus zu wählen, da man sicher ist auf der Ostseite der hintern Gelmerhörner herunter zu kommen, was auf der Westseite nicht überall scheint der Fall zu sein. Es wäre dies eine neue direkte Verbindung der Handeck mit Realp, die in einem Tage wohl ausgeführt werden kann; eine prächtige Gletscherwanderung.

Noch fordert einzig der finstere Kilchli-Stock einen kühnen Kletterer zum Zweikampf heraus, von seinen Nachbarn,

Steinhaushorn und Gwächtenhorn überragt, ist der Lohn aber voraussichtlich die grosse Arbeit und Gefahr nicht werth.

Die mineralogische Ausbeute im Trift-Gebiet ist keine sehr reichliche, doch immerhin eine interessante zu nennen. Die Grenze des Glimmerschiefers und des Granits in der über das Finster-Aarhorn führenden Streichungslinie der Hornblend-Gesteine des Lötschthals ist namentlich als Fundort von Topf- oder Bildstein, Asbest, Epidot, Sphen und Strahlstein bekannt. Der Topfstein wurde früher oberhalb Guttannen in der Rothlaui gebrochen, er liegt nahe an der Grenze des Glimmerschiefers und des Handeck-Granits, wird aber jetzt so wenig wie die im Anfang des 17. Jahrhundert ebendaselbst gebrochenen silberhaltenden Bleierze ausge beutet. Nicht besser erging es der Goldwäscherei bei lutern See am Mährephorn.

Strahlstein kommt in ähnlichen Gesteinsverhältnissen i Hintergrund des Susten - Gletschers vor; am Bockber nördlich vom Sustenhorn, werden die Giltsteinlager, welc nach Weissenfluh's Angabe auch zwischen dem Thierberg a treten, von schönen Epidot-Krystallen begleitet, wie an d Rothlaui.

Hübsche Gruppen von Bergkrystallen wurden von d Weissenfluh's unter andern in einem Bande von 8' Höhe vordern Thierberg und in einem zweiten am Trift-Sto gesprengt. Am Galen-Stock findet sich vorzugsweise Rau Topas, welcher nebst dem oktaëdrischen rothen Flussspa der Granitzone angehört. Bei der Ersteigung dieses Gipf durch Herrn Jacot fasste einer der Führer, auf einem klein Morainenzug stolpernd, zufällig einen mächtigen Kryst mit der ausgestreckten Hand. In geringer Distanz umh lasen sie dann bis $2^{1}/_{2}$ Pfd. schwere, leider meist etw

beschädigte Rauch-Topase zusammen, die wohl jetzt das
Neuenburger Museum zieren. Ob in letzter Zeit rothe Fluss-
spathe gefunden worden, möchte ich bezweifeln, da es mir
nicht gelingen wollte, neue Exemplare davon zu erhalten.

Das Vorkommen des Gadmer Marmors ist bekannt, leider sind die von Gneis umklammerten Massen dieses schönen theilweise ein feines Korn zeigenden Marmors in ihrer
Masse nicht gleichmässig genug, um mit Nutzen abgebaut
werden zu können.

Als botanische Seltenheit citiren wir das Vorkommen von
Eritrichium nanum am Heuberg neben dem Susten-Pass und
an der Steinlimmi, wohl den einzigen Standorten dieses
niedlichen filzigen Gletscher-Vergissmeinnicht's in der nörd-
licheren Alpenkette. Eine reiche botanische Ausbeute bietet
die Grimsel mit ihren Umgebungen, dem Aar- und Rhone-
Gletscher und der blumenreichen Maienwand; die Grimsel-
höhe selbst beherbergt z. B. einige seltene Carices, am
Todtensee steht die Carex Laggeri Whl., zerstreut über den
Pass C. foetida All., microstyla G., lagopina Whl., Persoonii
Seb., aterrima H., frigida All. Der fleissige Jünger der
Botanik wird seine Mühe überhaupt schön belohnt sehen.

Die Fauna ist die in unsern Alpen gewöhnliche. Durch
das Abholzen eines Urwaldes, des Nagelwaldes, in der Trift,
vor circa 15 Jahren, wurden die vielgeplagten Gemsen einer
ihrer Lieblingsstätten beraubt und zersprengt, und zogen
sich in Trupps von 8 bis 16 Stück nach dem vordern Thierberg zurück. Ihre Menge wird bis auf 30 Trupps geschätzt.
Vor dem Föhn oder dem kühnen Jäger fliehen diese kleinen,
als Grat-Thiere bezeichneten Gemsen nach den östlichern
Revieren, aus welchen sie durch die Urner Jäger aufgescheucht
wieder ihrem Instinkt folgend, der die Thiere stets wieder
nach den bekannten heimathlichen Schlupfwinkeln führt, an

den alten Standort in treuer Anhänglichkeit zurückkehren.
Die meisten Gemsen werden aber wohl an der Gadmenflul
erlegt.

Natürlich fehlt in diesen wilden steinigen Regionen auch
das Murmel-Thier nicht. Dieses fleissige Thierchen ist der
Mordgier der Menschen noch mehr ausgesetzt, und es ist
sehr zu beklagen, dass das Ausgraben des im Winterschlaf
begriffenen Thieres immer ungescheuter betrieben wird und
demselben daher in dieser Gegend baldige Ausrottung droht

Schnee- und Steinhühner beleben sparsam die einsamen
hohen Regionen, während der stattliche Auerhahn und an
deres befiedertes Volk niedrigere Striche vorziehen; hier
und da kreist noch ein Adler über den Spitzen der Berge
und übt als König der Lüfte seine räuberische Herrschaf
über das Gebiet aus.

Das Trift-Gebiet mit seinen wilden Reizen, mit seiner
entzückenden Schönheit und Pracht möge allen Besuchern
gleiche Wonne, gleiche körperliche und geistige Erholung
und Erfrischung gewähren, welche den diesjährigen Excur
sionisten in so reichem Masse zu Theil wurden. Möge das
selbe stets als ein geheiligter Tempel der Freiheit die Liebe
und Treue zum herrlichen, gesegneten Vaterland in Aller
Herzen entzünden, läutern und befestigen.

Distanzen-Angaben.

Mühlestalden	— Clubhütte	— 5 Stunden.	
Clubhütte	— Trift-Limmi — 3	-	
-	— Schnee-, Damma- oder Rhone-Stock 4—5 St		
-	— Thierberg, 3446 — 3 — 3½ St., ret. 2 St.		
-	— Diechterhorn circa 4 St.		
Trift-Limmi	— Grimsel — 6 St.		

Damma-Stock— Grimsel — 7 St.

Stein-Alp — Thierberg, 3419 — 6 St., retour circa 4 St.

- — Sustenhorn — 6 St., retour 4 St.

- — Spitzliberg — 10 St., retour 6½ St.

—Göschenen-Alp circa 12 St.

- — Stein-Limmi—Graggi — 6 St.

Hornfeli - Alp — Spitzliberg — 5¾ St., retour 2 St.

Grimsel — Galen-Stock — 7 St., retour 5 St.

- — Gerstenhorn, 3167 — 4½ St.

Gerstenhorn — Furka — 3½ St.

Guttannen — Furtwang 3½, — Mühlestalden 4 St. =
7½ St.

- — Furtwang—Mährenhorn 5½ St.

- — Furtwang—Steinhaushorn 5½ St., ret. 4 St.

Der Piz Roseg.

Von *J. J. Weilenmann.*

Der Plan, den Piz Roseg zu ersteigen, ist eigentlich nicht in meinem Gehirn entsprungen, ich wurde dazu angeregt und verspürte anfangs wenig Lust dazu. Wie für die Menschen, so hat man für die Berge seine Sympathien und Antipathien. Warum ich letztere für den Roseg hatte, kann ich kaum sagen; sie mochten so ungegründet sein, als die Antipathien, die man für gewisse Menschen hat. Nur lassen sich diese, auch mit den triftigsten Vernunftgründen oft nicht bezwingen, indess ich, als ich die Karte zur Hand nahm und mir die Mühe gab, mich mit der Sache vertraut zu machen, meine Abneigung schwinden sah.

Der Berg erhebt sich im Hintergrunde des Rosegthales in Form eines gewaltig hohen und wilden Kammes, der sich von der Centralkette des Bernina-Gebirges in nordwestlicher Richtung abzweigt. Von nur etwa einer Stunde Länge ist er der kürzeste der Absenker, die diese Kette nach dem Engadin sendet. Er theilt den Hintergrund des Thales in zwei fast gleich grosse Becken und ist rings von den sie füllenden Gletschern umschlossen, westwärts vom Roseg-Gletscher, ostwärts vom Tschierva-Gletscher, die, wo der

Kamm endet, zusammenstossen und vereint zu Thale dringen. Seine südlichsten Parthien sind die höchsten, mächtige Schneelasten decken dort seinen Rücken und die ihm
entsteigenden Gipfel. Nach dem Tschierva-Gletscher in
hohen Eisflanken, schimmernden Schneeterrassen, schwarzen
Felswänden abstürzend, weist seine Abendseite, mit Ausnahme einer breiten, über die ganze Wand vom Rücken bis
zum Fuss herabreichenden Schneehalde nur himmelhoch aufstrebende Felsmauern. Von seinen Gipfeln zeichnen sich
zwei, die durch eine tiefe Einsenkung von einander getrennt,
besonders aus. Der eine nördliche hat 3927 M. 12,089 P. F.,
der südliche, über den die Grenzlinie geht 3943 M. 12,138 P. F.
Höhe. Dieser ist so schmächtig und unansehnlich, dass er,
obschon der höhere, neben dem niedrigern, der die Hauptmasse bildet und majestätisch über der stillen Gletscherwildniss thront, beinahe verschwindet. Dennoch ist er aber
der höhere und ist, obschon der Unterschied nur 49′ beträgt
und von ihm die Ausschau beschränkter sein wird, da wahrscheinlich der niedrigere Gipfel breit davor hin sich stellt,
für denjenigen, dessen Streben die Bezwingung der höchsten
Spitzen, das Hauptaugenmerk. Die nördlichen Parthien des
Roseg-Kammes, Agagliouls genannt, sind bedeutend niedriger als die südlichen, die in hohen Schnee- und Felshängen auf sie abstürzen. An den höhern Parthien ihrer Ostseite lagern noch Schnee und Eis — der niedrigere Vorsprung,
der den Zusammenfluss der beiden Gletscherarme beherrscht,
zeigt ein Gewirre brauner Felswände und grüner Rasen-
terrassen, in deren tiefer Abgeschiedenheit gerne die Gemse
weilt und das Murmelthier haust.

So viel hatte ich vor Jahren schon gesehen, als ich die
umstehenden Höhen, den Piz Tschierva, Corvatsch und
Capütschin erstieg. Es war aber lange her und genau,

wie es geschieht wenn man eine Höhe ersteigen will, hatte ich mir damals den Berg nicht angesehen. Begierig, mehr zu erfahren, wandte ich mich an den Central-Ausschuss des Schweizer Alpen-Club und erhielt von ihm folgende vom Führer Colani herrührende Notizen.

Der Piz Roseg leistete unter allen Bernina-Gipfeln den hartnäckigsten Widerstand; mehr als ein Angriff wurde zurückgeschlagen, bis es am 1. September 1863 dem Engländer Birham unter Führung von Fluri und Jenny gelang, wenigstens die kleinere nördliche Spitze zu erreichen. Sie bildet eine runde Schneekuppe, und der Weg zu der südlichen führt über diese. Beide Gipfel sind durch einen scharf eingesattelten Grat mit einander verbunden, links und rechts fallen die Wände beinahe senkrecht in eine ungeheuere Tiefe ab.

Nach Colani's Ansicht ist auch die höhere Spitze erreichbar, aber jedenfalls erfordert es dazu einen durchaus schwindelfreien Kopf. Die Ersteigung hält er im Spätsommer für sicherer, weil der Angriff auf einer Seite geschehen muss, wo bei früherer Jahreszeit Lawinengefahr eintritt.

Lehrer Enderlin in Pontresina hatte die Güte, mir mitzutheilen, es seien die letzten 2—3 Jahre mehrere erfolglose Versuche zur Ersteigung des Berges gemacht worden, seines Wissens aber sei dies stets auf der Nordseite geschehen, während er diese Seite geradezu für unersteigbar hielt, dagegen von der Westseite mehr Erfolg sich versprach. Er selbst habe nie einen Versuch gemacht. Und so haben dann auch die genannten Führer mit dem Engländer, wie er glaube, ohne allzugrosse Schwierigkeiten, die niedrigere Spitze erreicht. Der Weg zu der höhern führe seines Erachtens einzig und allein über die niedrigere. Von dort führe ein sehr schmaler, westwärts senkrecht abstürzender Kamm

nach der höhern Spitze. Zuerst sattle sich dieser Kamm
ein und steige- dann ziemlich steil zum Gipfel. Jedenfalls
sei dies ein schwieriger Pfad, doch halte er die Ersteigung
nicht für unmöglich. Diese Ansicht habe er gewonnen durch
Betrachtung von den verschiedensten Standpunkten. Am
nächsten haben es natürlich die gesehen, die auf der vordern Spitze gewesen, und sie sollten es am besten beurtheilen können, ob die Ersteigung möglich und in wie weit sie
gefährlich sei. Was die Zeit betreffe, so sei er entschieden
der Ansicht, dass es jetzt (Anfangs Juli), wenn das bisher
ungünstige Wetter einmal besser würde und Nordwind ein-
träte, besser ginge als später. Mit den Führern Jenny und
Thuri habe er gesprochen. Sie seien im Wesentlichen auch
seiner eben ausgesprochenen Ansicht und seien gerne bereit,
einen Versuch mit mir zu machen. Was die Kosten betreffe,
so haben sie bis auf die vordere erreichte Spitze für eine
Person die Taxe von 200 Frs. festgesetzt. Das Weitere
wäre je nach Schwierigkeiten, Erfolg u. s. w. Sache des
gegenseitigen Einverständnisses.

Dem in den Mittheilungen des englischen Alpen-Clubs
erschienenen Bericht von Birham selbst war nicht viel mehr
zu entnehmen, als dass er den Berg von der Westseite erklommen, und dass die Besteigung mühsam aber nicht allzu-
schwierig gewesen. Genau war die Richtung, die er genommen, nicht zu ermitteln, auch blieb man im Unklaren,
welchen der beiden Gipfel er erreicht.

Aus Alledem ging hervor, dass die Bezwingung der
höhern Spitze keine Kleinigkeit sei.

Berücksichtigt man, dass es nur eines Tages für die
Besteigung bedarf und dass der schon erreichte Gipfel keine
Schwierigkeiten hat, so erscheint die von den Führern fest-
gesetzte Taxe viel zu hoch. Es liesse sich eine Anzahl von

Gebirgsparthien in der übrigen Schweiz nennen, die wenigstens so mühsam und noch mühsamer sind, die eben so viel
und noch mehr Zeit beanspruchen, für die aber weit weniger
bezahlt wird. Im Hinaufschrauben der Taxen für die höhern
Parthien haben es die Pontresiner Führer binnen kurzem
zur Virtuosität gebracht — es sind dies gleichsam Affektions-
preise. Weniger lässt sich gegen die Taxen für die unbe-
deutenderen Höhen und Uebergänge sagen. Thöricht übrigens, wer es ihnen verargen oder sich darüber beklagen
wollte, dass sie ihre Taxen höchstmöglich stellen, zumal wenn
sie dabei, wie es den Anschein hat, vollauf zu thun finden.
Wessen Kräfte diese Taxen übersteigen, der mag sich ja
mit geringern Höhen begnügen oder alleine es versuchen
oder, noch ein Ausweg, die Führer von anderwärts mit
bringen.

Eben weil es dem Lenker unserer Schicksale nicht gefallen, mich als Nabob auf die Welt kommen zu lassen, noch
mit Anlagen, ein solcher zu werden, mich anszustatten, habe
ich das Alleingehen oft und oft redlich getrieben, habe bis
den äussersten Grenzen der Möglichkeit es versucht. Berge
von 10—11,000' Höhe habe ich die Menge alleine erklettert
Was darüber, das ist, wenige besonders zugängliche Höhe
ausgenommen, schon misslicher für den Einzelnen. Gefahren
drohen, Hindernisse stellen sich entgegen, die der Einzeln
nicht bewältigen kann. Da gute Führer sich an den
höchsten Gipfel des Roseg nicht gewagt, liess ich mir
nicht beifallen, allein ihn zu ersteigen — aber ebensoweni
war ich gesonnen, in die exorbitante Taxe mich zu fügen
Glaubte auf schon angedeutete Weise auch zum Ziele zu
gelangen.

Erst schrieb ich Führer Elmer in Elm, mit dem ich vor
Jahren den Haus-Stock erstiegen, erhielt aber die Antwort

er sei schon engagirt. Dann beschloss ich ausser Landes,
an Franz Pöll im tirolischen Paznaunthale mich zu wenden,
mit dem ich auf dem Fluchthorn war und den ich als guten
Birgsmann kennen gelernt. Befürchtend, ich möchte lange
auf eine Antwort von ihm zu warten haben, oder mein
Schreiben vielleicht gar nicht ihn erreichen, beschloss ich,
so weit auch der Umweg, selber ihn aufzusuchen.

Es war ein trüber Tag, die Höhen des Rheinthals um-
hüllten finsterer Dunst und Nebel, die kein Sonnenblick zu
durchbrechen vermochte, als ich nach Oberried fuhr. Dort
wurde der österreichische Postwagen bestiegen, es begann
die alte Gemüthlichkeit des Reisens. Bald hatte der Postillon
seine durstige Gurgel zu netzen, bald wurde ein Passagier
eingeschrieben aufgenommen, eine Strecke weit gefahren
und wieder abgeladen — kurz es schien ganz gleichgültig,
ob man eine Stunde früher oder später in Feldkirch an-
komme. Während ich hoffte von da mit Post oder Stell-
wagen sogleich weiter zu kommen, hiess es nun, beide seien
schon vor mehreren Stunden abgefahren. Gleich anfangs
schon auf schnurgeraden unabsehbaren Strassenbändern die
Füsse steif zu gehen, dazu hatte ich keine Lust, ebensowenig als in dem erst um Mitternacht abgehenden Postwagen
eine schlaflose Nacht zu verbringen, und blieb mir somit
nichts übrig, als den folgenden Tag abzuwarten. Es war
ein Festtag und viel Leben in den sonst stillen Gassen.
Aus der nahen Kirche tönte Musik herüber, was mich veran-
laste, sie zu besuchen, in der Hoffnung, einige erquickende
Töne zu hören. Doch war es eitel ohrenbetäubender Lärm,
und getäuscht verliess ich das schmuzige Gotteshaus und
seine übelriechende Luft. Schlendert man dem Ufer der
ungestüm zwischen Felswänden dahineilenden Ill entlang
und verfolgt eine Strecke weit den Waldpfad nach Satteins,

so erschliesst sich ein lieblicher Blick auf die saftiggrünen
Matten und dunkeln Waldhänge des Wallgau, die Höhen
aber blieben immer noch in regenschweres Gewölke gehüllt.
Ich durchstreifte den Wald, der das östliche Gefälle der
hohen Felswand deckt, die Feldkirch überragt. Seine tiefe
und doch beredte Stille, sein frischer Hauch, das erquickende
Grün seines Moosteppichs, in den Wipfeln hallend das einfache Jubellied eines befiederten Sängers — wie wohlthuend,
wie unendlich erhebender sie sind, als der lärmende San
und Gestank des eben verlassenen Tempels!

Die Fahrt in's Wallgau hinein, ohnehin etwas monoto
war es bei dem regendrohenden Himmel des folgende
Tages noch mehr. Erst wenn man Bludenz sich näher
wird die Gegend ansprechender, und betritt man vollends d
Klosterthal, so nimmt sie jenen innigen, traulichen Charak
an, der tiefgebetteten Alpenthälern gerne eigen. Gutbebau
Felder, stille Wiesen, heimisch aus Obstbäumen lauschen
Bauernhäuser und, dahinter aufstrebend, lebendig grünen
Berghalden, dunkler Waldhang oder graue Felswände, d
oft nur zu nahe und erdrückend, huschen an uns vorüb
Als wir Dalaas im Rücken hatten, brach der Regen los, d
Gegend wurde unwirthlicher, mit jedem Fuss Steigung na
die Kälte zu, ein Fenster um's andere unserer fahrend
Behausung schloss sich. Dabei ging es zum Verzweifel
langsam. Schnelligkeit war nie die Tugend der Stellwage
In Stuben, dem letzten Dorfe diesseits des Arlberges, wa
es so kalt, dass man ungerne in's Freie trat, und nachde
wir die hohe Mauer passirt, die das Dorf gegen den Tan
berg vor Lawinen schützt, begann es sogar zu schneie
Ein Wegweiser zeigt an, wo es nach dem Lechthal hinübe
gehe und ruft mir die Tage zurück, die ich im Dorfe Wa
bei eben so schlechtem Wetter verlebte. Langsam ging e

die langen Kehren der letzten Steigung hinan — das Schneegestöber liess nicht zehn Schritte weit sehen, man drängte
sich zusammen, um weniger zu frieren, denn auf solche Witterung hatte sich Niemand vorgesehen. Am meisten litt
dabei ein abgezehrtes 11jähriges Mädchen, das im letzten
Stadium der Schwindsucht, aber trotz Schwäche und Ab-
mattung — man musste sie tragen, ihr das Essen reichen —
noch nach Tirol in die Sommerfrische gebracht werden sollte.
Die Frau, deren Pflege sie anvertraut, umhüllte sie sorgfältig
mit Allem, was aufzutreiben, es schien aber Alles nicht zu
klecken. Dämmerung begann schon hereinzubrechen, als
man die Bergeshöhe erreichte und nach St. Anton hinab
rasselte. Die Strasse führt hoch über wilder Tannschlucht, in
deren Tiefe die Rosana rauscht, dem Abhang entlang.
Gegenüber ragen schneebedeckte Gräte und Spitzen; ein
stürmisch-zerrissener Wolkenhimmel, von kaltem Dämmerlicht erhellt, hängt darüber hin. Durch's Wagengerassel
tönte das phantastische Gelächter, Singen und Pfeifen eines
Betrunkenen, der sich zum Jux der Einen und zum Aerger
der Andern hinten auf den Wagentritt gestellt, dort ange-
klammert blieb, Kopf und Oberleib hineinstreckte und der
Gesellschaft beharrlich seinen von lebhaften Gestikulationen
begleiteten Blödsinn zum Besten gab. Weder unser Rosse-
lenker noch der Conducteur hätten mit einem Wort ihn
gebeten, herabzusteigen. Ein Hoch der tirolischen Reise-
gemüthlichkeit!

Um von St. Anton in kürzester Richtung hinüber nach
dem Paznaunthale zu gelangen, blieben mir mehrere Wege
offen: der durch's Moosthal, das gerade gegenüber sich öffnet, und jener durch's Rosanathal und dann durch eines der
beiden Zweigthäler, in die es sich gabelt, entweder durch's
Tasulthal oder durch's Fervalthal. Jener, der direkteste,

mochte in pittoresker Beziehung am meisten bieten, schien
aber auch der wildeste zu sein. Der Uebergangshöhe zu
liegt noch viel Schnee, und fast schien es, als ob auch ein
Gletscher zu passiren wäre. Der Geistliche des Orts, der
im Wirthshaus seinen Abendtrunk nahm, empfahl mir den
durch Rosana und Schön-Ferval als den lohnendsten und
zugleich bequemsten. Das Prädikat Schön hat dieses Thal
seiner ergiebigen und ausgedehnten Triften und Weidhänge
wegen erhalten. Um meiner Sache sicher zu sein — ich
ging nämlich ohne Führer und das Wetter war zweifelhaft
— entschied ich mich für letztere Richtung.

Dem Rosanathal, obschon es etwas monoton, verleiht
der dichte Tannenwald, der seine tiefern Hänge fast durch-
gehends umdunkelt, einen eigenthümlichen melancholischen
Reiz, der durch die tiefe Stille, in der nur das Flüstern der
Tannen, das Rauschen der Rosana zu hören, noch erhöht
wird. Eine Alphütte, jetzt leer, dann eine einsame, verödete
Kapelle, die von Tannen umgeben auf einem Vorsprung
steht, die tiefe Waldschlucht und die im Osten ragenden
Bergesgipfel überschauend, sind ausser dem leidlichen Pfad
die einzigen Anzeichen, dass zu Zeiten Menschen hier wei-
len, wenn schon jetzt keine Seele sich regt. Naht man der
Weitung, wo das Thal sich theilt, so tritt einem mächtig,
kühn, in hohen nackten Felswänden in der Gabelung sich
aufschwingend, die Platriolspitze entgegen, deren Gipfel
längst schon das Waldthal beherrschte. Der Wald hat auf-
gehört, am jenseitigen Abhang liegen fast zahllose Schaafe.
Es biegt plötzlich nach dem Fasulthal ein, dessen Eingang
ostwärts von der Kucherspitze beherrscht wird, an deren
Fuss von Vieh umgeben eine Alphütte liegt. So ein graues
Hüttendach, dem stille der blaue Rauch sich entwindet, giebt
gleichsam Seele und Frieden der Gebirgswildniss und spricht

durch das Leben und Treiben das es verräth, die kleine,
noch unbekannte Welt, die es birgt, den Herd, an den es
dich ladet, den Schutz, den es dir verspricht, nach stunden-
langer einsamer Wanderung unendlich heimisch und traulich
dich an. Da jedoch mein Weg nicht durch Fasul geht, das,
wie der Einblick, den man ins Thal hat, schliessen lässt,
arm ist an Naturschönheiten, so lasse ich jene Hütte, der
man übrigens Schmuz und Unrath von Weitem ansieht,
links liegen und schreite Schön-Ferval zu, an dessen Mündung auch zwei Hütten stehen.

Ein älterer Mann, der vor der untern Holz hackt, er-
weist sich auf meine Frage nach Engelbert Rauch, der vor
Jahren das erste und einzige Mal mit Ingenieurs die Platriolspitze erstiegen, als der Gesuchte selbst, und die Hütte als
die Branntweinhütte. Die schöne Felspyramide verlockte
zur Besteigung, der Mann meinte aber, jetzt sei es noch
nicht thunlich, man müsse noch einige Wochen warten, bis
der Schnee von den obersten jähen Felshängen unter dem
Gipfel verschwunden. Auch sei er zu alt dazu, sein Sohn
jedoch, der damals auch dabei gewesen, sei Mannes genug,
einen hinauf zu geleiten. Im Begriff in die Hütte zu treten,
um Milch zu trinken, finde ich, dass man eben daran ist,
ein Schaaf auszuweiden, das ein herabrollender Stein er-
schlagen, und der bestialische Gestank, den die Eingeweide
verbreiten, treibt mich alsobald wieder hinaus und nach der
obern Hütte. Schmuz und wieder Schmuz scheint hier die
Parole zu sein.

Schön-Ferval zieht sich an der Westseite der Platriolspitze und des Gebirgszweiges, dessen Ende sie bildet, mehrere Stunden weit hinan. In seiner kahlen Zerrissenheit
bietet dieser Gebirgszweig einige Abwechslung, der Grund
aber und die Westseite des Thales, so gute Weide sie bieten

mögen, sind höchst langweilig. Erst seinem Hintergrunde
zu, wo die es umschliessenden Kämme höher und wilder
werden und mit Schnee sich decken, wird das Thal für's
Auge wieder geniessbarer. Abermals musste ich mir sagen,
dass unsere Begriffe von landschaftlicher Schönheit sehr
verschieden sind von denen des Gebirgsbewohners und dass
wer von diesen sich beeinflussen lässt und sich nicht aus
der Gestaltung des Gebirges ein eigen Urtheil zu bilden
weiss, gar oft sich getäuscht finden wird. Den Thalschluss
zur Linken lassend, schritt ich über öde, zum Theil noch
unter Schnee begrabene Weiden, wo nur die ersten weissen,
gelben und rothen Keime sprossten und die violetten Glöck-
chen der Soldanella blühten, nach der letzten weiten Joch-
einsenkung an der Westseite des Thales empor. Weiter
unten öffneten sich schon zwei solcher Einsattelungen. Ueber
die erste gelangt man nach dem Silberthal und hinab nach
Schruns im Montafun, über die zweite erreicht man diese
Thalschaft weiter oben bei Gaschurn. Nahe jener, die mein
Ziel, breiten zwei kleine Seen, der eine in den andern sich
ergiessend, ihre stille spiegelglatte Fläche. Sind die Abhänge, in die sie gebettet, statt wie jetzt mit Schnee, in
lebendiges junges Grün gekleidet, dann mögen sie ein an-
muthendes Bild gewähren. Selbst jetzt, mit dem klaren
Mittagshimmel darüber blauend und von seiner Lichtfülle
übergossen, haben sie ihren Reiz. Der gleichförmige schneebedeckte Rücken, der hoch zur Linken aufsteigt, an dessen
Südseite das Paznaunthal liegt, trägt zwar wenig zur Ver-
schönerung bei; mehr schon thun die von Norden herab
steigenden, bereits einen Anflug von Grün gewinnenden und
auch schöner geformten Höhen, und noch mehr die im Rückblick sich entfaltende entferntere Umgebung: die Platriolspitze mit ihren schroff aufeinander sich bauenden finster

zannen Felsmauern und dem blinkenden Schneegürtel, der
ihren Fuss umgiebt, der übrige wildgezahnte Felsengrat,
so sie angehört, und über der Flucht des Fervalthales, in
mattem Grau am lichten Horizont sich malend, Parthien des
Gebirgszuges, der das Stanzerthal vom Lechthal trennt.
Viel schöner und sehr überraschend ist freilich, hat man das
aufgeöffnete Joch betreten, der Ausblick gen Süden. Da
taucht das Auge in die tief tief zu Füssen in magischer
Tiefbläue sich verlierenden Schluchten des Montafun, und
noch darüber, im Sonnenglanz prangend, erblickt es ein
Gewimmel von Schnee- und Felsgipfeln, Firnen und Gletschern, alle dem östlichen Theil des Rhätikon und seinen
Senkern angehörend.

In der Folge hörte ich dieses Joch, das eine Höhe von
ca 7500′ haben mag, Seejoch nennen.

Durch ein steil absteigendes Weidethal und immer an-
sichts der prächtigen Perspektive, ging es auf den Zeinis
ab, ein weit sich dehnender mooriger Pass, 5787 P. F.,
die die Verbindung des Montafun mit Paznaun vermittelt,
und zwar, wie die beiden Thalschaften träumen, in nicht
so ferner Zeit nicht mehr blos auf Schusters Rappen, wie
jetzo noch, sondern im Eisenbahn-Wagon. Einstweilen
wir würden sie selbst mit einem leidlichen Fahrsträsschen
lieb nehmen. Die Felsspitze, die südwärts so finster
abschaut — sie beherrscht auch den Eingang zum tirolischen Fermund-Thal — ist die Pallenspitze, und die prächtige Felspyramide, die, von der Nachmittagssonne vergoldet,
ihr gegenüber so stolz den Eingang desselben Thales be-
wacht, noch schöner jedoch über dem Paznaunthale thront,
ist der Gorfen. Ueber duftende Bergwiesen, von einem
alle murmelnden Quellenbache begleitet, steigt man hinab
nach den friedlichen buntblüthigen Fluren von Galthür, das,

von seinem rothen Kirchthurm überragt, in idyllischer Abgeschiedenheit am Fusse des Gorfen liegt.

Das Wirthshaus ist mir von der Besteigung des Flucht-
horns her bekannt. Auf seinem Schilde steht: „Wer trinken will einen guten Wein, der kehr im weissen Rösslein
ein!" — ein verführerischer Spruch, und wie ich aus Erfahrung weiss, nicht blosse Formel. Der müde Wanderer
indess auch andere Bedürfnisse, daneben die Befriedi
der lechzenden Kehle nur secundär erscheint. Der kn
rende Magen will auch befriedigt sein, und die Glieder v
langen ein gutes Lager, um zu neuen Thaten sich zu stärk
Mit der Küche, so einfach-ländlich sie ist, liesse sich n
auskommen, aber das Bette, dem Haupttröster, in dem l
liche und geistige Mühen ein Grab der Vergessenheit fin
sollten, ist unaussprechlich schlecht, und dem Ex-S
meister, der die Wirthschaft hält, möchte ich als Revers
sein Schild empfehlen:

> Wer aber sucht ein gutes Bett,
> Der gehe anderswo,
> Hier findet er als Lagerstätt
> Einen bauchigen Sack voll Stroh.

Und wäre es noch Stroh gewesen! ... aber besinne
mich recht, so zeigten sich in der weiten Oeffnung, die
Sack in der Mitte hatte, nur Hobelspäne. Alles Jam
nützt da nichts, der Wirth ist taub dagegen.

Den nächsten Tag ging es über die thaubeperlten Fl
durch Wald und Schlucht der blauen Trisana entlang
bald gelassen, bald wildbewegt, dahin fliesst, nach
hinab, wo Pöll wohnt, den ich so glücklich bin, zu H
zu treffen. Er ist erfreut mich zu sehen, gestern
dachte er an mich und fragte sich, ob ich wohl nie wi

komme. Trotz der Protestationen seiner Frau, die beschäftigt ist, den rosigen blonden Lockenkopf ihres kleinen Mädchens zu waschen und zu kämmen, ist er bereit, mich zu begleiten. Wenige Worte genügen, uns zu verständigen. Dann kaufe ich der Frau, um ihren Unmuth etwas zu beschwichtigen, einige Paare Strumpfsocken ab, obschon ich sie eigentlich nicht brauche. Strümpfestricken für den Verkauf ist eine Hauptbeschäftigung der Weiber in diesem Thale. Ich beabsichtige mit Pöll nach der Besteigung des Piz Roseg, die etwa 8 Tage in Anspruch nehmen wird, nach den Oezthaler Gebirgen zu gehen. Sowohl diese, als das Ober-Engadin hat er nie betreten. Sonst ist er ein ziemlich bereister Mann, hat die ebene Schweiz gesehen, ist bis in die Neuchateller Berge gedrungen und hat als Soldat unter Radetzki die italienischen Feldzüge mitgemacht. Eine Art Universalgenie, ist er bald Schäfer, bald Handlanger, bald Gemsjäger und hält auch den Schmuggel nicht unter seiner Würde. Von Natur klein, ziemlich breitschultrig, aber nicht eben untersetzt, trägt er dafür einen gewaltigen „Schnauzbart" und üppig sich ringelndes Lockenhaar, auf das er stolz ist, das er sorgfältig pflegt. Wenn angeregt und guter Laune, so ist er gesprächig und erzählt gut; sein Vorrath an Soldaten- und Jagdgeschichten ist unerschöpflich; schneidet er auf, so geschieht's mit Anstand. Unter Umständen kapabel dem Gott-sei-bei-uns eine Nase zu drehen, ist er doch ein frommer Christ, obschon immer zerstreut und abwesend beim Beten. Die Kirche besucht er jeden Sonntag und darf sie auch morgen nicht versäumen, so gerne ich mit dem ersten Sonnenstrahl aufbräche. Vor 10 Uhr werden wir kaum fortkommen.

Da der Tag wunderschön, wird Ischgl, dem nächsten Dorf, ein Besuch abgestattet. Duftige Bergwände, blaudäm-

7*

mernde Waldschluchten, sonnenhelle Felszacken, blitze
Schneehänge und Alles umfangend ein lachender, du
sichtig blauer Himmel entzücken das Auge und machen d
Herz übergehen vor Lebenslust.　　Auf den weiten Wiese
gründen war man mit Einthun des Heues beschäftigt, d
lange im Regen gelegen hatte.　Ischgl ist ein sauberer O
mit stattlichen Häusern.　Im Rückweg noch einmal bei P
vorgesprochen, der einem Nachbarn Heu einbringen hi
und ihn gemahnt, morgen ja bei Zeiten einzutreffen.　Es
ein wahres Lustwandeln über die hinterste Thalstufe! W
es so einsam in Mitte der schweigenden Fluren, tief
bettet zwischen himmelhohen Bergwänden liegt, bietet G
thür ein Bild unsäglichen Friedens.

　　Als folgenden Tages der Gottesdienst zu Ende, k
Bauer um Bauer, nachdem sie an geistiger Speise sich
sättigt, nach dem Wirthshause, auch mit leiblicher Nahru
sich zu erquicken.　Nur Pöll erscheint nicht uud schon b
fürchte ich, er sei andern Sinnes geworden, vielleicht ha
seine Ehehälfte durch eine Gardinenpredigt dies zu W
gebracht.　Ist mir ja Aehnliches auch schon begegnet, na
dem Alles auf's festeste war abgemacht worden.　Ich th
jedoch Pöll Unrecht —— so wortbrüchig ist er nicht, d
siehe!... da schreitet er ja einher, Gemsbart und Spielha
federn auf dem Hut, den breiten gesteppten Ledergurt u
den Leib, d'rein schauend als wollte er die Welt erstürm
Dieser im prosaischen Engadin gewiss Aufsehen erreg
Aufzug wollte mich erst etwas geniren, da sich aber P
darin gefiel und grosse Stücke darauf zu halten schien,
der Schweiz als Tiroler aufzutreten, liess ich ihm die Fre
Doch mit Staunen musste ich hören, dass er in Versuch
gewesen, auch die „Bix" sich umzuhängen! Nur die B
fürchtung, es könnte ihm gehen wie schon einmal, als er i

...deifer sich einfallen liess, die Schweizergrenze zu über-
...reiten und dann unversehens in die Mitte von Jägern
...rieth, die ihm seine hübsche Büchse abnahmen, bewog
...n sie zu Hause zu lassen.

...) Kaum hatte ich mich gefreut, dass der Ersehnte end-
...h erschienen, als er auch wieder verschwunden war —
...r Himmel weiss wohin! Das gefüllte Glas Meraner wartet
...gebens auf ihn. Ungehalten über' sein ewiges Säumen,
...nn es ist bereits nach Zehn, frage ich links und rechts
...ch ihm und erfahre, dass er bei einer Nachbarin drinn
...kt und gemüthlich plaudert, während er doch weiss, dass
... noch eine Tagereise von 9 Stunden vor uns haben,
...von nicht weniger als 3—4 Stunden über Gletscher, und
...s dem Wetter nicht zu trauen. Aber Pöll ist nun einmal
...e Erzschwatzbase und vergisst sich ganz, wenn er recht
...Redefluss drinn. Als er dann in aller Seelenruhe wieder
... Wirthsstube betrat und ich ihn zur Rede stellte, da gab
...dem es nie an einer Ausrede fehlt, vor, er habe bei
...n .... eine bequeme Schnapsflasche liegen gehabt, die
...e er holen wollen, nun sei sie aber zerbrochen.

...Um 11 Uhr endlich Aufbruch! Bei Wirl, wo man·die
...engründe von Galthür verlässt, sieht man noch das Ge-
...er eines Wirthshauses, das die Engadiner einst hier
...aut, als ein bedeutender Viehhandel in diesem und den
...renzenden Thälern Vorarlbergs und die Viehmärkte, die
...r gehalten wurden, viel Volks herbeizogen. Zur Rechten
...s Fermundbaches hinansteigend, der durch tiefe Klüfte,
...schen alpenrosen-überwucherten Klippen sich windet,
...reichten wir die Thalsohle von Fermund mit den gleich-
...migen Seelein. Sein milchig blauer Spiegel ist·von alpen-
...en-bebuschten Landzungen, die vom jenseitigen Ufer
...reindringen, fast durchschnitten — malerisch liegt auf

Felstrümmern der Ranchstaffel — da und dort geht einsa
eine Ziege oder ein Rind, ihre Gegenwart durch leise üb
das Seelein klingende Glockentöne verrathend. Weiter hint
tummelt sich eine Heerde Pferde. Sanft ansteigend gelang
wir zur Alphütte im Hintergrunde des Thales, deren Bewohn
ein Mann und ein Bube, uns weiter unten begegnet. Von d
uns von ihnen gestatteten Erlaubniss, uns selber zu Milch
verhelfen, machen wir Gebrauch, indem wir im Milchkeller
uns schmecken lassen. Auf dem freien Weiderücken der Pie
Höhe sagen wir Tirol Abschied und betreten Vorarlbe
Rings, wohin man schaut thut sich auf eine Gebirgswelt v
behrer Schönheit. Uns zu Füssen liegt, wohl noch 1 St. w
topfeben ins Herz des Gebirges dringend, die sandige We
fläche des Ochsenthales, von zahlreichen in der Sonne blitz
den Wasserarmen durchzogen und von stolzen Berghäupt
umragt, darob heiter und lebendig der Himmel blaut —
allzu heiter und lebendig vielleicht. Wohl uns, wenn
unter der Maske der Milde nicht Tücke birgt! Die so
schuldig darüber hinschwebenden Schäfchen bedeuten sich
lich nichts Gutes! Noch ist's indess ein entzückend W
dern über die weite Fläche. Gegenüber öffnet sich ansteig
das Klosterthal, durch das man nach dem Sardascathal h
übergelangt. Die einsamen Mauerreste, an denen wir vor
kommen, sollen auch von einem Wirthshaus herrühren. E
soll über den Fermont-Gletscher, dem wir rasch entge
gehen, ein lebhafter Verkehr mit dem Engadin stattgefun
haben. Selbst Gerste wurde, wenn etwa auf dieser S
Mangel, von dort herübergeholt. Etwa um 2 Uhr ka
wir zum Gletscher und stiegen seinem östlichen Ufer entl
hinan. Ueberraschend schnell hat sich unterdess im Nor
und Westen der Himmel mit gleichförmigem finsterem G
wölke überzogen, das zwar der Schaar von Gipfeln, die

jenen Richtungen allmälig auftaucht, noch nichts anhat, aber
ein bangenerregendes Düster über sie verbreitet. Manch ängst-
licher Rückblick wird zurückgethan, bis endlich auch über
uns der Himmel so drohend aussieht, dass wir für gut finden
Halt zu machen und Kriegsrath zu pflegen. Wollen wir mit
den Elementen es aufnehmen oder zum Rückzug blasen?...
oder wollen wir etwas zuwarten und sehen, wie sich die Sache
gestaltet. In den Zwischenräumen der übereinander geworfenen Felsblöcke wäre noch spärlicher Schutz vor dem Unwetter zu finden, indess wir weiter oben, in Mitte des
Gletschers, den wir im Begriff zu betreten, seiner Wuth vollkommen preisgegeben wären, so wie auch das entfernte
Felsenufer nirgends Obdach böte. Schon fallen Regen-
tropfen und drängen zu raschem Entscheid. Pöll giebt zu
bedenken, dass der Gletscher von gewaltiger Ausdehnung,
dass wir bis auf die Jochhöhe noch fast 3 Stunden zu gehen
haben und dass schon Mancher, so leicht bei hellem Wetter
darüber zu kommen, bei Sturm und Nebel den Tod darauf
gefunden. So hat vor Jahren Jakob Pfitscher, der die Alpe
Gross-Fermont weiter draussen im Thale in Pacht hat, an
dessen Bord Menschengebeine gefunden, die zum Theil noch
in Kleidern umhüllt waren. In den Taschen fand er alte
nicht mehr coursirende Silbermünzen und an den Schuhen
grosse silberne Schnallen. Während meines früheren Aufenthaltes in Galthür hatte ich aus Pfitschers eigenem Munde
von dem seltsamen Funde gehört. Wollten wir dagegen
umkehren, meinte Pöll, so wären wir in 2 Stunden bei
diesem Manne draussen, wo unser ein gutes Unterkommen
harrte. Wie es so sein Brauch ist, überliess er mir zu entscheiden, um aller Verantwortlichkeit enthoben zu sein.
Ich aber, den es nach dem Piz Roseg drängte, ging nicht
gern zurück und dachte: Hast du mit deinem Säumen mir

die Suppe eingebrockt, so magst du mir sie jetzt auch au
essen helfen und entschied für's Vorrücken.

Der Gletscher zieht sich fast endlos hinan. Glaubt ma
nach Erreichung der nächsten wellenförmigen Anschwellun
dem Joche endlich nahe zu sein, so kommt immer und imme
wieder eine andere. Und in der Ferne grollt schon de
Donner, und der Himmel, die ganze Umgebung
immer finsterer und unheimlicher. Zur Linken sieht n
den Gletscher breit nach dem Jamthale hin sich zieh
dicht vor uns zur Rechten erhebt sich in jähen Schnee- u
Felsflanken der Piz Buin. Ich fand mich in ihm etwas
täuscht, stellte mir ihn imposanter vor. Seine Erheb
über den Gletscher beträgt eben nur etwa 1600'. Für n
unerstiegen ihn haltend, war ich in der Absicht von Ha
fort, ihn auf dem Wege nach dem Engadin zu erstei
Da fand ich aber in meinem Reisehandbuch nebst der
beinahe 1600' zu niedrigen Höhenangabe auch die No
L'ascension est fatiguante et difficile etc. etc. —
raus ich natürlich schloss, man sei schon oben gew
und deshalb die Parthie aufgab. Erst Wochen nachher
nahm ich, dass er nach wie vor unerstiegen und auch n
keine Versuche zu dessen Ersteigung gemacht worden. \
der Südseite mag sie schwierig, vielleicht unmöglich
von der Nordseite aber, so mussten Pöll und ich uns s
scheint sie leicht.

Als wir endlich dem Joch nahe waren, brach das
nerwetter dicht über unsern Köpfen los. Es war ein Kr
und Dröhnen und Rollen, dass einem ordentlich bange
Nebel kamen wild dahergestürmt und hatten sich im
der Höhen bemächtigt. Vom Engadin her blies der W
eisig kalt über die dunkelnde Schneeöde. Obdach weit
breit keines! — Aber selbst jetzt, so sehr wir Ursache ha

uns zu sputen, muss Pöll von zwei Gemsen, die er in der
Ferne entdeckt, sich aufhalten lassen und ihnen nachsehen.
Darüber, dass die eine „a Beckle", ist er allsobald im Klaren,
und mit dem Nachruf „dia Luader!" überlässt er sie ihrem
Schicksal — welche Redensart hier übrigens nicht in dem
übeln Sinne zu nehmen ist, den sie sonst hat. Sie drückt
eben sowohl eine Caresse als eine Schmähung oder Aerger
aus: ungefähr was Reinecke empfand, als er die Trauben
zu hoch sah. Punkt 5 Uhr war das Joch (2806 M., 8638')
erreicht und begann auch der Himmel seine Schleussen zu
öffnen. Fehlen konnte es uns nun nicht mehr, wir brauchten
nur gerade hinabzusteigen. Doch war es fast wie eine
Höllenfahrt, so grausig wild und finster gähnte unter uns
der nebelgefüllte Hintergrund von Val Tuoi. Wir schritten
am linken Ufer nahe über den Gletscher hinab, der die
Südseite des Joches deckt. Eigentlich war es mehr ein
Hinabstürzen durch Dick und Dünn, so dass Pöll, der sonst
immer voran, hintendrein kam und seine kurzen Beine gehörig strecken musste. Hätte er eine halbe Stunde weniger
geplaudert, wir wären dem Unwetter entronnen. Mein
rechter Fuss, den ich vorm Jahre bei Uebersteigung des
Col Durand übel zugerichtet, so dass er jetzt noch ge-
schwollen, bestand hier die Feuerprobe und machte sich
auch in der Folge über Erwarten gut. Im Nu haben wir
die obersten überflutheten Weiden erreicht und betreten
klausnass ein leeres Schäferhüttchen, wo wir das Gewitter
ausgrollen lassen. Vollends in's Thal hinabsteigend sahen
wir im Rückblick durch die wogenden Nebel Bruchstücke
der himmelhohen, wild zerklüfteten und verwitterten Fels-
gänge des Buin — von der jenseitigen Kette des Engadin
aber war rein nichts zu sehen. Die Lärchenwälder boten
einen auffallenden traurigen Anblick — statt lichtgrün waren

sie fahl, wie abgestorben. Wir konnten uns die Sache nicht
erklären und vernahmen dann im Thale unten, dass eine
kleine Raupe sie so zugerichtet. So weit wir im Engadin
kamen, dehnten sich ihre Verheerungen aus — nur die
obersten Abhänge und die höhern Seitenthäler schienen
davon verschont geblieben zu sein. Das Uebel erstreckte
sich auch auf andere Thäler. In der Folge sahen wir auch
die Abhänge an der Südseite der Reschenscheideck damit
behaftet. Sollte es im nächsten Jahr sich wiederholen, so
wäre zu befürchten, dass die in ihrem Wachsthum gehemm-
ten Bäume zu Grunde gingen.

Um 7 Uhr schon sassen wir in der heimlichen Wirthsstube der Post zu Steinsberg. Der Ort liegt nicht eben an
unserem Wege, ich hatte aber Reiseeffekten dahin gesandt,
auch kehrt man gerne wieder zu, wo man schon einmal gut
aufgehoben war. Speise und Trank schmecken noch einmal
so gut, wenn zwei hübsche Mädchenaugen die Weihe dazu
geben.

Erwähnenswerthes auf unserem Gange nach Pontresina
ist nur, dass schlechtes Wetter den ganzen Tag uns begleitete. Gewitter waren heuer das tägliche Brod und auch
heute trat eins mit aller Heftigkeit auf. Auf der grossen
Strasse ist Pöll kein Held, da langweilt er sich und wird
bald müde. Die schweigsamen, unfreundlichen Engadiner,
die ihm kaum den „guten Tag" abnehmen, mit dem er übrigens
auch nicht freigebig ist, haben seine Sympathien nicht. Nur
den Wirthshäusern kann er noch einigen Geschmack abge-
winnen. Dass er in seinen Schuhen auf der Strasse nicht
gut geht, ist begreiflich, denn sie sind „bockhart" und das
eiserne Band, das um die Seiten und Spitze der fast zoll-
dicken Sohlen geht, macht sie vollkommen unbiegsam. Ich
hätte ihm, als wir unserem Tagesziele nahten, gerne zum

ersten Mal den Piz Roseg gezeigt, wenn dieser geruht hätte
sich zu enthüllen.

Von Frau Enderlin, der freundlichen Wirthin im Weissen
Kreuz vernahm ich, dass ihr Mann, mit dem ich gern wegen
meines Vorhabens mich berathen hätte, in der Frühe mit
dem Maler Meuron ins Rosegthal hineingegangen sei. Das
Haus war mit Gästen angefüllt und ich wurde in des Malers
Zimmer untergebracht, dessen Wände mit geistvoll aufge-
fassten Studien von Bergamasker Hirten behangen waren.

Bei gutem Wetter wurde nächsten Tages nach der 2
Stunden entfernten, im Hintergrunde des Thales liegenden
Alphütte aufgebrochen, wo es hiess, Meuron und Enderlin
haben hier übernachtet und seien dann nach der Alpe Ota,
am jenseitigen Abhange hinaufgegangen — Abends würden
sie wieder zurück sein. Da es noch nicht Mittag ist und
wir sonst wenig anzufangen wissen, machen wir uns auf,
sie zu suchen. So weit haben uns die Abhänge des Piz
Tschierva den Anblick des Piz Roseg entzogen; nun aber
braucht man nur noch wenige Schritte zu gehen, um ihn
allmälig in seiner ganzen flimmernden Pracht hinter jenen
Abhängen auftauchen zu sehen. Mit welcher Neugier wir
mit unsern Fernröhren ihn beguckten, den Verhängnissvollen!
Keiner herausfordernden jungen Schönen Antlitz und Gestalt
wurde je von ihren neidischen Rivalinnen einer schärferen
Bekrittelung unterworfen, als von uns das grimme schnee-
und eisbehangene Felsengerippe. „Ja probirts nur, ihr
Pygmäen!" scheint es aus seinen luftigen Höhen uns anzu-
herrschen ... „wohl möge es euch bekommen!"

So wie Enderlin und Colani ihn beschrieben, zeigt sich
hier der Berg. Der hintere Gipfel, spitzer, dünner, unbe-
deutender, scheint, da entfernter, um ein ziemliches niedriger
denn der vordere, der nach oben auch etwas sich zuspitzt,

nach unten breit und massig ist und in schönen Linien und
Conturen, lauter Glanz und Glorie am blauen Himmel schimmert. Der hintere Gipfel, von dessen schattiger Westseite
man noch etwas sehen kann, sowie die Schneide, die ihn
mit dem vordern verbindet, fallen in sehr jähen Schnee-
wänden auf den Tschierva-Gletscher ab. Der vordere Gipfel,
ohne so jähe zu sein und obschon da und dort eine kleine
Terrasse und Zerklüftungen vorkommen, ist auf dieser Seite
auch noch gehörig steil, während seine ebenfalls etwas zerklüftete Nordseite gar nicht so erscheint. Vom Fuss der Kante
aus, die sie mit der Westseite bildet, steigt ein Schneerücken,
ein kleines Horn aufwerfend, sanft ab und endet mit einer
Kuppe, die rasch nach Agagliouls abstürzt. *) Die mächtigen Schneelasten, die von der Nordseite des vorderen
Gipfels und dem von ihm ausgehenden Rücken herabsteigen,
brechen nach dem Tschierva-Gletscher und nach Agagliouls
plötzlich in lothrechten Mauern ab, die in magischer Beleuchtung liegen, und darunter schauen aus weniger steilen
Schneehängen die schwarzen Wände und Pfeiler des sie
tragenden Felsgerippes hervor.

Unser Hauptaugenmerk galt der scharfkantigen Einsenkung zwischen den Gipfeln. Ueber die Schneide, glaubt
Pöll, gehe es nicht, dicht darunter aber, über deren Ost-
wand werde schon zu kommen sein.

Voll bester Zuversicht schreiten wir dann über die ebene
geschiebebedeckte Thalsohle und erklimmen den Roseg-
Gletscher etwa in seiner Mitte, um darüber nach dem jen-

---

*) Christen Almer zählt im 1. Band des Schweizer Alpenclub-
Buches, Seite 573, die Besteigung der kleineren Spitze des Piz
Roseg zu seinen Errungenschaften, während durch zuverlässige
Augenzeugen, die von Misaun aus ihn beobachteten, constatirt ist,
dass er nur bis zum tiefen Fuss dieser Kuppe gelangte!

seitigen Thalhang zu gelangen. Quer durch's Thal, ohne
den Gletscher zu berühren, hätte man näher. Der Haupt-
abfluss des Gletschers hat jedoch zu viel Wasser und es
wäre zu gewagt, ihn zu durchwaten. Bei niedrigerm Wasser.
ist Toggweiler, der Hirte der Alpe Misaun, um sich den
Umweg über den Gletscher oder den ersten Weg weiter unten
zu ersparen, auch schon mit Leuten auf dem Rücken durch-
gewatet. Es geht steil nach der Alpe Ota hinan; wir gehen
nur so weit als nöthig,.um die Hütte zu sehen, in deren
Nähe wir die Gesuchten vermuthen. Nichts regt sich jedoch
dort und unser Rufen bleibt unerwiedert. Sie müssen weiter
thalein gegangen sein. Höher steigend kommen wir auf
einen Pfad, den wir einwärts verfolgen, der sich aber zuletzt auch wieder verliert. Rings das tiefste Schweigen, kein
Laut der Erwiederung auf unser wiederholtes Jauchzen!
Wo sie nur stecken mögen?

Immer prachtvoller und grossartiger hat sich unterdess
vor unsern Blicken der mächtige Gipfelkranz des Roseg-
thales, haben seine licht- und glanzstrahlenden Gletscher-
den, seine verborgenen Winkel und Schluchten sich auf-
ethan. Sie sind sehr verschiedenen Charakters, die beiden
Gletscherbecken, die durch das Abzweigen des Rosegkammes
entstanden. Während jenes, dem vielgeborsten der Tschierva-
gletscher entströmt, von lauter wildstarrenden, ungeheuer-
lichen Gebirgsgestalten umragt ist, thronen um dieses, mit
Ausnahme des Piz Roseg, fast nur in reinem Schneegewand
prangende Höhen, von vollen anmuthigen Umrissen, zierlich zerklüftet in schwellenden Terrassen niedersteigend.
Dort herrschen Schrecken, hier der Friede!

Pöll ist erstaunt über die Erhabenheit der Schweizer
Berge. Wie es bei Gebirgsbewohnern, die nur ihre nächste

Umgebung kennen, gewöhnlich der Fall, hielt er die seines Thales für die höchsten. Was ich hätte sagen mögen, einen Andern ihn zu belehren, hätte nichts genützt, nur eigene Anschauung konnte ihn überzeugen.

Spähend und suchend, rufend und jauchzend, bald ansteigend, bald absteigend, hatten wir die Weidhänge von Mortel bis fast zu hinterst verfolgt und dachten, da der Himmel sich verdüsterte und ein kalter Wind sich erhob, bereits an's Umkehren, als plötzlich Pöll, der einige Schritte voran, sich umwandte und geheimthuend flüsterte: „da oba!" und drei Finger aufhebend beifügte: „drei!" — Etwa hundert Schritte ob uns, am Fusse eines Felsblockes sitzen wirklich zwei Männer — den dritten finde ich eine Weile nicht, bis ich endlich in einer dunkeln Masse, die regungslos auf dem Felsblock liegt, auch ein menschliches Wesen erkenne. Pöll's Geheimthun hatte seinen Grund darin, dass die drei, die längst uns gehört haben mussten, nicht durch den leisesten Laut ihre Anwesenheit zu erkennen gegeben und daraus abzunehmen war, dass sie nicht gestört sein wollten. Als wir zu ihnen emporstiegen, erkannte mich Freund Enderlin, wir begrüssten uns und drückten uns die Hand. Der Dritte im schweigenden Bunde war ein schwarzbemähntes Ungethüm von Bergamaskerhirt. In seinen dunkeln Mantel gehüllt, das gebräunte Gesicht vom wettererprobten Filzhut überschattet, der tief auf die Stirne ging und darunter ein wildes Augenpaar funkelte, lag er noch immer in malerischer Pose dahinbrütend, wie hingebannt. Er hatte dem Maler als Studie gedient, und ich begriff jetzt, dass dieser sich nicht gern stören liess. Der Ueberredungskünste hatte es viel gebraucht, um den Hirten zum Verständniss dessen zu bringen, was man von ihm haben wollte und ihn zu überzeugen, dass es sich nicht um Zauberei handle.

Zusammen wurde nun der Westabhang des Piz Roseg inspizirt, doch konnten wir, da wir ihn beinahe im Profil hatten und Parthien desselben verdeckt waren durch vorspringende Felspfeiler, nicht herausfinden, wo es hinaufgehe.

Da hier nichts mehr zu gewinnen, wandten wir uns wieder Alp Ota zu. Enderlin sah Pöll, der wenig vorstellt und keine Gelegenheit hatte seine Fähigkeiten zu entfalten, fast mitleidig an und wollte kaum glauben, dass mit ihm viel auszurichten. Um die Feuergrube sitzend und eine Cigarre rauchend, hielten wir in der Hütte der Alpe eine lange Rast. In ihrem dunkeln Hintergrunde sass, stillschweigend unserem Geplauder lauschend, eine edle Mannesgestalt. Die ernsten Züge des mit einem Wald rabenschwarzer Haare und mit vollem Bart ausgestatteten Kopfes verriethen ein tiefe Leidenschaften bergendes Inneres. Ungerne entrissen wir uns der behaglichen Stimmung, in die uns das Feuer versetzt, um vollends nach Misaun hinabzusteigen und dort zu übernachten.

In der Frühe des nächsten Tages wurde das Wetter für die Ausführung unseres Vorhabens nicht günstig genug befunden. Um den Weg dennoch zu benützen und beim eigentlichen Angriff um so sicherer zu gehen, wurde eine Orientirungsparthie über den Roseg-Gletscher hinauf nach der Westseite des Berges unternommen, bei der auch Enderlin war. An der Ersteigung Theil zu nehmen, dazu konnte er sich nicht entschliessen.

Ungefähr über die Mitte des Gletschers hinan ging es den Felsterrassen von Agagliouls entgegen, die allmälig hoch und drohend vor uns auffragten, wie man es aus der Ferne nie geahnt hätte. Ihrem Fuss zu senkt sich der Gletscher sanft und wenig zerklüftet ab. An dieser Abdachung gingen wir, bis sie aufhört — was dort, wo die Uferwand nach

Südosten umzubiegen beginnt nebst den von da herabkommenden in geborstener Wand entgegentretenden Eismassen uns nöthigte, das Innere des Gletschers zu suchen. Von den über uns sich thürmenden nebelumdunkelten Felswänden hörten wir das Pfeifen einer Gemse und sahen bald auch das Thier, auf hohem Grate stehend, auf dem Nebel sich zeichnen und uns beobachten. Pöll bedauerte wieder seine müssig zu Hause hängende „Bix" und äusserte milde resignirt: „gsechn thuan is gern, und wenn sie mi nix angehn." In südlicher Richtung dem Innern des Gletschers uns zuwendend, kamen wir auf eine ziemlich ausgedehnte, wenig durchschrundete Weite, die sich zu Füssen der Sella sanft ansteigend emporwindet. Es ist der ebenste Theil des Gletschers — wir hatten ihn uns gestern gemerkt. Nachdem wir 3—4 Stunden gegangen, finden wir uns zwar noch nicht den breiten Schneehalden gegenüber, die ununterbrochen, wie die Karte es hat, vom Fuss bis auf den Rücken des Berges führen, doch übersehen wir sie und vollkommen klar wird uns nun, dass über sie hinauf unser Weg geht. Befriedigt kehren wir nach Misaun zurück.

Der Bergsteiger priese sich glücklich, wenn er überall ein so gutes und geräumiges Lager fände wie hier, das ausserdem noch den Vorzug hat, dass es, der Nähe des Gletschers wegen, dem Gedeihen der kleinen braunbepanzerten Quälgeister nicht günstig ist. Aber trotz alledem hatte ich eine unruhige Nacht. Denn mir lag es ob, da Pöll in diesem Punkte sehr unzuverlässig ist, zur Zeit aufzuwachen. Ohne alle Gewissensbisse schliefe er bis in den hellen Tag hinein, und hätte er sich noch so frühe niedergelegt. So kam es, dass ich, um mich nicht zu verschlafen, gar nicht schlief und oft Licht machte, um an die Uhr zu sehen. Um $1\frac{1}{2}$ Uhr (des 21. Juli) Aufbruch! Es war eine stille, feierliche

nzdurchwobene Nacht. In wahrhaft'prangender Herrlich-
it stand der Vollmond am durchsichtigen Himmelsazur,
ilde schimmerten im Hintergrunde des Thales durch leisen
hauch die Schneegipfel. Schweigend schritten wir dem
des Tschierva entlang. Pöll ist allemal ungehalten,
man ihn zu frühe Morpheus Armen entreisst — durch
äckiges Schweigen giebt sich sein Missvergnügen kund,
vermagst du etwa eine Sylbe ihm zu entlocken, so ist's
chsam nur ein ingrimmig-verbissenes Brummen. Statt
er der Mitte des Gletschers uns zuzuwenden, schlugen
denselben Weg ein, den wir gestern zurückkehrend geht, und stiegen, den Gletscher dicht zur Rechten lassend,
er dem Fusse des Tschierva entlang hinan, bald etwas
r am Abhang, bald in der moränegefüllten Vertiefung,
er mit der Gletscherwand bildet. Bei Nacht zumal ist's
holperiger Weg. In einer starken Stunde war die erste
ütte gewonnen, die im ungewissen Mondenlicht von dem
umgebenden Gestein kaum zu unterscheiden ist. An der
achen Quelle, die dort quillt, wird der Durst gelöscht,
schnallt sich die Steigeisen an und die hohe, bald nack-
Eis bietende, bald schuttbedeckte Gletscherwand wird
ommen. Pöll ist rasch oben und verschwunden, indess
der zuerst auf den Fersen ihm folgte, ohne Steigeisen
h ausglitt, etwas weiter oben, wo es leichter ging, den
g erklomm. Dort kam ich in ein Gewirre abschüssiger
ügel, das man weiter unten gehend vermeidet, und wo,
das Eis hart und glattgefroren und der Mond doch nicht
genug leuchtete, ein misslich Gehen war. Gebrannte
er fürchten das Feuer — ich dachte an meinen vom
hrigen Unfall noch geschwollenen Fuss und hatte keine
, schon wieder etwas Aehnliches durchzumachen. Pöll
weit voran und im zweifelhaften Dämmerlicht ganz ver-

schwunden. Als ich dann wieder auf ebneres Eis kam und
ihn rief, um zu wissen, wo er sei, da schien sein durch die
Entfernung und die Eiskämme gedämpfter Ruf schon vom
westlichen Rande des Tschierva-Gletschers herzukommen
Dort fand er für gut, mir zu warten, und wir stiegen über
die Eiswand hinunter auf die Moräne und gingen in der
Vertiefung, die unterhalb Agagliouls, zwischen den beiden
Gletscherarmen, bevor sie vollkommen an einander si
schliessen, besteht.   Von da an war der Weg derselbe
gestern und es war nunmehr ein wahres Lustwandeln an
sanftgeneigten Eisabdachung, durch die tiefe Stille, in
belebenden Kühle.   Felswände, Terrassen und Klüfte
Agagliouls verschwimmen in gleichförmigem duftigem Sch
tendunkel und schauen, eine phantomartige ungeheuerli
Masse, aus dem Sternengeflimmer auf uns nieder.   Und
des Thales Tiefen, mit jedem Schritte uns näher tre
schimmern, von bläulichem Glanze behaucht, zauberi
schön und wild, die Schneegipfel der Sella und des
pütschin.

In Pölls Innerem begann es zu thauen, — wem wollt
nicht thauen in Mitte eines so wunderbaren, ergreifen
Nachtbildes!

Die Sterne erblassten allmälig, als wir das Eis verli
und über die obengedachte Firnweite hinanstiegen.
Steigung nimmt immer etwas zu, wird aber doch nie
deutend.   Gestern gingen wir hinauf und hinunter an's
gebunden und hatten zu waten; heute, so frühe, ist
Schnee noch hart und solche Vorsicht überflüssig — es
leicht und lustig hinan.   Ein Felshorn des Roseg-Ka
schaut aus schwindelnder Höhe auf uns herab und zei
sich so kühn und verwegen am lichtenden Morgenhi
dass man glauben möchte, es wäre einer der höchsten Gi

ihrend man diese, ohne mehr der Sella sich zu nähern,
icht sehen kann. Von der Stelle an, die wir gestern er-
icht, ging es noch eine Strecke weit in Mitte des Firn-
ales hinan, worauf wir uns den Wänden des Piz Roseg
wandten und ein Gebiet sanfter Anschwellungen und Hügel
traten, wo sehr verdächtige Parthien zu überschreiten,
regelmässig laufende tiefe Klüfte zu umgehen und zu über-
ingen waren — was jetzt ohne Gefahr geschah, doch
ten wir uns jetzt schon, dass wir auf dem Rückwege, bei
uendem Schnee, nicht diese Richtung nehmen dürften.
Horn, das erst noch himmelhoch uns überragte, hat,
em wir anstiegen, bedeutend an Höhe verloren. Man
ht nun das weite Schneejoch, über das man hinüber nach
Scersen-Gletscher und in's Laternathal hinab gelangt.
Schneegipfel uns gegenüber, kaum noch vom blassen
de sich minnen lassend, erglühen nun, die Treulosen,
feurigen Kosen des jungen Tages.
Endlich verlassen wir die Firngründe und erklimmen in
htung der Felsmauern, die sie zur Rechten einfassen, die
te Schneehalde, die hier die wildemporstrebenden Fels-
de des Piz Roseg unterbricht. Um 5¼ Uhr Ankunft
Fusse der Felsen. Es war die erste Raststation. Eine
che Veltliner wurde entkorkt und der Braten vorgenom-
So weit hatte ich mein Ränzel mit den Habseligkeiten,
ich für die Parthie bedurfte, selber getragen, da ich
, Pöll sei sonst genug beladen. Nach wenig Momenten
ens fanden wir uns, die eben noch von Schweiss troffen,
grimmiger Kälte durchschauert, an allen Gliedern schlot-
. Pöll, der Unbedachte, hatte für solche Fälle nicht
inziges vorräthiges Kleidungsstück, nicht einmal Hand-
he. Als ich ihm dies vorwarf und ihm seine Eitelkeit
r die Nase rieb, die ihn bewog, statt etwa eines Flanell-

8*

Hemdes den schweren Ledergurt mitzunehmen, der ihm r
nichts nützte, den er als unbequem in der Alphütte zurück
gelassen, entschuldigte er sich damit, er habe sich uns
Berge nicht so rauh gedacht. Das Einzige, was er vorrät
hatte, war eine Hemdbrust mit Vatermördern daran, die,
unnütze sie eigentlich waren, während unseres Zusamm
reisens doch eine wichtige Rolle spielten. Nahten wir ei
Ortschaft, wo ein längerer Halt beabsichtigt war, dann le
Pöll sie an, band das Halstuch um, zog die zerknitter
Vatermörder gehörig in die Höhe und stolzirte, ein gem
ter Mann, einher. Ich wusste mich schon gegen die K
zu schützen. Zu dem gewirkten seidenen Unterhemd,
ich schon an habe, kömmt jetzt ein flanellen Ueberhemd
ein drittes wird für die Höhe reservirt. Was wir oben n
absolut bedürfen, wird hier zurückgelassen.

Erst ging es dem Saume der Felsen entlang hinan;
Schneehang wurde bald sehr abschüssig und fest gefro
Mein Gefährte meinte, wir sollten bis hinauf auf den Fe
bleiben, die himmelhoch und grausig wild über uns
thürmten. Ich war für den Schnee und als wir unge
so hoch oder vielleicht etwas höher waren, wie die F
terrasse, die nordwärts sich weitete, zu Füssen der unu
brochen vom Rücken des Berges herabsteigenden Sch
halde, da verliessen wir die Felsen und gingen horiz
dem steilen Schneehang entlang. Zu genauerer Präcisi
jener Terrasse diene, dass sie vom Thale aus gesehen
von einer in drei verschiedene Felsparthieen oder K
getrennten Wand getragen erscheint, wie die Karte es
von deren Fuss Firnhänge niedersteigen. Es war ei
müdender Gang — man glaubte festgefrornen Schnee u
sich zu haben, er war es aber nur wenige Zoll tief,
nachdem man mühsam mit der Fussspitze einen Tritt

chlagen, sank man plötzlich bis an's Knie und darüber
m feinstaubigen Schnee ein, in dem kein sicherer Halt, so
ss man drauf und dran war das Gleichgewicht zu ver-
ren und kopfüber hinab zu stürzen. Pöll freilich macht
ch nichts daraus und rennt wie gewohnt voran. Ich gab
m abwechselnd einen meiner warmen Handschuhe. Dass
r gar nicht zu zügeln, wenn er nämlich mit Jemanden geht,
m er glaubt etwas zumuthen zu dürfen, ist sein einziger
sentlicher Fehler, den er sich abgewöhnen wird, wenn er
hr mit Touristen und zumal mit solchen geht, die nicht
rne allein zappeln und immer Hülfe zur Hand haben wollen.
e am Fluchthorn so rannte er mich auch jetzt rasch müde.
sonst das Mahnen! Damals mass ich die Schuld den zu-
menden Jahren zu — was auch zum Theil sein mag,
Maschine arbeitet bei weitem nicht mehr so leicht wie
dem. Als ich in der Folge jedoch mit andern, ihren
gsamen gesetzten Gang gehenden Führern und Touristen
ere Gipfel erstieg, kamen sie mir doch nur vor wie
mmel - Parthien.

Wir kamen nicht ganz auf die Schneeterrasse hinunter,
dern blieben in der einmal gewonnenen Höhe am Schnee-
g, der nun weniger steil, und als wir die bis auf den
ken des Berges führende Halde in ihrer ganzen Höhe
r uns hatten, begannen wir gerade hinan zu steigen.
deren gewaltigen Höhe kann man sich nach der Karte
en Begriff machen. Und jähe und ermüdend, das Er-
endste der ganzen Parthie ist sie auch. Je höher man
mt, um so steiler sie wird. Sonst hat sie eben die
te Festigkeit. Wäre sie härter, die Sache könnte bei
immer zunehmenden Tiefe unter uns, trotz Steigeisen
lich werden: Allmälig nahen wir den Felswänden
hoch ihn überragend, zur Linken den Schneehang ein-

fassen. Wo sie zurücktreten und eine Ecke bilden, bie
wir um und halten uns, nördliche Richtung nehmend, n
deren Fuss. Die wachsende Steilheit und überhänge
Schneewehen machen es nicht rathsam, länger ostwä
empor zu steigen. Durch eine klippenumragte Schneek
münden wir endlich — es war 7 Uhr — zunächst der E
kuppe auf den Rücken des Berges aus.

Die Sonne bescheint uns jetzt voll, vermag jedoch n
die grimme Kälte und den schneidenden Wind zu mild
die uns hier empfangen und uns, kaum stehen wir ei
Momente stille, um auszuschnaufen, zu erstarren dro
Pöll ist schlimm daran und dauert mich. Hier war es,
Freund Enderlin seiner Zeit von Misaun aus unsere
gänger zum ersten Mal erblickte. Uns sah er heute
P. Languard aus hier auftauchen. Von der zahlrei
Gesellschaft die auf jener Spitze versammelt war, wu
von nun an unsere Schritte mit Interesse verfolgt.
solche Kontrole wäre oft gut, indem sie Prahlhanse
hindern würde, mit Thaten gross zu thun, die sie
ausgeführt — die Ehrlichen aber könnte die Theilna
die ihnen bezeigt wird, nur freuen.

Hier übersahen wir nun den in makellos reinen
schwellungen und Wölbungen sich erhebenden Schneer
und sahen in ebenso blendendem sonnefunkelndem Sch
gewand die nördliche seiner beiden Hauptspitzen ihm
steigen und verlockend schön am tiefblauen Aether pra
Von ziemlich breiter Basis und regelmässig gebaut, g
sie sich in zwei unbedeutende Höcker, von denen
rechts, der schärfer ausgeprägte, der eigentliche G
ist, während der links (von Misaun aus gesehen zur Rec
erscheinend) nur eine Ecke des Schneekammes zu
scheint, der zu ihm hinführt. Durch eine tiefe

sattelung von der Kuppe getrennt, die unser nächstes Ziel,
erhebt sich ihr zur Rechten der oben schon gedachte Felszahn, an dessen nach dem Schneerücken sich abdrehenden
Seite Schnee liegt, während seine Westseite in kahler Felswand lothrecht abstürzt. Es war ein entzückendschöner
Gang über den Rücken hinan. Ostwärts, aus gletscher-
erfüllter Tiefe starren grauenhaft hehr und wild die
schneegekrönten Felswände des P. Bernina und P.
Morteratsch, in der Tiefe zur Rechten schimmern die
Gipfel der Sella und des Capütschin und darüber hin
tauchen auf entferntere Spitzen der nach Südwest ziehenden
mannigfach sich verzweigenden Bernina-Kette. Der Ein-
nkung zu giebt's schon zu waten. Sie betretend finden
uns dicht am Rande der in schwindliger Tiefe sich ver-
renden Westwand. Ein eisiger Wind bläst Mark und
in durchschauernd aus dem schattigen Abgrund und
ottet aller meiner Ober- und Unterwesten. Wir steigen
Horn etwas empor und finden zwischen dem bereiften
klippe einigen Schutz vor dem ersten Anprall. Es war
s unsere zweite Raststation. Wie Pöll die Kälte aus-
lt, begreife ich nicht — spärlich bekleidet wie er, wäre
, glaube ich, geradezu erfroren. Unendlich froh war
jetzt, Toggweilers Anerbieten, seine zwar schweren
r ausgezeichnet warmhaltenden, bis über die Kniee
chenden Kamaschen mitzunehmen, nicht ausgeschlagen
haben. Und nicht weniger froh waren wir, noch eine
che seines Montagners dem Weine beigefügt zu haben,
uns Frau Enderlin mitgegeben. Mit wohliger Wärme
chdrang er unser Inneres.
Längern Weilens war hier nicht, der Ort war zu
wirthlich, das Heulen des Windes im Geklippe zu un-
mlich. Nur einmal tönte ein freundlicher Laut da-

zwischen. Es war das leise Zwitschern eines kleinen grauen
Vogels, der den schattigen Untiefen entfliehend an uns
vorbei huschte und freudig der Sonne entgegenflog. Auch
drängte es uns zu erfahren, wie es südwärts des vor uns
aufsteigenden Gipfels aussehe, der so weit jene Parthien
des Roseg-Kammes ganz verdeckt. „S' Beil lass i da,
mer brauched's doch nit!" sagte Pöll, und da ich keine
besondern Schwierigkeiten voraussah, liess ich ihn gewähren — waren wir ja doch mit Fusseisen bewaffnet.

Sowohl aus dem Thale als von unserem eben verlassenen Rastort erscheint die Nordwand des Gipfels, die wir
jetzt erklimmen, gar nicht steil und auch nicht besonders
hoch. Erst wenn man sich an ihr versucht, erfährt man,
dass sie beides ist und auch glatt übereist eine Strecke
weit, grade da wo sie am steilsten. Da noch einige Klüfte
daran vorkommen, kann man nicht, wie es von unten den
Anschein hat, irgendwo sie erklimmen. Man hält sich
möglichst rechts, unfern der abgerundeten Kante, die sie
mit der Westseite bildet. Schwierigkeiten sind keine,
auch nimmt die Steigung bald wieder ab. Es bildet sich
vor uns der oberste Schneekamm, den überschreitend wir
um 9¼ Uhr den Gipfel der nördlichen Kuppe betreten.
Von der Fahne, die die ersten Besteiger hier aufgepflanzt
steht noch, dicht bereift, der Stock. Vom Stoff sieht man
nur noch den festgenagelten Bord.

Nun wappnest du dich, lieber Leser, wohl schon mit
Geduld, erwartend, dass eine weitläufige mit minutiöser
Genauigkeit aufgenommene Schilderung des in endlose
Weiten sich verlierenden Rundbildes folgen werde. Sei
aber deshalb ohne Sorge! Der Wind war so beissend - und
durchdringend kalt, dass wir's buchstäblich nicht 5 Minuten auf dem Gipfel aushielten. Etwas Notizen zu nehmen

zu zeichnen oder das Fernrohr zu gebrauchen, daran
konnte nicht gedacht werden. Ich habe dir nur darzubieten,
was mein Gedächtniss mir von der kurzen hastigen Umschau aufbewahrt hat, und du wirst mir nicht verargen,
wenn ich dieses Wenige auch vor dein geistiges Auge
zaubern möchte.

In ihrer schauerlichen Majestät, wie sie so schattig
und frostig und finster, grell mit ihnen contrastirend, den
spiegelnden Firngründen entsteigen, nun vollkommen sich
entfaltend, bilden die riesig hohen Wände des P. Bernina,
mit ihren blinkenden Schneezinnen, und dicht uns zu
Füssen sich öffnend, das Becken des Tschierva-Gletschers,
mit dem es umragenden Gipfelrund immer noch das ergrei-
fendste Moment der ganzen Umgebung. Dass wir dem Piz
Bernina, dem Beherrscher der bündner Gebirgswelt, nicht
ganz ebenbürtig sind, erkennten wir, wüssten wir es nicht,
daraus, dass er uns in nordöstlicher Richtung einen Theil
der Rundsicht verdeckt. Von den schönen Gipfeln des Val
Viola und der Ortler-Gruppe, von den entfernteren Oezthaler-
Bergen entdecken wir nichts. Sein Nachbar zur Linken,
der hochgewölbte P. Morteratsch, sucht es ihm an grim-
mer Wildheit gleich zu thun. Er, der sonst leicht zu bezwingen, hat sich diesen Sommer dadurch berüchtigt gemacht, dass Prof. Tyndall, als er ihn erstieg, mit der
ganzen Gesellschaft in der er sich befand, bei einer Rutschparthie, die sie mit einer Lawine machten, beinahe das
Leben eingebüsst hätte. Dem darüber veröffentlichten Berichte nach geschah dies beim Hinabsteigen nach dem
Morteratsch-Gletscher. Nur der Geistesgegenwart, der
Körperwucht und Kraft des Führers Ienni, der die Gesellschaft, als sie nahe daran war, über einen Abgrund zu
stürzen, am Seil, an das sie gebunden, aufzuhalten ver-

mochte, hatten sie ihre Rettung zu verdanken. Den P.
Tschierva, schroff gewandet und wüstdurchfurcht wie er
sonst ist, lernen wir hier von seiner bessern Seite kennen,
wo ihm leicht beizukommen. Zur Linken des Morteratsch
taucht, schon etwas von Duft umschleiert, der spitze Kegel
des P. Languard auf, zu seiner Rechten, weniger sich aus-
zeichnend, der Mt. Pers. Im ersten Augenblick kostet es
fast Mühe sich zu überzeugen, dass der Felszahn und die
blendend weissen Schneekuppen, die durch eine tiefe weite
Einsenkung von P. Bernina getrennt, zu seiner Rechten
erscheinen, die Cresta Güzza, der daran sich reihende P.
Zuppo', mit den namenlosen Gipfeln zu seiner Rechten und
Linken, und der P. Palü sind, so weit gen Süden treten
sie zurück. Wüsste man nicht, dass dort, in solcher Nähe,
keine andern so bedeutende Höhen sich zeigen können,
man möchte sie als einer andern Kette angehörend betrachten. Hinter den westlichen niedrigeren Parthien des
P. Bernina blicken durch den tiefen Einschnitt, der zwischen
ihnen und der Wurzel des Roseg-Kammes sich öffnet, wild-
zerrissene schroff aufstarrende Felsen zu uns auf. Nicht
ihrer Form wegen, denn die ist ziemlich charakterlos und vermag das Auge nicht zu fesseln, aber weil sie unser Endziel
ist oder sein sollte, erregt die südliche Spitze des P. Roseg,
der wir nun Angesicht zu Angesicht stehen, unser besonderes Interesse. Durch die Einsenkung von einander
getrennt und einander nicht so nahe, dass man sagen
könnte, jene beherrsche diese, ist eigentlich jede ziemlich selbstständig für sich. Wie sie so glattgewandet der
Leere der schwindligen Tiefe entsteigt, und ihre Schnee-
first zu dem schon etwas, wenn auch nur im Ton, von ita-
lienischer Milde durchhauchten Himmel erhebt, mit dem
scharfen Schneekamm der von ihr herabkömmt und fast wie

durch die Leere schwebend unsern Gipfel sucht, ist sie
doch nicht ganz ohne Grazie.

Verdutzt und niedergeschlagen ob dem Anblick, denn
jeder machte stillschweigend die Beobachtung, dass da,
heute wenigstens, kaum hinüber zu kommen, stiegen wir,
fast nur der Form wegen, etwas nach der Einsenkung hinab
und überzeugten uns des vollkommensten, dass in der Ver-
fassung in der wir waren, Pöll gleichsam paralysirt von
Kälte, ich ziemlich matt, ohne Beil an die Bezwingung des
südlichen Gipfels nicht zu denken. Ueber die Schneide
ging es nicht, und an der Westseite eben so wenig — die
ist zu abschüssig und wird bald auf Felswände ausgehen.
Nur an der Ostseite kann es gelingen, obschon auch diese
sehr jähe und glatt ist und unter dünner Schneelage Eis
bergen mag. Viele Stufen müssten da vielleicht gehauen
werden, mit Steigeisen allein wäre es zu gewagt. Schon
an der hohen Schneehalde an der Westseite und so eben
noch an der Nordwand des Gipfels hatten wir die Erfahrung
gemacht, dass wenn staubiger Schnee liegt, an Sohlen und
Absätzen sich gerne harte Ballen bilden, die die Sporen
ganz umhüllen, so dass sie nicht mehr packen und das
Auftreten äusserst unsicher machen. Bei thauendem Schnee
von einer gewissen Tiefe lässt sich der Uebergang eher
wagen. Unter allen Umständen mag mehr dabei zu gefähr-
den, als zu gewinnen sein. Der Ueberblick der beiden
Gletscherbecken und des Roseg-Thales wird weniger vollkommen sein; die Ausschau gen Norden, wo am meisten
zu sehen, wird, indem man die massige nördliche Kuppe
zwischen sich treten lässt, auch nicht so schön sein, und
man wird, da man wie es scheint noch nicht an der Wurzel
des Roseg-Kammes wäre, kaum direkt auf den wilden
Südabhang der Bernina-Kette hinabsehen können. Im

ferneren Süden ist nicht so viel zu gewinnen, wie gen
Norden zu verlieren. Der zackige Gebirgszug der das
Veltlin von der Lombardei trennt, ist in seinen duftigen,
von einem lichtverklärten Himmel umflossenen Umrissen
auch hier schon zu schauen.

Ueberraschend durch ihre entsetzliche Wildheit und
Oede, durch die Kahlheit ihres engen Grundes und ihrer
Wände, eine Steinwüste wie man sie selten sieht, die nicht
das leiseste Grün belebt, wo kein Halm zu sprossen scheint
— ein wahres Felsengrab, darin die Sonnenstrahlen wie
zu kochen scheinen, zeigt sich, zur Rechten der höhern
Spitze, die tiefe Thalfurche auf welche der Scersen-Gletscher
ausgeht. Stellenweise, wo nicht im Schatten, schimmert
und flimmert das graue Gestein so seltsam und lebendig,
dass man erst Schnee zu sehen wähnt. Den duftigen Tiefen
des Malenco-Thales enträgt in stolzer Hohheit die breite
Gestalt des Mte della Disgrazia. Wie es bei entfernteren
Schneebergen der Fall, nimmt er schon eine gelbliche
Färbung an. Ueber der Einsenkung zu seiner Rechten und
durch die Flucht des Val di Mello sieht man in dunstiger
Ferne ganz isolirt die Pyramide des Mte Legnone auftauchen,
der den Comersee und das untere Veltlin so hehr beherrscht.
Die Sella und die westwärts von ihr sich erhebenden
Schneegipfel, von Norden gesehen lauter Unschuld und
Anmuth, haben auch ihr Janusgesicht. Wir stehen südwärts genug, um ihre obersten finster den Scersen-Gletscher
überschauenden Felsabstürze zu sehen. Wenigstens tausend
Fuss unter uns liegend, haben sie, wie auch der Capütschin,
an Bedeutung und Ansehen viel verloren. Und der Corvatsch,
der so majestätisch über den Silvaplaner- und Silser-Seeen
thront, den erkennt man kaum mehr, so hat er sich abgeplattet. Ueber dem Gedränge von Zacken und Gräten, die

den südlichen Seitenthälern des Engadin und Bergell angehören, funkelt aus weiter Ferne die Monterosa-Kette durch
den Duftschleier. Die Schneeriesen der Berner-Alpen behaupten auch ihren Rang im duftumwobenen Berggewimmel,
das, wäre nicht der Unterbruch den die Riesenwand des
Bernina und die Gipfel im Hintergrund des Morteratsch-
Thales verursachen, endlos den Horizont umsäumte. Ganz
klar ist er freilich auch nicht, mancherorts lagern schon
Wolken. Dem Säntis, von dem aus an hellen Tagen mit
unbewaffnetem Auge der P. Roseg, scharf getrennt von seinen
Nachbarn, mit allen seinen Einzelheiten zu erkennen, hätte ich
sonst gerne meinen Gruss gesandt. Tödi und Glärnisch, als die
Mächtigeren, wissen sich schon eher geltend zu machen, und
Rheinwaldhorn und Guferhorn, ihren Gletscherschooss uns wei-
send, dem der Hinter-Rhein seine Quellen verdankt, wollen auch
gesehen sein. Wie sie zusammenhängen, die verschiedenen Gebirgsgruppen, wo die einzelnen Spitzen hingehören, würde, der
es nicht wüsste, nicht erkennen, so wirre und chaotisch ist der
Anblick, so drängen, verdecken, verdrücken sie sich gegen-
seitig in ihrem Streben jeder über den Andern zu dominiren.

Nach dieser oberflächlichen, ohne Garantie für Genauigkeit wiedergegebenen Umschau suchen wir irgendwo
Schutz vor dem grimmen Wind und finden an der Südseite
des Gipfels, auf eine Kluft der Westwand ausgehend, eine sanfte
Ausmuldung, wo der Schnee im Thauen ist. Von Windstille
umgeben und von den gefangenen Sonnenstrahlen durch-
wärmt, lagen wir überaus behaglich, hatten jedoch Mühe des
mit Macht auf uns eindringenden Schlafes uns zu erwehren.

Als wir, den Rückweg antretend, wieder über den
Gipfel schritten und über die Nordseite hinabstiegen, gaben
mir die beeisten Stellen etwas zu schaffen. Die Ballen an
den Absätzen waren kaum wegzubringen, mir bangte vor'm

Ausgleiten. Dicht unter uns sowohl, als an der östlichen
Abdachung des Firnrückens auf den die Wand ausgeht,
gähnen Schründe. Da wirft mir Pöll, nachdem er ob mir
festen Stand gefasst, das Seil zu und entlässt es, indess ich
bedächtig, fast sitzend hinabkrieche, langsam seinen Händen,
bis er mich in Sicherheit sieht. Am Abhange des Fels-
hornes, wo die zweite Raststation war, gab's noch eine
halbe Flasche zu leeren und Braten und Würste zu vertil-
gen — denn Proviant hatten wir, ausser der kleinen Flasche
Kirschwasser, die jeder in der Tasche trug, keinen mit auf
den Gipfel genommen.

Wir hätten nun in wenig Stunden wieder in Pontresina
sein können, hätte es sein müssen, zogen aber vor, nachdem wir über den Schneerücken hinabgestiegen und ausser
Bereich von Wind und Kälte waren, mit Musse hinabzusteigen und am Anblick der wunderbar schönen, nun im
vollen Glanz der Mittagssonne prangenden Gebirgswelt uns
zu weiden. Die lange Schneehalde war im Thauen. Da
es jedoch festgebetteter Lawinenschnee ist, sank man nicht
ein. Erst auf dem Firnplateau unten begann die Mühsal.
Von da gingen wir nicht den obern Felsparthien zu, an deren
Bord wir in der Frühe hinangestiegen, sondern steuerten
in gradester Richtung über die auf das Firnthal mündende
Schneehalde hinab den untersten Felswänden zu, wo unsere
Sachen lagen. Hier abermals ein Halt, durch eine zurück-
gebliebene halbe Flasche veranlasst. Das jetzt über die
Felsen herabträufelnde Wasser war der lechzenden Kehle
fast eben so willkommen. Statt nun wieder die Mitte des Firnthales zu suchen, schritten wir den haldigen Firnterrassen
entlang, die vom Fuss der Roseg-Wand herabkommen.
Da und dort von Felsmauern getragen, stürzen sie anderwärts in jähen Firnhängen ab. Das Waten war etwas er-

müdend, einige Spalten kamen vor, doch ging sich's viel sicherer als auf dem durchklüfteten Thalgrund. Auf der Karte sind diese baldigen Terrassen nicht angedeutet.

Wir mochten etwa eine Stunde hinabgestiegen sein und waren im Begriff die allmälig in sanftabsteigende Hänge ausgehenden Terrassen zu verlassen und die Mitte des wieder angehenden Gletschers zu suchen, da gewahrte ich, über eine kleine Eishalde hinabschreitend, dass mir das eine Steigeisen abgefallen. Mir scheint als wäre mir's nur wenige Schritte weiter oben begegnet und als hätte Pöll nur schnell es aufzulesen. Er steigt hinan, kömmt aber nicht gleich wieder; eine Viertelstunde, eine halbe Stunde, ja eine Stunde vergeht, ohne dass er erschiene, ohne dass ich auf mein wiederholtes Jauchzen den geringsten Laut als Antwort vernommen hätte. Wahrscheinlich ist er, mit jedem Schritte das Verlorene zu finden hoffend, immer weiter und weiter gestiegen. Bange ist mir eben nicht um ihn, aber leid thut es mir, dass er des nichtswürdigen ohnehin mangelhaften Steigeisens wegen, an dem mir rein nichts gelegen, so weit zurückgelaufen. Ich hätte ihm sowas nie zugemuthet. Ganz über den Abhang hinabsteigend, setzte ich mich auf einen Eisbühel, wo mir die beständig rutschenden und hinabkollernden Moräneblöcke und die zusammenstürzenden Eisklippen nichts anhaben konnten. Die Sonne brannte heiss, man hätte es fast in unserer ersten Vorahnen Costüme ausgehalten, — auch wurde ein Kleidungsstück nach dem andern beseitigt. Ringsum, im Thalgrund und an den Abhängen ein Leuchten und Funkeln, dass das Auge es kaum ertrug. Nach mehr denn einer Stunde Wartens ging mir die Geduld aus, ich lies Pölls Reisesack im Stich und schritt auf den Gletscher hinaus. Da übersah ich den ganzen Abhang und entdeckte zu meiner grossen Freude,

ganz nahe unserem letzten Rastort, aber rasch abwärts sich
bewegend einen winzigen schwarzen Punkt, an dem Arme
und Beine noch nicht zu erkennen, so entfernt und hoch
oben war es. Ich bewunderte den Unermüdlichen, Dienst-
fertigen und sandte ihm einen Jauchzer zu. Pöll aber, der
um's Teufels willen keinen Jauchzer von sich gäbe, schwieg
hartnäckig stille. Zu Thale gehend schlenderte ich schon
dem Zusammenfluss der beiden Gletscher zu, als er endlich
mich einholte, das verlorne Steigeisen in der Hand. Um
4 Uhr war Misaun gewonnen und einige Stunden später
auch Pontresina, wo es viel zu fragen und zu erzählen gab.
Der kleine Pöll ist in den Augen der Leute um Vieles gewachsen und macht nach allen Seiten hin Bekanntschaften.
In der Köchin des einen Gasthauses hat er eine Paznaunerin
entdeckt und ist ganz glückselig über den Fund. Wer würde
glauben, dass der junge Mann, mit dem er, als kennten sie
sich von Jugendbeinen an, so vertraut bei'm wohlverdien-
ten Abendessen sitzt und auf gegenseitiges Wohl anstösst, vom
andern Ende der Alpen ein Führer aus Chamouny ist!

Als wir uns trennten, legte mir Pöll warm an's Herz,
ein folgendes Jahr die Besteigung des höhern Roseg-Gipfels
zu versuchen und meinte, wir kämen sicher hinauf, er
würde sich dann besser mit Kleidern versehen und auch das
Beil nicht zurücklassen — wäre es nicht so weit von seinem
Thale und erlaubten es seine Finanzen, er würde unterdess
allein es versuchen.

Seither vernahm ich mit Staunen, dass er mit Freund
Specht aus Wien den Berg zum zweiten Mal erstiegen, aber
wieder nicht weiter gekommen als das erste Mal. Warum
— kann ich, da mir die gesuchte Auskunft noch nicht geworden, nicht melden.

Fünf Bergfahrten im Tödigebiet,

unternommen im Sommer 1864 von Mitgliedern der Sektionen Glarus, Aarau und Basel. —

Mitgetheilt aus ihren Berichten an das Central-Comité von *Meyer-Bischoff*.

In dem ersten Jahrbuche giebt Herr Dr. Simmler eine genaue topographische Uebersicht der Tödigruppe und ihrer Umgebungen. Er beleuchtet die Verdienste der ersten Reisenden, welche diese Gegenden näher erforschten und erwähnt die ganze darüber erschienene Literatur, wobei wir noch, so weit es den Canton Uri betrifft, die gediegenen statistischen Arbeiten der Herrn Dr. Lusser in Altdorf und die genialen und poetischen Schilderungen von Corrodi nennen wollen, welche letztere vor längerer Zeit in der seitdem wieder eingegangenen Zeitschrift Alpina veröffentlicht wurden. Obige *fünf* Bergfahrten umfassen folgende Besteigungen

1) *der Kammlistock*, der westliche Claridengipfel, zuerst bestiegen durch Herrn Landrath Hauser in Glarus;

1) *das grosse Ruchi* im Maderanerthal, erste Besteigung durch die Herren Neuburger, Garonne und Prell in Aarau;

3) *die grosse Windgälle*, bestiegen von den Herrn Raillard
   und Fininger in Basel;

4) *der Oberalpstock* auf der Südseite des Maderanerthals,
   von Meyer-Bischoff in Basel;

5) *der Düssistock* im gleichen Thal, von demselben. —
Eine Anzahl wesentlicher Lücken in der Kenntniss des
Tödigebietes, auf welche schon im officiellen Bericht des
vorigen Jahres aufmerksam gemacht wurde, sind durch
diese Arbeiten ausgefüllt, und es wäre zu wünschen, diese
einzelnen Beschreibungen in den Feuilletons unserer gelesen-
sten vaterländischen Blätter in ihrem ganzen Umfange zu
sehen. Wir sind überzeugt, dass einem grossen Leserkreis, der mit unserm Bestreben sympathisirt, damit ein
verdankenswerther Dienst geleistet würde. Dies hier zu
thun, verbietet indessen die Rücksicht auf das officielle Ex-
kursionsgebiet des Triîtgletschers, dem billigerweise, als
der Hauptaufgabe des Jahres 1864 der Vorrang und der
grössere Raum in diesem Jahrbuche gebührt. Ebenso wenig
gestattet die geographische Lage der bestiegenen Gipfel an sehr
entfernten Stellen der Peripherie der Tödigruppe, eine Ver-
schmelzung der fünf vorliegenden Arbeiten in ein Gesammtbild des genannten Gebietes, das überdies schon im letzten
Jahrbuche eine ausführliche Schilderung im Ganzen erfahren
hat. Wir bescheiden uns daher, diese Bergfahrten in der
angegebenen Reihenfolge nur in ihren hervorragendsten.
Momenten unsern Lesern vorzulegen. — An dieselben reiht
sich eine Glarner Vereinsfahrt auf den höchsten Glärnisch-
gipfel, den *Bächistock*, welche wir, obwohl nicht in dieses
Gebiet gehörig, doch unsern Lesern nicht vorenthalten
wollen und deshalb im Nachtrag folgen lassen. —

Erste Besteigung des Kammlistockes,

des westlichen, 3234 M. hohen Gipfels des Claridenstockes,

unternommen von Herrn Landrath *Hauser*, Präsident der Sektion Tödi in Glarus.

Am 9. August 1864 verliess ich in Begleitung meiner beiden Führer, Heinrich Elmer Vater und dessen Sohn Rudolf, früh 5 Uhr unser Nachtquartier auf dem Urnerboden und stieg durch den Wängiwald hinan. Als wir aus demselben ins Freie traten, überraschte uns ein herrliches Landschaftsbild. Vor uns lagen die grünen Rasenwälle des Gemsfayrenalp und schienen perspectivisch zusammenhängend mit den silberweissen Schneefeldern des Claridengrates. Ueber dieses Grün und blendende Weiss wölbte sich ein blauer klarer Himmel. Reine Morgenluft umfächelte uns, als wir bei der 2008 M. hoch liegenden Alpenhütte ankamen, die wir nach 1/2 stündiger Rast um 7 Uhr wieder verliessen. Um 8 Uhr machten wir einen zweiten Halt auf einem Felsblock auf dem sogenannten Teufelsfriedhof. Unsicher, ob wir über den Claridengletscher den Uebergang zum Claridenfirn über den vor uns liegenden 800 M. hohen Gletscherwall ausführen könnten, steuerten wir auf Elmers Rath quer über den Teufelsfriedhof und den Claridengletscher auf denjenigen Felssattel zu, der in südlicher Richtung zwischen Klausenpass und Kammlistock liegt und erreichten ihn nach steilem Klettern um 10 1/2 Uhr. Nach 1/2 stündigem Halt, während dem wir von diesem

2500 M. hohen Standpunkt eine schöne Rundsicht ins
Schächenthal, gegen den Vierwaldstättersee und die umliegenden Berge von Uri hatten, erstiegen wir einen Felsgrat,
den wir noch als ca. 600 M. unter dem Gipfel des Kammlistockes liegend schätzten. Wir schickten hier den jungen
Elmer als Eclaireur gegen den bei Punkt 2863 M. der Karte
liegenden Gletscherwall, der die Krone des Felsgrates
bildet. Konnten wir dort hinauf, so durften wir hoffen in
einer starken Stunde den Gipfel des Kammlistockes zu
erreichen. Während dessen rekognoszirte Vater Elmer
einen andern Weg gegen den Griesgletscher hinab. Elmer
Sohn brachte nach ¼ Stunde den Bericht, dass eine tiefe
Kluft zwischen der Felsenrippe und dem Gletscherwall
liege und unübersteiglich sei. Wegen der schon· vorgerückten Tageszeit wirkte diese Nachricht etwas niederschla-
gend auf mich, und wir beschlossen nun auf den 600 M.
unter uns nordwestlich liegenden Griesgletscher hinabzusteigen. Ueber eine steile Geröllhalde und schwindliche
Felsabstürze kletterten wir in 1 Stunde hinab und erreichten
den Gletscher um 1 Uhr, wo wir bei einem Felsblock Halt
machten, uns unsrer überflüssigen Bagage entledigten und
nun mit neuem Muth über die steilen Schneehalden empor-
kletterten, gegen den Gletschersattel, welcher zwischen dem
Scheerhorn und dem Kammlistock liegt. Auf diesem Joche
laufen die Zugänge zu den beiden Scheerhornspitzen und
dem Kammlistocke zusammen. Bei dem tiefen Schnee, wie
wir ihn heute hatten, schien es uns nicht so schwierig, auf
den noch jungfräulichen niederern westlichen Gipfel des
einen Scheerhorns zu kommen, doch hat man noch immer
steile schmale Gletscherbänder von 50° Steigung zu überwinden. Wären wir bei Zeiten hier oben gewesen, und
hätten zuverlässige Witterung gehabt, so hätte ich das west-

liche Scheerhorn in Angriff genommen und auch den Kammlistock erstiegen. — Es war aber 3 Uhr und Elmer mahnte,
Angesichts des sich verschlimmernden Wetters zum Aufbruch,
denn noch lag eine letzte steile Höhe von 300 M. über uns,
die wir zu ersteigen hatten. — Vom Gletscherjoche links
abschwenkend, umgingen wir ohne bedeutende Steigung
den südöstlichen Ausläufer des Kammlistockes, und stiegen
nun rasch an der Ostseite über die Schneehalden bis auf die
letzte Höhe noch 80 M. unter dem höchsten Gipfel. Diese
letzte Strecke scheint von ferne wegen den bloss gelegten
sehr steilen Felsplatten schwierig und gefährlich, war aber
bei näherm Beschauen und Angreifen bald und leichter erklettert, als wir zuerst glaubten. Die höchste Spitze war
erreicht und lag in einer Breite von 2' offen zu Tage, sie besteht aus zerbröckeltem Jurakalkgestein, wie der ganze
Claridengrat. — Auf der Westseite fand sich eine noch 8'
höhere Schneewand angelehnt, die vorher mit dem Alp-
Stocke sondirt und ebenfalls erstiegen wurde. Schnell,
denn die Zeit drängte, errichteten die Führer eine kleine
Pyramide, in der der Wahrzettel des *S. A. C.* gelegt wurde.
Auf dem Gipfel fand sich keine Spur von thierischem oder
pflanzlichem Leben, auch kein Wahrzeichen, dass je eines
Menschen Fuss ihn betreten. Das Thermometer zeigte auf
$4^{1}/_{4}$ Uhr $+ 10^{0}$, $^{1}/_{4}$ Stunde später sank es auf $+ 8, 5$.
Eine Umschau bestätigte mir die Ausführbarkeit eines
Ueberganges von der Gemsfayrenalp über den Gebirgsstock
von Gemsfayr und den Teufelsstöcken auf den Claridenfirn.
Der Gletscherpass liegt zwischen den Zahlen 2981 und 2967
der Karte, und es ist zu wünschen, dass spätere Gänger ihn
auf ihr Programm nehmen. Einen imposanten und über-
raschenden Anblick gewährten mir die weiten, unter uns
liegenden endlosen Gletscherreviere, in deren innerste

Winkel wir schauten, während die Fernsicht durch graue
Nebel düster verhängt war. — Der Kammlistock bildet ein
Glied der Gebirgskette, welche das Reussthal mit dem Linth-
thal verbindet und durch die Flussgebiete des Kärstelen-
baches, der Reuss, des Schächenbaches und Fätschbaches und
der Linth, so wie den erstarrten Strom des Hüfi- und Claridenfirn abgegrenzt wird. — In dieser Gebirgskette erheben
sich die beiden Windgällen, Ruchi, Scheerhorn, Kammlistock
und Claridenhörner als höchste Gipfel. — Fernsicht hatten
wir fast keine, auch gar nicht recht Zeit gefunden, die
nöthigste Erfrischung zu uns zu nehmen, weil das drohende
Wetter zum schleunigen Aufbruch zwang. Schnell eilten
wir die Schneehalden hinab, als schon Donnerschläge,
gleichsam die Introduction des uns von den Berggeistern
erklärten Krieges bildeten. — Dichter Hagel mit Regen ver-
mischt schmetterte auf uns nieder, als wir das Joch zwischen
Scheerhorn und Kammlistock betraten. Hellleuchtende
Blitze zuckten um uns mit krachendem hellem Getöse in die
Felswände schlagend, gefährlich wurde die Passage, weil
durch die nassen Niederschläge neben uns und über uns
bröckelndes Gestein herabrollte. — Elmer verlor seinen
Gleichmuth nicht, und eilends im Laufschritt sprangen wir
hinab der Mulde des Griesgletschers zu, gegen den Felsblock, wo wir unsere Bagage gelassen hatten, welche
natürlich bei dem Unwetter theilweise durchnässt war. In
einem erbärmlichen Zustande erreichten wir um 6 Uhr die
kleine Alphütte im Kammli, hoffend, hier wenigstens ein
schützendes Obdach gefunden zu haben, wo wir unsre
nassen Kleider trocknen und uns selbst wieder hätten erwärmen können. — Allein der gebrechliche Ofen der Hütte
versagte seinen Dienst und zwang uns, nach Genuss eines
tüchtigen wärmenden Kaffeegetränkes den Weg neuerdings

unter die Füsse zu nehmen. — Auf halsbrechenden Pfaden, schon in der Dämmerung zwischen der Balmwand am Klausen und dem Stäuber gelangten wir ins Thal, begleitet von freundlichem Mondesschimmer, der unterdessen aus den zerrissenen Wolken strahlte. Eben schlug es vom Thurm die zehnte Stunde, als wir beim Wirthshause zur Rose in Unterschächen anlangten, und von den Wirthsleuten freundlich aufgenommen, nach 17 stündigem Marsche unsre Glieder für die Strapazen des kommenden Tages pflegten. —

Das topographische Resultat meiner Excursion lässt sich zusammenfassen in Hinsicht auf frühere Erfahrungen, wie folgt:

1) Der Kammlistock kann am kürzesten und leichtesten von der Kammlialp im Schächenthal erstiegen werden.

2) Von Sandalp oder Altenohren über den Claridenfirn.

3) Vom Maderanerthal über den Hüfigletscher.

4) Von der Gemsfayrenalp zwischen den Teufelsstöcken und Gemsfayrenstock ebenfalls über den Claridenfirn; dieser letzte ist jedenfalls der längste Weg.

Sämmtliche 4 Wege treffen alle auf dem Gletscherjoche zwischen Scheerhorn und Kammlistock zusammen. —

II.

Die Besteigung des grossen Ruchi

3138 Mêter = 9660 P. F.

unternommen von den Herren *Neuburger*, Pfarrer *Garonne* und
Prell von der Sektion Jura in Aarau. Nach den Mittheilungen
des Herrn *Neuburger*.

Voller Mondschein strahlte noch vom wolkenlosen
prächtigen Sternenhimmel, als wir, in Begleitung der Führer
Trösch, Zurflüh und Furgger am 21 Juli 1864 in aller Frühe
Morgens die wirthliche Hütte am Balmwald im Maderanerthal
verliessen, wo Herr Indergand bis zur Beendigung der Baute
seines neuen Gasthofes eine bescheidene Wirthschaft mit 8
Betten improvisirt hatte. In fröhlicher Stimmung über das
herrliche Wetter marschirten wir tüchtig drauf los und kamen
beim sogenannten *Tritt* um 4 Uhr 30 M. an. — Es ist dies eine
kleine Hochebene, zu der hinauf vom Hüfigletscher ein
steiler Zickzackweg führt. Von hier hat man schon eine
herrliche Sicht auf die umliegenden Berge und steigt nun
anhaltend und streng in weitern ³/₄ Stunde auf die Alp
Gnofer, wo wir um 5 Uhr 30 M. anlangten. Die viele
hundert Fuss hohe Felsmauer des Alpgnoferstocks, auch
kleines Ruchi genannt, begrenzt gegen Norden diese Alp,
welche ebenso steil südlich gegen den Hüfigletscher und das
Thal abfällt. Von hier zieht sich nun der Weg sehr
schwindlich über schmale Felsbänder hinauf auf ein Plateau.

Es war für uns im Anfang eine unheimliche Passage, denn mit jedem Fehltritt konnte man auf den in grauser Tiefe liegenden Gletscher hinab stürzen. Nach und nach gewöhnt sich jedoch Auge und Fuss, doch waren wir alle froh, als wir nach einer Stunde solchen Ankletterns auf breitere, wenn auch rauhe und steinige Pfade kamen. Kleine vom Machenfirn auslaufende Moränen wurden quer gegen Nordosten überstiegen, abwechselnd Felsenkämme und Firnfelder überklettert, als wir um 6 Uhr 45 M. die noch spärlich mit Gras bewachsene Alpgnofer-Geissalp erreichten, und hier uns zum weitern Ansteigen mit Proviant stärkten. Kaum waren wir hier gelagert, so entdeckte einer unsrer Führer auf einem Felsgrat über uns, auf grasigem Vorsprung 4 Gemsen weiden, welche jedoch, durch unsre Bewegungen aufmerksam gemacht, bald hinter den Felsen verschwanden. Wir liessen nun einen Theil des Proviants und des Gepäckes unter Steinen, gegen die lüsternen Geissen wohl verwahrt, zurück und brachen um 7 Uhr 10 M. wieder auf. Nach 5 Minuten waren wir an dem grossen Schneefeld angelangt, das wir bis auf den Gipfel des Ruchen nicht mehr verlassen sollten. Anfangs steiler, später sanfter ansteigend, hatten wir um 9 Uhr 15 Minuten den ersten Firnsattel überwunden. Jetzt stellte sich uns der Ruchen als colossale Pyramide mit stumpfer Spitze in seiner ganzen Grösse und Pracht nordwestlich von unserm Standpunkt dar und zwar so steil, dass wir anfangs zu stutzen begannen. Auch unsre 4 Gemsen erschienen wieder und jagten vor uns zuerst rascher, dann langsam, wie Bergsteiger im Zick-Zack den Gipfel hinauf, bis sie unsern Augen verschwanden. Die Sonne hatte den Schnee schon tüchtig erweicht, so dass wir mit jedem Schritt bis an die Knie einsanken. Um 9 Uhr 30 Minuten war auch der zweite Firnrücken erstiegen, und scheinbar

ganz nahe winkte uns das Ziel. Wir leerten noch ei
Flasche, ehe wir an die Besiegung der letzten und grösst
Schwierigkeiten uns machten, und setzten dann unse
Marsch fort, zuerst eben bis an den Fuss der Pyramide; da
gebot die zunehmende Steilheit auch uns ein langsamer
Vorrücken. An vielen Stellen war der Schnee sehr dü
und blankes Eis trat hervor, in das Stufen gehauen werd
mussten. In der Mitte des Firnkegels angelangt, steuer
die Führer auf einige hervortretende Felszacken los; Zur
kletterte gewandt wie eine Gemse hinauf, setzte sich ri
lings auf den Grat, sich an die Felsen stemmend und span
das unten von einem zweiten Führer gehaltene Seil fest
So arbeiteten wir uns, einer den andern unterstützend,
por, und standen bald alle auf dem Gipfel. Es war 10 U
30 Minuten, wir hatten somit ohne den Aufenthalt 6³/₄
gebraucht. Das Thermometer zeigte in freier windsti
Luft + 12⁰ Reaumur. Der Gipfel bildet eine 4—5 F
breite und 8—10 Fuss lange schwach gewölbte Schneefläc
Eine neue Welt erschloss wie durch Zauber sich unse
Blicken. Grade vor uns nach Norden, tief zu Füssen
das stille einsame Brunnithal mit seinem Ausgangspu
Unterschächen, das ganze Schächenthal, die ganze Klaus
passhöhe, über Rigi und Pilatus hinaus die Schweizeris
Ebene, freundlich winkten unsere heimathlichen Jurabe
Gegen Osten maschirten prächtig gereiht vor uns auf
Berge von Glarus, überragt von dem majestätischen T
Nahe vor uns das gewaltige Scheerhorn mit seinem zerklü
ten Felsenkamm, umschlungen von den mächtigen Gletsch
feldern, die nördlich ins Schächenthal, südlich ins Maderan
thal fallen. Gegen Süden über den Brunnipass thürmen si
zahllose Reihen Bündnerberge, näher der Düssistock
seinem blendenden Firnsattel und der mächtige Oberalp

gsam von herrlichen Schneefeldern gekrönt. Gegen
esten glänzen die eisigen Häupter des Galenstockes und
e Spitzen, welche dem Triftgletscher entsteigen. Alles
erwältigend, drohend und in furchtbarer Steilheit erheben
ch die grauen Felswände der grossen Windgälle uns gegen-
er als nächster Nachbar. Nun überliessen wir uns, nach-
m wir den mitgebrachten Proviant verzehrt hatten, einem
uickenden kurzen Schlummer, während Garonne die
ndsicht skizzirte, und ein Führer auf dem Felsvorspung
l Steinmannli errichtete, welches die Flasche mit dem
hrzeichen des Clubs aufnehmen sollte. Um 11 Uhr
0 Minuten gings vorsichtig am Seil hinunter den steilen
neerücken, dann brachte uns eine famose Rutschparthie
wenig Minuten auf das erste Plateau und so fort weiter
ab. Um 12 Uhr 45 Minuten waren wir wieder bei
erm Gepäck angelangt, und sahen die Ziegen bereits in
tigkeit, dasselbe unter den Steinen hervor zu zerren,
ten also unsrer Vorsicht nur froh sein. Von der Alp
fer gingen wir nun einen andern Weg thalauswärts, in-
l wir über Bernetsmatt und Golzern den Höhenweg ein-
ugen, statt zum Balmwald herabzusteigen. Derselbe
reich an erhabenen Gebirgsscenerien und jedem Reisen-
, der das Maderanerthal besucht, vorzugsweise anzu-
en. Beim freundlichen Caplan in Bristen wurde noch-
s eingekehrt, und todesmüde kamen wir Abends 8 Uhr in
teg an, uns nach Ruhe sehnend, die wir auch in dem
ndlichen und guten Gasthofe zum Kreuz fanden.

III.

Besteigung der grossen Windgälle

3189 M. = 9817 P. F.

von *A. Raillard* und *L. Fininger* in Basel.

———

Dieser Berg liegt in der Gebirgskette, welche
zwischen Maderanerthal und Schächenthal hin zieht, ei
südwestlich mit der kleinen Windgälle, östlich mit
grossen Ruchi verbunden, nach allen Seiten hin, beso
gegen Norden hin, weist er seine kahlen schroffen
wände, und es galt die Besteigung desselben für
schwierig, auch ist er erst 2 Mal bezwungen worden.
erstemal durch den bekannten verstorbenen eifrigen
reisenden Georg Hoffmann von Basel am 31. August
worüber eine Schilderung in den Berg- und Gletscherf
von Studer etc., Zürich 1859, enthalten ist, und da
3. August 1863 durch einen jungen Engländer, Herrn
Milbanke. Für uns hatte daher diese gefürchtete Beste
grosses Interesse, und sehnlichst wünschten wir damit n
Bekanntschaft zu machen. — In Amsteg entsendeten wir
Führer Ambrosius Zgraggen zu unserm alten Bekan
Joseph Maria Trösch ins Ezlithal, und gingen inzwischen
auf nach Bristen, um dem Freunde Caplan Furgger e
Besuch abzustatten. Bei einem Glase Wein verging sc
die Zeit, und bald erschienen die beiden genannten
Wir marschirten gemächlich den herrlichen, wenn
etwas steilen Alpenweg, über Golzern und beim Golzern

vorbei auf die schöne Alp Bernetsmatt, in deren steinernen
der ziemlich reinlichen Hütten bei dem freundlichen Sennen
Joseph Lorez wir unser Nachtquartier nehmen wollten. —
Eine muntre schwarzäugige Tochter als Knabe verkleidet,
wie es öfter auf diesen Alpen gebräuchlich ist, that bei ihrem
Vater Knechtsdienste.

In einer benachbarten Hütte wohnt auch eine Aelpler-
familie, die gesonderte Haushaltung führte, deren Vieh aber
mit dem andern auf dieser Alp weidet. Die Aussicht, die
man hier in einer Höhe von 2000 M. hat, ist reizend, hinter
uns die Berggipfel der kleinen und grossen Windgälle, des
Ruchen, Scheerhorn, gegenüber der Oberalpstock, im Hintergrunde der Hüfistock, gegen Südwesten die Crispaltkette
und weit gegen Westen die herrliche Kuppel des Galenstocks,
die Winterberge, Sustenhorn, Spitzliberg bis zu den Spann-
örtern. Wunderbar ist das Rauschen der zahlreichen Wasserfälle, welche über die Thalwand hinabstürzen, um sich mit
dem Kerstelenbach zu vereinigen, der das ganze Thal in
wilden Sprüngen durchtobt und selber malerische Fälle bildet. — Ueber die vom abendlichen Sonnenstrahl gerötheten
Firnen stieg der silberne Mond herauf, als wir unser Heulager aufsuchten und zeitlich zur Ruhe gingen. —

Nach reichlichem Frühstück wurde um 3 Uhr 45 Minuten aufgebrochen, mit Proviant, Gletscherseilen und Fusseisen wohl ausgerüstet. Der Tag stieg mit glänzender Pracht
herauf, doch vermissten wir die kühle Morgenluft, es war
viel zu warm, um auf dauernd gutes Wetter hoffen zu
dürfen. —

Anfänglich ging es über eine rauhe Alptrift, über Schutt
und Geröll, auch hie und da über Kalkplatten, eine steile
hartgefrorne Schneekehle hinan, über eine Moräne, und dann
betraten wir den sonst sehr geschrundeten Stäffeligletscher,

der aber dieses Jahr reichlich mit Schnee bedeckt und
sehr gut zu passiren war. Wir hielten uns in der Mitt
Gletschers, der, je weiter wir vorrückten, desto mehr Stei
erhält, in gerader Richtung gegen die hohen Felswä
welche die Windgälle mit dem Ruchi verbinden, schri
dann im Bogen links auf die Mitte der Windgälle zu,
machten unmittelbar am Fusse derselben unsern Halt.
war 10 Minuten vor 5 Uhr; über den Gletscher hatten
gerade 1 Stunde und 5 Minuten gebraucht.   Das d
wanderte Gletscherthal ist durch hohe schroffe Felsw
eingeschlossen, an denen nicht das geringste Grün h
und deren zackige Gräte im ersten Morgenroth erglüh
Selbst die Windgälle vermochte uns hier nicht mehr du
ihre Höhe zu imponiren, wohl aber zeigten sich ihre
hänge entsetzlich steil, so dass wir merkten, dass der S
ziergang zu Ende sei, und der ernstere Theil unserer A
gabe hier beginne. — Bei der ersten Besteigung m
Georg Hoffmann den jähen Felsgrat zu unserer Linken
klettern, ein sehr gewagtes Unternehmen, weil die
steilen Schneekehlen nur wenig Schnee hatten, und
blanke Eis zu Tage trat.   Wir aber hatten es glückli
getroffen, die Schneedecke war reichlich und gestattete
die Steigung von 50 und 60 Grad mit vieler Mühe zv
aber doch mit ziemlicher Sicherheit zu überwinden;
an einigen Stellen, wo das Eis sich zeigt, mussten S
eingehauen werden, und mit unsern Fusseisen erkle
wir nach und nach mühsam die so steilen Schnee- und
gehänge.   Es war eine harte Arbeit, welche die Kniek
gehörig in Anspruch nahm, gleichwohl rückten wir tüc
voran nach der Höhe, und uns rechts ziehend gelangten
auf einen Schneegrat, und sahen plötzlich vor uns in
ringer Entfernung den höchsten Gipfel, von dem Steinm

krönt. Links um den Felsen hinauf, an grausigen Tiefen
vorbei, betraten wir jubelnd die felsige Spitze um 10 Minuten
vor 7 Uhr. — Da drunten in den Städten verlassen sie jetzt
ahnend ihr Lager, um sich wieder in das Alltagsleben
zu stürzen, und uns ist vergönnt, auf diesem noch von
wenigen Sterblichen betretenen Standpunkt im Strahl der
herrlichen Morgensonne Rundschau zu halten. Dem lieben
schönen Vaterlande wurde ein lebhaftes feuriges Hoch gebracht, und auf die glückliche Besteigung eine Flasche geleert. Im Steinmannli fand sich noch, zwar unleserlich,
Hofmanns Zettel vor. Wir legten unsere Namen in die
gleiche Flasche und begannen nun weitere Umschau zu
halten. — Die Windgälle hat 2 Gipfel von ungefähr gleicher
Höhe, welche durch eine mit Schnee ausgefüllte, mehrere
hundert Fuss tiefe Schlucht getrennt sind. Die östliche
Spitze, auf der wir uns befanden, besteht aus losem grauem
Kalkschiefer und ist ungefähr 40 Fuss lang. Die Temperatur
war + 12° Reaumur, der Himmel klar und auffallend
schwarzblau, nur gegen Süden lag eine horizontale dunkle
Nebelschicht. Tief unter uns ruht der Blick auf der grünen
Gilialp mit dem blauen Seelein, darüber hinaus streift er
in das mit Dörfern und Hütten besäete Schächenthal und
die weiten Ebenen der Schweiz, bis über den Jura und
die Vogesen; nördlich über den Schwarzwald und die blauen
duftigen Höhen der schwäbischen Alp. Zahllose bekannte
und unbekannte Gipfel mit glänzend weissen Schneefeldern
stiegen vor uns auf, so weit das Auge reichte. Schwer
trennten wir uns von der herrlichen Rundsicht und traten
um 8 Uhr den Rückmarsch an. Mit Vorsicht, wegen dem
glatten Eis am Seil, liessen wir uns nur langsam über die
steilen Schnee- und Eisrücken hinunter und erreichten schon
nach 55 Minuten den Stäffeligletscher und um 10¼ Uhr die

gastlichen Hütten von Bernetsmatt. Wir hatten also zu
ganzen Excursion 7½ Stunden gebraucht, wovon 5 Stun‹
35 Minuten Marsch und 1 Stunde 55 Minuten Halt. —
dem grünen sammetweichen Grasteppich legten wir uns
zu kurzer Ruhe nieder. Um 7 Uhr Abends bezogen
nachdem uns ein Gewitter in Bristen zur Einkehr gez
hatte, unter dem gastlichen Dach des Hotels zum K
in Amsteg bei Herrn Indergand das Nachtquartier
ruhten aus von unseren Strapazen, um von da das
gebiet zu durchwandern, wohin uns die jungfräuliche K
des Spitzlibergs zog, welche uns auf den Höhen der W
gälle so freundlich zugewunken hatte.

IV.

Der Oberalpstock, romanisch Piz Tgietschen

3330 Mêtres.

von *Meyer-Bischoff* in Basel.

Wer von Amsteg im Canton Uri nach dem graubün
rischen Vorderrheinthal hinüber will, benützt den näch
Weg über den Kreuzlipass, der am Eingang des Madera
thals durch das sich südlich abzweigende Ezlithal
Auch ich war noch Nachmittags 4 Uhr am 8. Juli
Amsteg abmarschirt, um meinen alten Bekannten und
Joseph Maria Trösch abzuholen, der auf der Ezlialp
Ziegenheerde sömmert und dort mit Frau und Kindern
ganzen Sommer in einer bescheidenen Alphütte wohnt.
Als ich Abends daselbst übernachtete, musste ich leider
seiner Frau vernehmen, dass er schon heute früh mit ein

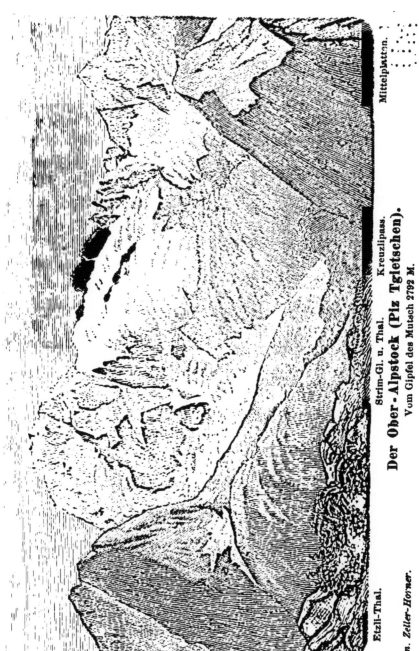

Etzli-Thal.   Strim-Gl. u. Thal.   Kreuzlipass.   Mittelplatten.

Der Ober-Alpstock (Piz Tgietschen).

Vom Gipfel des Mutsch 2792 M.

n. *Zeller-Horner*.

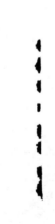

Engländer nach Sedrun verreist sei, um Morgen den Oberalpstock zu besteigen. Da gerade dieser Gipfel auch mein
Ziel war, so liess mich diese Nachricht nicht in der besten
Laune einschlafen. Am andern Morgen um 7 Uhr stand
ich auf der Höhe des Kreuzlipasses, und sah gerade gegenüber, nur durch die Tiefe des Strimthales getrennt, den
englischen Touristen, wie ich nachher hörte, ein Mr. Sowerby,
der am Saum des südlichen Strimgletschers seinen ersten
Halt mit seinen 2 Führern machte. — Obgleich in gerader
Richtung nur $1\frac{1}{2}$ Stunde entfernt, hätte ich doch 2 Stunden
gebraucht, um sie zu erreichen, und war ohne Lebensmittel,
ohne Gletscherseil und Fusseisen, weil ich alles dies von
Sedrun aus mitzunehmen gedachte. Ich beschloss nun
auf meinem Standpunkte abzuwarten, sie auf ihrem Wege
zu verfolgen, bis sie den höchsten Gipfel erstiegen, und
skizzirte mir einstweilen die ganze grossartige Umgebung
in mein Album.

Der würdige Forscher und Bergfreund Pater à Specha
hatte in dem Jahre 1799 den Oberalpstock zum erstenmal
erstiegen, sein erster Nachfolger war der verstorbene Georg
Hoffmann, mein Bekannter und Landsmann von Basel, der
ihn auf der schwierigsten westlichen Seite mit dem gleichen
Trösch im Jahre 1847 in Angriff genommen hatte. Heute
fing Trösch mit dem englischen Touristen einen andern
Weg über den mehr südlich gelegenen grossen Strim-
gletscher. Die Besteigung Hoffmanns ist in den 1859 in
Zürich verlegten „Gletscherfahrten von G. Studer" genau beschrieben, und es liegt dazu eine Zeichnung bei, die ebenfalls
vom Kreuzlipass aus aufgenommen ist. Ueberraschend
und wahrhaftig grossartig ist das Bild, das sich vor uns hier
in einer Höhe von über 7000' entfaltet. Blendend weisse
Schneefelder umgeben den Oberalpstock von allen Seiten,

seine Felsmassen gipfeln in 3 Zacken, von denen die mittlere, die höchste Spitze, die beiden andern nur um einige Fuss überragt. Wilde, grotesk geformte, zerrissene Felsgräte thürmen sich nördlich und östlich um ihn herum auf, aus den glänzenden Firnen entsteigend, und umstehen ihn wie ein kleiner Hofstaat den Thron seines Herrschers. Der Engländer mit seinen beiden Führern hatte gegen 10 Uhr den Gipfel erreicht, und wie ich nachher erfuhr, von Sedrun aus 6 Stunden gebraucht, weil die Beschaffenheit des Schnees und des Gletschers eine sehr günstige war. Nachdem ich sein Fähnlein auf dem Oberalper hatte wehen sehen, eilte ich durch das Strimthal hinaus nach Sedrun, wo ich um $1/_2 1$ Uhr anlangte. Um 3 Uhr trafen auch die Besteiger wieder ein, und ich verabredete mit Trösch auf morgen eine zweite Besteigung. Der Engländer ging mit seinem andern Führer Zgraggen gegen Abend noch nach Dissentis, um Morgen über den Brunnipass in das Maderanerthal zu gelangen. — Seit dem nun der Weg bekannt ist, steigt man vom Gipfel des Oberalpstocks über den an seiner Ostseite gelegenen Brunn-gletscher herab und kommt vom Gipfel in 5 Stunden direct in's Maderanerthal. Diese Tour wurde im Sommer 186 zweimal von Basler Clubisten gemacht, doch erfordert sie rüstige Gänger und gutes Wetter. Wenn man in Sedrun früh 3 Uhr aufbricht, kann man, alle Halte inbegriffen, um 5 bis 6 Uhr Abends im neuen Gasthof im Maderanerthal ankommen.

Gegen Abend hatte sich ein starker Föhn eingestellt; verdächtige Nebel streifen an den Medelser Wetterpropheten dem Piz Muraun und Valesa herum; in der That fing es um 8 Uhr an, tüchtig zu gewittern und in Strömen zu regnen, so dass Trösch unter allen Umständen sehr weichen Schnee für unsre morgende Tour prophezeite. Mit Proviant wol

versehen, verliessen wir nach einem kräftigen Frühstück früh
3 Uhr Sedrun. Durch zerrissene Wolken schimmerte hie und
da ein freundlicher Stern. Um 5 Uhr standen wir im Hintergrund des Strimthales und stiegen auf dem linken Ufer des
Baches eine steile Schafweide, über Schneerunsen und einige
schmale Felsbänder auf ein Plateau, Calmot genannt, wo
gestern der Vorgänger und auch ich meinen ersten Halt
machte und ein Glas feurigen Veltliners mit dürrem Rind-
fleisch als erste Stärkung einnahmen. Man ist hier etwa
2500 Mètres hoch am Saume der sich sehr steil über einander lagernden Gletscher und Firnterrassen. Gegen Osten
trennt eine wild gezackte Felsenmauer den Strim und Brunnigletscher, etwas südlicher erhebt sich der Piz Ault und Crap
Alv, deren Ausläufer der Cuolm da Vi oberhalb Sedrun bildet.
Brillen und Schleier wurden jetzt aufgesetzt, denn eine weiss-
liche heisse Morgensonne brannte ob unsern Häuptern. Langsamen Schrittes ging es die steilen Schneewände hinau, mit
jedem Schritt sanken wir bis ans Knie ein. Wir steuerten auf
einen kleinen, aus dem Gletscher sich erhebenden Felsgrat
zu, den wir nach einer Stunde erreichten. Nach kurzem
Halt ging es jetzt an die immer jäher sich aufthürmenden
Schneewälle im Zickzack hinauf, bis wir um ¹/₂10 Uhr auf
dem Gletschersattel standen, wo sich der Strim und Brunnigletscher vereinigen. Hinter einer Fels-Nadel von Granit-
gneiss suchten wir Schutz vor dem Winde, der wilde Nebelmassen aus den Thälern herauftrieb, die vom Föhn und
Nordwest hin und her gejagt wurden und uns nur sehr bescheidene Aussichtsblicke vergönnten. Doch sahen wir
tief unten am Brunnigletscher beim Stoziggrat den Engländer
und seinen Führer und hörten sie jodeln und uns zujauchzen.
Wir erwiederten ihre Grüsse durch Hutschwenken. Um den
Gipfel des Oberalpstockes hingen dichte Nebel; wir um-

gingen ganz nahe an seinem Fuss den südlichen Gipfel und
erreichten durch tiefen Schnee und über ein wenigstens
50 — 60° geneigtes Schneefeld den sattelförmigen Einschnitt,
der den südlichen und mittleren Gipfel verbindet. — Um
¹⁄₂11 Uhr standen wir auf der höchsten Spitze, wo wir wie
unser gestriger Vorgänger die Flasche Hofmanns nicht mehr
finden konnten, so tief war noch die Schneedecke. Erst
3 Wochen später fanden sie meine Nachfolger unter dem
Steinmannli, der Zettel war noch ganz leserlich. — Von Zeit
zu Zeit verzogen sich die Nebelschichten und liessen uns
einen Blick in weite Fernen werfen. Gegen Südwesten
war die Aussicht ziemlich frei, die Walliserberge vom Monte
Leone weg. bis Weisshorn, Monterosa waren deutlich sichtbar, auch der Montblanc erhob sich hinter unbekannten Eis-
firnen. In nächster Nähe entfaltete sich imposant die zerrissene Crispaltkette, hinter ihnen die Winterberge mit dem
Galenstock, aber die Berner Riesen waren alle in Wolken
gehüllt. Gegen Norden glänzten aus der weiten Ebene die
Seen von Sempach und Hallwyl, ein Theil des Zürichsees,
und noch östlicher ein Wasserstreif, den ich für den oberen
Theil des Bodensees hielt. Freundlich herauf grüssten in
schauerlicher Tiefe, scheinbar gerade zu unsern Füssen, die
Hütten des vordern Maderanerthales und die freundliche
Capelle von Bristen, gegenüber die braunen Hütten des Berg-
dörfchens Golzern mit dem kleinen See. Die ganze Kette
der Windgälle, so wie die Gruppe des Tödi lag in dichtem
Nebel, der sich nun auch zu unsern Füssen dick auf dem
Brunnigletscher lagerte, so dass sich Trösch weigerte, den
ihm noch neuen Weg hinab ins Brunnithal zu gehen, und ich auf
diesen Plan, wiewohl ungern, verzichten musste. Gestern
musste nach den Aussagen des englischen Reverend, und was
mir Trösch erzählte, bei dem klaren Wetter die Aussicht

wundervoll gewesen sein. Die Lage des Oberalpstocks ist
hierzu eine sehr günstige, und von den Tirolerbergen bis zum
Montblanc entfaltet sich gewiss das ganze Gebirgs-Panorama,
so wie eine unermessliche Fernsicht in das flachere Land hinaus. — Wir tranken das Wohl unsers verstorbenen Freundes,
des trefflichen und gemüthlichen Hofmann, auf das Gedeihen
des schweizerischen Alpen-Clubs und unserer Lieben in Nah
und Fern, legten unsere Wahrzettel in die Flasche unseres
Vorgängers und stiegen den gleichen Weg wieder hinab,
wobei wir einigemal respectable Lawinen in Bewegung setzten,
da der gänzlich durchweichte Schnee mit uns und neben uns
abrutschte. Um 2 Uhr stand ich in der Thalsohle des Strimthales, meine beiden Führer gingen über den Kreuzlipass ins
Ezlithal zurück, und ich wanderte allein gemächlich nach
Sedrun zurück.

Distanzen.

Von Sedrun in den Hintergrund des Strimthales 2   St.
    bis zum Plateau Calmot . . . . . . $1^{1}/_{4}$ „
    bis zu dem ersten Felsgrat im Gletscher   1   „
    bis zum Gletschersattel 1   „
    bis zum Gipfel . . . . $-^{3}/_{4}$ „
    ohne den nöthigen Halt . . . . . . 6 Stunden.

Vom Hintergrund des Ezlithales aus von der Alp Gulmen
wird man auch in 7 Stunden die Besteigung ausführen können.

Vom Gipfel des Oberalpstocks hinab in das Brunnithal . . . . Stunden 2
ins Maderanerthal, nach Balmwald zum Hôtel . . „   3

                Summa: Stunden 5.

V.

Der Düssi oder Hüfistock, romanisch Piz Valgronda

3262 Mêtres.

von *Meyer-Bischoff* in Basel.

So viel ich erfahren konnte, ist dieser Berg nur im
Jahre 1842 von Herrn Escher von der Linth und Herrn
Fäsi von Zürich und dann später von Herrn Caplan Furgger
in Bristen erstiegen worden. Ich hatte mir seine Besteigung
vorgenommen, weil ich hoffte von seiner Höhe die ganze
Verzweigung der ihn umlagernden Gletscherfelder, besonders
gegen Bünden hinab, genau ersehen zu können, und dann
beabsichtigte ich, einen noch nie gemachten Weg von seinem
Gipfel in das Cavreinthal herab zu versuchen und damit
einige Lücken in den Erforschungen des Tödigebiets zu er-
gänzen. Auf seinem Rücken trägt der Düssistock den so
genannten Tschingelgletscher, welcher sich wohl 2 Stunden
lang und ½ Stunde breit von Norden nach Westen erstreckt.
Am 9. September verliess ich mein Nachtquartier im Balmwald im Maderanerthal in Begleit von Joseph Maria Trösch
und dem Sohne des alten Gedeon Trösch, den ich als zweiten
Führer bis auf die Höhe mitnehmen wollte. Da wir Morgen
½ 3 Uhr aufbrachen, so war es noch finster, doch sternen-
heller Himmel und wolkenlos. Die Führer trugen Fackeln,
um unsern schmalen Pfad zu erleuchten, der gegen die Alp
Rinderbühl anhaltend und jäh ansteigt, welche wir nach
1½ Stunden erreichten. Auf und ab führt nun der Weg

in 1¼ Stunden bis zum sogenannten Waltersfirn, wo wir
auf das rechte Ufer des Brunnibachs übergingen und nun einen
schmalen Geissweg über die steilen und steinigten Grasweiden
verfolgten. Schon hatten wir eine ziemliche Höhe erreicht,
als wir einen kleinen Halt machten. Südwestlich erhebt sich
der Oberalpstock in seiner ganzen Pracht, auf dieser seiner
östlichen Seite seinen blendend weissen Schneemantel zeigend,
der von den Strahlen der Morgensonne herrlich im Purpur
geröthet war. Der fächerartige Brunnigletscher zeigt seine
blauen Eisgrotten, aus denen er den Gletscherbach entsendet.
Ueber den Aclettapass hinaus erglänzen schon die Hörner
und Firnkronen der Medelser- und Nalpserberge, im freundlichen Glanze eines heitern Morgens. Wir kletterten weiter
und erreichten, die letzten Grasflächen hinter uns lassend,
ein Chaos von Granit und Gneistrümmern und bald eine alte
Moräne und betraten über dieselbe um 7 Uhr den Tschingel-
firn. Da er nur wenige Spalten zeigte, so durchschritten wir
ihn leicht und standen nach ½ Stunde vor den Felsenmauern
des sogenannten *kleinen Düssistockes*, über welche man hinauf
klettern muss, um dann den langen Rücken verfolgend die
höchste Spitze des eigentlichen Düssistockes zu erreichen. —
Wir sehen, dass uns von oben Jemand mit dem Hute zuwinkt,
und meine Begleiter waren bald einig, es sei ein Gemsjäger
eben im Hinterhalt, der uns bedeute, seine Jagd nicht zu
stören. Deshalb legten wir uns seitwärts hinter eine Felswand,
welche einige Hundert Fuss tief unter uns auf ein Schneefeld
abfällt, auf dem wir nach kurzer Zeit ebenfalls den Jagd-
kameraden heraufklimmen sahen, der ihm die Gemsen wahrscheinlich zutreiben sollte. Doch bekam er sie nicht vor sein
Rohr, denn nach einer ½ Stunde sahen wir sie, ein Rudel
von 11 Stück, in dem Felslabirinth der Nordseite verschwinden. Trösch gab das Zeichen zum Aufbruch und

wir erkletterten nun in ½ Stunde die Felsenterrassen des
kleinén Düssi und standen bald neben der verwetterten Gestalt unseres Gemsjägers, den wir nach gegenseitiger freundlicher Begrüssung verliessen, um unsern Weg gegen die
höchste Spitze zu verfolgen, die wir nach einer weitern
½ Stunde erklommen hatten. Es war ½11 Uhr, als wir
ankamen, ein herrlicher blauer wolkenloser Himmel gestattete uns eine unbegrenzte Fernsicht, die nur durch Wolken
gegen Süden und Westen etwas gehemmt war. In imposanter
Nähe erhoben sich die Gebirge des Maderanerthales und die
Gruppe des Tödi in ihrer überwältigenden Grossartigkeit, über
sie hinaus zahllose Bündner und Tirolerberge bis zum Orteles.
Tief zu unsern Füssen das ausgedehnte Firn- und Eis-
revier des Hüfi und Claridengletschers mit allen Abzweigungen
gegen Bünden, gegen den Urner Boden und Schächenthal. —
Ich sah jetzt, was ich später beim Herabsteigen nach Cavrein
bestätigt fand, dass man vom Maderanerthal um die Nord-
und Ostseite des Hüfistocks herum, ganz ohne besondere
Schwierigkeiten ins Cavrein herabsteigen kann, denn der
Gletscherarm ist nicht sehr geschrundet. Freundlich lag
das ganze Maderanerthal mit all seinen Hütten, grünen
Alpen und dunkeln Tannwäldern vor uns ausgebreitet,
durchzogen vom Silberbande des Kärstelénbachs, ein Theil
der Gotthardsstrasse bei Intschi war deutlich kennbar. In
die Schweizerebene war die Aussicht ganz klar, Zürich mit
seinen Palästen glänzte deutlich herüber, dazu ein Theil
seines Sees, mehr östlich lag hellschimmernd ein Theil des
Bodensees. Das alte Steinsignal war nicht mehr erkennbar,
meine Führer hatten bald ein neues errichtet und in eine
Flasche unseren Wahrzettel gelegt. Um 12 Uhr brachen
wir auf; als wir mit Vorsicht und mühsam die Felsstufen
am kleinen Düssistock hinab geklettert waren, und nun

wieder auf dem Tschingelgletscher standen, suchten wir
durch eine sehr steile Schneekehle auf der Ostseite hinabzusteigen. — Der Punkt, wo wir diese suchten, ist auf der
Excursionskarte bei 2920, wo ein kleiner Gletscher gegen
Cavrein abfällt. Diesen betraten wir, er zeigte sich aber
unten sehr geschrundet, und wir mussten ihn deshalb verlassen und über einen Felsrücken herumklettern. Den
einen Führer hatte ich bereits zurückgeschickt und nun mit
Maria Trösch allein, suchten wir den Weg über die fast
senkrecht abfallenden Terrassen, zwischen welchen nur hie
und da eine steile Runse hinabführte. Nach 2½ Stunden
mühsamen und kniebrechenden Hinabsteigens standen wir
im Hintergrund der Cavreinalp, nahe am Gletscher, der
zwischen dem Piz Cambriales und Düssistock herabfällt, etwa
bei der Zahl 2101 der Karte. Wir beeilten uns den hintern
Staffel der Cavreinalp zu erreichen, allein sie war bereits
verlassen, nur ein alter steifer Gaul trieb sich auf den ab-
gegrasten Weiden herum und wieherte uns freundlich zu.
Erst auf dem untern Staffel der Fürstenalp konnten wir
unsern Durst mit trefflicher Milch stillen, die uns der Senne
des Klosters Dissentis bereitwillig anbot, konnte er und nur
mit Mühe zur Annahme eines Trinkgeldes bewogen werden,
was mir sonst nicht mehr oft passirt. Um 7 Uhr Abends
kamen wir müde und matt in Dissentis an, wo wir uns in
dem heimeligen und guten Hotel zur Krone bei Condran gehörig ausruhten und pflegten, um des andern Tages gegen
den Luckmanier resp. Scopi zu wandern. — Wenn jemand
nicht besondre Gründe hat, so ist unter allen Umständen
die Besteigung des Oberalpstockes vorzuziehen, weil die
Aussicht viel ausgedehnter und die Besteigung nicht schwieriger ist.

Schlussbemerkung.

Durch diese fünf Bergfahrten sind einige der wichtigeren im ersten Jahrbuche Seite 50 und 51 aufgeführten ungelösten Aufgaben nun als ergänzt zu betrachten, und es bleiben im Tödigebiet nur noch die Gletscherreviere von Gliems, Ponteglias, Frisal und der Piz Dumbif zu durchforschen. Wir wissen, dass tüchtige Bergsteiger und eifrige Forscher diese Gebiete auf ihr Programm pro 1865 genommen und dürfen hoffen, dass nächsten Sommer interessante Ergebnisse ihrer Fahrten berichtet werden können, von denen die wichtigsten jedenfalls Stoff für unser 3. Jahrbuch bilden werden. Ehe wir die Reihe dieser Mittheilungen beschliessen, lassen wir noch einen kürzern Auszug aus einer Erzählung über die Besteigung des Bächistockes, eines der Gipfel des mächtigen Glärnisch folgen. Obgleich eigentlich nur ein Vorposten der Tödigruppe, überrascht die mächtige Felsenmauer des Glärnisch mit den daraufliegenden Eismassen so manchen Eisenbahnreisenden, der im Thale die blühende Industrie und zugleich in blauer Höhe über sich Felder des eisigen Todes sieht. Von der im Thal wohnenden fleissigen und industriellen Bevölkerung wird oft der Sonntag benutzt, Ausflüge auf die nahen Berge zu machen. — Der Glärnisch früher nur von Auserwählten bestiegen, wird immer mehr ein Zielpunkt der Gebirgsgänger der umliegenden Ortschaften. Dass dabei die Mitglieder der Sektion Tödi stark betheiligt sind, lässt sich denken; wir wollen deshalb noch eine Fahrt erzählen, welche in grösserer Anzahl unternommen wurde und den Besuch des noch nie bestiegenen westlichen Gipfels des Bächistocks 2920 Mêtres zum Ziel hatte. Der verehrliche thätige Präsident dieser Sektion macht uns über diese Bergreise eine längere sehr gemüthliche und interessante

Schilderung, aus der wir unsern Lesern einiges Nähere mit-
theilen wollen.

Besteigung des Bächistockes,

2921 Mètres,

des höchsten Glärnischgipfels, durch Mitglieder der Glarner Sektion, mitgetheilt nach dem Auszug aus einem Berichte des Herrn
Hauser in Glarus, Präsident dieser Sektion.

Die Sektion Tödi in Glarus hatte als Vereinsausflug für
den Sommer 1864 den unerstiegenen Bächistock bestimmt.
Damit sollte zugleich der Zweck verbunden werden, einen
geeigneten Platz zur Erbauung eines Asyls für Glärnisch-
besteiger aufzusuchen. Diese Clubfahrt wurde für den
1. August festgesetzt. Indessen wurde der Bächistock schon
am 31 Juli durch 2 Glarner Clubisten überwunden und am
1. August von Zürichern im Verein mit Thalbewohnern des
Cantons Glarus. Das hinderte jedoch nicht, den gefassten
Plan zu Ausführung zu bringen. Am Samstag den 6. August
versammelten sich in Riedern am Eingang des herrlichen Klön-
thals 5 Clubisten von Glarus und 2 Züricher Clubisten als Gäste,
sammt den Führern Fridolin Leuzinger von Netstall und
Heinrich Elmer von Elm, dessen Sohn Rudolf Elmer und
die Träger Vordermann, Stüssi und Iseli von Glarus. ——
Um 3 Uhr wurde abmarschirt und gegen Abend in den Wild-
heustaffeln zwischen den Alpen Käsern und Werben das
Nachtquartier bezogen, weil hier für eine grössere Gesell-

schaft mehr Platz ist, als in den Hütten der Alpen selber.
Des andern Morgens um $3^3/_4$ Uhr wurde aufgebrochen,
um 5 Uhr der Weissenstein und um $6^3/_4$ Uhr die äusserste
Weide erreicht, wo die erste Erfrischung eingenommen ward.
Zu unserer Gesellschaft war aus allen umherliegenden Staffeln
und auf verschiedenen Wegen eine beträchtliche Anzahl
anderer Bergsteiger aus dem Thale gestossen, darunter sogar
eine 19jährige Eventochter, welche alle dem bisher am
meisten bestiegenen Ruchengipfel 2913 Mêtres einen Besuch
abstatten wollten. Demnach bewegte sich schlangengleich
eine über 50 Personen starke Colonne bergaufwärts, deren
Reihen sich aber etwas lichteten, weil die Witterung unterdessen sich drohender gestaltet hatte. Doch war sie imme
hin noch zahlreich, als wir um 8 Uhr den Firn betraten. Hi
trennte sich die Ruchencolonne von der unsrigen, indem s
über das rechte Ufer des Eismeeres ihrem Ziele zusteue
während unsere Bächistockbesteiger auf dessen linkes U
übersetzten. An unsre Gesellschaft hatten sich noch
Glarner Bergfreunde angeschlossen. Als wir gegen den F
sengrat anstiegen, welcher den Gletscher auf dieser Seite in
Felder theilt, trennten sich von uns wenige Clubisten, um
Leuzinger den sehr beschwerlichen Weg über diesen G
direct zur Spitze einzuschlagen, während wir in gröss
Anzahl auf einem gangbaren bessern Wege mit Elmer du
eine Lücke in der Felsenmauer aufwärts stiegen und zugle
um $9^1/_4$ Uhr mit den andern die Sektionsfahne auf d
höchsten Gipfel aufpflanzten. Vorher schon hatten eini
Mitglieder unter einem sich dazu eignenden Felsblock d
passenden Ort für Errichtung einer Station gefunden.
selbe liegt ca. 2400 Mêtres hoch, also nur 500 Mêtres un
der Spitze, und soll nun gehörig als Schirmhütte für
Besucher des Glärnisch hergerichtet werden. Die imm

empfindlichere Unbill der Witterung und der weite Rückweg
machte uns ein längeres Verweilen als bis 11 Uhr unmöglich.
Die vorhandene Steinpyramide der ersten Besteiger wurde
ausgebessert, die Fahne befestigt und der leeren Flasche der
Fahrzettel des *S. A. C.* mit den bezüglichen Notizen ein-
verleibt. Ein Theil unserer Gesellschaft machte den Rückweg wieder über den Bächifirn, der andre hingegen mit dem
Referenten nebst den beiden Führern Elmer und Leuzinger
stieg in westlicher Richtung und über die Felsenmauer nach
dem sogenannten Rad, einem Felsen — Circus hinunter. Hier
gingen wiederum die meisten durch das Rossmattenthal gegen
das Klönthal ab, nur ich und die beiden Elmer stiegen südlich
gegen ein Hochthal herab über scharfkantige Felsadern und
steile Grasplanken, wo noch nie die Sense des Wildheuers
eingedrungen war. Um 1 $\frac{1}{2}$ Uhr nach einigen misslichen
Passagen machten wir bei einer Quelle einen Halt, stiegen
über eine Riese, dann über ein Eisfeld gegen die Bächialp-
seite herab. Um 3 $\frac{3}{4}$ Uhr hatten wir erst das Uebergangsjoch
erstiegen, von wo aus nun der kniebrechende 2stündige Ab-
stieg nach der Bächialp selbst beginnt. Der Weg führte
erst auf das grosse Gletscherfeld, welches auf der Karte
mit 2192 M. bezeichnet ist. und welches nördlich von der
Bächialp lagert, und dann über eine mindestens 47° neigende
Grasplanke, welche mit dem üppigsten fast an die Urzeit
erinnernden Graswuchs bekleidet war. Es war 6 Uhr vorbei,
als wir die Oberstaffelhütte von Bächialp todmüde erreicht
hatten. Hier übernachteten wir auf einfachem Heulager und
erquickten unsre Glieder durch einen gesunden, fast 10stün-
digen Schlaf, wie er mir noch auf keiner Alpenreise zu Theil
geworden. Des andern Morgens 7 Uhr mit Umgehung des
sogenannten „Knies" stiegen wir gegen die Braunwaldberge
und Alp und zogen um 8 $\frac{3}{4}$ Uhr im Bade Stachelberg ein. —

Am Schlusse dieser kurzen Schilderung sei es mir noch vergönnt, einige Worte über unsre Führer zu bemerken. Vater und Sohn Elmer sind durch ihre trefflichen Leistungen schon im ersten Jahrbuche allen Lesern bekannt, Fridolin Leuzinger ist ein kühner Jäger und unübertrefflicher Berggänger, doch ist ihm noch mehr Aufmerksamkeit und Vorsicht für die ihm anvertrauten Gefährten zu empfehlen, Vordermann und Abrah. Stüssi sind sehr tüchtige und willige Führer und werden, wenn sie noch die nöthigen Gebirgskenntnisse erlangt haben, empfehlenswerthe Begleiter für alle Touristen sein. Alle 3 verdienen die Berücksichtigung des schweizerischen Alpenclubs in vollem Maasse. —

III.

Freie Fahrten.

Nach einer Photogr. v. A.Braun in Dornach   Lith. Anst. v. J.G.Bach Leipzig

Gletscherfahrt

von der Grimsel nach Viesch.

Von *G. Studer.*

I.

Das Studerhorn.

3632 M. = 11,181 P. F.

„ ein lieber Mann, du willst also nach der Grimsel und vom Finsteraargletscher aus nach dem Wallis hinüber- igen. Da könntest du doch, ehe du alle andern Gipfel steigst, das Studerhorn mitnehmen. Es trägt ja deinen men und doch hast du es noch nie bestiegen." Mit sen Worten ungefähr ermunterte mich einige Tage vor iner Abreise meine Frau zu einer Besteigung, die eigent- l schon längst zu meinen geheimen Wünschen gehörte d deren Ausführung schon im verflossenen Jahre von inen Reisegefährten und mir auf der Rückreise von der steraarhornbesteigung ernstlich erwogen worden war. mals verliessen wir schon etwas spät am Morgen unser

Nachtlager im Rothloch, und die Führer, mit dem Ueber
gange nach dem Finsteraargletscher nicht vertraut, hatte
geringe Lust zur Sache und meinten, es wäre sicherer, d
Berg seines steilen Gehänges wegen von der andern Sei
anzupacken. Wir unterzogen uns diesem Rathe und führte
sodann die so schön gelungene Erklimmung des Oberaa
horns aus.

Jetzt aber stand das *Studerhorn* im Vordergru
unseres Reiseplans, oder vielmehr zunächst nur der Ueber
gang vom Finsteraargletscher nach dem Vieschergletsch
den wir anstatt des von uns wiederholt schon begange
Oberaarjochs für diesmal einschlagen wollten. Der Pl
zur Besteigung des Studerhorns wurde in der stillen We
stätte der Gedanken heimlich aufbewahrt, aber für m
waren die letzten Bedenken durch jene freundliche Aufm
terung gehoben.

Es war am 1. August 1864, als ich mit meinen
Reisegefährten, den Herren Fürsprech *Aebi* und Apoth
Lindt die Reise nach dem Oberlande antrat. Nachdem
unsere Clubhütte am Triftgletscher· besucht, den Dam
stock bestiegen und den ·Gletscherweg nach der Grimsel
rückgelegt hatten, sollte es am darauf folgenden T
nämlich am 4. August, in das Thal des Aargletschers hi
gehen, und dort im einsamen Pavillon Dollfuss das N
lager bezogen werden. —

Der Tag brach in milder wunderschöner Klarheit
In ihrer glänzendsten Toilette stieg die Sonne hinter
nahen Gebirgsrücken empor. Nach behaglicher Ruhe
auch an uns die Reihe des Aufstehens. Als wir nach
sonnigen Bollwerken von Granit, die das Thal der G
in gewaltigen Massen einfassen, nach den golden b
teten grünen Weideplätzchen, die bescheiden und

zwischen dem kahlen Gestein herausschimmern, nach der
spiegelnden Fläche des dunkeln Alpensees, nach den blendend weissen Firnen, die zwischen den gezackten Felsgipfeln
sich ausdehnen und scharf contrastirend mit dem reinen
Blau des Himmels im hellsten Lichte strahlten, als wir auf
diese ganze erhabene Scenerie hinblickten, da zuckte es
uns in allen Gliedern bei dem Gedanken, einen halben Tag
hier unthätig verweilen zu müssen, und sehnsüchtig schauten
wir nach jenen hohen Zinnen, wo jetzt dem Glücklichen,
der hinaufliegen könnte, die erhabensten Genüsse bereitet
wären.

Aber, was war zu thun! der Pavillon befand sich nur
3—4 Stunden vom Hospiz entfernt,. und wir hatten daher
alle Musse dahin zu gelangen, wenn wir auch im spätern
Nachmittage abreisten. So schlenderten wir um das
Hospiz herum, das gewöhnlich in den Vormittagstunden
menschenleer aussieht, spazierten auf den Nollen, um von
da aus durch den Tubus die Riesengestalt des Finsteraarhorn's zu betrachten; standen sinnend am Rande des See's,
dessen Temperatur Herr Lindt beobachtete. Endlich legten
wir mit Hülfe unseres dienstfreundlichen Wirthes, Herrn
Huber, die unentbehrlichsten Vorräthe an Wein, Brod,
Fleisch, Käse, Mehl und Kaffe zurecht, die wir bis zum
Rothloch gebrauchten. Ein paar Wolldecken und ein
weiterer Vorrath an Lebensmitteln sollte durch einen besondern Träger über das Oberaarjoch eben dahin gebracht
werden. Herr Aebi hatte sich nämlich entschlossen, in Gesellschaft eines jungen Zürchers, Herrn Hirzel, am folgenden Tage über das Oberaarjoch nach· dem Aeggischhorn
vorzurücken, und dieser Gesellschaft sollte sich unser Träger
anschliessen.

· Es war schon Alles nach Mass und Pfunden abgezählt

11 *

und zum Aufpacken gerüstet, da erwähnte ich zufällig gegen
Herrn Lindt des Umstandes, dass der kommende Tag mit
meinem Geburtstage zusammentreffe und es hübsch wäre,
wenn ich denselben auf dem Studerhorn feiern könnte.
„Herr Wirth! eine Flasche Champagner!" tönte es aus
seinem Munde. Schnell ward sie zur Stelle gebracht, und
musste nolens volens mitspazieren.

Nach dem Mittagessen setzten wir uns in Ma
Unsere beiden Führer, *Kaspar Blatter* aus Meiringen
Peter Sulzer aus Guttannen, hatten sich etwas früher
den Weg gemacht. Sie sollten bis gegen die Finster-
vordringen und am Abend uns Kunde geben, wie das D
dort hinten aussehe.

Damit der Leser sich in Bezug auf unseren Reisep
besser orientiren könne, will ich ihm ein kleines topograp
sches Bild von der Lage des Passes geben, den wir zu ü
schreiten gedachten. Vom östlichen Fuss des *Finst*
horns zweigt sich ein bedeutend niedrigerer Kamm nach d
Oberaarhorn aus, welcher das Eisthal des Finsteraargl
àchers von dem östlichen Becken des Viescherfirns scheid
Diesem Kamm entragt zunächst am Finsteraarhorn
blendend weisse Schneehaupt des *Studerhorns*, das die A
der Strahleck-Wanderer fesselt, wenn sie, bei'm Absch
angelangt, an der schwarzen Riesenmasse des Finste
horns sich satt gesehen haben, und das auch von Bern
vom Kennerblicke erkannt werden kann. Guckt es d
hart an der Seite des Finsteraarhorns so anspruchslos
bescheiden hervor, dass man meinen sollte, es wäre ε
Spitze des Strahleck - Grates. Oestlich vom Studerh
tritt noch eine andere, schon felsiger gestaltete Kamm-
bung auf, welche mit dem Namen *Altmann* belegt wε
ist und sich unmittelbar an das Θberaarhorn anschl

Die Höhenangaben sind folgende: Finsteraarhorn 4275 M. = 13,160 P. F., Studerhorn 3632 M. = 11,181 P. F., Oberaarhorn 3634 M. = 11,187 P. F. Zu beiden Seiten des Studerhorns bildet der Kamm eine kleine Einsattlung, welche ungefähr 800' Fuss tiefer liegt als die Spitze. Ueber die östliche Einsattlung passirte im Jahr 1863 eine Gesellschaft Engländer. Es waren die Herren Buxton, Macdonald, Hall und Grove mit den Führern Melchior Anderegg und Peter Perrn. Sie verreisten am 4. August des Morgens 3 Uhr 15 Min. von der Grimsel und erreichten um 10 Uhr 15 Min. also genau in sieben Stunden die Passhöhe. Die Gesellschaft scheint das direkte Hinuntersteigen nach dem Fescherfirn unpraktikabel gefunden zu haben und hielt sich mehr nach der Seite des Oberaarhorns. Nach einem Marsche von 16³/₄ Stunden langten die Reisenden Abends in Viesch an. Die Uebergangsstelle wurde von ihnen *Studerjoch* benannt. — Es waren die ersten Männer, die diesen Gletscherpass gemacht hatten, und sie schildern denselben als nicht beschwerlicher als die Strahleck oder das Lauteraarjoch. Die westliche Einsattlung, nemlich diejenige zwischen dem Studerhorn und dem Finsteraarhorn, ist noch nie begangen worden, und auf diese war unser Augenmerk vorzugsweise gerichtet. Unsere beiden éclaireurs hatten demgemäss den Auftrag erhalten, sich annähernde Gewissheit darüber zu verschaffen, ob dieser Uebergang möglich sei. Einmal oben, wussten wir vom vergangenen Jahre her, wie jenseits schon fortzukommen sei und wir hatten überdies die beruhigende Aussicht, dass wenn dieser Uebergang ungangbar sich erweisen sollte, uns immerhin derjenige über das Studerjoch offen bleibe. —

Der Weg vom Grimselhospiz durch das theilweise bebrandete Aarthal nach dem Aargletscher, und über diesen

hinweg bis zum Pavillon ist zu bekannt, zu oft geschildert
worden, als dass ich mich lange dabei aufhalten will. Auf
dem Rücken des Gletschers angelangt, verfolgten wir vorzugsweise die mit Moräne bedeckte Fläche des nördlichen
oder linkseitigen Gletscherrandes. Es war ein herrlicher
Abend. In wilder Grösse erhoben sich zu beiden Seiten
des Gletscherthales die nackten Berghänge und die Granit-
gipfel, die sich mit jedem Schritt deutlicher und gewaltiger
entwickelten; — dort drüben die Zinkenstöcke, der
Grünberg, der Thierberg, das Escherhorn und über
diesem die schneeige Spitze des Scheuchzerhorns, hier
die Bromberghörner, das Bächlihorn und die Gipfel
die den vorderen Triftgletscher umkränzen; — dort
meistens in scharfkantigen, ausgezackten Gräten und Spitzen
ausgeprägt, die Mulden zwischen den steil herunterlaufenden
Felsrippen mit hängenden Gletschern ausgepanzert, —
hier in lothrecht aufgestellten Felstafeln culminirend, die
Gehänge darunter aus bäuchig geschliffenen Granitwänden
gebildet und tiefer zwischen terrassenförmigen Felsvor-
sprüngen ausgedehnte Bänder von grünen Schaf- und Gems-
weiden dem Blicke enthüllend. Im Hintergrunde der langen
Eiswüste tauchte allmälig, vom sonnigen Dufte des Abends
umhaucht, der weisse Kamm der Lauteraarhörner empor.
— Eine Wanderung durch das Eisthal des Aargletschers
erregt immer aufs Neue das Interesse des Reisenden, so eigenthümlich, so mächtig und geheimnissvoll ist die abge-
schlossene, einsame Welt, die ihn umgiebt. Von den weissen
Firnen genährt steigt die ungeheure Eismasse herab, füllt
den langen breiten Thalgrund in seiner ganzen Ausdehnung
auf einer Strecke von mehreren Stunden aus und bedeckt
vielleicht hunderte von Fussen hoch die Weidegründe, den
rauschenden Bach, die Gehölze von Arven, Lärchen

nnen, die menschlichen Wohnungen, kurz, das kleine
radies einer verschwundenen Welt, die einst nach der
lkssage in Zeiten, deren Dasein nicht in unsere Erin-
ung reicht, dem Wanderer freundlich entgegen lachte,
r dieses Thal betrat. Wir wollen zwar derartigen Sagen
vergletscherten Alpen, wenn sie auch ihre Begründung
ben mögen, keine allzugrosse Tragweite einräumen. Wie
rden sie sich sonst mit der Theorie einer einstigen
zeit in Harmonie bringen lassen? Sehen wir doch ge-
e an unserem Wege dicht über uns jene gezackten Kämme,
die bauchig abgerundeten Granitmassen der Bergwand
nen und die nach Desor einzig noch ihre primitive Gestalt
gen, in welcher sie einst dem mächtigen Gletschermeere
ragten, das noch 2000 Fuss über dem jetzigen Niveau
Aargletschers stand und die ganze Bergwand bis an den
ss jener Felsenkrone in sich vergrub und ihre Flanken
irte! Und diese starre Eismasse, über die wir wandern,
winnt sie nicht Leben, wenn der Sonnenstrahl ihre weite .
che beleuchtet, die da, wo sie noch mit Moräne-Staub
ermengt ist, in silbergrauer Färbung, in den reineren
rthien in milchweissem Glanze erscheint — wenn die
schenden Quellen und Bächlein wie strömende Adern
ch alle Furchen und Höhlungen ziehn, und durch ihr
ammenfliessen der Aare ihre unversiegbare Nahrung
ben? Aber das Gefühl des Wanderers wird noch von
Bewusstsein gehoben, dass es in der That ein klassischer,
durch die Pflege der Wissenschaft geheiligter Boden ist,
er überschreitet. Er gedenkt in Liebe und Achtung
er Männer, die hier im Schooss einer Natur, die im Grossen
Kleinen gleich gewaltig, gleich bewunderungswerth ist,
ihrem Studium Belehrung und Begeisterung schöpften
d mit seltener Kühnheit auf die höchsten Zinnen der

mächtigen Granitthürme stiegen, um dort ihre Forschungen zu verfolgen oder den Jüngern der Wissenschaft die Bahn zu brechen. Er gedenkt der Meier und Hugi, die in längst verflossenen Tagen, wo es für ein vermessenes Wagestück galt, diese Hochgebirgswelt, diese wilden Gletscherthäler zu durchstreifen, eine Jungfrau, ein Finsteraarhorn erklommen. Er gedenkt der Agassiz, Forbes, Studer, Escher, Desor, Vogt, Dollfuss die diese „öden Eisesfelder"*zum Schauplatz ihrer Arbeit wählten, um, oft Kampfe mit den rauhen Elementen, der Natur die Geh nisse ihres wunderbaren Mechanismus zu entlocken und innerstes Leben und Wesen zu Tage zu fördern. Er sich vom Geist dieser Männer umweht und schaut gedanl voll nach jenen Riesenhäuptern, auf welche ein dankb Sinn ihre Namen zur bleibenden Erinnerung an ihre strebungen und Leistungen übergetragen hat. —

Unter solchen Betrachtungen wandelten wir fort, wir uns stets dicht an den nördlichen Gletscherrand hiel Da wo ein schäumender Bach, der Ausfluss des durch v liegende Felsterrassen verdeckten „Vordern Tri gletschers" über die steile Bergwand hinunters verliessen wir das Eis und stiegen an dem felsdurchfurch Rasengehänge, das noch als Schafweide benutzt wird, kaum sichtbarem Pfade einige hundert Fuss hoch be bis wir endlich auf die den Gletscher dominirende, springende Anhöhe gelangten, auf welcher der Pav Dollfuss steht. Derselbe liegt bekanntlich 2392 M. 7364 P. F. über M.

Diese felsige, oben mit Rasen bewachsene Anhöhe gegen den Aargletscher sehr steil abgebrochen und gew deshalb einen freien Ueberblick über den mächtigen scher und den Gebirgskranz der ihn umschliesst. Man ü

sieht die ganze Verzweigung des Lauteraar-Gletschers bis
sum Lauteraarjoch und einen Theil des Finsteraar-Thales,
in dessen Hintergrunde die schwarze Pyramide des Finsteraarhorns sich zeigt. Bevor wir in die Hütte traten, benutzten
wir noch die letzten Augenblicke, um die grossartige Scenerie
in der milden Beleuchtung des scheidenden Tages zu betrachten und suchten zugleich die Spuren unserer voraus-
geschickten *éclaireurs* zu erspähen. Sieh, da tauchen ihre
Gestalten aus dem Abgrunde herauf, der uns von der Tiefe
des Gletscherthales scheidet. Sie erklettern das jähe Gehänge und sind uns schon ganz nahe, als sie plötzlich wieder
verschwinden. Eine verborgene Kluft trennt sie von uns.
müssen dieselbe umgehen, bevor sie zu uns gelangen
können.

Kaspar und Peter erklärten bei ihrer Ankunft über-
einstimmend, dass es der Steilheit der Eis- und Fels-
ände wegen nicht thunlich sei, zwischen dem Finster-
horn und dem Studerhorn hinüber zu steigen. Lieber,
te Blatter, wolle er uns an jener steilen Schneekehle
aufführen, die sich dort an den Wänden des Finster-
horns in direkter Linie bis zum Hugisattel hinaufzieht.
ser Vorschlag hätte uns tentiren können, wenn wir nicht
on im verflossenen Jahr das Finsteraarhorn bewältigt
n. Der Gang über jene Kehle hinauf mochte allerdings
keine „Bummelparthie" sein, wie Freund Weilenmann unsere
Finsteraarhornfahrt später zu taxiren beliebte; aber er bot
ch kein zureichendes Interesse dar, um unseren Reiseplan
abzuändern. Jedoch mag Blatters Vorschlag ein Wink sein
für andere Mitglieder des Clubs, welche Entschlossenheit,
Muth und Lust genug besitzen, um ein solches Wagniss zu
bestehen. Immerhin ist zu bedenken, dass wenn auch der
Schnee, der noch ziemlich reichlich die Hochregionen be-

deckte, für jetzt das Unternehmen begünstigt hätte, zu andern Zeiten, wo diese Decke weggeschmolzen ist und an jener Kehle das blosse Eis oder der nackte Felsen zu Tage kommt, das Gelingen mit grosser Gefahr und vielem Zeitaufwande verbunden sein dürfte. —

Der frische Abendwind und die anbrechende Dunkelheit bewogen uns in die Hütte zu treten. Sie war noch unbewohnt. Wir richteten uns so bequem als möglich ein. Peter wurde zum Koch ernannt. Er präparirte uns ein Gericht von geröstetem Mehl, das Leib und Seele zusammenhielt. Nachher wurde geplaudert und geraucht, bis eines nach dem anderen das Heulager bezog.

Solche improvisirten Nachtquartiere mitten in der Gebirgswildniss haben ihren eigenen Reiz, und gehören zu den humoristischen Erlebnissen auf Alpenwanderungen. Gern gedenkt man ihrer zu Hause, wenn man sich unbekümmert an das gedeckte Tischlein setzt zur Zeit wo die Speiseglocke läutet, oder man, wenn der Schlaf sich meldet, seine Glieder auf der elastischen Matratze und den weichen Kissen ausstrecken kann.

Der fünfte August begrüsste uns mit einem wolkenlosen Himmel. Gestärkt und frohen Muthes verliessen wir um 4 Uhr 20 Minuten den Pavillon und stiegen vorerst an dem jähen, theils mit Rasen bewachsenen, theils felsigen Gehänge, dessen unterste Parthie eine harte Geschiebhalde bildete, nach dem Gletscher hinunter. Das war freilich ein Spass und nicht der Mühe werth davon zu reden. Am Rande des Gletschers angelangt, empfahl mir Kaspar die Steigeisen anzuschnallen, die ich ausnahmsweise bei mir trug. Sie leisteten mir gute Dienste, um mit Leichtigkeit an der glatten, steilen Böschung des Gletschers auf dessen flachen Rücken hinaufzusteigen, die Anderen kamen mir übrigens bald nach.

Diesen gewonnen, ging es rascher vorwärts über die rauhe, mit kleinen leicht zu überspringenden Spalten und Wasserlöchern durchbrochene Eisfläche. Das ganze Becken des Lauteraargletschers, an dessen hinterstem Ende wir die steilen Abfälle des Lauteraarjochs und dieses dominirend, links den Kamm des grossen Lauteraarhorns, rechts die starre Gipfelmasse des Berglistocks sahen, liessen wir zu unserer Rechten liegen und schritten schief hinüber dem Thalzweige des Finsteraargletschers zu. Wir mussten zu dem Ende den mächtigen Moränezug übersteigen, der aus den beidseitigen Gesteinsmassen der Lauteraarhörner gebildet beim Abschwung sich vereinigt und den Vorderaargletscher seiner ganzen Länge nach durchzieht. Hier auf diesem Moränedamm baute einst Hugi zwischen zwei gewaltigen Granitblöcken seine Hütte. Die nämlichen Blöcke dienten mir und meinen damaligen Reisegefährten, bei meiner ersten Strahlecktour, im Jahre 1839 zur Rücklehne für die Steinhütte, die wir daselbst errichteten. Diese Gefährten waren mein nun verstorbener Schwager Wilhelm Küpfer und Ed. Streckeisen aus Basel. Es war ein schöner Abend, als wir unsere Lagerstelle bezogen. Jakob Leuthold, zu jener Zeit der trefflichste Führer in Oberhasle, musste uns die Namen der umliegenden Berggipfel nennen. „Wie heisst wohl dieser schöne Schneegipfel zur Linken des Finsteraarhorns"? fragte ich ihn. „Dieser Berg hat keinen Namen", antwortete Leuthold. „So muss er Studerhorn heissen", rief mein Schwager aus und forderte Leuthold auf, dieser Taufe eingedenk zu sein. Leuthold vergass das „Studerhorn" nicht. — Als Agassiz und seine Gefährten später das Andenken an unsere hervorragenden schweizerischen Naturforscher dadurch zu ehren gedachten, dass sie verschiedene der umliegenden Berggipfel nach ihren Namen benannten, behielt das Studerhorn den seinigen zu Ehren unseres berühmten Geologen, und es wurde diese Bezeichnung auch für die Eidgenössische Karte adoptirt. Das ist die Geschichte der Entstehung des Namens dieses Berges.

Immer weiter drangen wir in die eisige Wildniss hinein. Das Becken des Finsteraarthales wurde von uns betreten. Rechts hatten wir die kahlen Felsen des Abschwungs, die das östliche Ende der Hugi- und Lauteraarhörner bilden und das kleine Firnthal, das sich nach der Strahleck hinzieht und von Hugi mit dem Namen „Schreckfirn" belegt wurde. Zur Linken flankirten wir die schneeigen Abstürze der Escherhörner, über denen sich die weisse Spitze des Scheuchzerhorns in blendender Schönheit erhob. — Eine Gemse, die wir auf ihrem einsamen Morgenspaziergange über die Gletscherebene aufschreckten, flüchtete sich über die Gandfelder empor, die den Fuss der Escherhörner umsäumen, und verschwand hoch oben in den Felsen. — Aber immer herrlicher, je näher wir heranrückten, immer imposanter entfaltete sich das Gemälde im Hintergrunde des Gletscherthales! Da stieg in seiner wilden Pracht als eine einzige Felsenwand von nahezu 6000 lothrechter Höhe das Finsteraarhorn dicht vor uns empor. Seinem Fuss entlang wälzte sich ein gebrochener Firn von den Höhen des Strahleck- oder Mittelgrats herunter. Die Firnwälle, wild auf einander gethürmt, funkelten im reinsten Glanz der Morgensonne. Zur Rechten des Finsteraarhorns machte sich die felsige, scharf ausgeprägte Spitze des Agassizhorns bemerkbar, zur Linken prangte das schöne weisse Schneehaupt des Studerhorns. Der Anblick des Oberaarhorns war uns noch entzogen. —

Unser Augenmerk war jetzt mit besonderem Interesse auf die Beschaffenheit der Einsattlung zwischen dem Finster-

aarhorn und dem Studerhorn gerichtet. Wir überzeugten
uns von der Richtigkeit der Aussagen unserer Führer. Die
Höhe der Bergwand von den untersten Terrassen jenes
Hochfirns bis oben auf die Einsattlung mochte ungefähr
2000 Fuss betragen. Sie bestand grossentheils aus kahlen,
fast lothrecht ansteigenden Felsen, welche von einer glatten
Mauer von Eis von vielleicht hundert Fuss Höhe gekrönt
waren. Bis zum Fuss der Felswand wäre man leicht über
die untersten Stufen jenes auf die Ebene des Finsteraargletschers sich verlaufenden Hochfirns gekommen, aber die
Felswand selbst erklimmen? dazu bot sich keine Möglichkeit
dar. Und wäre es auch gegen allen Anschein gelungen,
durch irgend eine von unserem Standpunkte aus nicht erkennbare Furche oder Rinne an derselben empor zu klettern,
so hätte wohl jene sie krönende Eismauer ein unüberwind-
liches Halt geboten. Gegen das Finsteraarhorn zu verband
sich diese Felswand mit den steilen Wänden des Horns; auf
der Seite des Studerhorns verlor sie sich unter die Decke
von Eis und Schnee, die dessen Abstürze bepanzerte. Ueber
diese hinauf klimmend und die wenigen Stellen benutzend,
wo einzelne Felsrippen zu Tage traten, wäre es vielleicht
thunlich gewesen, die Höhe und zwar in schiefer Richtung
den Punkt zu erreichen, wo sich jene Einsattlung an den
Gipfel des Studerhorns anlehnt. Allein die Hänge waren
entsetzlich steil, der Schnee noch hart gefroren und in
den obern Parthien zu Eis umgewandelt. Es hätte einen
Zeitaufwand von vielen Stunden gekostet, um mittelst Ein-
hauens von Stufen vorwärts zu kommen, und dabei wäre
das endliche Gelingen immer noch zweifelhaft geblieben.

Bei solchen Aussichten lenkten wir unsere Schritte dem
Studerjoch zu, dessen Gestaltung weniger abschreckend
aussah.

Wir hatten uns dem hintersten Grunde des Finster-
aarthals genähert. Das Gletschereis war hier von hartem
Lawinenschnee überdeckt, und wellenförmig stiegen die
Schneeterrassen gegen das kleine Seitenthälchen an, das in
südöstlicher Richtung bis an den Fuss des Oberaarhorns
einbiegt. Ueber diese Schneewälle ansteigend gewannen
wir schon eine ziemliche Höhe, als wir unten an der Bergwand anlangten, deren Zinne das Studerjoch bildet. Dicht
zu unserer Seite schloss sich der schöne Eissaal auf, in den
sich die schneeigen Flanken des Grunerhorns und des
Oberaarhorns lothrechte Granitwände versenken. Eine
geheimnissvolle Stille herrschte in diesem von dem Fuss
des Menschen so selten betretenen Raume.

Forschend betrachteten wir den Weg, den wir zu verfolgen hatten, um die Höhe der Bergwand zu erreichen, die
wir auf etwa 1800 Fuss schätzten. Der Weg lag klar vor
uns. Zwischen zwei steil aufstrebenden, scharfkantigen
theils mit Firn bedeckten Felsgräten zeigte die Bergwand
eine Art Einbuchtung. Gletscher und Firn übereinander
gethürmt und stufenweise steiler ansteigend füllten diese
Einbuchtung aus, bis sich zuletzt die obersten, glatten und
jähen Firnhänge unausgesetzt zu dem Joch hinaufzogen.
Mitten durch diese Gletscherwildniss führte unser Weg. Der
Schründe wegen, die man gewahrte, nahmen wir die Gletscherseile zur Hand. An dem einen banden sich Kaspar Blatter,
Herr Lindt und Peter fest und bildeten die erste Colonne;
Jakob Blatter und ich, am andern Seile, die zweite.

Es ging ohne Schwierigkeit höher und höher. Der Firn
war gut; doch waren die Seile nicht überflüssig, denn hier
und da trat uns eine Spalte in den Weg, deren Umgehung
oder Ueberschreitung Vorsicht erforderte. An dem obern
jähen Gehänge brauchten nur leichte Stufen gehauen zu

werden. Einige gewaltige Firnklüfte trafen wir noch an, als wir schon die obersten Terrassen der Kammhöhe erreicht hatten und meinten auf dem Joch zu stehn. Aber auch dieses ward gewonnen und zwar um 9 Uhr Vormittags, also nach einem verhältnissmässig leichten Marsch von 4 Stunden 40 Minuten.

Der Blick wurde sogleich nach der neuen Welt gerichtet, die sich uns hier erschloss. Zwischen den schwarzen Felsklippen hindurch, die den höchsten Rand des südlichen Gehänges bekränzten, fiel er fast 1000' tief auf das blendendweisse Becken des Viescherfirns, der in seiner ganzen Ausdehnung sich unter uns ausbreitete und über diesen hinaus, nach den Wallisgebirgen, die in der schönsten Klarheit prangten. Aber, noch war die Aussicht zu beschränkt, um uns zu befriedigen. Ein höheres und freieres Ziel musste errungen werden und dieses winkte uns auf dem Gipfel des Studerhorns, das sich in seiner schneeigen Pracht noch etwa 800' über uns erhob. Die Besteigung schien nicht schwierig zu sein. Wohl zeigten die Schneehänge, an denen wir empor zu klettern hatten, eine ziemlich steile Abdachung, allein der Schnee hatte schon die Macht der Sonne empfunden und seine weiche Beschaffenheit entband uns der Nothwendigkeit, uns den Weg mit Hülfe des Beiles bahnen zu müssen.

Wir verfolgten so ziemlich die Kante des Horns, die den Viescherfirn dominirt. Ein Stück weit traten noch einige Felszacken zu Tage, die wir zu flankiren hatten. Bald verschwand aber auch das letzte Gestein, und nichts als eine strahlend weisse Schneemasse umgab uns, die natürlich einen sichern Schutz für die Augen gegen die intensive Blendung erforderte. —

Nach unserer Berechnung sollte ungefähr um die

nämliche Zeit, in der wir das Studerjoch zu betreten hofften, die Gesellschaft, die von der Grimsel nach dem Oberaarjoch abgereist war, dasselbe passirt haben und in Sicht kommen. Und siehe da! während wir über jene Kante emporsteigen, gewahren wir auf einmal die ersten Männer der Karawane, die vom Oberaarjoch gegen das Becken des Viescherfirn niedersteigt. Den Ersten folgten die übrigen in derselben Zeile, und wir konnten nach und nach n e u n Personen unter scheiden. Wie wir später erfuhren, hatten sich zu den Herren Aebi und Hirzel noch zwei Engländer gesellt und diese mit fünf Führern und Trägern bildeten die neun gliedrige Reisegesellschaft. Wer hoch über allem Treiben der Welt die einsamen Eiswüsten des Gebirges durchwandert und plötzlich mitten in dieser Wildniss menschliche Wesen erblickt, die der nämliche Trieb, die nämliche Lust dahin geführt haben, dem schlägt das Herz lebhafter und es er greift ihn ein Gefühl freudiger Art. So wurde den kleinen Gestalten da drunten denn auch ein lauter Gruss zugejauchzt und nicht lange zögerte die Antwort. Sie hatten auch uns gewahrt, wie wir gleich schwarzen Ameisen an dem blendend weissen Firn emporkrabbelten.

Allmälig bog sich die Schneekante nach ihrem obersten Ende zu, und als wir nur noch einige Schritte vom Ziele ent fernt waren, machten meine Vorgänger Front und liessen mir in freundlicher Weise die Ehre, zuerst den Fuss auf den jung fräulichen Gipfel des Studerhorns zu setzen.

Es war zehn Uhr als wir daselbst anlangten. Wir hatten vom Studerjoch hinweg eine Stunde oder im Ganzen vom Pavillon aus 5 Stunden 40 Minuten zu dieser Besteigung gebraucht.

Ein Wonnegefühl durchströmte uns und es flogen unsere Blicke in der Welt von Bergen und Gletschern umher, die

uns im schönsten Lichtglanz umgab. Mit holdem Lächeln
schienen sie uns zuzunicken, die alten bekannten, greisen
Häupter und sich des Besuches armer Sterblicher zu freuen.
Still entzückt gab man sich der reinen Lust des Augenblicks
und der Bewunderung des prachtvollen Naturbildes hin,
dessen Anblick der Lohn unserer Anstrengungen war. Zu
dieser Lust gesellte sich der Gedanke: Auch du schneeiges
Haupt, bist überwunden und du wirst einregistrirt zu der
Zahl unserer Alpencolosse, denen der Nimbus ihrer Unbesteig-
barkeit geraubt worden ist! „Die Champagner Flasche her!"
erscholl die tönende Stimme meines Reisegefährten. Dieser
Ruf brachte Leben in die schweigsame Gesellschaft. Die
Flasche wurde ausgepackt, mit Vorsicht entkorkt, der weisse
Schaum brauste in die von sämmtlicher Mannschaft bereit
gehaltenen Becher, und anstossend auf mein Wohl, wurden
diese bis auf die Neige geleert. Das war die Feier meines
61. Geburtstages auf dem Gipfel des Studerhorns! — Und
hatte ich nicht Ursache genug, mich zu freuen und Gott zu
preisen, dass es mir vergönnt war, den heutigen Tag zu feiern,
Ihn hier auf hoher Alpenzinne, auf dem Berge meines
Namens, ja, in so freundlicher Gesellschaft zu feiern! Hatte
ich doch seit Jahren mit rüstigem Fuss die Alpen durchwandert und auf manchem weit schauenden Gipfel die erhabene
Pracht der Gletscherwelt und die herrlichen Aussichten be-
wundert, die der reiche Lohn der Mühen und Strapatzen
sind. War ich doch glücklich bewahrt worden vor jedem
Unfall bei so mancher kühnen Besteigung, auf so manchem
gefährlichen Gang! In dieser Stimmung von Freude und
Dank schweifte mein Auge hinüber nach der firnbedeckten
Kuppe des Titlis, die fern im Sonnenglanz strahlte, und
meine 'Gedanken senkten sich hinter diesem stolzen Berge
hinab in das freundliche Bergthal von Engelberg, das seinen

Fuss umzieht. Denn dort weilte meine theure Gattin, und ich war es mir bewusst, dass sie heute des rastlosen Berg-wanderers mit tiefbewegtem Herzen und mit der Fülle guter Wünsche gedachte. — Nach dieser Feier lagerte man sich mit Behagen auf dem funkelnden Firnteppich nieder. Die Temperatur war äusserst mild (ca. + 15⁰ C). Nicht nur konnten wir unsere Shawls als Fussteppiche benutzen, son-dern die Führer verschmähten es selbst, ihre Röcke anzu-ziehen. — Und nun die Aussicht?

Wie es die eingeschlossene Lage des Studerhorns von selbst mit sich bringt, kann die Aussicht von diesem Gipfel keine sehr umfassende sein. Der weitere Gesichtskreis wird durch die nahen mächtigen Berggestalten beschränkt, aber eben diese verleihen dem Bilde das Gepräge der Grossartig-keit und malerischen Schönheit. Gerade im Westen thront hoch und hehr, als nächster Nachbar, die gewaltige Pyramide des Finsteraarhorns, die das Studerhorn noch um 643 an Höhe überragt. Der Anblick dieses Berges, an dessen lothrechten Felswänden und eisigen Kehlen und Bändern man jede Furche, jede Zacke, jede Firnkluft deutlich unter-scheidet, ist fast überwältigend, und doch hat man es dem hohen Standpunkt, auf dem man steht und der breiten Ein-sattlung, die denselben noch von jener Riesengestalt trennt, beizumessen, dass dies Gefühl nicht ein bedrückendes ist, sondern dass man immerhin noch mit einem gewissen Stolz diesen mächtigen Nachbar bewundern kann. Dem Finster-aarhorn gegenüber im Osten erhebt sich das Oberaarhorn. Wenn von diesem aus gesehen der ihm an Höhe ebenbür-tige Gipfel des Studerhorns fast unbeachtet bleibt, weil die hinter demselben die himmelhohe Gestalt des Finsteraar-horns sich emporthürmt, so ist hier das Verhältniss ein anderes. In kühn aufgeschwungener Form schneidet das

eraarhorn den Horizont und fesselt sowohl durch diese
durch sein wunderschönes Firnkleid und durch den An-
ck der kahlen Felswände, in denen es in das Becken des
steraargletschers abfällt. Ueberhaupt befindet man sich
Centrum einer Welt von Eis und Schnee. Ausser den
den benannten streckt noch mancher nahmhafte Gipfel
Haupt aus derselben empor. Hier zur Rechten des
steraarhorns erblicken wir das Agassizhorn, die
ahleck beherrschend, das Schreckhorn mit dem gezack-
Kamm der Lauteraarhörner; dort das Ewig Schnee-
n, das Rothhorn und wieder genahter die Escher-
rner, das Scheuchzerhorn, das Grunerhorn, welche
die vor uns geöffneten Eisthäler des Finsteraar- und
teraargletschers umschliessen. Südwärts breitet sich tief
unsern Füssen das Becken des Viescherfirns in unbe-
ter Reinheit aus. Es ist umstellt, auf der einen Seite
dem hohen Riesendamm, der zur Linken des Finsteraar-
s in scharf gezackten Zinnen sich bis nach der schmalen
eibe des Rothhorns erstreckt, auf der anderen Seite
dem wilden Kamm der Galmihörner und des Ober-
-Rothhorns, der sich beim Oberaarjoch an das Ober-
orn anschliesst.

Der besagte Viescherfirn ist jene, auf der Karte unbe-
te, östliche Verzweigung des Vieschergletschers, welche
unserer Oberaarhornfahrt Herr Fellenberg in heiterer
ne Studerfirn getauft wissen wollte. Hebt man aber den
k über diese näheren Umgebungen weg, so ist nach Osten
Süden immerhin noch ein weiter Horizont geöffnet.
hinter den wilden Felsengerüsten des Hangendhorns
des Ritzlihorns, die das pitoreske Urbachthal in ihrem
oosse bergen, zeigen sich die Gebirge, die dem Engel-
ger — und Gadmenthale entsteigen. Der Titlis, der

12*

Blackenstock, der Schlossberg, die Spannörter ragen aus de
Gewirre zackiger Gipfel empor. In langer blendend weiss
Reihe erscheinen die Kämme und Gipfelgestalten, welche d
Gebiet des Stein-, Trift- und Rhonegletschers umfass
Ihre höchsten Zinnen kulminiren in den Thierbergen,
Sustenhorn, im Dammastock und Galenstock. Die glänz
den Firne heben sich wunderschön von der felsenreiche
Vorkette der Diechter-, Gelmer- und Gerstenhörner ab,
schon auch diese reich mit Gletschern geschmückt si
Rechts vom Galenstock treten die Bündnergebirge hoch
den Horizont empor. Hinter der Kette des Sixmadun u
der Gruppe des Gorschen und Kastelhorns erkennt man
Spitzen des Muraun und des P. Lavaz. Mächtig erhebt
daneben das weisse Bollwerk des Medelsergletschers
dem Piz Camadra und Cristallina. In weiterer Entfern
glaubt man den Piz Aul oder Piz Güda zu erkennen. S
hebt sich wiederum der Scopi, und weit hinter den Mutt
nern erscheinen die Gipfel, die den Scaradrapass krö
Nur auf geringe Entfernung wird die Fernsicht durch
aufragende Spitze des Oberaarhorns unterbrochen.
dessen Rechten begränzen die Schneekämme der Rheinw
gruppe den Horizont, und den nähern Tessinergebirgen
steigt der dreigipflige P⁰. Campo Tencca, der die schne
schmückten Felsenketten des Gerenthales überragt.
westlich zeichnet sich die schöne Schneespitze des Baso
aus und allmälig den südlichen Horizont umkränzend,
folgt der Blick die Gipfelreihen, die den Griesgletscher
das Binnenthal krönen. Die hohen Kuppen der Roth-
Galmihörner verhindern es nicht, dass ihrer noch eine re
Zahl am Horizonte auftaucht. Die Simplon-Gruppe mit
schönen Monte Leone und den riesigen Fletschhörnern und
glänzende Reihe der Mischabel schliessen, so weit ich

as Bild noch vergegenwärtigen kann, im Südwesten den
atfernteren Gesichtskreis. Der grauenhaft steil aufgebaute
amm, der sich vom Finsteraarhorn nach dem Rothhorn
auszieht, ist so nahe und so hoch, dass er nach dieser
ite hin die Weitsicht abschliesst. Er wird nur noch von
r Kuppe des höchsten Wannehorns überragt, deren silber-
nzenden Teppich wir mit besonderer Lust betrachteten.
ar es ja unser Plan, am kommenden Tage auf diesem,
ch von keinem Menschenfuss entweihten Polster uns zu
gern.

Das ist in gedrängten Zügen das Panorama, das dem
steiger des Studerhorns zu schauen vergönnt ist, wenn
ein klarer, wolkenloser Himmel begünstiget, wie er über
ausgebreitet war. Seine Schönheit liegt in der wunder-
ren Gletscherpracht, von der man umgeben ist und in dem
echsel zwischen prächtigen Fernsichtparthien und impo-
aten Gestalten des Vordergrundes, die einen gleichzeitig
lerischen und grossartigen Charakter an sich tragen.

Schon als wir den Gipfel des Studerhorns betreten
tten, war es uns aufgefallen, denselben statt zugespitzt
r zur scharfen Schneide gestaltet, sehr abgeplattet zu
den. Wir versuchten die Ausdehnung der Gipfelfläche,
weit sie eine ungefähr horizontale Ebene bildete, mit
lfe eines messingenen Meterstabes auszumitteln. Die
ssung ergab eine Länge von ca. 64 M. und eine Breite von
56 M., somit eine Fläche von ca. 3,584 $\square$M. = 39,820
hweizer Quadratfuss, oder nahezu den Inhalt einer
hweizerjucharte.

Um 12 Uhr, also nach einem zweistündigen Aufenthalte
f dem Gipfel, traten wir unsern Rükweg an. Ueber unser
edersteigen nach dem Rothloch habe ich nicht Vieles zu
zählen. Die frühere Rangordnung wurde wieder innege-

halten. Wir stiegen zunächst gegen die Einsattlung des
Studerjochs zurück. Bevor wir den tiefsten Punkt erreicht
hatten, schickten wir den Jakob voraus um auszukunden, ob
wir vielleicht durch eine jener Schneekehlen, die sich dort
zwischen den steilen Felsklippen hinunterziehen, auf den
tiefer liegenden Firn gelangen könnten; denn das Schneegehänge, das sich vom Gipfel nach dem Viescherfirn abstürzte,
erschien so jähe, dass wir Anfangs Bedenken trugen, an demselben hinunterzuklettern. Als aber Jakob mit dem Beric
zu uns zurückkehrte, die Sache dort unten gefalle ihm no
weniger, die Schneekehlen seien stotzig und hart, so wagt
wir es dennoch.

Da die Schneedecke ziemlich erweicht war, so rüc
wir zwar behutsam, aber ohne Schwierigkeit vorwä
Als nächsten Zielpunkt fassten wir eine vorspringende Ste
ins Auge, die Raum zu einem momentanen Halte bot, unt
halb welcher aber das Gehänge noch viel steiler zu s
schien, indem man über sie hinweg frei in das Becken
Firnthales hinunter sah. Auf jenem Vorsprunge angelaı
mussten wir daher von der geraden Linie abschwenken
in schiefer Richtung den Fuss der Schneewand zu errei
suchen. Einmal hier angelangt, hatten wir die schlim
Parthie im Rücken und um so rascher ging es über die
sanfter Senkung vor uns ausgedehnte Firnfläche fort.
Rechten schlossen die felsdurchfurchten Wände des **Fin**
aarhornkammes, die blendend weissen Schneegefilde,
sich in sanfter Wellenform nach dem Rothhornsattel **em**
zogen und die weisse Scheibe des Rothhorns **selbst**
ihrem schreckbaren nach Süden gekehrten Felsabs
zur Linken die jähen Wandungen des Oberaarhorns
nächst vor uns liegenden Theil des Firnbeckens **ein,**
dessen Schooss die Sonne mit intensiver Kraft ihre Str

ergoss. Als wir an dem Firngehänge vorübergeschritten
waren, das sich nach dem Oberaarjoch hinaufzieht, fielen
wir auf die Fusstapfen, die unsere heutigen Vorgänger im
Schnee zurückgelassen hatten; diese leiteten uns richtig
zwischen den mächtigen Klüften, wovon der Firn bei der
beginnenden Senkung nach einer tiefern Gletscherstufe durchzogen wird, nach dem Rothloch hin.

Es war drei Uhr Nachmittags, als wir dieses Ziel
erreichten. Das Rothloch, jene bekannte, kalte Herberge
der Gletschermannen, die uns schon von der letztjährigen
Finsteraarhornfahrt her befreundet war, liegt am südlichen
Fuss des Rothhorns, einige hundert Fuss über der Vereini-
gung der beiden Verzweigungen des Vieschergletschers, die
das Auge hier zum grossen Theil beherrscht. Die Herberge
besteht in dem hohlen Raum eines überhangenden Granit-
blockes, in welchem fünf Mann mit Noth ein geschütztes, aber
niederes und hartes Lager finden.

Als wir die Stätte erreichten, wurden wir von dem
jungen Sulzer, dem Sohne unseres wackeren Peters begrüsst.
Er war mit Decken und Lebensmitteln beladen mit der
Karawane über das Oberaarjoch gekommen und hier zu
unserm Dienst zurückgeblieben.

Die Sonne schien so herrlich warm, dass wir unsere
durchnässten Schuhe und Strümpfe zum Trocknen ausstellen
konnten: Unterdessen lagerten wir uns auf dem Rasen-
teppich, der zwischen dem nackten Gestein stellenweise zum
Vorschein kam und mit einer lieblichen Alpenflora geschmückt war. Ein kurzes Schläfchen that wohl. Bunte
Traumbilder beschäftigten die Phantasie. Aber wir durften
uns dem Schlummer nicht zu lange überlassen; auch die
Aussicht musste mit Aufmerksamkeit betrachtet werden, die
sich von unserem Lagerplatze aus so grossartig und malerisch

gestaltete, und über welche die Abendsonne ihren ganzen
Zauber ausgoss. Das Auge kann sich fast nicht abwenden
von der herrlichen Gletscherscenerie, die ihm hier geoffen-
baret ist. Unverwandt haftet es auf der blau und weiss
schillernden, von tausend Klüften durchzogenen Eismasse
des Vieschergletschers, dessen Arme zu beiden Seiten
der einsamen Felseninsel in gebrochenen Bollwerken her-
unterstürzen, um sich zu den Füssen des Staunenden zu
vereinigen und als ein mächtiger Eisstrom, tiefgebettet
zwischen steilen vergletscherten Gebirgswänden, der unsichtbaren Tiefe zuzuwinden. Durch die Flucht dieses Gletscherthales ist eine reizende Aussicht geöffnet nach den Gipfelreihen, die jenseits des Rhonethales hoch an den Horizont
emporsteigen. Es sind die Gebirge des Binnenthales, des
Simplon und der Viescherthäler, die sich vor dem Auge entfalten. Die sichtbaren, schneebedeckten Gipfel sind: Der
Helsen, das Hülle- und Bortelhorn, das Furggebaum-
horn, der Monte Leone, das Wasenhorn, der Portiengrat, das Weissmies, die Fletschhörner, der Monte
Rosa, das Rympfischhorn, das Allelinhorn, der Lyskamm, der Alpenhubel und die Mischabelhörner, von
denen die Kuppe des Mattwaldhorns noch Wache hält,
Grüne Alpenhöhen, von Hochwäldern umkränzt, umgürten
diese Firn- und Felsengipfel, und an ihrem Fuss lachen einem
die Wiesen und Pflanzungen entgegen, die die Nähe des
fruchtbaren Thalbodens verkünden, in dessen Grund jedoch
das Auge nicht zu dringen vermag. In ernstem Contrast
mit diesem freundlichen Gemälde zeigt der riesige Kamm
der Walliser Viescherhörner, der in unmittelbarer
Nähe aufgethürmt ist und der den westlichen Horizont in
scharfen Umrissen begränzt, nichts als ausgedehnte Firne
und kahle Fluh. Aber die gezackten Felsenzinnen glühen

im Gold der sinkenden Sonne, und die glänzend reine Decke
von Schnee, die sich vom Rande des Vieschergletschers ununterbrochen bis auf den Gipfel des höchsten Wannehorns
emporzieht, die in weichen Formen die Felsenstufen überwölbt und die Buchten ausfüllt, erregt durch ihre Schönheit
die Bewunderung. Bald ruht der Blick auf dieser von
der Pracht eines ewigen Winters umfangenen, mächtigen
Gebirgsscenerie, über welche die Stille des Grabes ausgebreitet ist, — bald schweift er hinüber und haftet an jenem
Gemälde, das sich am entfernteren Horizonte entfaltet und
ergötzt sich dort an der wechselnden Färbung, in welcher
die Gipfel des Monte Rosa und der Mischabel erstrahlen. —

Mittlerweile war unsere wackere Mannschaft auch nicht
müssig gewesen. Wir sollten bald das Produkt ihrer Thätigkeit am improvisirten Kochheerde, den sie an einer Stein-
wand zur Seite des Rothlochs errichtet hatten, in vollem
Masse schmecken. Auf den Ruf, dass die Tafel bereit sei,
sammelte man sich um den grossen Granitblock, der uns
schon im vorigen Jahr als Speisetisch gedient hatte. In
erster Linie wurde eine kräftige Fleischbrühe aufgetischt.
Wir hatten dieses Gericht Herrn Lindt's grossmüthiger
Aufopferung seiner Bouillon-Täfelchen zu verdanken. Nachdem wir sie mit Wohlbehagen eingeschlürft, erschien eine
treffliche Chokolade, zu der ich den Stoff gespendet. Endlich
wurde noch in einem grossen irdenen Gefässe, das die
Spuren bestandener Strapatzen an-sich trug, der schwarze
Kaffe präsentirt. Natürlich wurde auch die compaktere
Speise nicht verschmäht.

So, zu einem Bivouac bei 0⁰ Kälte gehörig vorbereitet,
legten wir uns, in die Decken gewickelt, in der engen Höhle
zurecht. Aber trotz dieser Vorsorge fühlte man die frische
Nachtluft, die durch die Oeffnung drang, und die Uneben-

heiten des Lagers waren so empfindlich, dass sich hin und
wieder eine leise Verwünschung Luft machte, bis der freundliche Gott des Schlafes uns in seine Arme schloss. —

Es sei mir vergönnt, bevor ich die Schilderung des
genussreichen Tages vollends schliesse, noch einige Betrachtungen anzuknüpfen, zu denen mich die heutige Wanderung
veranlasst. Herr Grove hat in seiner Beschreibung des
Ueberganges über das Studerjoch*) die Ansicht ausgesprochen, es sei dieser Pass viel interessanter als das Oberaarjoch und zwar nicht nur wegen der anziehenden Natur
der Gegend, die man zu durchwandern hat, sondern über-
diess noch wegen der besonderen Schönheit und Mannigfaltigkeit der Bergscenerie, durch welche der Weg führt, und
weil die Aussicht auf der Höhe des Passes von seltener
Ausdehnung und Pracht sei. — Wenn ich mir nun, gestützt
auf eigene Anschauung, ebenfalls einen Vergleich zwischen
diesen beiden Pässen erlaube, so kann es sich nur um den
Weg von der Grimsel aus bis zur Passhöhe handeln, denn
die jenseitige Strecke bis nach Viesch oder Aeggischhorn
ist bei beiden Uebergängen fast dieselbe; nur ist das Hinabsteigen vom Studerjoch in das Becken des Viescherfirns bedeutend schwieriger als die leichte Descente vom Oberaarjoch
nach der Firnebene, und vom Fuss des Studerjochs hat man
noch eine hübsche Strecke über den Firn thalabwärts zu
marschiren, bis man zu der Stelle kommt, wo man vom
Oberaarjoch nach demselben hinuntersteigt. Aber auch
von der Grimsel aus gehend, erreicht man auf leichterem
und kürzerem Wege das Oberaarjoch als das Studerjoch,
und das Panorama, das man von der ersteren Passhöhe aus
geniesst, ist das schönere und ausgedehntere. Dagegen

---

*) Alpine Journal v. September 1864 pag. 364.

bietet der Weg nach dem Studerjoch eine grossartigere
und wechselvollere Scenerie dar, indem man den mächtigen Aargletscher in seiner ganzen Länge bis zum Fuss
des Finsteraarhorns durchmisst und an den mannigfaltigen
Gebirgsdekorationen vorüber kommt, welche diesen Eisstrom
und seine Verzweigungen umkränzen, und indem man ferner
die Riesengestalt des Finsteraarhorns in ihrer ganzen
wilden Pracht und in ihren wechselnden Formen aus der
unmittelbarsten Nähe bewundern kann. —

II.

Das Wannehorn.

3905 M. = 12021 P. F.

Noch funkelten die Sterne am wolkenlosen schwarzen
Himmel, als es in unserem Bivouac lebendig ward. Ihr
Glanz war jedoch am Verlöschen, und als wir uns marsch-
fertig gemacht hatten, brach gerade der Tag an. Es war
übrigens eine milde Nacht gewesen. Gestern Abends 8 Uhr
stand das Thermometer noch auf + 9⁰, 7 C. heute im Zeitpunkt der Abreise auf + 5⁰, 7. —

Jakob Blatter und der junge Sulzer sollten zurück-
bleiben und die Decken und das übrige Gepäcke auf dem
direktesten Wege nach dem Hôtel am Aeggischhorn trans-
portiren. Blatter machte zwar ein langes Gesicht, als er
diesen Tagesbefehl vernahm. Er wäre gar zu gern mit uns
herumgeklettert, und wir hätten seine gute Hülfe nicht verschmäht. Auch der junge Sulzer, der gestern seine erste

Gletschertour ausgeführt, wäre sehr willfährig gewesen, uns zu begleiten. Allein, die Sache war nicht anders einzurichten. Man konnte sich für die vorhabende Tour nicht zu schwer beladen und da Sulzer des Weges nach dem Aeggischhorn unkundig war, so durften wir ihn nicht allein über den zerklüfteten Gletscher ziehen lassen. So nahmen wir von den Beiden Abschied und schritten in des Morgens Grauen den steinigen Hängen entlang, die den Fuss des Rothhorns bilden, um die ebene Fläche des Vieschergletschers zu gewinnen. Es war 4. Uhr 30. Minuten, als wir das Rothloch verliessen. In der Tiefe der Thäler herrschte noch volle Dunkelheit. Aber in einem fast magischen Lichtglanze blinkte uns das schneereiche Massiv der Walliser Viescherhörner entgegen, ehe noch ein Strahl der Sonne die wunderschönen Firne röthete.

Unser heutiger Plan war die Besteigung des grossen Wannehorns, des höchsten Gipfels der Walliser Viescherhörner. Dieser Gebirgsstock löst sich bei der Grünhornlücke, jener schneeigen Einsattlung, die vom Aletschgletscher einen Uebergang nach dem Vieschergletscher gestattet, von der nördlich davor stehenden Gruppe der Grünhörner ab und erstreckt sich in einer Ausdehnung von nicht ganz zwei Stunden als Scheidekamm zwischen dem grossen Aletschgletscher und dem Vieschergletscher in nahezu südlicher Richtung bis in das Hochthal von Märjelen. Die Construktion dieses Gebirgszuges ist sehr einfach. Von der Grünhornlücke, (3305 M.) steigt derselbe über die zierliche Firnspitze, die mit 3609 M. bezeichnet ist, sofort zu seiner normalen Höhe empor. Bei dem Punkt, wo er diese erreicht, schliesst sich ein steiler Felsgrat an den Hauptkamm an, der vom Rande des Aletschgletschers über den Faulberg (3244 M.) emporsteigt und in dem nackten Felsgipfel der

Kamm (3870 M.) kulminirt. Von jener Stelle hinweg läuft der Hauptkamm in schneidender Schärfe mit beidseitiger jäher Abdachung über die mit 3864 M. bezeichnete Kammerhebung nach dem höchsten Gipfelpunkt, der mit 3905 M. bezeichnet ist. Dieser Gipfel trägt auf dem eidgen. Atlas keinen besonderen Namen. Ich nenne ihn Wannehorn, so wie er mir bei meinen früheren Besuchen dieser Gegend von den Anwohnern benannt wurde. Die eidgen. Karte hat diese Benennung einer südlich davon gelegenen, niedrigeren Spitze beigelegt. Man könnte daher den höchsten Gipfel mit dem Namen „Oberes oder grosses Wannehorn" bezeichnen. Von hier an schmückt eine blendend weisse Firndecke den höchsten Grat, der sich nach jenem Punkte erstreckt, der auf der Karte den Namen Wannehorn trägt und mit der Höhenangabe von 3717 M. belegt ist. Von diesem unteren Wannehorn läuft ein scharfkantiger, ausgezackter, durch seinen praegnanten Charakter sich auszeichnender Seitenkamm unter dem Namen Distelgrat mit einer Gipfelerhebung von 3085 M. nach dem Vieschergletscher aus, gegen den er in steilen, kahlen Wandungen abstürzt. Der Hauptkamm aber senkt sich nun stufenweise über die Strahlhörner (3330 M. 3080 M. 3034 M.) seinem südlichsten Endpunkte zu und sein äusserster Fuss badet sich in dem kleinen Gletschersee von Märjelen (2350 M.) Zwischen dem Distelgrat und einer Auszweigung der Strahlhörner, die sich nach dem Hochstock (2498 M.) verläuft, versenken sich die Abstürze des unteren Wannehorns in eine wilde schneereiche Thalschlucht, deren vorderer Theil „in den Disteln" heisst, und die beim weissen Fläsch in das Thal des Vieschergletschers ausmündet. — Die beidseitigen Wandungen des höchsten Kammes der Walliser-Viescherhörner dachen sich, von mehr oder weniger deutlich hervortretenden theilweise übergletscherten Felsrippen in vertikaler Richtung durchzogen, in furchtbar steiler Böschung und fast stufenlos auf der einen Seite 3600' tief nach dem Thal des Aletschgletschers, auf der anderen ebenfalls über 3000' tief nach dem Thal des Vieschergletschers ab.

Das äussere Ansehen dieser Gebirgskette ist wild und unwirthbar. Es treten dem Auge nur kahle, verwitterte Felsen, Geröllhänge, Schneefelder und zerklüftete Firnen entgegen. Nur am südlichen Fuss der Strahlhörner und am Hochstock breiten sich die mitunter steinbesäeten Weiden der Alp Märjelen aus. Längs dem Aletschgletscher sind die untersten, steil nach dem Gletscher abfallenden Berghänge spärlich begrast und werden als Schafweide benutzt, deren einzelne Reviere mit den Namen Vorder- und HinterRinderturren und äusser und inner Schönbühl belegt werden. Auch dort, wo es „in der Trift" heisst, am unteren östlichen Rande des Triftgletschers, der vom unteren Wannehorn niedersteigt und südwärts vom Distelgrat, nordwärts von einer andern Abzweigung des Hauptkammes begränzt wird, ziehen sich hoch über dem steilen Felsenbord, das den Vieschergletscher einrandet, begraste Bänder hin, auf denen eine Anzahl Schaafe gesömmert werden. Diese Schaafe müssen bekanntlich bei der Stelle, wo der Aemmerbach dem Gletscher entfliesst, mit Hülfe von Seilen, längs einer Felsenrinne an der steilen Bergwand bis zu den Weideplätzen hinaufgeschafft und auf gleiche Weise nach der Alpzeit wieder heruntergeholt werden.

Aber trotz dem unwirthbaren Aussehen dieses Gebirgsstockes kann man den kühnaufstrebenden Formen und dem herrlichen Gletscherschmuck, der vorzugsweise das östliche Gehänge der Walliser Viescherhörner ziert, die Bewunderung nicht versagen, und wenn ihre schönen Firnkuppen im Rosen-

roth der aufgehenden Sonne oder im goldenen Glanze des
Tages weit in das Land hinausleuchten, üben sie einen
unbeschreiblichen Zauber aus und ziehen den Freund der
Berge mit fast unwiderstehlicher Gewalt hinauf auf ihre
luftigen Zinnen.

Angesichts dieses riesenhaften Bollwerkes von Eis und
Schnee betraten wir die Fläche des Vieschergletschers. Er war
mit einer harten Kruste von Schnee überzogen und diese zeigte
eine Menge kleiner Erhöhungen und Vertiefungen, so dass der
Marsch über denselben in die Länge sehr ermüdend geworden
wäre. Der Uebergang wurde jedoch in Zeit von einer halben
Stunde bewerkstelliget, und sofort begann nun das Ansteigen
gegen das Wannehorn. Anfangs sanft, dann etwas steiler
ging es über die unabsehbaren Schneefelder aufwärts. Wir
blieben so ziemlich in der Mitte der Einbuchtung, die sich
zwischen zwei Gräten fast bis an den Gipfel hinaufzog. Zu
unserer Linken hatten wir nämlich die glatten Wände des
dominirenden scharfen Grats, der auf der Karte die mit
3269 und 3515 M. bezeichneten Höhenpunkte aufweist.
Weniger praegnant sich hervorhebend und nur an seinem
untersten Fusse abgedeckt, zeigte sich der Firngrat zu unserer Rechten, dessen weichgeformten Rücken wir in kurzer
Zeit hätten erreichen können. — Die Wanderung ging leicht
und angenehm von statten. Der Schnee war nicht zu hart
und nicht zu weich. Steilere Böschungen wurden im Zickzack-
steigen erobert. Der Weg ist zwar an und für sich ziemlich
einförmig; die einzige Abwechslung lag in dem mehr oder
weniger steilen Gefälle der einzelnen Stufen, die das endlose
Schneegehänge bildete. — Hin und wieder warfen wir einen
Rückblick nach dem Vieschergletscher, der je mehr und
mehr in die Tiefe rückte und sich in immer grösserer Ausdehnung entfaltete — oder auf die gewaltige Kette des

Finsteraarhorns, das in seiner ganzen Majestät und kühnen Felsengestalt sich aufrichtete.

Nach einer anhaltenden Steigung von etwa drei Stunden erreichten wir die Höhe des Kammes westlich vom Punkt 3515 M. und ha! welche Ueberraschung! Da liegt, wie auf einen Zauberschlag die ganze stolze Kette der südlichen Wallisgebirge, so wie die Gruppe der Aletsch — und Nesthörner in der reinsten Klarheit des wolkenlosen Tages vor uns aufgerollt; nur in die Tiefe des Aletschthales sehen wir noch nicht. Die Felszacken verbergen dasselbe, die den westlichen Rand des Firnkamms krönen, der sich vom unteren Wannehorn gegen das obere hinaufzieht. Aber dieser Anblick giebt uns neuen Muth und neue Freudigkeit, denn noch sind wir nicht am Ziele. Wir betreten nun das Gehänge des höchsten Kammes und Angesichts dieser weiten Welt von herrlichen Bergen ist es eine wahre Lust, auf dem glitzernden Firnteppich hinanzuschreiten, der die Kammhöhe bekleidet. Sieh da! die Spur einer Gemse, die früher als wir ihren Morgenspaziergang auf dieser einsamen Höhe gemacht! Es bedurfte noch fast einer Stunde Steigens, um die höchste, schneeige Kuppe zu erreichen. Diese besteht aus einem südlichen und einem nördlichen Eckpunkt, welche durch ein kleines Schneeplateau mit einander verbunden sind. Als wir, das Gehänge der südlichen Gipfelerhebung umgehend und über den östlichen Rand jenes kleinen Schneeplateaus wegschreitend, den nördlichen Gipfelpunkt betraten, in der Meinung, unser höchstes Ziel erreicht zu haben, sieh da taucht hinter ihm noch ein bis dahin verdeckt gebliebener Felszahn hervor, der um etwa 40' höher sich erhebt und den wahren Culminationspunkt bildet. So wenig Schwierigkeiten bis dahin der Weg geboten hatte, so misslich erschien jetzt die Bewältigung dieser letzten Spitze, die sei

langem des ersten Besuches tapferer Clubisten harrt.
Zwischen dem nördlichen Eckpunkt der schönen, massigen
Firnkuppe, die wir so leicht erklommen, und diesem Felsgipfel, gestaltet sich nämlich der Kamm plötzlich zu einer
schmalen Schneide, deren oberste Krone aus lose über einander gebauten, zum Theil überhangend gegen die Abdachung
sich neigenden Felsblöcken bestand. Diese Schneide zu
überschreiten, war keine Möglichkeit. Niemand hätte es
wagen dürfen, die messerscharfen Kanten und die glatten
schiefen Flächen des obersten Gesteins zu überklettern. Es
blieb kein anderer Weg, als diese Felskrone längs dem
von ihr abstürzenden Gehänge zu umgehen. Zu beiden
Seiten senkte sich aber das Gehänge, das mehrentheils mit
Eis überkleidet war, in solcher Steilheit und fast stufenlos
einige tausend Fuss tief hinunter, dass während eines Augenblicks selbst die Führer schwankten, auf solchem Terrain
weiter vorzugehen. Doch, das Zögern dauerte nicht lange.
Auf ein ermunterndes Wort von unserem besonnenen Peter
machte sich Kaspar auf, das Wagniss zu bestehen. Hart
an dem obersten Felsendamme vorbei, verfolgte er das
östliche Gehänge der Bergwand, mit der linken Hand fest
an den vorragenden Kanten des Gesteins sich haltend, mit
der Rechten sichere Tritte mit dem Beil in das harte Eis
schlagend. Wir schauten ihm mit einiger Bangigkeit zu, doch
beruhigten uns die Vorsicht und Sicherheit, mit der der
gewandte Berggänger vorrückte. Jetzt verschwand er unsern Blicken hinter einem vorgebogenen Felsenkopfe, aber
gleich darauf trat er dicht am Ziele wieder zum Vorschein.
Er hatte eine zugängliche Stelle des Grates gewonnen und
konnte nun von da aus ohne Schwierigkeit die Felsspitze
erklettern. In wenigen Augenblicken war er droben angelangt und zur Feier des glücklich errungenen Sieges liess

er einen kräftigen Jauchzer erschallen. Kaspar hatte zu
diesem Gange kaum eine halbe Viertelstunde Zeit gebraucht.
Nachdem er auf dem gleichen Wege zu uns zurückgekehrt
war, gelang es mit Benutzung des Seiles uns im Geleit unserer beiden wackeren Führer zuerst mir und dann in gleicher
Weise meinem Reisegefährten, das hochgelegene Ziel ebenfalls zu erreichen.

Der spitze Felsgipfel bot immerhin noch so viel Raum
dar, dass wir uns alle zusammen auf die sonnigen Felsplatten
hinlagern konnten, die denselben bildeten. Wenn aber die
Abdachung des Gipfels von allen Seiten steil war, so senkten
sich die Felsen nordwärts fast senkrecht nach der scharfen
Schneide ab, in der sich der Kamm in dieser Richtung fort-
setzte. Es war 9 Uhr 30 Minuten als wir auf dem Gipfel
anlangten; wir hatten daher zu dieser Besteigung im Ganzen
fünf Stunden gebraucht.

Die erste Arbeit war, dem erschöpften Körper Nahrung
zu geben. Während aber meine Genossen den trockenen
Hammelbraten und das geschmacklose Brod mit trefflichem
Appetit verzehrten und der derben Speise mit einem Glas
Rothen nachhalfen, begnügte ich mich mit einer Hand voll
Mandelkernen und gedörrten Zwetschen. Ich unterzog mich
ungern dieser Casteiung, allein in solchen Höhen sind Wein
und Fleischspeisen in der Regel für mich ungeniessbar.

Die Temperatur war angenehm (circa + 8° C.), die
Luft still, die Aussicht klar. Meine Gefährten schickten
sich nun an, die mitgebrachte Berner-Fahne, eine Reliquie
vom eidgenössischen Sängerfest, auf der besiegten Bergspitze aufzupflanzen und mittelst Steinen zu befestigen.
Unterdessen gab ich mich der Betrachtung der Aussicht hin
und versuchte, wenigstens eine Parthie des ungeheuren Panoramas flüchtig zu skizziren.

Bevor ich zur Schilderung dieses Panoramas übergehe, erlaube ich mir hier eine 'kleine Undeutlichkeit in der eidgenössischen Karte zu constatiren. Auf derselben steht nämlich der mit 3905 M. bezeichnete Punkt auf der südlichen Ecke der schneeigen Kuppe des oberen Wannehorns, während weder der scheinbar höhere nördliche Eckpunkt derselben und noch viel weniger die auf der Karte gar nicht bemerkbare Felsenspitze, die den letztern wohl noch um 40 Fuss überragt, eine Höhenangabe trägt. Wenn sich daher jene Angabe auf den höchsten Culminationspunkt des Kammes der Walliser Viescherhörner beziehen soll, so ist der Punkt am unrechten Ort angebracht, oder der höchste Punkt ist noch ungemessen.

Sollte die erstere Voraussetzung die richtige sein, so befanden wir uns in einer Höhe von 3905 M. oder 12021 P. F. über der Meeresfläche, und in dieser ansehnlichen Höhe dominirten wir den grössten Theil des ausgedehnten Horizontes. Ein besonders herrlicher Blick war uns auf die Gruppe der Berner Hochalpen geöffnet, deren innerstem Revier unser hohe Standpunkt entragte. Senkten wir das Auge nach Westen, so sahen wir ein paar tausend Fuss tief dicht zu unseren Füssen die Eismasse des gewaltigen Aletschgletschers, wie derselbe sich in seiner ganzen Breite von dort, wo er um das Aeggischhorn umbiegt, durch das von hohen Gebirgswänden eingeschlossene Thal sich emporzieht und in breiten blendend weissen Firnströmen theils nach dem Lötschensattel, theils bis auf das Jungfrau-Joch sich verzweigt. Neigten wir den Blick ostwärts, so tauchte er ebenso tief hinunter in das Eisthal des Vieschergletschers. Wir schauten ihn, wie er in dem engen finstern Thalbecken aus der Tiefe emporsteigt, am Rothhorn sich spaltet und theils gegen das Oberaarjoch und Studerjoch, theils bis an den

13*

Vieschergrat sich hinaufwindet. Gletscherbehangene Kämme und Gipfel entstiegen diesen Eisthälern, sie thürmten sich hinter einander empor, und ihre leuchtenden Zinnen ragten in das dunkle Blau des Himmels. Dort drüben im Westen winkten die stolzen Gipfel des Aletschhorns und der Nesthörner. Hinter der Lötschenlücke zeigte sich der schön gewölbte Firnrücken des Lötschenthalgrats, und hinter ihm aufsteigend liessen sich Altels, Balmhorn und Wildhorn erkennen. In glänzend weissen Gebilden rahmten der Kamm des Ahnengrats, vom Breithorn, Grosshorn und Blümlisalphorn überragt, das Mittaghorn, die Ebnefluh und das Gletscherhorn jenes schöne Firnthal gegen Norden ein, das bis zur Lötschenlücke vordringt. Zierlich erhob die Jungfrau ihr schlank gebautes Haupt. An sie reihte sich die herrliche Schneekuppe des Mönch und der schwarze Felsengipfel des Eiger. Unter dem Mönch gewahrte man die schmale Schneide des Trugbergs, und herwärts diesen Gebilden zeichneten sich die nördlichen Gipfelgestalten des Kammes der Walliser Viescherhörner, insbesondere der Kamm 3870 M. durch ihre Nacktheit und ihren bizarren Felsbau aus. Rechts vom Eiger trat die in einander verschmolzene Gruppe der Grindelwalder Viescherhörner und der näheren Grünhörner in die Reihe. Von der Grünhornlücke stufenweise emporsteigend culminirte sie in den drei schlanken auf der Karte mit 4048 M., 4020 M. und 4047 M. bezeichneten Gipfeln des Grossen- und Hintern Viescherhorns und des Grossen Grünhorns. Zur Rechten dieses letztern zeigte sich noch das kleinere Viescherhorn (auf der Karte Gross Viescherhorn genannt), das in Grindelwald den Namen Ochsenstock trägt. An dasselbe lehnte sich der prächtige Firnkamm, der das hinterste Becken des Vieschergletschers eindämmt, und der sich bis auf das Agassizhorn

erstreckt, das uns seine schneebedeckte Seite zuwandte.
Hinter diesem Firnkamm ragten der vorderste Gipfel des
Wetterhorns, das gewaltige Schreckhorn und die scharfge-
zackten Lauteraarhörner empor. Am Ende dieses langen
Diadems von strahlenden Firnspitzen erhob das Finsteraarhorn sein trotziges, eisbepanzertes Haupt in die Lüfte
und streckte seine riesigen Arme nach dem Rothhorn und
Oberaarhorn aus. Der Anblick dieses Theiles der Rundsicht, die Erscheinung aller dieser mächtigen Gestalten, die
gleichsam mit dem weissen Hochzeitskleide geschmückt sich
aus den einsamen Gletscherthälern himmelan aufrichteten,
war so fesselnd, so grossartig, dass der Blick sich stets
wieder unwillkürlich nach dieser Welt von Schnee und Eis
und nackten Felsen hinwandte, die in solcher Pracht, in
solcher klaren Entwicklung sich nur demjenigen offenbart,
der es der Mühe werth erachtet, die Bollwerke zu übersteigen, die sie von den Ländern der Menschen trennt, und
bis in ihre innersten Räume, bis auf ihre höchsten Zinnen
vorzudringen.

Und doch lag uns noch eine andere Welt vor Augen,
die es nicht weniger verdiente, die Aufmerksamkeit und Bewunderung der Schauenden auf sich zu ziehen. Es war der
ungeheure Kranz von Fels- und Schneegipfeln, von Gletschern,
von grünen Alpenfirsten, von waldbekränzten Berghöhen,
die in mancherlei Gestaltung und Gliederung den ganzen
östlichen und südlichen Horizont bis in weite Entfernungen
umfasste, — jenes Meer von Bergen, das die näheren, wilden
Umgebungen, ja die hohen Gipfel des Oberaarhorns, des
Rothhorns, die Galmi- und Wasenhörner und die Ausläufer
der Nest- und Aletschhörner überragend, sich vom Titlis
bis zum Bernina, vom Bernina bis zum Monte Rosa,
von diesem bis zum Montblanc ausdehnte. Ich will nicht

die Namen der einzelnen Spitzen aufzählen, wer wollte sie
entziffern, wer hätte die Geduld sie anzuhören? So geht es
auch mit deren Betrachtung an Ort und Stelle, man überfliegt
mit trunkenen Blicken das ungeheure Panorama, denn die
Zeit erlaubt es nicht, sich in die Einzelnheiten desselben zu
vertiefen, man· versucht das Chaos nach vereinzelten, charakteristischen Gruppen zu entziffern, man sucht sich feste
Orientirungspunkte aus: am Titlis, am Tödi, am Damma-
und Galenstock, am Scopi, am Rheinwaldhorn, am Bernina,
am Basodine, am Ofenhorn, am Helsen, am Monte Leone,
an den Fletschhörnern, am Monte Rosa, an den Mischabeln,
an der herrlichen Pyramide des Weisshorns, am Combin und
Montblanc. Aber bei jeder neuen Umschau, bei jeder
genaueren Prüfung, entdeckt man neue Reihen, neue Gipfel;
man verwirrt sich fast in der Ueberfülle des Reichthums und
gern kehrt das Auge zur Erholung wieder zurück, nach
jener in einfach grossem Styl vor ihm aufgebauten, stillen
Welt, die ihren Gletscherschooss zu den Füssen des Schauenden geöffnet hat, und auf deren erhabenen Gebilden die
Majestät Gottes zu thronen scheint. —

Das Bewundern eines solchen Rundgemäldes mag in
den strengen Augen eines Gelehrten als ein harmloses, kind-
liches Vergnügen erscheinen, das bald vergeht. Allein es
ist mehr als das. Es ist ein Hochgenuss, der die unvergesslichen Eindrücke eines Stückes grossartiger Welt-
schöpfung zurücklässt; — ein Hochgenuss, der den Geist
des Menschen frisch belebt und erhebt, der auf's Neue den
Muth stählt, die Mühen des Berufes, die Unbilden und
Kränkungen zu ertragen, die das praktische Leben so häufig
mit sich bringt.

Unstreitig ist die Lage des Standpunktes, den wir einnahmen, abgesehen von den weitschauenden Hochwarten

eines Finsteraarhorns, eines Aletschhorns und Bietschhorns,
für den Genuss einer ausgedehnten Rundschau, insbesondere
für den Ueberblick über die Tessiner- und Oberwallisgebirge
eine der günstigsten und übertrifft in jener Beziehung denjenigen auf der Jungfrauspitze, die zu Gewährung eines so
freien Ausblicks nach diesen Seiten hin schon zu sehr zurück-
geschoben ist. Doch ist nicht zu verkennen, dass, wenn
auch die Felsspitze, die wir erklommen, der höchste Punkt
der Walliser-Viescherhörner war, ein Wechsel des Stand-
ortes uns erst den Vortheil gewährte, die Rundschau in
ihrer ganzen Vollständigkeit zu geniessen. Denn so schön
und so frei sich von jenem Punkte aus besonders der ganze
nördliche Gesichtskreis entfaltet, so wird gegen Süden
die Aussicht nach den Binnenthalgebirgen durch die in dieser
Richtung dominirende Schneekuppe, die wir zuerst überstiegen hatten, etwas beeinträchtiget und um die Aussicht
nach Süden ungehemmt betrachten zu können, ist es erfor-
derlich, auch diesen Standpunkt zu benutzen. — Wir hatten
übrigens von unserem Gipfel aus Gelegenheit, die Formation
dieser schönen, durch eine kleine flache Einsenkung sich
charakterisirende Schneekuppe kennen zu lernen und uns
zu überzeugen, dass so, wie dieselbe ostwärts von unten
herauf aus blinkenden Firnhalden aufgebaut ist, sie gegen
Westen in furchtbar steilem Felsgehänge abstürzt. Der gezackte Höhenrand dieses Felsgehänges wird von dem Schneerücken noch um einige Fuss überragt, und die östliche Kante
des letzteren steht von jenem etwa zehn bis zwanzig Schritte
ab. Nur an den beiden Eckpunkten der Schneekuppe reicht
der Felsenrand bis an ihr Niveau hinauf.

Doch, wir mussten an die Abreise denken! Wussten
wir doch nicht, ob es uns gelingen werde, nach dem Aletschgletscher hinunter zu klettern, wie es in unserem Plane lag.

Nach einem höchst genussreichen und behaglichen Aufenthalte von anderthalb Stunden auf der obersten Zinne des
Wannehorns, traten wir um eilf Uhr den Rückweg an.
Zuerst wurde Herr Lindt von den beiden Führern nach der
sicheren Stelle auf dem nördlichen Eckpunkt der Schneekuppe
geleitet. Sodann holten sie mich ab und als wir alle daselbst
versammelt waren, schritten wir über das kleine Firnplateau
hinüber nach dem südlichen Eckpunkt, von dem wir unsere
Blicke noch ein letztes Mal um das weite Rund schweifen
liessen. Wir hatten keine Ahnung, dass wir in diesem
Augenblick von unserem Reisegefährten Herrn Aebi vom
Aeggischhorn hinweg durch den Tubus beobachtet wurden.

An der südlichen Abdachung dieses schönen Schnee-
gipfels dem Kamm entlang niedersteigend, hielten wir uns
dicht an den Felsrand des westlichen Absturzes, und da wo
bei einem Ausschnitt der gezackten Kante eine schneeige
Kehle das Betreten des Gehänges zu erleichtern schien, versuchten wir es, auf dasselbe hinunter zu gelangen. Wir
waren noch nicht weit abwärts geklettert, als uns zu unserer
Rechten der freie Anblick der Felswand zu Theil ward, in
welcher die Schneekuppe auf der Westseite einige hundert
Fuss tief fast lothrecht abgerissen ist. Vom Fuss dieser
Felswand zogen sich Eis- und Firnfelder, von Klüften durch-
brochen, gegen die Tiefe des Aletschthales herunter, jedoch
in solcher Steilheit, dass wir es vorzogen, auf dem „aberen"
Felsgehänge zu bleiben, auf dem wir uns jetzt befanden.
Aber auch hier bot das Hinabklettern seine Schwierigkeiten
dar. Das Gestein bestand aus einem losen, brüchigen Gneis
und Glimmerschiefer und war von Geröllrunsen und Schneekehlen durchzogen. Trotz der Abschüssigkeit des Gehänges
bestand indessen die Gefahr weniger im Ausgleiten, das bei
einiger Vorsicht leicht zu vermeiden war, als vielmehr darin,

dass die Vorausgehenden stets von herunterstürzenden Steinen bedroht waren, die ihre Nachfolger ihnen absichtslos nachschickten. Denn nicht selten rissen sich Steine los, an die man sich anklammern wollte, oder ganze Geröllmassen setzten sich unter dem blossen Druck unseres Fusses in Bewegung. Die Vorsicht und der Ruf der Führer nöthigten uns, möglichst nahe bei einander zu bleiben, und das Vorrücken ging nur langsam von statten. Dennoch gewahrten wir nach einiger Zeit mit Freuden, wie sich die Felsmassen immer höher hinter uns aufthürmten. Wir rückten sichtbar der Tiefe näher, aber auch der Abgrund erweiterte sich vor unseren Blicken, und wir konnten die Schwierigkeiten deutlicher erkennen, die uns noch bevorstanden um den Fuss des Berges zu erreichen. So wie nämlich zu unserer Rechten die abschüssigen Firnfelder sich in die Tiefe zogen, so breitete sich gerade vor uns und zu unserer. linken Seite das Felsgehänge, von vertikalen Runsen durchschnitten, mit gleichförmiger Abdachung in weiter Strecke aus und schien sich gegen ein hohes Felsenband zu verlaufen, an dessen Fuss eine sanftgeneigte Schneeterrasse sich hinzog. Diese Terrasse einmal gewonnen, musste das Fortkommen sich leichter machen. Es galt, das unbekannte Terrain scharf in's Auge zu fassen, ehe wir weiter schritten. Indem wir Andern am Fuss eines Felsenkopfes in gesicherter Stellung zurückblieben, kletterte Blatter eine Strecke weit voraus, um von einem dominirenden Felsenhügel aus die Beschaffenheit jenes Felsenbandes zu untersuchen. Wir sahen ihn nach allen Seiten umherspähen, aber kein freudiger Ruf erscholl. Mit ernstem Gesicht kehrte er zu uns zurück und meinte in seiner trockenen Weise: „Ich weiss nicht, ob's geht, wir können's probiren!" „Ei, so wollen wir's probiren!" war die Antwort, und entschlossen ging es vorwärts, jenem

Felsenhügel zu. Zur Seite dieses kahl und steil abfallenden
Felsenhügels lief ein schmaler Runs zwischen schroffen
Felsmauern in jäher Steilheit hinunter und mündete zuletzt
gegen jene Schneeterrasse aus. Durch diesen Runs musste
es gehen, sonst war keine andere Aussicht unser Ziel zu
erreichen, als vielleicht auf einem mehrstündigen Umwege
durch ein wildes Stein-Labyrinth, jenes Felsenband zu umgehen. Der Runs war streckenweise noch mit Eis belegt.
An solchen Stellen mussten freilich Tritte gehackt werden
und wir fanden es selbst gerathen, das Seil an die Hand zu
nehmen; denn ein Ausgleiten wäre für uns verderblich gewesen. Glücklich kamen wir durch die engste und steilste
Verklüftung hindurch. Tiefer unten erweiterte sich diese
das vorspringende Gestein der linkseitigen Wandung
gangbar und ohne Unfall gelangten wir an den Fuss
Felsenbandes, um von da hinweg, befreit von dem bee
den Gefühle der Ungewissheit des ferneren Fortkomm
um so rascher die funkelnden Schneefelder jener sanftgen
ten Terrasse zu überschreiten, die dann wieder in steil
Abdachung gegen den untersten Fuss der riesigen Bergw
sich abstufte. Der Schnee war weich und die Firnm
darunter von einzelnen Spalten durchzogen. Doch ging
munter vorwärts. Als wir nach Ueberschreitung der kle
Terrassenfläche über die Schneehalden niederstiegen, erbli
ten wir das erste Grün. Aus mässiger Tiefe lachten
nämlich die baumlosen Schafweiden der Rinderturren e
gegen. Um zu diesen zu gelangen, mussten wir noch
äusserste Randfläche des Gletschers passiren, der sich
linkseitigen Felsgrate entlang hinunterzog. Jenseits
uns eine steile Geröllhalde auf den grünen Teppich d
Schaftrift, die fast im Niveau mit dem breiten hochgewöl
ten Rücken des Aletsch-Gletschers, aber von diesem

durch eine Kluft getrennt, den Fuss der Bergwand umsäumte.

Erst hier fanden wir Musse, emporzublicken auf den
zurückgelegten Weg und einen ruhigen Blick zu werfen in
die grossartigen Umgebungen. Das Eisthal des Grossen-
Aletschgletschers lag jetzt vor unsern Augen ausgespannt, und dort im hintersten Grunde des weissen Firnbeckens, dem der Aletschgletscher entwachst, begrüssten
wir die Jungfrau und ihre im silbernen Festgewande blinkenden Nachbargebilde.

Wir waren, wie gesagt, von dem Gletscher noch durch
eine 100—200' tiefe Kluft getrennt, in welche das unterste
Gehänge des Berges steil und felsig abstürzte. Peter, dem
es pressirte, die schöne breite Eisfläche zu gewinnen, kletterte
ohne Zaudern durch das felsige Geklippe hinunter, nicht
wissend, ob ihm der Versuch gelingen werde. Wir andern
verfolgten die Spur eines Schafweges, die uns noch eine
Strecke weit, dem schiefen Rasengehänge entlang, thalauswärts leitete, bis wir bei der Mündung einer unseren Weg
abschneidenden Seitenbucht bequem an der begrasten Halde
zum Rande des Gletschers niedersteigen und dessen schiefe
Wandung erklimmen konnten. Peter hatte sich bereits auf
dem steinbedeckten Gletscher-Rücken einen einladenden
Granitblock zum Ruhesitze ausgewählt und fröhlich nahmen
wir an seiner Seite Platz.

Der ganze Marsch vom Gipfel des Wannehorns hinweg
bis hierher hatte uns nicht weniger als vier Stunden Zeit
und Mühe gekostet. Es war drei Uhr vorüber, ja fast halb
vier, als wir auf jener granitnen Bank Rast hielten. Die
Sonne schien noch warm und freundlich. Die Gletscherbäche flossen lustig daher. Die Firne glänzten in ihrer
Pracht. Die hohen Gipfel schauten grüssend auf uns herab.

Dort — thalauswärts spiegelten sich die schönen Gebil
des Monte Rosa und der Mischabel im Schimmer der Abendsonne. In stillem Entzücken feierten wir Angesichts dieser
wunderschönen Scenerie das glückliche Gelingen unserer
Gletscherfahrt. Der Rest der Weinflasche, die Lebensmittel,
die uns noch im Ueberfluss zu Gebote standen, mussten ihre
stärkende Kraft an uns erweisen für den letzten Gang, der
uns noch bevorstand, und dann ging es fröhlich und unbesorgt
dem Ziele des heutigen Tages zu, das noch drei Stunden
entfernt war.

Ein Gang über den Aletschgletscher, diesen grössten
und mächtigsten Gletscher der Schweiz, der mit Inbegriff
der Firn-Region eine Längenausdehnung von fünf Stunden,
ein durchschnittliche Breite von fast einer halben Stunde
hat, ist auch für denjenigen Reisenden, dessen Ziel ausschliesslich diese Wanderung ist, eine Quelle reichen Genusses
— Die feierliche Stille, die in diesem Eisthale waltet, und nur
etwa von dem Schalle der Fels- und Eisbrüche und von dem
Rauschen der Gletscherbäche unterbrochen wird, — die
riesenhafte Grösse dieser Eismasse, mit ihren Moränen, ihren
tausend Verklüftungen, die dies ganze Thal, wer weiss wie
manche hundert Fuss tief ausfüllt, und bis zu den Wohnungen
der Menschen niedersteigt, — diese gletscherbepanzerten
Berge, die das Thal einschliessen, und deren leuchtende
Firngipfel an das dunkelblaue Gewölbe des Himmels reichen,
— diese wilden zerrissenen Felskämme, die in ihrem verwitterten Zustande von gewaltigen Naturrevolutionen Zeugniss
geben, — diese sonnigen grünen Plätzchen am Gletscher-
rande, die einzig an die Nähe einer fruchtbaren, mit reicher
Vegetation geschmückten Welt erinnern, denen aber doch
schon manches liebe Kind Florens in zartem Farbenschmelz
entspriesst, — alle diese eigenthümlichen, wunderbaren und

grossartigen Erscheinungen vereinigen sich zu einem Bilde,
von welchem Gemüth und Phantasie des Wanderers ergriffen
werden und das in seinem Geiste unvergessliche Erinnerungen
zurücklässt!

Wir hatten noch eine geraume Strecke über den Rücken
des Gletschers thalauswärts zu marschiren und in der Nähe
eines östlichen Randes einigen gewaltigen Verklüftungen
auszuweichen, bevor wir Angesichts der finsteren Felspyramide des Aeggischhorns unseren Fuss auf den Rasen-
teppich der Märjelen-Alp setzen konnten. Allmählig jedoch
blieb der Gletscher mit seinem steilen Eisabsturz, indem
er gegen das Becken der Märjelen-Alp und des kleinen See's
fällt, hinter uns zurück, und wir schritten den Hängen der
einigen Alpweiden entlang rüstig vorwärts. Unseren Augen
bot sich jedoch ein trostloses Bild dar. Der See war aus-
gelaufen, und nur einige kleine Wasser-Glunggen waren in
den Vertiefungen des sandigen Grundes übrig geblieben. Die
Eisblöcke, die sonst so zierlich auf der dunkeln Wasser-
fläche gleich weissen Schwanen herumschwimmen und dem
kleinen Alpensee einen nordischen Charakter geben, lagen,
wie abgestandene Fische ohne Glanz und Blendung auf dem
trocknen Grunde umher.

Ohne bis zu den Hütten der Märjelen-Alp vorzudringen,
bogen wir von unserem holperigen Pfade rechts ab und
durchschritten den flachen Thalboden um am jenseitigen
Gehänge wieder wacker emporzusteigen.

Das einsame Alpengelände, dessen Uebersicht wir
während der Ansteigens genossen, war mir aus längst vergangenen Tagen bekannt und rufte die Erlebnisse meiner
Jungfraufahrt im Jahre 1842 lebhaft in mein Gedächtniss
zurück. Da lagen am Fusse der Bergwand die kleinen,
steinernen Hütten, kaum zu unterscheiden von den grauen

Felsblöcken, die nur in zu reicher Fülle diese verwilder Alp bedeckten. Sie hatten mir einst zur freundlich Herberge gedient. Hinter denselben zogen sich begras Hänge empor gegen den zerrissenen Felskamm der Strahl hörner und rechts neben diesen breitete sich ein schön Hochfirn aus. — Wäre es möglich, vom höchsten Kam der Walliser Viescherhörner hinweg bis zum Punkt 3330 ¼ der Kammhöhe entlang vorzudringen, was wir auf unser Wege nicht zu beurtheilen vermochten, so könnte man w scheinlich leicht über jenen Hochfirn hinunter nach Märje gelangen. Diese Wanderung, die des Versuches werth wä müsste sehr genussreich sein, weil man die Aussicht läng vor Augen hätte und die Vermuthung nahe liegt, dass m Märjelen in kürzerer Zeit erreichen würde, als auf dem v uns eingeschlagenen Wege.

Wir bogen um die östliche Ecke des Grats, der d Hochthälchen von Märjelen von dem engen, tiefen To scheidet, in welches der Vieschergletscher ausläuft. D schmale Steig führte uns bergauf und bergunter um kah Felsgerippe herum und über baumlose Alpentriften du das sogenannte ober Thäli, und es war halb Acht U Abends, als wir endlich wohlbehalten im Hôtel „zur Jun frau am Aeggischhorn anlangten. Wir trafen hier unse beiden Mannen vom Rothloch an und hatten uns des freun lichen Empfangs von Seiten des Wirthes Wellig zu rühmen.

Im Lauf des folgenden Tages schritt ich mit Peter na Viesch hinunter, um daselbst mit meinem Reisegefährt Herrn Aebi mich wieder zu vereinigen und die Reise na dem Binnenthal und nach den Gebirgen Tessins gemei schaftlich fortzusetzen. Herr Lindt aber, dessen Berg-Eif noch ebensowenig abgekühlt war, gedachte der stol Jungfrau seinen Besuch abzustatten, und reiste einige Stund

ster mit den beiden Blatter und dem Wallisser Führer
k nach dem Faulberg ab, um dort das kalte Felsenlager
t einer Gesellchaft Engländer zu theilen, die die Besteigung
le Finsteraarhorns beabsichtigten.

Ich füge den vorhergehenden Schilderungen der Bestei-
ng des Studer- und Wannehorns noch einige geognostische
d botanische Bemerkungen bei, deren Mittheilung ich der
lligkeit meines Reisegefährten, Herrn Apotheker Lindt,
rdanke.

Das am südöstlichen Gehänge des Studerhorn-Gipfels
stehende Gestein ist Gneis mit Quarzadern durchzogen.

Die oberste Felsklippe des Wannehorns besteht aus
nlichem Talkschiefer, durchsetzt von weissem Quarz
d Feldspath-reichem Protogin. Am westlichen Absturz
nden sich eingesprengt kleine Schwefelkies-Kristalle und
nn und wann auch Bergkristalle.

Die botanische Ausbeute war folgende: Am Rothloch
mmelte Herr Lindt:

Leontodon pyrenaicum

Doronicum clusii

Gentiana bavarica & acaulis.

Auf den obersten Felsplatten des Wannehorns waren
hlreiche Exemplare folgender Flechten und Moosarten
twickelt:

Parmelia pulchella.

Lecanora polytropa v. alpigena.

Imbricaria Stygia

Imbricaria Stygia v. planata Hp.

Grimmia Donniana Schp.

Phanerogamen traten erst unterhalb der grossen Glet-

schermulde auf, namentlich in grosser Zahl Geum reptans,
welches sich vom Faulberg bis auf's Aeggischhorn erstreckt
und mit seinen grossen offenen, lebhaft gelb gefärbten Blüthen
und grünen Blättern munter vom grauen Felsen sich abhebt.
Neben diesem reichen am höchsten in die Gletscher-Region
hinauf Achillea nana, Artemisia spicata und Senecio incanus,
welcher in der Höhe des Faulberges, besonders auf dem zum
Nachtlager hinaufführenden Schuttkegel in grösserer Menge
auftritt. Primula Candolleana war bereits entblüht, ebenso
Silene acaulis und andere in dieser Höhe ausdauernde
Pflänzchen. —

Das Ofenhorn.

Von *G. Studer.*

3270 M. = 10,066 P. F.

Während bei den meisten Seitenthälern des Wallis die
ngenaxe derselben in ihrer Normalrichtung fast recht-
klig auf die Axe des Rhonethals fällt, zeigen im Gebiet
 Ober-Wallis besonders zwei Seitenthäler eine auffallende
weichung von dieser Regel, und es scheinen die Hebungs-
 Erosionskräfte, die das Wallisergebirge aufgebaut und
ne Thäler eingewühlt haben, hier in besonderer Weise
ksam gewesen zu sein. Das eine ist das Rappenthal,
 am Rappengletscher entspringt, etwa ⁵/₄ Stunden lang
südwestlicher Richtung sich hinzieht und sodann in einer
rken Biegung nach Nordwesten als enges Tobel bei Mühle-
ch in das Thal der Rhone ausmündet. Das andere ist das
nnenthal, ein Seitenthal von ähnlichem Charakter wie
es, nur etwas verwickelter construirt, indem es sich in
rere kleinere Verzweigungen spaltet. Dieses entspringt
 südwestlichen Fusse des Ofenhorns und dehnt sich in
t westlicher Richtung auf eine Länge von zwei Stunden
 ausserhalb des Dorfes Binn aus, nimmt daselbst die
alverzweigung von Heilig-Kreuz auf und verengt sich dann

zu einer tief eingefressenen Wald-und Felsenkluft, welche n
dem schäumenden Wasser zum Durchströmen Raum gi
und in nordwestlicher Richtung in das Hauptthal ausläuf

'Das Binnenthal wurde bisher von den Touristen ziemho
vernachlässigt, obschon es recht interessante P
enthält. Mit Vorliebe wird es jedoch hin und wieder v
Geologen und Mineralogen heimgesucht, und etwa ein kühn
Weilenmann versteigt sich gelegentlich auf den schneeig
Gipfel des Helsen, der diesem Thale entsteigt. Sa
Wiesen, schöne Tannen- und Lärchenwälder und
Laubholz bekleiden das Thalgehänge. Kleine
und Häusergruppen beleben das stille Gelände und w
reiche Bäche schmücken die Berghalden, die Matten
Pflanzungen. Aber neben diesem freundlichen Landsch
bilde fehlt auch das Wilde und Grossartige, fehlt eine gew
Gebirgsnatur nicht. Denn wenn auch die vorderen
wände von zahmen Alpenhöhen gekrönt sind, die
schnittlich nur eine Höhe zwischen 7—8000' erreichen
sind die hintern Umgebungen kühn und wild. Hohe,
Gipfel von ewigem Schnee umgürtet, zackige Kämme,
und Gletscher heben sich trotzig aus den waldbe
Vorbergen heraus und bilden gruppenweise Hochp
deren Zinnen über 10,000' hoch in den Himmel ragen.

Doch ich will nicht eine Beschreibung des Thales
sondern den Gegenstand in's Auge fassen, der unsere
merksamkeit beschäftigen soll.

Der Wanderer, der durch das Binnenthal hinein
gewahrt in dessen hinterstem Grunde eine dunkle,
aufgerichtete Bergmasse, deren verschiedene Gipfel
stufenweise bis zu der höchsten firnbekleideten Spitze
schwingen. Die Gesammtmasse bildet das Ofenhorn
den Italienern Piz d'Arbela genannt. Zu seiner Link

ein weisser Gletscher sichtbar, der in seiner nördlich bis zum Lehsandhorn reichenden Ausdehnung die höchste Thalmulde ausfüllt und bis zu den Alpweiden heruntersteigt. Das ist der Ofengletscher. Am rechtseitigen oder südlichen Abfall des Ofenhorns befindet sich die Einsattlung des Albrunpasses (2440 M.)

Schon im Jahre 1863, als ich mit meinen beiden damaligen Reisegefährten, den Clubgenossen Aebi und Stuber in das Binnenthal gedrungen war, lernte ich den Führer Augustin Tenisch kennen. Wir waren nämlich in seinem Begleit von Binn durch das Alpenthälchen von Gummen nach dem Ritterpass emporgeklettert, in der Absicht nach den Alpen von Diveglia hinüberzusteigen. Allein die Ausführung unseres Planes scheiterte an der Ungunst der Witterung. Noch bevor die Passhöhe vollends erreicht war, hatte sich über derselben eine finstere Nebelnacht gelagert, und in ihr sammelten sich die Schrecken eines Hagelwetters, das jeden Augenblick über uns loszubrechen drohte. Die Klugheit gebot den Rückzug. In dem wohnlichen Pfarrhause zu Binn, wo wir die letzte Nacht zugebracht, vergassen wir bald bei der lebhaften und geistreichen Unterhaltung unseres gastfreundlichen Wirthes, des jungen gebildeten Pfarrers Ammaber und beim gefüllten Becher, das erlittene Missgeschick. Selbst der heitere Humor machte sich geltend bei der traulichen Tischscene, die sich vorbereitete. Unser freundlicher Wirth gedachte uns nämlich mit einem rohen Schinken zu regaliren, den er wohl als Gabe von einem dankbaren Beichtkinde erhalten, und der unstreitig schon seit geraumer Zeit seiner Erlösung aus der Finsterniss des Kellers geharrt hatte. Nachdem er ihn heraufgeholt, mühte sich der gute Herr Pfarrer ab, von diesem Kabinetsstücke, indem er es gegen seine Knie stemmte, möglichst feine

14*

Scheibchen wegzuschneiden. Aber kaum waren die fein
Schnitten auf dem Teller geordnet, kaum freute sich der H
Pfarrer von seiner Arbeit ausruhen zu können, so war d
ganze Produkt seines Fleisses schon in, dem Rachen d
Unersättlichen verschwunden, und, ein zweiter Sysip
musste er die Arbeit von neuem beginnen, bis endlich d
bewunderungswürdigen Appetit seiner Gäste ein Ziel ges
war. — Abends begleitete uns Herr Ammaber noch
Imfeld, von wo meine Gefährten am folgenden Tage
Weg über den Albrun einschlugen, während ich mit Teni
über den Geispfad stieg, um in Ponte wieder mit ihnen
sammenzutreffen. Auf diesem Gange rühmte mir Teni
sehr den Besuch des Ofenhorns, von dessen Gipfel man d
wunderschöne Aussicht haben müsse. Obschon er nie se
oben gewesen, hielt er dafür, die Besteigung dürfte n
schwierig sein und würde sich von Imfeld aus in ein
Tage leicht machen.

Tenisch's Worte sollten nicht wirkungslos in mei
Ohren verhallen. Als ich am 7. August 1864 mit He
Aebi in Viesch mich nach kurzer Trennung wieder v
einigt hatte, wanderten wir neuerdings zusammen in
uns lieb gewordene Binnenthal hinein. Unser Ziel
Imfeld, eine Dorfgruppe, die von schönen Matten
Pflanzungen und stämmigen Lärchengehölzen umgeben,
Viertel Stunden hinter Binn am Ausgang einer Thale
gelegen ist. Dass wir im Vorbeigehen unserem Freu
Herrn Ammaber einen Besuch abstatteten, versteht si
Wir mussten seine Gastfreundschaft geniessen, und die Na
war schon eingetreten, als wir in seinem Geleite unser
Ziele zuschritten. Herr Ammaber hatte, bevor er sich d
Theologie und dem geistlichen Stande widmete, die Recht
wissenschaft studirt, und es war für ihn nun eine eigentlich

nserfrischung, sich mit einem tüchtigen Fachmann, wie
Reisegefährte war, über Gegenstände des Criminal-
Civilrechts zu unterhalten.

Ich liess die beiden Herren in lebhaftem Gespräche
igehen und suchte unterdessen unseren alten Führer
tin Tenisch auf, der im Dorfe Binn wohnt, und mit
ich wegen der vorhabenden Besteigung des Ofenhorns
sprache nehmen wollte. Tenisch hatte gerade in den
n Tagen diese Besteigung unternehmen wollen. Im
des Gelingens hätte er es mir schriftlich gemeldet. So
ich der Ausführung seiner Probefahrt zuvorgekommen,
es galt nun, dieselbe gemeinschaftlich in's Werk zu
. Tenisch war bereit, wünschte aber noch einen
n Mann mitzunehmen in der Person seines zufällig
nden Freundes, der als Gemsjäger keck, wild und
ig genug aussah. Die Sache wurde abgemacht und
eiden Gesellen versprachen, mich um 4 Uhr Morgens
feld abzuholen.

Unser Peter, den wir schon von Binn aus nach Imfeld
sgeschickt hatten, sollte unsere Ankunft im Hause des
Gemeindepräsidenten, der mit seiner Frau die Wirth-
daselbst führt, melden. Als wir trotz der finsteren
t, dank dem sicheren Geleite unseres freundlichen Weg-
rs, wohlbehalten in Imfeld anlangten, war Alles zu
em Empfange bereit. Bei einer trefflichen Suppe, einem
Käse und Brod und einigen Flaschen Wein wurde
bis in die späte Nacht hinein geplaudert, bis es endlich
l der Zeit war, das Lager zu beziehen, das die vorsorg-
he Frau Präsidentin für jeden von uns hatte herrichten
ssen.

Um vier Uhr hörte ich schwere Tritte vor dem
hause erschallen und vernahm die Stimmen meiner Führer.

Flugs war meine Toilette vollendet. Als ich in die Gast
stube trat, sah es daselbst „wüst und öde" aus. Auf dem
Tische standen noch die leeren Gläser und Flaschen von
gestern Abend, gleich den ausgeschossenen Geschützröhren
auf der Wahlstätte einer Feldschlacht. Tabacksgeruch er
füllte das Zimmer. In einer Ecke lag auf der hölzernen
Bank ein Mann ausgestreckt, der sich eines tiefen Schlafes
erfreute. Bei genauerer Besichtigung erkannte ich in dem
harmlosen Schläfer unseren werthen Herrn Pfarrer. Er
hatte es nicht für gerathen gefunden in später Nacht noch
den Heimweg anzutreten, und seine ängstliche Schwester
mochte sich mit dem Bewusstsein trösten, dass sie seiner
abendlichen Rückkehr nicht zum erstenmal vergebens ge
harrt habe. Unsere Frau Wirthin aber war schon munter
und geschäftig und setzte uns das Frühstück vor. Um
4½ Uhr Morgens reisten wir von Imfeld ab.

Ich hatte drei Begleiter: die beiden Führer Augustin
Tenisch und Joh. Joseph Welschen und den Sohn des
Hauses, Theodor Walper. Dieser brachte seine Studien-
Vakanz im elterlichen Hause zu und schloss sich als Frei-
williger dem Zuge an. Tenisch war mit einem Gletscherseil
und dem nöthigen Proviant, Welschen mit seinem Jagd-
stutzer ausgerüstet. Meinem Reisegefährten, der kein solcher „Gletschernarr" ist, wie ich und daher für die Ofenhorn-
parthie nicht sehr begeistert war, hatte ich auf den Abend
das Rendez-vous in Andermatten im Pomaterthal zugesagt.

Der erwachende Morgen war schön. Nur als wir
gemach ansteigend eine Strecke weit durch die waldige Thal-
kluft vorgedrungen waren und das hinterste Thalbecken
sich vor unseren Blicken öffnete, sahen wir an der immer
mächtiger emporstrebenden Riesengestalt des Ofenhorns

einige kleine Nebel gelagert, die uns andeuteten, dass wir
kaum auf eine ganz klare Aussicht Hoffnung haben dürften.

Der Weg von Imfeld thaleinwärts ist etwas einförmig.
Er steigt unmittelbar hinter dem Dorfe bergan, und steile
Böschungen, an deren oberen Rande er sich hinzieht, fallen
nach dem engen Bette des rauschenden Thalbaches hinunter.
Ebenso steil ist das jenseitige Gehänge aufgerichtet. Doch er-
freut der Anblick grüner Wiesen und freundlicher Lärchenge-
hölze das Auge. Weiter einwärts kommt man dem Thalbache
wieder nahe. Man schreitet bei der Häusergruppe von
Tschampigen vorbei. Ueber den Waldhängen der beiden
Thalseiten dehnen sich Alpenterrassen aus. Von den höhern
Gipfeln sieht man, mit Ausnahme des Ofenhorns im Thal-
hintergrunde, nicht viel, man ist zu sehr eingeschlossen. Zur
Linken, von Norden her, rauscht aus dem Hochthalkessel
der Turbenalp ein Bergwasser aus enger Kluft herunter,
um sich mit der Binn zu vereinigen. Jenseits desselben
führt der felsige Steig empor nach den Triften der Alp
Reckholder.

Die Hirten dieser Alp waren gerade mit dem Melken
des kleinen, schmucken Viehes beschäftiget. Mit Freund-
lichkeit reichten sie dem dürstenden Wanderer den ge-
wünschten Trunk frischer Milch, und jede Bezahlung dafür
wurde abgelehnt.

Immer näher kommt man dem Fuss der steilen Bergwände, die sich gegen den Gipfel des Ofenhorns aufthürmen.
Sie weisen dem Wanderer ihre schroffen, felsigen Abstürze
und ihre scharfen Gräte. Wenn man den trüben Bach, der
vom Ofenhorngletscher herkommt, überschritten und ein
hügeliges Terrain „Auf dem Blatt“ genannt, hinter sich
gelassen hat, betritt man eine begraste Fläche, von der sich
das grüne Gehänge bis auf die Passhöhe des Albrun hinauf-

zieht. Aber da droben zur Linken, herwärts des Albrun, öffnet sich ein kleines Hochthal, das von schroffen Kämmen eingedämmt und dessen oberste Mulde vergletschert ist. Dieses Hochthal zieht sich bis an die hinterste und höchste Gipfelwand des Ofenhorns hinauf und zeigt uns den Weg, den wir fortan einzuschlagen haben. Wirklich wurde jetzt Angesichts der naheliegenden Passhöhe des Albrun der geübte Pfad verlassen und ohne Wegesspur an den begrasten felsumgürteten Halden hinangeklettert, um in jenes Hochthal einzudringen. Eine liebliche Flora zierte in reicher Fülle den grünen Teppich, und ein Freund der Blumen hätte hier gewiss eine köstliche Ausbeute gemacht.

Wir hatten in kurzem eine ansehnliche Höhe erreicht und erblickten schon den Monte Rosa, der dort am südwestlichen Horizonte in seiner ganzen Majestät auftauchte. Hier und da athemholend und im Rückblicke den Weg durchmusternd, den wir zurückgelegt hatten, wurden wir durch den Anblick einer Reisegesellschaft überrascht, die die zu unseren Füssen liegende kleine Ebene durchzog, um nach der Passhöhe des Albrun hinanzusteigen. Als wir den schmalen Boden des Hochthales betraten, wurde der Blumenteppich seltener. Gerölle und kahler Felsgrund nahmen dessen Platz ein. In engem Bette rauschte der kleine Bach, der dem Gletscher entquoll. Bald gelangten wir, über eine Felsenstufe emporkletternd, auf die ersten Schneefelder, dann ging es über die harte, theilweise mit kleinem Geschiebe bedeckte Eisfläche des Gletschers, der die hintere Thalmulde ausfüllt, in mässiger Steigung aufwärts. Das Gletscherbecken, das wir durchschritten, war zur Linken von den kahlen, steil sich aufthürmenden Vorstöcken des Ofenhorns, rechts von dem Felsgrat eingewandet, der sich vom Albrunpasse hinanzog und dessen diesseitiges Gehänge bis fast zur Kante hinauf mit glitzerndem Firn bekleidet war. Da, wo sich dieser Grat in einer Biegung nach Norden an die Felswand des Ofenhorns anschloss, bildete er einen in der Längen-Axe des Hochthälchens liegenden kleinen Einschnitt, gegen den wir zusteuerten.

Die Abdachung der Gletschermulde wurde allmälig steiler, doch kamen wir bald auf Schnee, der das Steigen erleichterte und wir fanden keine Schwierigkeit, uns zuletzt noch an der Schneekehle empor zu arbeiten, die uns zwischen vortretenden Felstafeln hindurch auf jenen Einschnitt führte. Hier angekommen, schickten wir den Gemsjäger — Welschen voraus, um die besten Stellen ausfindig zu machen, auf denen wir die vor uns anstrebende Felswand erklimmen könnten und zu erspähen, ob auf diesem Wege der von hier aus nicht sichtbare höchste Gipfel zu erreichen sei. Wir anderen lagerten uns unterdessen auf die Gneisblöcke nieder, aus denen der Grat gebildet war, und da wir unseren Jäger bald aus dem Gesichte verloren hatten, so prüften wir unserer Seits das uns umgebende Terrain.

Schon im Hinaufsteigen durch das Gletscherthal, wo jede Fernsicht unseren Blicken entzogen war, blieb meine Neugierde gespannt auf die Scenerie, die sich uns auf der Grathöhe, besonders gegen Osten hin, eröffnen werde. Mussten wir uns doch daselbst schon in einer Höhe von ca. 8000' befinden! Es traten nun allerdings einige Berggipfel des Formazzathales in unseren Gesichtskreis, und vor Allem zeichnete sich die schlanke Felsengestalt des Sonnenhorns aus. Allein der weitere östliche Horizont war von dem felsigen Kamm noch überragt, der unserem Standpunkt gegenüber als südöstliche Auszweigung des Ofenhorns sich herunterzog und in den weiten Kessel der Ofenalp oder Alpe Forno sich abstürzte, deren grüner Teppich mit den kleinen spiegelklaren Teichen sich tief zu unseren Füssen ausbreitete. Zwischen diesem Kamm und dem Felsgrat, auf dem wir uns gelagert hatten, dehnte sich ein zerklüfteter, blendendweisser Hochfirn in der Breite von einigen hundert Schritten aus, der in sehr steilem, wildgebrochenem Gehänge gegen die hintersten Gründe der Ofenalp abfiel, in weniger steiler Böschung aber sich aufwärts zog bis an die Kammhöhe und sich dann nördlich nach dem höchsten Gipfel des Ofenhorns umbog.

Indem ich diesen Hochfirn, für den die Karte keinen Namen hat, genau betrachtete, schien es mir, es sollte nicht sehr schwierig, vielmehr bequemer sein, über denselben hinaufzusteigen, als den rauhen, kahlen Felsenstock zu erklettern. Ich theilte Tenisch meine Meinung mit und er stimmte ihr bei. Ohne daher den Bericht unseres Gemsjägers abzuwarten, setzten wir uns mit der Zuversicht eines günstigen Gelingens in Marsch. —

Wir hatten von Imfeld aus bis zu unserer Haltstelle auf dem Felsgrat ungefähr vier Stunden Zeit gebraucht und somit zwei Drittel des Weges ohne die mindeste Schwierigkeit zurückgelegt; die eigentliche Hochgebirgstour begann erst jetzt!

In ein paar Schritten befanden wir uns auf dem Hochfirn. Der Firn war hart und die Klüfte offen. Der gut genagelte Schuh sicherte uns vor dem Ausgleiten, da die Wandung nicht zu steil war und die Gletschermasse oben aus Firn und nicht aus Gletschereis bestand. Wir bedurften daher des Seiles nicht. So, mit Vorsicht ansteigend umgingen wir den östlichen Fuss der Gipfelwände des Ofenhorns, die sich hart zu unserer Linken stellenweise fast lothrecht, dann wieder in tiefe Risse zerklüftet, erhoben. Nur der höchste Gipfel wollte noch immer nicht zum Vorschein kommen. Weiter oben gestaltete sich der Firn zusammen-

hängender, die Klüfte verschwanden fast ganz, die Abdachung
wurde schwächer und eine weit ausgebreitete, weiche Schneedecke nahm die Stelle der festen Firnmasse ein. — Sieh'!
da taucht hoch über den senkrechten Felsen die Gestalt
unseres Gemsjägers auf. Er hat uns gewahrt, als wir mit
Leichtigkeit über den Hochfirn hinanschritten und findet es
ebenfalls praktischer, eine Strecke weiter oben, als wir
denselben betreten hatten, durch eine jener Verklüftungen
auf die Schneeebene hinunterzusteigen, die er in langen
Schritten überschreitet, um dort am jenseitigen Felsenkopfe
nach Gemsen zu spähen.

Ungefähr nach einer Stunde Marsches über Firn und
Schnee gelangten wir auf eine horizontal verlaufende Stelle
des vom höchsten Gipfel südostwärts auszweigenden Hauptkammes, gegen welche das weite Schneefeld sich ausflächte.
Die nordwestlichen Wände dieses Kammes senkten sich in
einem einzigen Absturze von Eis und Schnee hinunter in ein
gegen Nordosten ebenes Gletscherthal, welches sich ostwärts
gegen die obersten Alpen des Formazza-Thals auszudehnen
schien. Die Aussicht über ein Gewirre von Gipfeln fing an
sich zu entfalten, und versprach lohnend zu werden.

Statt von dieser Stelle aus den Hochfirn wieder zu
betreten, der sich gegen die höchste Spitze des Ofenhorns
herumbog, versuchten wir es nun, den nach dem Gipfel
hinaufsteigenden, aus Trümmergestein gebildeten Felsgrat
zu erklettern. Es ging eine Strecke weit ganz gut. Der
Gemsjäger, nachdem er eine Gemse zu früh für den Schuss
aufgejagt hatte, befand sich wieder bei uns und schritt an
der Spitze der kleinen Karavane voran. Allmälig aber wurde
das Klettern schwierig. Steile Felsköpfe traten uns in den
Weg, und wir waren endlich genöthiget, den Felsgrat zu
verlassen, und uns neuerdings dem Firn zuzuwenden, der

sich zu unserer Linken dem Grat entlang emporzog. Auf diese Weise umgingen wir jene Felsenköpfe und kamen oberhalb derselben wieder auf eine ebene Stelle des Grats. Dicht vor uns in unmittelbarer Nähe lag nun der mit hartem Firn und Eis vollständig bedeckte Gipfel des Ofenhorns. Er gestaltete sich zu einer dachförmig ansteigenden, einige Fuss breiten, zu oberst ein paar Schritte weit horizontal fortlaufenden First mit beidseitiger steiler Abdachung, besonders an der Nordseite. Noch eine kleine Viertelstunde und wir sind oben! —

Es war halb zwölf Uhr, als wir das Ziel erreichten. Wir hatten somit im Ganzen sechs Stunden Zeit gebraucht. Da auf der höchsten Gipfelstelle kein Raum war, um sich bequem zu lagern und überdies ein kalter Nordwind sich fühlbar machte, so begaben wir uns, die First vollends überschreitend, nach der anderen Seite des Gipfels, wo ganz nahe das abere Gestein aus dem Schnee herausragte, und wo wir uns, vom Winde ziemlich geschützt, auf die trockenen, von der Sonne erwärmten Felsblöcke hinstrecken konnten. Hier machten wir es uns so comfortabel als möglich. Der Proviant wurde ausgepackt. Mit Wohlbehagen schlürfte man einige Gläser rothen Walliser und ein tapferer Angriff ward auf die kalte Küche gemacht, mit der uns die vorsorgliche Frau Präsidentin von Imfeld ausgerüstet hatte. —

Die Aussicht war im Ganzen klar und ein prachtvolles Panorama von Bergen und Gletschern rings um uns geöffnet; nur gegen Norden hatte sich einiges Gewölke um das Gebirge gelagert und hemmte in dieser Richtung den freien Ausblick, doch nur in der Weise, dass die höheren Gipfel und Kämme noch lange in ihrer vollen Klarheit sichtbar blieben, und nur die mittlere Parthie des Gemäldes dem Blick entzogen war. —

Ha! welches Chaos, welches Meer von Spitzen liegt um

mich her! Wohin das Auge sich wendet, sieht es neue
Gruppen, neue Formen! Hier im Westen sind die stolzen
Gebilde der südlichen Walliseralpen, vom Monte
Rosa bis weit über das Weisshorn hinaus, Reihe hinter
Reihe über einander gethürmt, gleich einem riesenhaften
Amphitheater. Dort im Norden dehnt sich in langer Strecke
und in prachtvoller Entwickelung die Kette der Berner-
Alpen vom Bietschhorn bis zum Galenstocke aus.
Ostwärts weist eine Zahl Walliser-, Urner-, Tessiner-,
Glarner- und Bündner-Berge ihre Gipfel. Unter ihnen
prangen der Tödi, der Basodin, das Rheinwald-
gebirge und der dreizackige Campo-Tencca. Gegen
Süden schweift der Blick über die Gebirgsketten nach fernen
blauen Bergen, die sich fast in's Unendliche verlieren und
aus deren Schooss in weiter Ferne die Toccia blinkt. Aber
alle diese Gebirgsreihen bilden den äusseren Rahmen eines
Gemäldes, das sich zunächst um den Schauenden ausbreitet
und das sowohl durch die Wildheit seines Charakters als
durch die Neuheit seiner Formen die Aufmerksamkeit auf
sich zieht. Man hat gleichsam in der Vogelperspektive
eine reich vergletscherte Gebirgswelt um und unter sich, die
den meisten Reisenden unbekannt ist. In einer Tiefe von
ungefähr 800' von welcher man durch schreckbar steile
Eis- und Felsabstürze getrennt ist, breiten sich nord- und
ostwärts ebene Hochthäler aus, die in ihrem Schooss die
aneinander gereihten Eisflächen der Gries-, Hohsand- und
Nufelgiu- Gletscher bergen. (Mit dem letzteren Namen be-
zeichne ich nämlich den Gletscher, der unmittelbar vom Fusse
des Ofenhorns sich bis zu den obersten Alpen von Morast
ausdehnt, über welchen der Nufelgiupass von Lebendun
nach Morast hinführt und der auf der Karte keinen Namen
trägt.) Man überblickt diese Eisströme und die relativ

niederen Schneekämme, die sie von einander trennen, in ihrem ganzen Umfang. Gegen Süden schwingt sich der weisse Hochfirn, über welchen wir emporgestiegen sind, zwischen den nackten Felsgräten hinunter, die ihn zu beiden Seiten eindämmen. In der Tiefe gewahrt man die Weiden der Ofenalp und ein flüchtiger Blick durchstreift das grüne Thal, das sich nach Ponte hinzieht, und in dessen bewaldetem Schooss der dunkle Spiegel des kleinen Sees von Codelag seinen stillen Reiz entfaltet. Links von diesem Thal, durch welches man vom Albrun nach dem Val Devero niedersteigt, erhebt sich eine mächtige vergletscherte Gebirgsgruppe, die das Hochthal von Lebendun umschliesst und dasselbe sowohl von der Ofenalp als vom Formazzathal scheidet. Sie stuft sich zuerst über den ausgedehnten Weidetriften jener Alp nach der Kuppe des Piz Busin auf, kulminirt aber mehr östlich in der stolzen Gipfelgestalt der Cima Rossa. Bis in die Tiefe des Beckens, in welchem der Alpensee von Lebendun verborgen liegt, vermag zwar das Auge nicht zu dringen. — Wendet man den Blick wieder mehr nach Westen, so erscheinen innerhalb jenes Rahmen andere mächtige Horngestalten, die ihren schroffen Fuss theils in das Thal, das von Albrun nach Ponte hinabzieht, theils in das Binnenthal senken, das fast in seiner ganzen Ausdehnung zu den Füssen des Schauenden geöffnet ist. Man sieht in dasselbe hinein, wie in eine grüne Gebirgsspalte. Niedrig und zahm erscheinen die Alpengräte, die dieses Thal rechterseits eindämmen, und man dominirt sogar noch dessen südliche oder die linkseitige Umwandung, die in den umgletscherten Gipfeln des Albrunhorns, des Cherbadung, des Kriegsalphorns und des Helsen fast zur ebenbürtigen Höhe des Schauenden emporsteigt. Aber kaum hat sich das Auge am wohlthuenden Grün der

freundlichen Wiesen und Alpenhöhen des Binnenthals erlabt,
so fällt es wieder in nächster Nähe auf die blendend weisse,
gewaltige Masse des Ofengletschers, der dicht zu meinen
Füssen, aber in schwindelnder Tiefe gebettet ist und dessen
Masse wild zerklüftet bis zu den Alpen des Thales niedersteigt. Man sieht, wie dessen Hochfirne mit dem Nufelgiu-
gletscher zusammenhängen und gegen Norden kranzförmig
von dem Kamme gekrönt werden, der wenig über die Firnebene herausragend sich vom Hohsandhorn über den
Strahlgrat bis zum Mittaghorn erstreckt.

Ich überfliege diese wilden Umgebungen und werfe noch
einmal einen flüchtigen Blick auf den weiteren Gesichtskreis,
dessen glanzvolle Gestalten, von einer stillen Sabbathsruhe
umweht, mich umgeben! Ich hebe mit dem Bilde an, das
den schönsten Edelstein, den Monte Rosa, in sich fasst.
Aber es ist nicht leicht, sich in dieser Massenanhäufung
von gewaltigen Gipfeln und Gletschern zu orientiren, die
Reihe hinter Reihe und Gipfel über Gipfel hinter der wilden
Gruppe der Binnenthalergebirge aufgebaut steht. Da sieht
man in erster Linie hinter dem Helsen und dem vorgeschobenen Kamm des Mittel- Schien- und Kollerhorn
den Monte Leone, das Bortelhorn, das Gibelhorn
mit der Vorwarte des Bettlihorns und der Furgge. Als
ein hinteres Glied erhebt sich die Prachtkette zwischen dem
Simplon und Saasthal, die mit den Gebirgen des Antrona-
Thals beginnt, vom Sonnighorn über den Portiengrat
nach dem Weissmies emporsteigt und über das Laquin- und
Fletschhorn sich ausdehnt, um noch tief unten den langgestreckten Rücken zu zeigen, über welchen der Bistinenpass
nach dem Nanzerthal führt. In entfernterem Gliede erheben
endlich ihre weissen Häupter der Monte Rosa, der Lyskamm, die Cima de Jazi, die Mischabel, der Balfrin, die

Dent Blanche und die herrliche Pyramide des Weisshorns.
Und wieder ein anderes Bild des unermesslichen Gemäldes
erfassend, ergötzt sich das Auge an dem herrlichen Anblick
der Berneralpen, deren greise Häupter leuchtend über den
Nebelgürtel zum Himmel ragen, der die tieferen Parthien verhüllt. Dort erhebt sich in stolzer Ruhe hinter den gezackten
Kämmen, die die Bellalp und den Oberaletschgletscher
umgränzen, das gewaltige Bietschhorn. Hoch über den
grauen Kuppen des Aeggischhorns und Olmenhorns
schwebt die Spitze des Aletschhorns am dunkelblauen Himmel.
Aus dem Becken des grossen Aletschfirns tauchen die
Gestalten des Mittaghorns, der Ebnenfluh, weiss wie
Silber strahlend, und der edeln Jungfrau, welche sich heute
mein Reisegefährte der letzten Tage, Herr Lindt, zum Ziele
seiner kühnen Wanderung auserkoren hat. Ich sehe mit
dem kleinen Tubus hin; allein er ist zu schwach, um die
Fahne in sich aufzunehmen, die der muthige Besteiger wohl
droben aufgepflanzt hat! Glückliches Gelingen wird dir
gewünscht! — Fast wird die Jungfrau durch den Kamm
verdeckt, der sich an ihrer Seite, aber bedeutend näher
tretend, nach der blendend weissen Kuppe des Wannehorns
emporzieht, die ich mit besonderem Wohlgefallen betrachte.
Rechts vom Wannehorn taucht das nahe Mittaghorn bis
an den Horizont empor; aber schon wieder überragen
das grosse Grünhorn, die Grindelwalder-Viescher-
hörner und des Finsteraarhorns Spitze den niedrigern
Strahlgrat. Einen letzten Aufschwung nehmen die
Berneralpen dort, wo hinter der Siedelhornkette die
Zinken der Gerstenhörner, die weisse Kuppe des Thieralplistocks, das hohe Diechterhorn von Eis umpanzert
aufsteigen, und wo die Hochfirne des Rhonegletschers an
der herrlichen Gestalt des Galenstocks vorbei in breiten,

leckenlosem Gehänge bis zu den blendend weissen Schnee-
krusten sich emporziehen, die in der Spitze des Damma-
stocks kulminiren.

Allerdings wäre das Bild der Centralmasse der Berner-
Alpen noch vollkommener, wenn das ausgedehnte bis an
die Abstürze des Rappen-, Blinnen- und Merzenthals, — ja
bis zum Eginen- und dem oberen Formazza-Thal vorge-
schobene Gletscherplateau, das den Gipfel des Ofenhorns
gegen Norden und Osten umzieht, und die demselben ent-
gegenden.und dem letzteren an Höhe ebenbürtigen schneeigen
Gipfel des Mittaghorns, des Hohsandhorns, des Blinnen-
horns, des Rothhorns und des Merzenbachschiens dem
Beobachter nicht den Anblick des Rhonethals und die diesem
aufsteigenden nördlichen Vorberge entziehen würden. Für
die ungehemmte grossartigste Anschauung der südlichen
Abdachung des Centralgebiets der Berner - Alpen dürften
sich vielleicht einige der benannten Gipfel, namentlich das
Mittaghorn und das Blinnenhorn besser eignen. Dagegen
hat das Ofenhorn den Vortheil, auf den Südrand jenes vergletscherten Hochplateaus gestellt zu sein und Dank dieser
Lage vereinigt es mit einem, immerhin grandiosen, Aspekt
der höchsten Kämme und Gipfel der Berneralpen eine um
so freiere und ausgedehntere Aussicht nach den italienischen Gebirgen. Beide Vorzüge in gleichem Masse würde
vielleicht das Panorama vom Cherbadung oder vom Helsen
darbieten, aber von diesen Standpunkten dann auch wahrscheinlich der so interessante Ueberblick über jenes Gletscher-
gebiet, das sich zwischen dem Ofenhorn, dem Griespass und
den Pomateralpen ausdehnt und das man von jenem so
schön dominirt, theilweise verloren gehen.

Nachdem ich meinen Blick über die zwei mächtigen
Hauptgruppen habe gleiten lassen, welche im Westen und

Norden den Hintergrund des grossen Rundgemäldes einnehmen, überfliegt er gern noch zum Abschiede die Welt
von Bergen, die den östlichen und südlichen Horizont um-
rahmt. Obschon in ihr das Grossartige und Wilde auch
nicht fehlt, so trägt sie doch einen anderen Charakter. Sie
zeichnet sich weniger durch vereinzelt imponirende Gestalten
aus, als durch ihre reiche Zahl von Gipfeln und Spitzen und
durch das vielgegliederte Netz langgestreckter Bergzüge.
Dort aus der Ferne winkt der Tödi mit seinem Hofstaat
von grauen und weissen Häuptern. Oestlich vom Gries
faltet sich die Gruppe der Galmihörner und der schi
gefleckten Felsspitzen, die das Bedretterthal von Wallis
Uri scheiden. Die hochragende Kuppe des Basodin
det den Horizont. Von ihm erstreckt sich die lange K
die das Formazza- und Antigoria-Thal ostwärts einwar
über die kahlen Kämme und Gipfel der Fiorera, des.
driolhorns, des P. Biela, des Sonnenhorns und
P. del Forno bis zum Monte Larone hinunter.
dieser Kette treten die Kämme hervor, die die verschied
Verzweigungen des Maggia-Thals von einander und
Livinenthal trennen. Es sind lauter braun und wild
sehende Gesellen. An wenigen bemerkt man ze
Schneeflecken, nur der P. Campo Tencca hebt sein
Gipfel, mit Firn bedeckt, empor. In mehrfacher Glied
hinter einander gestellt, machen sich von der Linken
Rechten gesehn die Gipfel des P. Barone, des P. Solog
der Corona di Redorta, des Mte. Zuchero, des
Rasia, des Mte. Pianasca, des P. Orgnana, die
zackte First von Rosso di Ribbia, die Punta Rossa
viele andere bemerkbar; die Richtung des Blegno-
zeigend erscheint im Hintergrunde eine hochgebaute w
Mauer, welche in den Gipfeln des Rheinwaldhorns,

il Rosso, des Valbellahorns, des Torrente alto
dminirt. Der Camoghé, der zur Linken der Cima Rossa
chtbar ist, der Monte Tamaro, der Monte Ghiridone,
er Monterone, die in blauen Linien den südlichen Ho-
zont bekränzen. rufen das Andenken an die schönen Ge-
ade des Lago Maggiore hervor, dessen mächtige Fluth sie
ihrem tiefen Schoosse bergen. Mehr rechts noch ziehen sich
e langen Bergzüge hin, die das untere Toccia-Thal und
ine westlichen Verzweigungen umfassen, und die, in allmä-
er Erhebung, die zierliche Schneekuppe des Monte Cistella
erragend zuletzt die Vorwände des Monte Rosa bilden.

Bei dieser wiederholten Umschau und einer flüchtigen
izzirung des schönen Panoramas war es Ein Uhr ge-
rden, und nach einem zwei- und einhalbstündigen, genuss-
chen Aufenthalt traten wir die Rückreise an. Unser
msjäger hatte sich schon umgesehen, um zu erspähen, ob
möglich sei, längs der scharfen Kante herunterzuklettern,
lche die beidseitigen, eisbedeckten Abstürze des Gipfels
gränzt, von denen der eine nordostwärts nach den obersten
nterrassen des Nufelgiu-Gletschers sich versenkt, der
ere eben so steil und tiefer gegen den Ofengletscher ab-
llt. Da er es für thunlich hielt, auf diesem Wege in
rzester Zeit das Hochplateau des Nufelgiu-Gletschers, er-
chen zu können, von welchem dem Anschein nach leicht
ch den Lebenduner Alpen zu kommen war, so folgten wir
iner Führung. Es war kein kleines Stück Arbeit! Die
nte, längs der wir herunterzuklettern hatten, bestand
s übereinander gethürmten kleinen und grösseren Fels-
öcken und aus anstehendem mürbem Gestein. Schattige
rtiefungen waren noch mit Schnee ausgefüllt und die
ante selbst nur wenige Schritte breit und stellenweise sehr
he abgestürzt. Es musste alle Vorsicht angewendet wer-

15*

den, um sichern Fuss zu fassen, und zu verhindern, dass
die losen Felsblöcke sich nicht unter der Schwere unseres
Gewichtes in Bewegung setzten und uns mit der Steinfluth
fortrissen. Hie und da war man gezwungen, ein lothrecht
abfallendes Felsenstück zu umgehen, indem man sich, seitwärts der Kante, den vorspringenden Stufen eines verwitterten Fluhbandes entlang hinzog, oder mittelst eingehauener
Tritte an dem steilen Eishang niederstieg, um weiter unten
den sichereren Felsgrat wieder zu betreten. Allmälig näherten
wir uns der Tiefe des Abgrundes; der flache Hochfirn trat
uns näher vor Augen, und mit jedem Schritt, den wir vorwärts
thaten und mit dem wir das Terrain klarer überblickten, das
uns noch von jenem trennte, schwand die Besorgniss mehr
und mehr, dass es uns nicht gelingen werde durchzukommen.
Nachdem wir auf diese Weise ungefähr achthundert Fuss
tief heruntergeklettert waren, hatten wir die Firnterrasse
erreicht, die sich in sanfter Abdachung gegen den ebenen
Gletscher ausflächte. Firnschründe, die stellenweise kaum
wahrnehmbar waren, geboten uns den Gebrauch des Seiles
zu Verhütung eines Unglücks, und so durchschritten wir das
schöne Firnfeld in querer Richtung längs dem Fusse der
steilen Gipfelwand bis zu der Stelle, wo ein anderer vom
Ofenhorn niedersteigender Grat, der das Becken des Gletscher-
thals gegen Süden einfasst, vom Gletscher selbst überlagert
wird, und dieser einen Seitenarm gegen die oberste Stufe
eines kleinen Thales vorschiebt, das sich in der Richtung
des Lebendunertobels öffnet. Die Ueberschreitung des
Hochfirns bis zu der besagten Stelle hatte etwa eine halbe
Stunde in Anspruch genommen, und froh des gelungenen
Niedersteigens lagerten wir uns am Rande des Gletschers
auf einem trockenen Felsblocke nieder und leerten daselbst
unsere letzte Flasche.

Da meine Führer die Absicht hatten, den Heimweg ins
Binnenthal über den Ofenhorngletscher einzuschlagen, so
liessen sie ihre Geräthe unter der Obhut des jungen Walper,
der sich als ein gewandter Berggänger erprobt hatte, auf
unser Lagerstelle zurück und gaben mir noch eine Strecke
weit das Geleite, damit ich des Weges nicht mehr fehlen
könne. Es ging über jenen Gletscherarm und über Geröllhänge hinunter bis zu einer steilen Grashalde, die schon
von Schaafen beweidet wird, und von wo mir die einzuneh-
mende Richtung vor Augen lag. Es umgab mich hier eine
wilde und einsame Gegend. Schrille Pfiffe von Murmelthieren,
die wenige Schritte unterhalb dem Plätzchen, auf dem wir
stehengeblieben waren, von den wärmenden Strahlen der
Abendsonne sich bescheinen liessen, brachten heimeliges
Leben in die sonstige Stille der Natur. Unseren Gemsjäger
aber gereute es, seine Büchse oben am Gletscher zurückgelassen zu haben. Umsonst wandte er seine Künste an, um
eines der Thiere lebend zu erhaschen. Er kam zu uns zurück,
und die beiden Führer, die sich auf dem ganzen Marsche
wacker gehalten hatten, traten nach Empfang einer billigen
Löhnung den Rückweg an.

Zu meinen Füssen lag ein kleines Thalbecken, das grösstentheils von dem Gewässer eines düsteren Alpensees ausgefüllt war. Dieser See trägt auf der Karte den Namen „Ober-
see". Grüne Anhöhen umrahmten dessen südliches Ufer und
verdeckten noch den Ausblick nach dem Lebenduner-Tobel.

Ich schritt an den steilen Grashängen hinunter in das
Thalbecken, eine Zeit lang verfolgt von einer Schaar halb-
verwilderter Schaafe ohne Hirten. Im Grunde des kleinen
Thälchens angelangt, traf ich die erste Spur eines Pfades
an, die mich dem See entlang führte. Dann überstieg ich
jene, wallförmig den See abschliessenden Hügel, und gelangte

an eine steile, meist begraste Bergwand, an welcher ein
schon mehr betretener Pfad sich hinunterschlängelte in den
hintersten Grund des Lebenduner-Tobel, gegen den sich zur
Rechten das Alpenthal von Lebendún mit seinem schönen
Alpensee öffnete, dominirt von dem gewaltigen Gebirgsstock
der Cima Rossa, während linkerseits der Gebirgseinschnitt
sichtbar war, über ·welchen der Nufelgiupass nach Morast
und nach dem Griespass hinführt.

Dem wasserreichen Bache entlang, der diesem See entströmt, eilte ich nun rüstigen Fusses durch das eingeschlossene, enge Thal dahin. Einzelne, verlassene Alphütten
standen am Wege, aber kein menschliches Wesen, kein
weidendes Vieh liess sich erblicken. Alles ist auf den
höheren Alpen. Allmälig begann der Baumwuchs die
Berghänge zu schmücken, doch der Charakter des Thales
bleibt wild. Mächtige Steinblöcke, im Thalgrunde abgelagert, und Geröllhalden zeugen von den einstigen Zerstö-
rungen. Wild und mächtig brauste der Thalbach, hie und
da in mehrere Arme zertheilt, an meiner Seite dahin, und als
ich unversehens den rechten Pfad verloren hatte, blieb mir
nichts anderes übrig, als die reissende Fluth zu durchwaten, um auf sichere Bahn zu kommen. Durch die Flucht
der engen Thalöffnung sah ich die jenseitige Gebirgswand des
Formazzathales, im Rückblick hingegen thronte hoch und
hehr das kühne Bild des Ofenhorns, hier Piz d'Arbela
genannt, im reinen Duft des Abends.

Hat man das enggeschlossene Ende des Lebendun-
Tobels erreicht, so führt der Weg in langen Zickzackbahnen
über Geröllhalden und begraste Hänge und tiefer durch
steiles Waldgehänge rasch abwärts nach dem tiefen Thalgrund von Pomatt, aus welchem die weissen steinernen
Häuser heraufschimmerten.

Aber bevor man in den dunkeln Hochwald hineintritt, gönnt man sich, von den freien Triften aus, gern einen Rückblick nach dem wunderschönen Wassersturze, den der Gletscherstrom, da, wo er das Lebendun-Tobel verlässt, an der steilen, felsigen Bergwand bildet, über die hinunter zu tauchen er gezwungen ist. Es ist eine Scenerie, die den Blick unwillkürlich fesselt. Die Bergwand ist von wilden Anhöhen gekrönt und senkt sich nach einem engen grünen Thalbecken, das man im Hinuntersteigen rechts zu seinen Füssen lässt. Die mächtige, blendend weisse, wallende Wassermasse hängt nun gleichsam wie eine zitternde Säule aus Wasserstaub gebildet, an der schwindelnden Wand, bis sie endlich den Boden erreicht. Ein eigenthümlicher Zauber schwebt über dieser Erscheinung und verleiht ihr ein fast überirdisches Gepräge!

Der Abend dämmerte, als ich den Fuss ins Thal setzte, und es war acht Uhr, als ich, nach einem zwölfstündigen Marsche in dem comfortablen Wirthshause zu Andermatten eintraf, wo Herr Aebi und Peter meiner mit etwelcher Besorgniss harrten.

Der Silvrettapass.

3026 Meter = 9315: P. Fuss Höhe.

Von *Melchior Ulrich.*

Ich hatte die Uebergänge ins Engadin vom Norden her,
den Julier, Albula, Scaletta, Fluela, schon zu wiederholten
Malen durchgemacht, und schon seit langer Zeit den Silvretta,
als würdigen Schluss, im Auge, aber immer wieder musste
dieser Plan verschoben werden. Und doch hatte gerade
dieser Pass viel Anziehendes für mich. Er war so zu sagen
ganz unbekannt, ja in ein gewisses mythisches Dunkel gehüllt.
Es spuckte schon seit langer Zeit ein Fermuntgebirge in
den Reisehandbüchern, dem noch Niemand auf den Leib
gedrungen, auch die Sage von Baretto mit seinen Töchtern
Silvretta und Vereina hatte ihren Schauplatz in dieser
Gegend, kurz, gerade dieser Pass war vor allen eines Besuches
werth. Herr Zeller-Horner hatte zwar schon 1840 einige
Aufklärung in diese Gegenden gebracht, die in Eschers
Handbuch 1851 niedergelegt ist. Aber diese Forschungen
blieben vereinzelt, wenigstens ist seither nichts specielles
über diesen Gebirgsweg veröffentlicht worden. Erst 1861 hat
Theobald in seinen Naturbildern wieder die Aufmerksamkeit
auf diese Gegenden gerichtet, und die Ausflüge, die er 1856

und 1857 dahin machte, auf anziehende Weise geschildert.
Es mag daher nicht ausser dem Wege sein, den Marsch, den
ich im Jahr 1863 in Einem Tage von Klosters über den
Silvretta durch das Val Tuoi nach Schuls machte, unter die
Mittheilungen des Alpenclubs einzureihen, zumal diese
Schilderung als Einleitung und Orientirung für die, welche
das Excursionsgebiet für das Jahr 1865 bereisen wollen,
dienen kann. Das Blatt No. 15. der Eidgenössischen Karte
liegt dabei meiner Schilderung zu Grunde, und ich folge
demselben in der Schreibart der Ort- und Bergnamen, sowie
in der Höhenangabe, wobei ich die Meter immer in die
entsprechenden Pariser Fusse umwandle, weil diese für das
grössere Publikum fasslicher sind, und man sich eher einen
Begriff von der Höhe machen kann. Ich brach ganz allein
Freitag den 7. August 1863 um fünf Uhr früh mit dem Bahn-
zuge von Zürich auf, und war in $4^3/_4$ Stunden, um 9 Uhr
45 Min., bei der Station Landquart. Um 10 Uhr fuhr die
Post weiter ins Prättigau hinein. Ich begrüsste bei einem
kurzen Halt der Post in Schiers meinen Universitätsfreund,
Herrn Bundes-Landammann Brosi, der mir Grüsse an seinen
Bruder in Klosters mitgab. In Küblis $12^1/_2$ Uhr angelangt,
wurde Mittag gemacht, und erst 1 Uhr 40 Min. wieder auf-
gebrochen, nach Saas hinaufgefahren, dann wieder nach
Serneus hinunter, so dass die Post 3 Uhr 20 Min. bei der
Brücke in Klosters eintraf, wo ich in dem Wirtshause von
Herrn Mattli ein bequemes Unterkommen fand. In meinem
Zimmer hatte ich den Ausblick in das den folgenden Tag zu
durchforschende Gebiet, das Sardasca-Thal hinein an dem
Silvrettagletscher hin. Würde der Weg über Saas vermieden,
und die Strasse in der Thalfläche von Küblis aus angelegt,
auch ein kürzerer Aufenthalt daselbst gemacht, oder erst in
Klosters oder Davos zu Mittag gegessen, man könnte, wenn

einmal der Fluelapass iu eine Bergstrasse umgewandelt ist,
vielleicht in Einem Tage von Zürich nach Süs im Engadin
gelangen.   Diesmal blieb ich aber ruhig in Klosters liegen,
stärkte mich mit einer Tasse Kaffé, und dann war mein
erstes Geschäft, den Gemsjäger, Herrn Landammann Florian
Brosi, den Bruder des Herrn Bundeslandammann, aufzusuchen, da er der einzige war, der mir mit Rath und That
beistehen konnte.   Denn hier stehen die Führer noch nicht
haufenweise zu Gebote, ja man muss froh sein, wenn man
nur jemand findet, der einigermassen mit der Gegend bekannt
ist.   Ich liess mir das Haus, das mitten in einer Matte liegt,
zeigen, fand dasselbe aber verschlossen, und niemanden in
der Nähe, der mir hätte Aufschluss über den Hausherrn geben
können, und so kehrte ich unverrichteter Sache wieder in
das Wirthshaus zurück, und gab den Auftrag, mir den Herrn
Brosi im Laufe des Abends womöglich zur Stelle zu bringen.
Mittlerweile hatte sich Herr Pfarrer Rieder mit einigen
Herren ebenfalls in der Wirthsstube eingefunden.   Ich
schloss mich an sie an, und erfuhr, dass der Pfarrer vor
einigen Tagen mit einigen Töchtern und einem 70 jährigen
Herrn einen Ausflug auf den Silvrettagletscher gemacht, bis
auf die Höhe des Firns gelangt, und dann über die Krämerköpfe durch das Verstanklathal wieder zurückgekehrt sei.
Der 70 jährige Herr habe richtig den Weg mitgemacht, sei
aber auf der Höhe so ermüdet gewesen, dass er, auf dem
Abern angelangt, sich gleich auf dasselbe hingeworfen, und
nicht einmal mehr die Kraft gehabt habe, seine Füsse vom
Schnee zurückzuziehen.   Ein längerer Aufenthalt und gehörige Stärkung mit Speise und Trank stellte ihn aber wieder auf
die Beine, so dass sie den Gletscher überschreiten und durch
das Verstanklathal zurückkehren konnten, jedoch erst Nachts
12 Uhr wieder in Klosters anlangten.   Von dieser Mittheilung

entnahm ich so viel, dass der Weg zwar ziemlich weit, aber ohne alle Schwierigkeit sei. Nachdem die Herren sich am Spätabend entfernt, und ich mich zum Nachtessen gesetzt, traf endlich der schon lang ersehnte Herr Brosi bei mir ein. Ich erkannte ihn gleich an der Stimme als Bruder des Landammanns. Er setzte sich zu mir hin, und war sogleich bereit, auf meinen Wunsch einzugehen, und mich den folgenden Tag über den Silvrettagletscher zu begleiten, auch zugleich für einen tüchtigen Träger zu sorgen. So war die Hauptsache geordnet. Es handelte sich nur noch um gutes Wetter, das allem Anschein nach nicht ausbleiben wollte, und so trennten wir uns auf Wiedersehen und ich bezog getrosten Muthes das Nachtquartier.

Samstag den 8. August 1863. Das Wetter war prachtvoll. Herr Landammann Brosi und der Träger Wilhelm Tann waren zu rechter Zeit auf dem Platze. Nach eingenommenem Kaffé und Aufpacken des Proviantes und des Gepäckes, ging es 4 Uhr 45 Min. vorwärts, dem Gletscher, der über grünen Matten uns entgegenwinkte, zu. Es stand uns eine Auswahl von Uebergängen frei. Wir hätten den gewöhnlichen Weg ins Unterengadin nehmen können, den sogenannten Vereinapass. Der führt das Sardascathal hinein über Aeuje bei Monbiel vorbei nach Nowaï, dann rechts über die Stutzalp hinauf gegen Süden nach Fremd-Vereina, hierauf östlich das Süserthal hinauf auf die Höhe 2497 Meter = 7631 P. F., bei einigen Seen vorbei, das Flessthal hinunter bis Pra in die Fluelastrasse nach Süs. Man kann auch von der Höhe des Passes nach Val Torta östlich hinaufsteigen, 2659 Meter = 8185 P. F. und durch das Val Sagliaius nach Süs oder Lavin. Ein dritter Weg geht in der Mitte zwischen der Stutzalp und Fremd-Vereina bei Baretto Balma östlich durch die Vernelaschlucht, zwischen

dem Schwarzhorn nördlich und den Plattenhörnern südlich
hindurch über den Pillergletscher 2783 Meter = 8567 P. F.
hinunter nach Marangun im Hintergrunde des Val Lavinuoz,
den Piz Linard zur Rechten, nach Lavin. Wir wählten
keinen von diesen drei Wegen, sondern stiegen den geraden
Weg nach Osten der Landquart nach das Sardascathal
hinein, zuerst auf dem linken Ufer über Aeuje, dann bei
Nowaï auf das rechte Ufer. Das Thal ist auf beiden Seiten
schön bewaldet, die Bergwände sind coulissenartig hingestellt.
Beim Ueberschreiten der Landquart blickt man an die
steile Stutzalp hinauf. Das Thal hinaus zeigt sich links
die Weissfluh, und weiter hinaus der Kistenstein, rechts
das Mädrishorn. Im Hintergrund des Thales, am Fusse
des Sonnenrücks, liegen in der Thalfläche die Hütten der
Alp Sardasca, die wir 7 Uhr 15 Minuten, also nach $2^1{}_2$
Stunden, erreichten. Sie sind 1635 Meter = 5033 P. F.
über Meer, Klosters 1205 Meter = 3709 P. F. also 1324 P. F.
niedriger. Auch hier stand uns ein zweiter Weg offen,
nämlich südöstlich das Verstanklathal hinein, am Fusse der
Verstanklahörner hinauf über das vergletscherte Winterthäli und die Krämerköpfe auf den Silvrettagletscher und
die Höhe des Passes. Es ist hier zu bemerken, dass der
Name Verstanklahörner in der Eidgenössischen Karte nicht
steht, sondern statt desselben die Krämerköpfe. Nach der
Angabe des Herrn Brosi sind aber die Krämerköpfe gerade
gegenüber, die Felsmassen, die aus dem Gletscher hervor-
ragen, und den eigentlichen Silvrettagletscher von dem
Winterthäli scheiden. Diesen Weg hatten Herr Brosi und
Herr Pfarrer Rieder vor einigen Tagen bei der Rückkehr
von der Höhe des Silvrettapasses gemacht. Wir liessen
auch diesen Weg liegen, so wie den gegenüber, gegen Norden,
der sich das Seethal hinauf zu den Schyen, und den Litzner-

spitzen zieht, und stiegen dem Bache nach steil an der Alp Silvretta hinauf, ein Haselhuhn aufjagend. Es ging über steile Grashalden der Bergwand, die den Hintergrund des Sardascathales schliesst, hinauf zu der Hütte, die 2076 Meter = 6390 P. F. hoch liegt, und die wir 8 Uhr 15 Min., also in einer Stunde vom Sardascathal aus, erreichten. Auch hier stand uns wieder ein Pass zu Gebote in nordöstlicher Richtung in das Klosterthal des Montafun. Wir liessen auch diesen liegen und hielten uns genau immer in östlicher Richtung dem Gletscher zu. Von der Hütte aus, die verlassen war, wurde der Boden nun rauher, an die Stelle der Alpen trat Geröll und Geschieb, je höher wir stiegen, desto mehr verschwand die Vegetation. Wir erblickten von ferne die Schlussmoräne des Gletschers, von den Verstanklahörnern überragt. 9 Uhr 15 Min., nach einer Stunde von Silvretta, hatten wir den Rand des Gletschers erreicht, und machten auf dem Gestein bei einer Quelle Halt. Der Gletscher war weit hinter die Schlussmoräne zurückgewichen. Wir stärkten uns ein wenig und rüsteten uns dann zu der Gletscherexpedition. Nach 30 Min., 9 Uhr 45 Min., ging es wieder vorwärts. Wir schritten vorerst noch auf dem Abern am Fusse des Silvrettagrates dem Gletscher entlang, betraten diesen um 10 Uhr, und nun ging es den Gletscher hinan, der ganz ausgeabert war und nur wenige unbedeutende Schründe zeigte. Auf der Südseite ragten über die Krämerköpfe die Verstanklahörner empor, 3302 Meter = 10165 P. F. und 3008 Meter = 9259 P. F., auf der Nordseite erhob sich über uns der Silvrettagrat. Da der Gletscher gegen die Höhe hin steiler wurde, fassten wir ihn von der Nordseite an, und hatten bald den steilsten Theil hinter uns, mit einem Blick in das Sardascathal hinaus, gegen Klosters hin. Um 11 Uhr 30 Min., im Ganzen nach 6¼ Stunden Marsch mit einer halben

Stunde Rast, wovon bloss 1¹/₂ Stunde auf den Gletscher
fielen, hatten wir die Höhe erreicht 3026 Meter = 9315 P. F.,
circa 3000 Fuss über der Silvrettaalp. Es ist also bis auf
die Höhe ein eigentlicher Spaziergang, der Gletscher bot
nicht die mindesten Schwierigkeiten dar, die Schründe waren
meistens gedeckt, der Schnee hatte gerade die rechte
Festigkeit. Kurz, es ist dies eine Parthie, die beinahe
Jedermann machen könnte. Die Breite des Gletschers zu
den Krämerköpfen hin ist auch nicht bedeutend, höchstens
eine kleine Stunde, so dass der Silvrettagletscher, der sich,
von Klosters aus gesehen, ziemlich imposant ausnimmt, in
der Nähe viel zugänglicher ist, als er von weitem scheint.
Der Umblick in die Berge, die sich in weiter Reihe dahin
ziehen, war etwas durch Wolken getrübt, so dass ich, da sie
sehr entfernt waren, mich mit ihrer Entzifferung nicht
abgeben wollte. Ganz in der Nähe gegen NW. erhoben
sich die Litznerspitzen, zackige Felsmassen.

Wir wandten uns dem Grate östlich zu, der Spitze
3207 Meter = 9872 P. F., die sich ungefähr 500′ über
uns erhob und zu dem höheren Gipfel von 3248 M. = 9998
P. F. hinzieht. Nach der Schilderung von Theobald ist der
Uebergang über diesen Grat misslich, er läuft ziemlich scharf
aus, und das Gestein ist verwittert. Da die Aussicht doch
nicht vollkommen klar war, und auf der Höhe des Grates
höchstens gegen Osten sich mehr ausgedehnt hätte, ich auch
nicht wusste wie der weitere Weg beschaffen sei, so unterliess
ich die Ersteigung dieses Grates, die zum unteren Gipfel
wenigstens eine halbe Stunde erfordert hätte, und setzte den
Marsch südöstlich fort über das Firnfeld hinunter auf eine
Gufferinsel im Gletscher zu. Der Firn senkt sich so allmälig
hinunter, dass man nicht einmal genau bestimmen kann,
welches der höchste Punkt ist. Man gelangt nun in ein

abgeschlossenes Gletscherthal, rings von kahlen Gräten umgeben. Auch hier bietet der Gletscher nicht die mindeste
Schwierigkeit. Um 12 Uhr, also nach einer halben Stunde,
hatten wir den Guffer erreicht. Er ist auf der Eidgenössischen Karte zu 2937 M. == 9041 P. F. Höhe angegeben, also 300' tiefer als der Firngrat, am Fusse eines Aus-
läufers des Piz Buin. Es ist hier ein ungemein hübscher
Standpunkt. Die Aussicht war sehr beengt, aber eine
grossartige Gletscherlandschaft. Man ist rings von vergletscherten Felsmassen, die durchschnittlich die Höhe von
10,000' haben, also 1000' über dem Standpunkt, umgeben.
Besonders zieht die schwarze Pyramide des Schwarzhorns,
die gegen Westen 3248 M. == 9998 P. F. aus dem Gletscher
emporstarrt, den Blick auf sich. Hinter derselben zeigen
sich die firngekrönten Kuppen des Weisshorns, 2840 M. ==
8742 P. F. Die Plattenhörner und der Piz Linard liegen
südlicher, und werden durch eine ungenannte Spitze, die in
der Karte zu 3284 M. == 10,109 P F. angegeben ist,
und hinter welcher die Fuorcla Tiatscha 2866 M. == 8822
P. F. den Uebergang zu dem Val Lavinuoz im Val Tuoi vermittelt, verdeckt. Der Gletscher, der gegen das Schwarzhorn hin eine kleine Stunde breit sein mag, senkt sich in
zwei Zungen gegen die Thäler hinunter, die eine unter dem
Namen Cronsel ins Val Tuoi, die andere Vadred Tiatscha
ins Val Lavinuoz, diese sind westlich, jene südöstlich. Von
dem Piz Buin sahen wir auf unserem Standpunkte nur einen
Vorsprung. Auf der Höhe des Firns erhoben sich gegen
Westen die Verstanklahörner. Das ist die ganze Aussicht.
Wir lagerten uns ganz gemächlich auf den Steinplatten und
liessen uns von der Sonne erwärmen. Auch der Proviant
wurde vorgenommen, und aus einer Felsspalte von Herrn
Brosi eine Flasche hervorgezogen, in welcher auf einem

Zettel der Name von Herrn Vogler und seinen Gefährten verzeichnet war, die vor einigen Tagen ebenfalls mit Herrn Brosi hier geruht, aber bei so schlechtem Wetter, dass sie nicht den geringsten Begriff von der Umgebung hatten. Alles war in dichten Nebel verhüllt, der sich später in starken Regengüssen entlud, so dass sie ganz durchnässt in Guarda ankamen. Wir fügten auch unsere Namen bei und verschlossen den Zettel wieder in die Flasche, dann überliessen wir uns einem gemüthlichen Schlummer. Wir wurden aus demselben durch einen gellenden Pfiff ganz in unserer Nähe aufgeschreckt. „Eine Gemse! Eine Gemse!" rief Herr Brosi aufspringend. Aber es war nichts von einem solchen Thier zu sehen. Es mochte sich an den Gufferwänden des Piz Buin befinden. Nachdem wir 1 1/2 Stunden gerastet, handelte es sich darum, welchen Weg wir einschlagen wollten, ob ins Val Tuoi oder ins Val Lavinuoz. Da der letztere der bedeutend längere war, und ich wo möglich heute noch nach Schuls kommen wollte, auch Herr Brosi bemerkte, der Gletscher senke sich dort an Felswänden steil ins Thal hinunter, und es sei ziemlich schwierig die Thalfläche zu erreichen, so zogen wir den näheren Weg durch das Val Tuoi vor und brachen 1 Uhr 30 Minuten auf. Wir stiegen den Gletscher, der in der Karte Cronsel benannt ist, hinunter bis zu einem Felskopf, an dessen Seite sich der Gletscher rechts in eine Tiefe senkte. Hier spähte Herr Brosi das Thal hinaus, ob er die Brücke, die über den Bach vom rechten auf's linke Ufer führt, unterscheiden könne. Er fand sie aber nicht, und so winkte er uns zurück, und wir verliessen hinter dem Felskopf den Gletscher, der auch hier ganz gefahrlos zu überschreiten war, und betraten eine steile Gufferwand. Wie wir an den Piz Buin, der sich auf diesem Standpunkte mit seinen zwei Gipfeln 3264 M. $=$ 10,048 P. F. und

3327 M. = 10,241 P. F. vor uns entfaltete, hinaufblickten,
sahen wir zwei Gemsen, eine alte mit ihrem Jungen, über die
steilen Geröll- und Schneewände gegen die Höhe zu dahin
eilen. Es waren die, welche uns aus dem Schlummer durch
den Pfiff aufgeweckt. Die armen Thiere hatten wohl im
Sinne gehabt, bei der Stelle, wo wir gelagert waren, den
Gletscher zu betreten, sahen aber plötzlich schwarze Gestalten auf dem Boden hingestreckt, und nachdem die Alte durch
den Pfiff das Junge gewarnt, flohen sie eilenden Schrittes
rückwärts den Berg hinauf. Sie hatten in der kurzen Zeit
eine unglaublich weite Strecke zurückgelegt, und immer noch
eilten sie in ihrem Schrecken vorwärts. Wir stiegen nun
die Gufferwand, die ziemlich steil war, hinunter, kamen
bald auf Geröll, bald auf einzelne Rasenspuren, die Murmelthiere liessen sich ebenfalls hören, und so ging es hinunter und
hinunter, bis wir nach 1 Stunde 10 Minuten um 2 Uhr 40 M.
die Thalfläche bei einem Seitenbache, der dem Hauptbache
Glozza zuströmt, erreicht. Wir waren nun im Hintergrund
des Val Tuoi, hart am Fusse des Piz Buin, der sich schon
3000' über uns erhob. Wir waren also ca. 2000' hinunter-
gestiegen. Rechts an dem höheren Gipfel des Piz Buin
blickten wir nach dem Fermontpass hin, der zum Ursprung
der Ill im Ochsenthale führt, 2806 M. = 8638 P. F. Wir
rechneten ungefähr zwei Stunden bis zur Höhe. Der Weg
steigt ziemlich steil an, und scheint oben vergletschert zu
sein. Das war also der vielbesprochene Fermont, und ohne
Zweifel ist der Piz Buin das sogenannte Fermuntgebirge.
Der Val Tuoi lag nun vor uns ausgebreitet, ein hübsches,
aber sehr einförmiges Alpenthal, östlich von dem Piz
Cotschen überragt, 2974 M. = 9155 P. F. nicht 3974,
wie in der Eidgenössischen Karte. Das muss ein Druck-
fehler sein. Auf der westlichen Seite des schmalen Thales

zieht sich ein Grat dahin, der dasselbe von Val Lavinuoz
scheidet, und nördlich der Fuorcla Tiatscha in einer vergletscherten Kuppe kulminirt. Wir wanderten nun das Thal
hinaus, das sich allmälig herabsenkt, stets auf der linken
Seite der Glozza. Vor uns entfaltete sich das Val Nuna, das
sich zum Piz Nuna einförmig hinaufzieht, ein Alpenthal
wie das Val Tuoi. Wir kamen zu der Brücke, die wir oben
auf dem Gletscher vergebens gesucht, und um 3 Uhr 30
Minuten, also nach 50 Minuten, vom Hintergrunde des Thales
aus, waren wir in den Hütten der Alp Sott, 2015 M. = 6202
P. F. Dieselben waren nicht bewohnt, die Leute wahrscheinlich
oben an den Berghängen der Alp. Gegen den Ausgang des
Thales frisst sich der Bach ein, und stürzt durch ein wildes
Tobel in das Hauptthal des Inn. Wir kamen bald in
Lärchengehölz, das an einer Krankheit zu leiden schien.
Wie wir dasselbe durchschritten, erblickten wir Guarda unter
uns, von den Strahlen der Sonne glänzend erleuchtet. Der
Weg dahin war sehr heiss, wir suchten Schutz auf dem
Rasen. Um 4 Uhr 35 Minuten, also nach einer guten
Stunde von Alp Sott, waren wir in Guarda 1650 M. =
5079 P. F. Wir hatten von der Höhe unseres Ruheplatzes
bis dahin drei Stunden gebraucht. Dasselbe Wirthshaus, und
dieselbe rüstige Wirthin nahm uns auf, welche vor einigen
Tagen Herrn Vogler und seine Gefährten getreulich ver-
pflegt hatte, als sie ganz durchnässt bei ihr eintrafen; sie
hatte sie mit den nöthigen Kleidern versehen, bis die ihrigen
wieder getrocknet waren, und dabei das ganze Dorf in
Requisition gesetzt. Bei uns war dies nicht nöthig. Wir
erfrischten uns an einem guten Kaffé, und da der Tag noch
nicht weit vorgerückt war, entschloss ich mich, heute noch
nach Schuls zu gehen. Wir brachen nach ⁵/₄ Stunden Rast,
5 Uhr 50 Minuten, auf. Der Weg, die alte Strasse, führt

über hübsche Matten oberhalb des Inn, Berg auf, Berg ab
mit dem Ausblick gegen die düsteren Waldungen, die Sur
Enn umgeben, die ich vor 24 Jahren ganz allein durchwandert, auf das hübsch gelegene Ardetz (Steinsberg) zu
1523 M. = 4088 P. F., das von weitem, wie die meisten
Bündnerdörfer, sich schöner ausnimmt, als in der Nähe.
Nach einer kleinen Stunde, 6 Uhr 45 Minuten, trafen wir
daselbst ein, und kehrten bei Kessler, den ich vor 24 Jahren
als Zollner in Martinsbruck getroffen, ein. Hier wurde der
Träger verabschiedet, und ein Wagen nach Schuls bestellt.
Nach eingenommener Erfrischung fuhren Herr Brosi und
ich 7 Uhr 40 Minuten ab. Es ging von Ardetz steil hinunter,
bald wurde es finster, so dass ich die neuen Badgebäude in
Nairs nur in undeutlichen Umrissen unterscheiden konnte,
und um 9 Uhr trafen wir nach 1 Stunde 20 Minuten, von
Ardetz an, glücklich in Schuls ein, und stiegen in der Helve-
tia ab, wo wir in einem Nebenhause ein gutes und erwünsch-
tes Nachtquartier fanden. Schuls liegt 1210 M. = 3724 P. F.
Wir waren also nach einem Tagemarsche von 12 Stunden
und 4$\frac{1}{4}$ Stunden Rast, glücklich 15 Fuss höher gekommen,
hatten dabei aber eine Höhe von 9315 P. F. überschritten.
Soll ich diese Schilderung noch mit einem Rathe schliessen, so
geht derselbe dahin, sich, wenn man nicht ins Engadin hinunter
will, auf die Ersteigung des Silvretta-Grates zu beschrän-
ken, und von diesem über die Krämerköpfe durch das Verstanklathal nach Klosters zurückzukehren. Auch mag der
Pass durch die Vernelaschlucht und über den Pillergletscher
ins Val Lavinuoz den, welchen wir soeben geschildert, noch
an Grossartigkeit übertreffen, da man in der Nähe des Piz
Linard vorbeikommt, und den Absturz des Tiatschagletschers
unmittelbar vor sich hat.

Piz Sol.

2817 M. = 8763 P. F.

von *E. Frey - Gessner.*

Ein klarer frischer Morgen glänzte uns entgegen, als Martin Habe und ich aus der reinlichen Valenser Hütte der Lasaalp ins Freie traten, um unsere Entdeckungsreise nach den Spitzen der „Grauen Hörner" anzutreten.

In früheren Jahren schon wurde diese besonders geologisch äusserst interessante Berggruppe von Herrn Dr. Kaiser und Herrn Direktor Egger aus Bad Pfäffers, Herrn Professor Theobald aus Chur und Herrn Professor Escher von der Linth besucht, doch scheiterte damals das Erklimmen der höchsten Hörner einmal am nebligen Wetter, ein anderes Mal an der Rathlosigkeit der Führer; die westliche Hörnerreihe mit dem Piz Sol blieb also bisher noch unbesucht. —

Valplana ist unsere erste Gasse, bald war über Weide der Eingang des Thälchens erreicht, ein Querwall und eine Terrasse nach der andern erstiegen, und eine Stunde nach unserm Weggehen befanden wir uns bereits am Beginn der Schutthalden, welche sammt den seltsam gezackten Felsgräten die Seitenwände ausmachen. Die enge Thalsohle ist

hier oben mit hartem Schnee bedeckt und bietet da, wo sie
nicht gerade unterhöhlt ist, die beste Strasse. Schon von
einer der unteren Terrassen aus hatte Martin zwei vor uns
gehende Männer entdeckt und wir nicht ermangelt, ihnen ein
kräftiges Halloh zuzurufen; statt aller Antwort verschwanden
dieselben bald aus unsern Blicken. Rüstig stiegen wir nach
und hatten die Freude, um 5 Uhr 32 Minuten den Sattel
des Kranzes der grauen Hörner erreicht zu haben, links
stand die Wildspitze, nach rechts zog sich der Schwarz-
blankgrat nordwärts. —

Dieses ist die Lücke, durch die auch Herr Professor
Theobold seiner Zeit die Gegend besuchte, und ich kann
nicht anders, als gerade seine eigenen Worte (Naturbilder
aus den Rhätischen Alpen von Prof. G. Theobold, Chur
1862, pag. 73) zur Darstellung dieses Punktes entlehnen.

„Auf der Höhe der Bresche angelangt, bietet sich uns
„ein Anblick, der selten seines Gleichen hat. Wir stehen
„vor einer tiefen Einsenkung, welche man für den Krater
„eines Vulkans halten möchte, wenn überhaupt an dieser
„Stelle und in diesem Gestein an einen solchen zu denken
„wäre; diese Tiefe ist ausgefüllt mit dem ziemlich ansehn-
„lichen Wildsee; in seinem Hintergrunde steigt ein mächtiger
„Gletscher, welcher unten den See berührt, zu der steilen
„Höhe des Piz Sol auf; das grünliche Gewässer des Wildsees
„ist noch halb mit Eis bedeckt, das nie ganz zu schmelzen
„scheint; ringsumher stehen die steilen Hörner um den See
„und den Gletscher her, seltsame wilde Felsengestalten mit
„kühn vorspringenden Ecken und Kanten, theilweise über-
„hängend und nickend, anscheinend den Einsturz drohend,
„kahl und von düsterer grauröthlicher Farbe. Die Höhe
„ist ziemlich gleich, etwa 2600 Meter, nur die Spitze des Piz
„Sol erhebt sich zu 2847 Meter. Mächtige Trümmerhaufen

„umlagern sie alle, weite Spalten gehen tief hinab. Steigt
„man auf irgend eine dieser Spitzen, was trotz des gefähr-
„lichen Aussehens bei den meisten möglich ist, so hat man
„eine ausgedehnte wirklich herrliche Aussicht, und in dieser
„Beziehung ist namentlich der Piz Sol und die Wildspitze
„zu empfehlen."

Martin, Knecht aus dem Bad Pfäffers, wurde mir von
Herrn Direktor Egger freundlichst als Träger des Mund-
vorraths mitgegeben; bisher war er stets eine kleine Strecke
voraus und als ich die Lücke erreicht hatte, bereits über
einen Schuttwall nach rechts hinübergestiegen, um den
Schwarzsee zu suchen. Meine Gedanken und Wünsche aber
flogen in erster Linie nach links, jener weissen Spize zu,
am obersten Ende des Gletschers, welche ich für den Piz Sol
hielt. Da ich nicht folgte, kehrte mein Begleiter bald zurück
und wir begannen die Ueberschreitung einer gewaltigen
Trümmerhalde zwischen dem See und der östlichen Gipfel-
reihe durch nach Süden; nicht zu rasch, weil man Schritt
für Schritt darauf trachten musste, mit dem Fuss auf einen
festliegenden Felsblock zu treten, um nicht etwa beim Um-
kippen eines solchen ein Bein in eine der vielen Klüfte ein-
zuklemmen, oder sich sonst an den scharfen Kanten tüchtig
zu beschädigen; zuweilen wurden kleine steile Schneehalden
querüber passirt, was des nicht allzuharten Schnee's wegen
keinen Anstand verursachte. Eine angenehme Eigenschaft
der Felstrümmer hier ist deren sandig rauhe Oberfläche,
so dass man nicht fürchten muss, auch auf stark geneigten
Flächen auszugleiten. Dass die Route quer über eine im
steten Wachsen begriffene Trümmerhalde, deren Beschotte-
rungsmaterial aus Blöcken besteht, die bis zur Grösse
eines Bahnwärterhäuschens bunt durcheinander gewürfelt da
liegen, nicht nivellirt ist, versteht sich von selbst. Wir

haben aber keine Tanzschuhe an, haben uns trotzdem hie
und da schon im Balanciren geübt und kommen fröhlich
durch. Jetzt betraten wir über eine Schneehalde hinuntergleitend den Rand des Gletschers, er steigt nur sanft nach
Süden an, ist hier spaltenfrei und eine herrliche Abwechslung nach der rauhen Steinroute. Die eingetretenen Spuren
zweier Gemsen ziehen sich quer über unsern Weg, aber die
Thierchen selbst sind unsichtbar. Ganz leicht kann man
auf dem Gletscher nach und nach gegen Westen ansteigend,
den dortigen Grat erreichen und sich dann mit der Er-
kletterung der höchsten Spitze befassen, doch ich hatte Lust,
vorher über jenen südlichen Grat hinauszuschauen; bald verliessen wir daher den Schnee und gelangten über eine ganz
trümmerlose schwach ansteigende Böschung des südlichen
Kranzgrates an den Rand desselben. Es war 6 Uhr 15 Minuten. — Steil fallen hier die Felsen in's obere Val Graussa
hinab, und kaminartige Runsen zertheilen den ohnehin ungleich hohen Zug in verschiedene Abtheilungen, hie und da
mit alten Schneewehten ausgefüllt. Martin jauchzte einen
hellen Morgengruss einem seiner Bekannten in die Zaneyalp
hinunter, und nicht lange, so ertönte eine ebenso fröhliche
Antwort aus dem Felsenkessel herauf.

Erst hier erkannten wir genau, dass der weisse Gipfel
nicht die höchste Spitze sei, sondern ein mehr nördlich
stehender Zahn der westlichen Einfassung des Gletschers.
Eine Strecke weit vor uns gegen Westen schien der Gletscher
ganz auf den südlichen Felsrand hinauszustehen, seine allgemeine Steigung gegen Westen war nicht bedeutend und
gewiss leicht hinauf zu kommen, nur eins gefiel mir nicht;
ich hatte mir vorgestellt, ein Gletscherchen wie z. B. auf
dem Säntis anzutreffen und unterliess deshalb ein Seil mitzunehmen; nun aber lag etwas weicher Schnee da, welcher

verschiedene leicht eingesenkte lange Querlinien zeigte, die sicheren Zeichen verborgener Schründe. Aus diesem Grunde und weil Martin noch nie vorher einen Gletscher betreten hatte, hielt ich fürs Gerathenste, so lang als möglich dem Felskranz zu folgen, und siehe da, an der gefürchtetsten Stelle ging der Gletscher nicht bis an den Aussenrand, es war nur eine der vielen Einsenkungen des Grates, sogar so flach, dass das Stück eines Teiches welches unter die hier ungefähr 8 bis 15 Fuss hohen Firnwand reichte, Raum fand, und wir noch zudem bequem wie auf einer schönen Landstrasse aussen herum spatzieren konnten.

Jetzt aber galts zu klettern, der Felsgrat war steil und scharf, aber so zerrissen, dass entweder auf der einen oder andern Seite der Kante stets Stellen gefunden werden konnten, uns das Weiterdringen zu erleichtern; die rauhe Oberfläche kam uns an den abschüssigen Stellen sehr zu statten, ja sie machte uns so sicher, dass wir manche Stufe ohne Bedenken betraten, die wir auf einer andern Steinart gewiss umgangen hätten.

Da sitzt Einer zusammengekauert an einem Felsblock gelehnt, den Hut mit dem Nastuch an den Kopf festgebunden, damit ihn der scharfe Wind nicht entführe, eine Büchse quer über seinen Knieen liegend; es ist ein Jäger auf scheues Wild lauernd, das er über die Felsbänder von den Zaneyhörnern her erwartet. Schade, dass er nicht eine halbe Stunde früher bei uns war, wo wir einen Trupp Schneehühner aufscheuchten. Gewiss war er einer der zwei von diesen Morgen, Martin redete ihn auch in diesem Sinne an, der aber war nicht wenig betroffen, bei dieser Gelegenheit zu erfahren, dass zweimal zwei Jäger vor dem ersten September Ragatz und Pfäffers mit Wildpret versehen wollten; es waren also Rivalen in der Nähe. Nach ein paar gemüthlich gewechselten Worten verliessen wir den kräftigen, blühend aussehenden Mann der Wildniss und kletterten unsere Wege. —

Noch mehrere Mal mussten wir uns mit Händen und Füssen durcharbeiten, da kam eine Stelle, wo nicht fortzukommen war und der Gletscher musste betreten werden, ohnebin sollten wir bald nach Norden umlenken und so wählten wir eine Stelle, um von den Klippen auf den Gletscher oder Firnrand hinüber zu springen; dann über eine ziemlich feste Kante balancirend, links der fast überall an solchen Orten sich findende kluftartige Abstand zwischen Fels und Eis, rechts die steile Firnhalde, erreichten wir bald eine weniger abschüssige Stelle dieser letztern, an derselben hinuntergleitend schnell die Gletscherfläche, und bald darauf ein Gletscherjoch vom Südgrat zu den höchsten Hörnern des Westgrates. Diesem zu folgen hätte uns, zwar ohne die mindeste Mühe, nur an den Fuss einer unersteiglichen Felswand gebracht, wir mussten uns deshalb nach einer andern Richtung umsehen, was übrigens nicht schwer fiel. Vor uns gegen Westen lag noch der alleroberste Theil des Gletschers in Form einer eigenthümlich gesenkten Mulde, genährt von den nun nicht mehr hohen Schneehalden der umstehenden wenigen Gipfel. Links lag der von unten aus für den Piz Sol gehaltene, südlich der Zahl 2847 der Generalstabskarte stehende Gipfel, rechts das höchste Horn.

Quer durchliefen wir die Mulde auf kürzestem Weg zum jenseitigen westlichen Felsgrat, es war 7 Uhr Morgens, folgten diesem sodann nördlich auf eben so rauhen Treppen wie am Südgrat und erreichten das Horn, — aber das nächste ist noch ansehnlich höher, also abwärts in die Lücke und dann wiederum eine Felszacke nach der andern ergreifend und uns hinaufschwingend. — Halt! da kommt eine kritische

Stelle, vorwärts geht's nicht mehr, es ist allzusteil, rechts
herum an der Gletscherseite ist's noch viel schlimmer, über-
hängend, geradezu unmöglich, aber links herum auf der
Westseite bildet das verwitterte Gestein gerade so viel Halt-
punkte, um mit einiger Vorsicht gefahrlos weiter zu kommen.
Die faulen Tafeln und Schiefer werden je nach Umständen
mit dem Stock, dem Fuss oder mit der Hand beseitigt und
aufmerksam folgt das Auge den tollen Sprüngen der Blöcke,
wie sie in die Tiefe des Ober-Lawtinathales hinunter sausen,
an den scharfen Felszacken zu Dutzenden von Stücken
zerschmetternd und im Aufschlagen ganze Furchen von
Trümmern in rasselnde Bewegung bringend. Indem wir so
den naturwüchsigen Obelisken von Süd nach Nord umgangen, erreichten wir über wenige Stufen hinauf den Gipfel
des höchsten Hornes der grauen Hörner; 2847 Meter oder
laut der neuen Genfer Correctur 2851 Meter ü. M. — Hurrah,
hioho! — Kaum haben mein Begleiter und ich gerade genug,
um zwischen uns noch das Säckchen mit dem Proviant vorzunehmen, auch ein winziger Bergfink sitzt kaum auf doppelte Armslänge ruhig neben uns auf einer Felszacke und
schaut verwundert auf die neuen Ankömmlinge. Aber schnell
noch notirt: 15. August 1864 Piz Sol. Ankunft 7 Uhr
12 Minuten Morgens. — Also in der kurzen Zeit von drei
Stunden, von Alp Lasa aus, und durchaus nicht übertriebe-
nen Marschirens kann man sich hier das Vergnügen einer
prachtvollen Aussicht verschaffen. Vollkommen reine Ausschau bot sich uns heute freilich nicht dar, ein heftiger
Westwind blies von Zeit zu Zeit kleine Nebelchen an uns
vorbei und vom Val Graussa her stiegen stets neue an den
östlichen Hörnern, der Wildspitzkette empor, wo sie vom
Wind theils weggezerrt, theils in's Thal hinunter gedrückt
wurden, um in neuem Anlauf an der windfreien Seite aufzu-

steigen. Nach jener Richtung konnte keine Fernsicht gewonnen werden, sonst aber war der Himmel klar, das Panorama grösstentheilt deutlich.

Südlich vor und unter uns liegt der höchste Theil des
Gletschers, er senkt sich zuerst östlich und wendet dann um
einen Felsvorsprung, die westliche Hörnerreihe halb um-
fliessend, nach Norden, immer breiter werdend, ohne aber
sein Ende zu zeigen, ebenso wenig sieht man den Wildsee;
desto besser beherrscht der Blick den ganzen Kranz der eigenthümlich verwitterten Hörner, von denen allerdings die
Mehrzahl erklettert werden können; alle sind um ein be-
deutendes niedriger als unser Standpunkt, nur eine scharfe
Pyramide erhebt sich am südlichen Ausläufer nahezu in
gleiche Höhe, es ist dies der 2829 Meter hohe Brändlisberg. Die Kette der Wildspitze deckt die Verzweigung
gegen Pfäffers und Ragaz. Die übrigen Arme der Gruppe
liegen klar vor uns, zwischen dem tiefen Calfeuser- und
Weisstannenthal und der breiten Thalsohle des Rheins; ein
Hautrelief in Natura, eingerahmt in erster Linie vom Ca-
landa, der Ringelspitzkette und der Sardonagruppe mit ihren
nördlichen Ausläufern, deren zahlreiche Köpfe, Foostock,
Faulen, Spitzmeilen u. a. m. in dem Piz Segnes mit seinem
Silberhaupt und dem wirklich abschreckend geformten
Saurenstock ihren Regierungssitz erkennen müssen. Sehr
rauh und steil scheinen von hier aus die Felswände dieser
Gruppe, äusserst zerborsten und nur selten einen gangbaren
Durchgang zeigend der aus vielen Abtheilungen bestehende
Sardonagletscher; eine einzige Ausnahme macht der sanft
geneigte, ja fast horizontale Firnkamm vom Saurenstock
gegen den Piz Segnes. Doch über den düster ernsten Chef
der vom Wetter gebräunten Avantgarde schaut der General
der östlichen Schweizerberge, der alte ruhige Tödi hervor,

zwar nur mit seinem weissen Scheitel, aber unverkennbar.
Rechts hinter der Scheibe hervor gucken die Clariden in
ihrem Querschnitt, kühn herausfordernd stehen sie da, ihre
schroffen Felswände dem breiten offenen Norden zuwendend,
denn was vermögen alle die unzähligen braunen und grünen
Köpfe, Rücken und Sättel dem verwöhnten Blick zu bieten;
ein Geduldspiel, dass einem die Augen überlaufen, besonders
wenn der Wind die hülfreiche Karte fast zerreisst und die
Blätter des Notizbuches zu singen anfangen. Da steht den
Clariden gegenüber die Schächenthaler Windgälle, obgleich
ein ansehnlicher Kamerad, doch wie ein Frosch vor einer
Sphinx. Eine stattliche Pyramide stellen die Freiberge mit
ihrem Hochkärpf auf, aber vor Allen nach dieser Richtung
hin zieht der breitschulterige felsige Glärnisch den Blick auf
sich, Vreneli's Gärtli, Ruchi, Bächistock, sie sind auch von
Osten aus gesehen ebenso geformt wie von Westen, daneben
steht noch der rauhe Grieseltstock.

Sonst geht die weite Ferne gewöhnlich in grauen Dunst
auf, diesmal kam sie mir gewitterhaft schwarz vor, deswegen kann ich nicht behaupten, dass jener düstere Schein
in der Richtung Hochkärpf und Windgälle wirklich der Uri-
Rothstock sei; ebenso glaube ich an dem Schild und Mürtschenstock vorbei in die obere Schweiz bis zum Jura hinaus
sehen zu können, da umgekehrt von der Gysulafluh aus die
obersten Kämme und Spitzen des grauen Hörnerkranzes auch
zu erkennen sind. Die Toggenburger und Appenzellerberge
gewähren unstreitig einen interessanten Anblick, sie machen
aber auch stattliche Parade, kein Name auf der hübschen
Dufourkarte, der nicht dort sein Urbild zeigt. Das untere
Rheinthal ist hell, ebenso das Thal zwischen Sargans und
Wallenstadt, unzählige Ortschaften blinken mit ihren hellen
Häuschen aus dem Grün der saftigen Fläche, hellgraue

Linien, die Landstrassen, durchziehen sie der Länge und
Breite nach von Ort zu Ort, und unruhig geschlängelt halbirt
der Rhein die breite Thalsohle. Ist das dort Lindau?' Der
Richtung nach gewiss. Und nun du duftig feiner Lichten-
steiner, wie heissest du? die grosse Karte lässt mich im
Stich; die zieglerische spricht so etwas von drei Schwestern,
Gallinokopf und anderes mehr.

So, jetzt wär ich am Nebel und dahinter liegt der lange
zackige Rhätikon; zu gern hätte ich einen Blick in diese
Regionen geworfen, aber hartnäckig stiegen immer und
immer wieder neue Nebelschleier empor; dort am Silvretta
ist's wieder heller, aber das Gewirr kann ich noch nicht
entziffern. Der höchste Punkt, jener zuckerhutartige Stock
wird der Linard sein, links der Buin, dazwischen und rechts
und links die Trabanten mit ihren weissen Mänteln und
Falten drinn; mehr nach Westen über die Schanfigger Fel-
senhörner ragen die Hohwachten des Fluela- und Scaletta-
passes empor, das Weisshorn, Schwarzhorn, Piz Vadred,
Bocktenhorn und andere, mit ihren Zügen die Richtung der
vielen Längs- und Querthäler errathen lassend. —

Jetzt sind wir am Calanda angelangt und bemühen uns
die durch die Lücke zwischen ihm und der Ringelspitze sichtbaren vielen Kämme zu erkennen, es müssen die Averser
Berge sein, die Ketten zwischen Oberhalbstein und Bregaglia.
Eine andere Gruppe zeigt sich in der Ferne zwischen Ringel-
kopf und Sardona, in der tiefsten Einsenkung, unzweifelhaft
der Vater des Hinterrheins: das Rheinwaldhorn, Guferhorn,
daran der Lenta- und Canalgletscher. Verkürzen wir unsern
Blick, so starrt uns die rechte Einfassung des Calfeuser-
thales als eine nur wenig Abwechslung bietende lange vielfach zerklüftete Felswand entgegen mit dem Ringelspitz
(3206 M.) auf der Mitte der Kante. Weniger in die Augen

fallend sind die übrigen Grathörner. Von den Orgeln hinüber zum Calanda liegt die tiefe Einsenkung des Kunkels, durchflossen vom kleinen Görbsbach, die saftig grüne Thalfläche mit einer Menge kleiner Hütten besäet, drüber hinaus einen Blick in das Domleschg zum Heinzenberg, Piz Beverin und die oben angedeutete Fernsicht gestattend. In seiner ganzen Ausdehnung ein rauhes Bild zeigend, stellt sich die nördliche Seite des Calanda dar, Runs an Runs und Absatz an Absatz, mit vielen Schneehalden durchzogen, ohne Mühe ist auf dem Weibersattel das Steinmannli erkennbar, aber ebenso wie das Calfeuserthal vom Brändlisberg, so ist das Taminathal durch den Drachenberg und die Zaneyhörner verdeckt. —

Ist's fertig? Ja so en gros — grün und braun und weiss, das sind die Hauptfarben, die in mannigfacher Schattirung dem Auge das Bild so angenehm machen. Das Blau, durch stille oder bewegte Gewässer den Abglanz des Himmels auf der Erde so wohlthuend wiedergebend, ist hier äusserst spärlich vertreten, und doch ist kaum eine kleine Berggruppe so reich versehen damit als gerade die grauen Hörner. Um alle die Seelein zu schauen, muss man verschiedene Wege einschlagen, und das sollte nun geschehen. Noch ein Blick ringsherum, dann Adieu Piz Sol. Kreuz und quer durchwanderten und durchkletterten wir nun den Krater, besuchten noch den Punkt 2432, von wo man tief unten den hellgrünen Schottensee erblickt, schweiften fast um den ganzen Wildsee herum, erlustigten uns an den Felssätzen des Schwarzblankgrates und stiegen dann fröhlich zu Thal. —

Die Besteigung

des

Gross-Schreckhorns.

4080 M. = 12560 P. F.

Von *Edmund von Fellenberg*.

Bis in die jüngste Zeit gab es unter unseren Hoch-Alpen-Gipfeln einzelne, früher viele, vor alten Zeiten und bis in den Anfang dieses Jahrhunderts waren es beinahe alle, an deren Unnahbarkeit und Unbezwingbarkeit man wie an ein Axiom zu glauben gewohnt war. Dieser Nimbus ist, allerdings in den letzten Jahren zum Nachtheil der Alpenpoesie mehr und mehr geschwunden, und wenn ihn jetzt in der ganzen grossen Alpenkette vielleicht nur noch ein Gipfel zu retten vermocht hat, so ist es der Felsen-Obelisk des Matterhorns. Innerhalb der Berner Alpen jedoch hat ihn am längsten bewahrt das Gross-Schreckhorn, dessen einsam starrender Felsenkegel bis vor wenigen Jahren in der Alpen-Literatur als unbesteigbar galt, ja sogar, nachdem sich alle seine ebenbürtigen Nachbarn hatten dem menschlichen Fusstritt beugen müssen. Allerdings wurden diesem scheinbar uneinnehmbaren Fort nach und nach alle

Aussenwerke genommen, und im Jahre 1861 war das Gross-
Schreckhorn so von Norden und Süden cernirt, dass es sich
dem kräftigen Sturme Herrn Leslie Stephen's den 14.
August 1861 auf Gnade und Ungnade ergeben musste. Die
beiden früheren Besteigungsversuche haben jedoch auch
zwei jungfräuliche Gipfel der Schreckhornkette überwunden.
Den 8. August 1842 betraten die Herren Desor, Escher v. d.
Linth und Girard mit den Führern S. Leuthold, M. Bannholzer,
Fahner Brigger und Madutz, von der Strahleck aus zum
ersten und bis jetzt einzigen Male, den Gipfel des Gross-
Lauteraarhorns (4043 M.), des südlichen der beiden durch
einen scharfen Felsgrat verbundenen Gipfel des Schreck-
horns. (Siehe Revue suisse, Neufchatel Juni 1843). —
Im Jahre 1857 den 7. August versuchte Herr Eustace
Anderson vom Alpine Club mit Christian Almer und Peter
Bohren (Bohren-Peterli) (siehe Peaks, Passes and Glaciers
by Members of the Alpine Club. Vol I. First series. 1859.
Longman London.), von dem Firnplateau des oberen
Grindelwaldgletschers aus die Besteigung des Schreckhorns.
Das erste Bivouac wurde im Gläckstein am Fusse des
Wetterhorns bezogen, von wo aus ein bei sehr ungünstigem
Wetter gemachter Versuch misslang. Regen, Föhn und
Lawinen hinderten jedes weitere Vorrücken. Das zweite
Bivouac wurde am Fusse des Lauteraar-Sattels und der
untersten Felsabstürze des Schreckhorns bezogen und Tags
darauf nicht ohne bedeutende Schwierigkeiten der Gipfel des
kleinen Schreckhorns 3497 M. zum ersten und bis jetzt
einzigen Male betreten, da sich das Gross Schreckhorn
von dieser Seite als ganz unzugänglich bewiesen hatte. Sehr
wichtig ist in dieser Tour das Heruntersteigen Herrn
Andersons vom Gipfel des kleinen Schreckhorns nach dem
Kastenstein und unteren Grindelwald-Gletscher, von wo der

Rückweg nach Grindelwald genommen wurde, da dieses die einzige Ueberschreitung der Schreckhornkette von Ost nach Westen ist, die bis jetzt hat bewerkstelligt werden können. Von dem Abschwung bis zum Mettenberg, von den Firnrevieren des oberen Grindelwaldgletschers direkt nach dem unteren Grindelwaldner Eismeer oder vom Lauteraarfirn auf den Strahleckgletscher ist uns auser diesem Uebergang bis dato kein anderer bekannt geworden und möchte wohl kein anderer möglich sein.

So viel hatte man jedoch durch diese vorbereitenden Versuche gelernt, dass dem Gross-Schreckhorn wohl nur von dem Hochfirn der Strahleck beizukommen sei. Diesen Weg schlug auch Herr Leslie Stephen ein. Unter einem etwas überhängenden Felsblock unterhalb des Kastensteingletschers, dem man seither den Namen Kastenstein beigelegt hat, wurde bivouakirt und am darauffolgenden Tage der Gipfel erreicht und mit Mühe noch Abends das Bivouac wieder unter dem Kastenstein bezogen. — Seit dem Jahre 1861 war der Gipfel des Schreckhorns unberührt geblieben und nach alledem, was man etwa von unseren Oberländer Führern hörte und besonders von denen, welche Stephen begleitet hatten, Peter und Christian Michel und Ulrich Kaufmann, verlor dieser Gipfel wenig an Furchtbarkeit. Uebereinstimmend erklärten sie die Besteigung für die schwierigste in diesem Gebiet und wussten alle die glatten Felswände und schwierigen Eiskehlen, sowie ein gewisses nicht allzubreites Grätchen und endlich den schönen Platz auf der höchsten Zinne in anmuthigen, einen Bergenthusiasten nur allzubegeisternden Farben zu schildern. Stephen selbst hat seine Besteigung sehr anziehend geschildert, und ich verweise deshalb auf die Peaks, passes & glaciers, Vol II. Second series. Einen Einwurf muss ich jedoch einer seiner

Behauptungen machen, nämlich dass bis jetzt auf allen
Karten ein Felsgrat der die Strahleckhörner und durch diese
das Schreckhorn direkt mit dem Finsteraarhorn verbinde,
der allerdings nicht existirt, gezeichnet sei. Die Strahleckhörner versenken sich in ein weites Firnplateau, welches
südlich in den Finsteraargletscher, nördlich in's obere Grindelwaldner Eismeer abfällt und daher zwischen diesen beiden
Eisströmen ein ununterbrochenes Gletscherjoch darstellt,
welches neulich F i n s t e r a a r j o c h genannt wurde. Auf dem
Blatt XVIII. der eidgenössischen Karte wird Herr Stephen
keinen solchen nicht existirenden Verbindungsgrat gezeichnet
sehen, sondern ein ununterbrochenes Firnfeld, welches seit
Herrn Georges Ueberschreitung F i n s t e r - A a r j o c h genannt
worden ist, und eine andere Karte als die eidgenössische
darf für diese Hochregionen nicht als stichhaltig angesehen
werden. Auch ist der alte Strahleckpass immer über die
Strahleckhörner weggegangen und kaum je früher direkt auf
den sehr zerklüfteten obern Theil des Finster-Aargletschern.

Der Spätherbst 1863 hatte den verschiedenen Gletscherfahrten unserer Alpen-Clubisten ein Ende gemacht, und einer
nach dem andern traf im Hauptquartier ein, um seine
Abentheuer und Irrfahrten auf die langen Winterabende
hin zu verarbeiten. Hierbei konnte es nicht fehlen, dass
dieser oder jener diesen oder jenen Plan auf's nächste Jahr,
sei es im begeisterten Fluss mündlicher Rede, sei es in
wohlabgerundetem Aufsatz zwischen den Zeilen durch-
schimmern liess. Es traf sich nun sehr bald, dass einige
gleichgesinnte Catilinarier im Geheimen sich gegen denselben
Potentaten verschworen hatten, und da die Clubisten dem
Principe viribus unitis huldigen, wurde von dem Triumvirat
Prof. Dr. Aeby, Pfarrer Gerwer in Grindelwald und mir ein

Attentat auf die Zwingburg des Schreckhorns beschlossen. Die Ausführung des Planes sollte so früh in der Jahreszeit als möglich geschehen, da wir alle etwas darauf hielten, wenigstens die Zweiten in der Besteigung zu sein. Mit den Vorbereitungen und der Bestellung der Führer war Pfarrer Gerwer beauftragt worden, der dieses an Ort und Stelle am besten besorgen konnte.

So trafen wir denn Anfang August 1864 im gastlichen Pfarrhause zu Grindelwald zusammen, um zur Ausführung unseres sehnlichst gehegten Lieblingsplanes zu schreiten. Ich war eine Woche früher eingetroffen und hatte die schönen Tage Ende Julis zu einer Begehung des Vieschergrates benutzt. Das kleine Viescherhorn hatte sich ergeben müssen, und nachdem ich den Walliser Vieschergletscher mit seinen Tributoren in seiner ganzen Länge begangen hatte, kehrte ich von Lax aus über das Mönchjoch zurück nach Grindelwald nnd traf daselbst Sonntag Abends den 31 Juli ein, allwo Aeby sich schon befand. Einen Ruhetag nach drei Bivouaknächten mochte man mir wohl gönnen, und so benutzte Aeby den wolkenlosen Montag den 1. August zu einer Recognoscirung in der Richtung des Schreckhorns, um über Zustand und Menge des Schnees mit Peter Michel zu berathen. Die Meinung Michels war, die Felsen seien noch nicht so weit „ausgeabert" als es wünschenswerth wäre, jedoch sei es alter Schnee und in ausgezeichnetem Zustande, und er rathe zu sofortigem Aufbruch.

Dienstag hatte sich das Wetter etwas verändert, so dass wir ihm nicht recht trauten. Als aber Mittwoch früh der Himmel wieder wolkenlos war, liess man die Mannschaft ein- und aufpacken und um 11 Uhr Mittags brachen wir auf, von den wärmsten Glückwünschen des Hauses begleitet. Als Führer fungirten Peter Michel, Peter Inäbnit

17*

und der junge vielversprechende Peter Egger; als Träger
kam von Grindelwald aus mit dem Kochapparat, den Decken
und reichlichem Proviant P. Gertsch mit, während unser
zweiter Träger Christen Bohren uns an der Bäregg erwartete.
In faulem Schlendrian, viele Schweisstropfen vergiessend,
einer Menge Touristen begegnend, schlenderten wir mühsam
den Weg zur Bäregg hinan. Es war 12 Uhr 30 Minuten.
Dort erlabten wir uns bei unserem zweiten Träger, der die
kleine Wirthschaft führt, an herrlich frischem Biere und
erfreuten uns des schönen Blicks auf's freundliche Grindelwald
hinab, dem Freund Gerwer, der Lieben daheim gedenkend,
einen etwas wehmüthigen Gruss gesandt haben mag. Ein
Franzose ergötzte uns mit seinen naiven Fragen über
Entfernungen und Höhenverhältnisse, worin er in dieser ihm
ganz neuen Welt an Begriffslosigkeit nur noch von seiner
Frau, einer lustigen Pariserin, übertroffen wurde. C'est bien
gentil! ces montagnes!... Endlich ist Christen Bohren
auch parat und auf seiner auch schwerbepackten Traghutte
glänzt der kupferne Kochkessel, der uns noch viel Gaudium
bereiten sollte.

Wir brachen um 1 Uhr 20 Min. auf. Unser Weg ist
vorläufig der vielbeschriebene und allbekannte Weg zur
Strahlegg, da Michel beschlossen hat, den Kastenstein nicht
zum Nachtquartier zu wählen, sondern bedeutend höher ein
Bivouak zu beziehen. Wir steigen die steilen Grasstufen
der Zäsenbergschaafweide hinan, wo wir von einer Menge
langhaariger Ziegen angemäckert werden. Dann überschreiten wir mehrere Wildbäche, drängen uns auf schmalem
Band um eine Felsenecke, und nachdem uns die Seiten-
moräne des Grindelwaldgletschers weiter forthilft, haben
wir noch einen steilen Felsenhang zu erklettern, um auf
die Ebene des Ober-Eismeer zu gelangen. Hier wäre uns

bald etwas fatales begegnet. Voran ging Michel, dann
Aeby, Inäbnit und wir übrigen dicht hinter her, um die
lockeren Steine, welche auf dem Felsenhang sich unter den
Füssen loslösen, gleich beim Anfang der Bewegung aufzuhalten. Am Fuss der Wand stehen noch die beiden Träger
mit den schweren Tragkörben, um ein wenig auszuruhen.
Plötzlich löst sich unter den Füssen eines der vordersten
der Kolonne ein Stein los und poltert an uns vorbei der
Tiefe zu. Keiner von uns kann ihn auffassen und in
sausenden Sprüngen fliegt er gerade der Stelle zu, wo unten
die beiden Träger stehen. Wie im Nu drehen wir uns um,
und rufen ein einstimmiges „Achtung da unten!" den sorg-
losen Trägern zu. Gertsch sehen wir sich ducken, und dicht
über ihm fliegt der Stein, gerade dahinter muss Bohren
stehen! — ein dumpfer Schlag — es hat ihn getroffen?
Gertsch springt herzu und athemlos stehen wir einige
Sekunden da. Schon ist Michel die halbe Höhe des Felsen-
hanges hinuntergesprungen, als Gertsch wieder erscheint
und uns mit dem Ruf tröstet: „Es hat ihm nichts gethan,
aber dem Kessel!" Bald erscheint auch Bohren und windet
sich mühsam herauf zu uns, zeigt uns lachend den armen
Kessel, der die volle Wucht des Geschosses erhalten hatte
und mehrere breite Risse und zahllose Beulen zeigte. Auf
unseren Zuruf hatte sich Bohren noch unter den Tragkorb
ducken können, als der Stein mit voller Kraft den Kessel
trifft und ihm den Tragkorb von den Schultern reisst. Besser,
unser Kessel sei zu einem Sieb geworden als der Schädel
des armen Bohren.

Um $4\frac{1}{2}$ Uhr stehen wir am Rande des oberen Eismeeres, wo wir noch schnell vor dem strengen Ansteigen
gegen unsern dort noch hoch über uns liegenden Nachtlagerplatz etwas geniessen wollen. Schon senkte sich die

Sonne und goss ein gelbliches Licht auf die gerade uns
gegenüber in röthlichem Schein strahlenden Gneiswände des
Gross-Schreckhorns, des doppeltgegipfelten Nässihorns, des
Klein-Schreckhorns und des entfernteren dreigipfligen Mettenberges, während die braunen Wände des Gross-Lauteraarhorns schon im Schatten stehen. Hier, wo wir die ganze
Schreckhornkette in Front hatten, entspann sich ein Streit
über die Nomenclatur der zwei Gipfel zwischen den kleinen
Spitzen des · Mettenberges und dem Gross-Schreckhorn
welcher eigentlich erst diesen Winter durch die Fixirung
der Nomenclatur dieser Gebirgskette für das Blatt XIII der
Dufour-Karte ist erledigt worden. Michel nannte die Spitze
gleich nördlich anstossend an das Gross-Schreckhorn:
Klein-Schreckhorn, während er den von dieser Spitze
herunterhängenden sekundären Gletscher: Nässigletscher
hiess und den herunterstürzenden Bach: Nässibach, während
er das Nässihorn als eine der drei Spitzen des Mettenberges
bezeichnet haben wollte. Den von Anderson bestiegenen steilen
und in der äusseren Form von Norden gesehen dem Gross-
Schreckhorn sehr ähnlichen Klein-Schreckhorn-Gipfel bezeichnete Michel jedoch auch mit dem Namen Klein-Schreckhorn,
so dass die Leute des Thales offenbar selbst confus waren.

Die Benennung ist jetzt, wie sie übrigens auch Almer an-
giebt, von Süd nach Nord folgende (Vide Zeichnung) und auch
so angenommen und in die Dufour-Karte eingetragen worden:
1.) Gross-Lauteraarhorn 4043, hierauf folgt ein tief
eingesenkter Grat, der Schreckhorngrat, am Fuss dieses
in einem Kessel südlich von der Strahlegg, nördlich vom
Gross-Schreckhorn eingeschlossen senkt sich der Schreck-
Gletscher herunter. 2.) Gross Schreckhorn 4080:
von diesem hängen 2 hangende Gletscher hinunter zum
Grindelwaldgletscher, der Kastensteingletscher südlich und

raun.

Das Schreckhorn.

Von der Strahleck aus.

der kleine `Schreckfirn, der schon an den Fuss des Nässi-
horns stösst. 3.) Nässihorn: zwei Spitzen 3749 und
3686 M. bilden einen hausdachähnlichen Giebel mit zwei
hervorragenden Ecken. Am Fuss des Nässihorns liegt
der sekundäre Nässigletscher. 4.) Klein-Schreckhorn, 3497 M. Der bekannte thurmähnliche felsige Gipfel,
der in der äusseren Form eine grosse Aehnlichkeit mit
dem Gross-Schreckhorn hat und den Mettenberg überragt,
überall von Norden sichtbar, ist der von Anderson bestie-
gene Gipfel, wenn nicht alle Wahrscheinlichkeit trügt.
5.) Mettenberg, mit 3 deutlich eingeschnittenen Gipfeln,
von denen jedoch nur der nördlichste von Grindelwald aus
sichtbar ist. Auf dem Wege gegen die Grindel-Alp hinauf
jedoch erscheinen alle drei sehr deutlich als getrennte
Spitzen auf demselben Kamm.

Mit Leichtigkeit wurde das ganz flache Ober-Eismeer
überschritten, und bald standen wir am Fusse einer weit
sich hinaufziehenden überschneiten Schlucht, deren Grund
mit Lawinenschnee ausgefüllt war. Es ist dies einer der
Hauptlawinenzüge des Schreckhorns. Jedoch war so spät
am Tage und in dieser Jahreszeit nichts zu fürchten. Der
alte Lawinenschnee war hart, und obgleich die Neigung
nie unter 40° war, rückten wir in raschem Zickzack schnell
in die Höhe. Rechts von uns hing ein in sturzdrohenden
Massen abgerissener Gletscher über eine Felswand hinauf,
von dem wohl ein beträchtlicher Theil der zerstreut herum-
liegenden Eisblöcke herstammen mochte. Links erhoben
sich Klippen über Klippen der riesigen Festungsmauern
des Schreckhorns. Wir mochten ein Drittel der Höhe in
diesem Lawinenzug emporgestiegen sein, als plötzlich rechts
vom Bruchgletscher her und ziemlich hoch über uns ein
scharfer, raschelnder Ton erklingt. Wir blicken in die

Höhe und sehen einen Felsblock, der zuerst über eine Felsplatte langsam herunterrutscht, dann mehrere Mal über-
purzelt, mit einem Sprung über die senkrechte Wand
herunterstürzt und nun in rotirender Bewegung die Eisschlucht herab direkt auf uns los fliegt. Zum Glück
waren wir nicht angebunden und im Hui stoben wir
instinktmässig auseinander, der eine rechts, der andere
links ausweichend. Eine Sekunde später und der wohl
drei Schuh im Durchmesser haltende Block saust mit der
Schnelligkeit einer Kanonenkugel mitten durch unsere
Kolonne und überschüttet uns mit aufgespritztem Firnschnee.
Einmal an uns vorbei, senden wir ihm einen lauten Jauchzer
in die Tiefe des Grindelwaldgletschers nach, in welcher er
sich in den nächsten drei Sekunden versenkt. Dies war die
zweite Warnung schelmischer Kobolde des Berges, doch
von jetzt an schien uns das Schreckhornmannli gnädig annehmen zu wollen und liess uns in Ruh.

Schon brach die Nacht herein, als wir den oberen
Rand des langen Lawinenzuges erreichten und rechts noch
über Felsgetrümmer emporsteigend, gelangten wir um
7 Uhr 40 Min. auf einen ebenen mit Trümmern bedeckten
Platz am Fuss einer kleinen Felswand. In der Nähe
tröpfelte Wasser vom Felsen herunter, so dass wir beschlossen,
hier zu bivouakiren. Steine waren rasch zu einer kleinen
Terrasse zusammengetragen, ein kleiner Kochheerd aufgebaut und die Besorgung der Küche Gertsch und Bohren
überlassen. Bald loderte ein lustiges Feuer und nachdem
jeder seine Nachttoilette gemacht, d. h. alles warme, was er
an Kleidern haben mochte, angezogen, wurden die Pfeifen
angesteckt, und auf Decken ausgestreckt oder niedergekauert
erwarteten wir sehnlichst die versprochene Suppe. Das ging
lang. Natürlich musste der rissige Kochkessel ausgebessert

werden. Zuerst mussten meine geologischen Hämmer in der
Hand Inäbnits Kupferschmiedsarbeit verrichten, nachher
wurde aus Käse und Brodkrume ein Teig bereitet und
mit diesem die Risse verpicht. Allerdings hielt sich das
Wasser so lang darin, ohne auszufliessen, bis es warm
wurde, dann wurden Brodkrumen und gebratene Käsepaste
aufgelöst und alles Wasser fiel in's Feuer und statt warmer
Suppe hatten wir zuletzt nur nasses Holz und immer hatte
Gertsch wieder zu blasen und das Feuer zu schüren, bis
diese Verpichungsversuche aufgegeben werden mussten.
Der letzte Versuch wurde von Inäbnit sehr geistreich
mittelst eines Hosenknopfs und zweier kleiner Nägel angestellt und solcher Weise gleichsam der wichtigste Riss zu-
genäht. Auch diese Schneiderarbeit hielt nur so lange, bis
das Wasser etwas warm geworden, der Knopf gesprengt
und die beiden Nägelchen verloren gegangen waren, und
so gaben wir zuletzt die Kocherei auf. Aeby hatte jedoch
eine kleine Spiritusmaschine mitgebracht, und in kurzer
Zeit schlürften wir mit Behagen einige Becher warmer
Chocolade, welche die Wirkungen der empfindlich kalten
Nachtluft auf die Peripherie wenigstens einigermaassen von
innen heraus zu modificiren vermochte. Hierauf legte sich
einer nach dem andern, den Kopf auf den Habersack
gestützt, in Plaids und Decken eingehüllt, nieder. Herrlich
funkelten die Sterne am dunkeln Nachthimmel, das Rauschen
der Gletscherbäche wurde allmälig schwächer und schwächer,
und auf wenig Stunden schlief einer nach dem andern ein.

Es mochte etwas nach Mitternacht sein, als Aeby wieder
sich zu rühren begann, und da er vor Kälte nicht mehr
schlafen konnte, wurde die Kaffeemaschine wieder in Thätigkeit gesetzt und eine Flasche Rothwein mit Zucker ge-
kocht. Eine liebliche Ueberraschung war uns Schlummern-

den der Genuss eines Bechers Glühwein, für den auch die
Führer sich begeisterten. Nachher kauerten wir uns wie
Häringe noch dichter zusammen, um der Wirkung des
scharfen Morgenwindes zu widerstehen. Als wir die Augen
aufschlugen, war Gertsch schon wieder bemüht, das noch
glimmende Feuer anzufachen, und bereits dämmerte im Osten
der Morgen.

Ein prachtvoller, wolkenloser Tag brach Donnerstag,
den 4. August, heran. Von den leichten Föhn-Schäfchen,
die gestern über Mittag den Himmel auf einige Stunden, wie
mit einem leichten grauen Schleier, überzogen und schon
gegen Abend sich theilweise aufgelöst hatten, war heute
auch gar keine Spur zu sehen, und die grosse Kälte war uns
ein Zeichen, dass die Bise (Nordost) wieder dominirte. Allmälig rötheten sich die Spitzen der Viescherhörner, während
der eisbepanzerte Vieschergrat noch in blauen Schatten gehüllt blieb. Das Finsteraarhorn leuchtete golden in die
dämmernden Thäler hinab und auch der entferntere Mönch
war schon rosenroth beschienen, als wir unsere halb erstarrten Glieder schüttelten und nach genossenem Frühstück,
d. h. Chocolade nebst Brod und etwas Fleisch, uns zum
Hauptwerke rüsteten. Alles überflüssige Gepäck sollte hier
bleiben. Zwei der kleineren Reisetaschen und ein Habersack,
sowie die nöthigen Stricke, Eisbeile und das sehr wichtige
Fahnentuch wurden mitgenommen, auch eine alte Botanisirbüchse, in welcher einige Eier und Brot verpackt wurden.
Gertsch und Bohren wurden auf dem Bivouakplatz bei unsern
Effekten zurückgelassen, was besonders Gertsch zu Herzen
zu gehen schien, da er gerne mitgekommen wäre.

Um 5 Uhr brachen wir auf. Zuerst wurde die kleine
Felsenwand gleich über unserem Lagerplatz erklommen,
und einige Steintrümmer, eine Art unausgebildeter Moräne

führte uns auf die Höhe des Gletschers, welcher den Kessel zwischen der Strahleck, dem Schreckhorn und Lauter-Aarhorn in weitem Halbkreis ausfüllt. Rechts von uns dehnte sich der Gletscher in einigen gewölbten Hügeln ziemlich zerschrundet gegen die Höhe des Gaaks aus, der Strahleckgrat selbst war wohl noch um 6—700' über unsern Standpunkt erhoben, so dass wir danach die Höhe unseres Nachtlagerplatzes auf etwa 9200' — 9500' über dem Meere schätzten. Weiter oben ging dieser Gletscher mehr und mehr in steile Firnhänge über, welche sich bis an den Fuss der riesigen Felswände hinaufzogen; sie bilden einen regelmässigen Halbmond, deren beide Ecken die Schreckhörner sind. Ein klaffender Bergschrund zog sich am Fuss der steilen Schneekehlen hin. Der Schnee war noch hart gefroren, und mit Leichtigkeit stiegen wir den auf der Seite des Schreckhorns wenig zerspaltenen Gletscher hinan. Wir hielten uns von Anfang an ziemlich stark links am Fuss der immer höher sich aufthürmenden Felsen. Mehr und mehr nahm die Steigung zu, je näher wir den Felsen kamen. An einer Stelle, wo der Bergschrund vollständig zugeschneit war, wurde er passirt und dann eine lange Firnhalde in Angriff genommen, die uns bis an den Fuss der Felsen bringen sollte. Hie und da mussten zur Nachhülfe kleine Tritte eingehauen werden, doch kamen wir rasch vorwärts und um $6^{1}/_{2}$ Uhr erreichten wir den untersten Felsen, wo wir etwas genossen. Hier liessen wir auf den Rath Michels eines unserer Gletscherseile zurück, da er meinte, an einem hätten wir genug. Wir hatten es nachher zu bereuen.

Unterdessen war es heller Tag geworden und die Aussicht fing an sich auszudehnen, besonders fesselten uns die silberglänzenden Viescherhörner und das mehr und mehr wachsende Finster-Aarhorn. Hier banden wir uns fest. Michel

als Hauptmann voran, dann Pfarrer Gerwer, Egger, Aeby,
dann Inäbnit und ich. Wir waren hier ungefähr in der Höhe
des Strahleckpasses, und erst jetzt fing die Arbeit an. Die
untersten Felsen waren sehr leicht, und schon fingen wir
an, unsere Glossen über das fidele Schreckhorn zu machen,
ohne zu ahnen was da noch kommen sollte. Bald bogen
wir, wo die Felsen uns weniger rasch forthalfen, in kleine
sehr steile Schneefelder ein, die auch noch ganz gefroren,
jedoch ohne Glatteis, mit Leichtigkeit überwunden wurden.
Doch allmälig wurden wir durch die Umstände und die
zunehmende Steilheit des Gehänges in ein Couloir gedrängt, in dessen kaminartiger Höhlung wir hartes Firneis
fanden, und dessen Wandungen eine sich weit in die Höhe
ziehende Felsrippe bildeten. Nun fing die Kletterei erst
recht an. An den untersten Felsen dieser Eiskehle fand
sich noch ein Exemplar Androsace glacialis (circa 10200')
vor, die letzte Phanerogame, die wir trafen. Auf allen Vieren,
mit Arm und Bein und Brust und Knie den Schreckhorn-
Gneis liebevoll umarmend, glichen wir wohl eher in unserer
Gesammtheit einem Reptil, ja ein Phantast hätte aus einiger
Entfernung uns wohl für den Stollenwurm halten können,
der an den Felsen des Schreckhorns herumkrabbelt und sich
von Firneis nährt. Hier erst sahen wir ein, dass wir zu
wenig Seil hatten und bereuten, das zweite Gletscherseil zurückgelassen zu haben. Liess man nämlich die Vordersten
ein Stück weit voranklettern, bis Michel irgend wo auf zoll-
breitem Vorsprung festen Stand hatte, so war sehr oft der
Abstand zwischen den Kletternden zu kurz und da wir kaum
10' Abstand von einander hatten, wurden die hintersten der
Kolonne mitgerissen und mussten oft absetzen, wo sie wiederum keinen festen Stand erhalten konnten. So hing immer
einer von seinem Vormann ab, dieser war wiederum durch

die Kürze des Seils in seinen Bewegungen durch seinen Nachfolger sehr gehindert, und immer musste einer auf den andern sehen, um nicht durch einen unwillkürlichen Ruck von
oben seinen Stand zu verlieren. Noch tönt mir der Ruf in
den Ohren: Michel, habt ihr festen Stand?" — „Ia! nur
nach!" — „Halt da oben, wir sind noch nicht nach!" —
„„Wart, Aeby, ein wenig, das Seil reisst mich herunter!"
— „Egger, habt ihr Stand?" — „Ietzt zieht an." — Halt,
Spisspeter, ich bin noch nicht nach! u. s. w." Wären wir
immer auf Felsen geblieben, so hätten wir besser gethan,
ungebunden zu klettern, aber da wo die Gneistafeln so
steil und glatt wurden, dass kein Vorsprung weder für
Finger noch für Fuss zu finden war, schlugen wir uns in
die Eiskehle, und da mussten im klarsten, härtesten Eis
Stufen gehackt werden. Entsetzlich jäh war die Eiswand
und das Eis oft nur so dünn, dass darunter ungangbarer
Fels zum Vorschein kam. Am schwierigsten war es, vom
Eis in die Felsen überzusteuern, weil da die Vordersten
schnell auf einen sicheren Vorsprung sich retten wollten und
die Hintersten, wohl oder übel, im Zickzack, über die unregel-
mässigen Tritte weggerissen wurden.

Wir mochten zwei Stunden in diesem Couloir bald auf
der linken Seite über die Felsen, bald in der Mitte über das
Eis uns emporgearbeitet haben, als Michel mit ernster Miene
Halt gebot. Wir waren auf einem kleinen Felsvorsprung
angelangt, wo jeder etwa bösdings sitzen konnte. Eine
kleine Ruhepause in dieser Kletterei war nöthig. Nicht ohne
Grausen übersahen wir den bereits zurückgelegten Weg und
die stellenweise wohl bis zu 60° geneigten Felsen, nicht ohne
Beklemmung tauchte der Blick in den durchmessenen Abgrund, der Rückreise gedenkend. — Offenbar sann Michel
über den weiter einzuschlagenden Weg nach, dann durch-

musterte er aufmerksam die zahllosen nackten Riffe, die gegen
den noch unsichtbaren Grat in immer wilderen Horngestalten emporstarrten.   Bis zu diesem Punkt waren wir in derselben Rinne emporgeklettert, wie 3 Jahre früher L. Stephen.
Da aber die Felsen weit mehr beeist, weniger „aber" waren,
so wurde jedes weitere Vorrücken in südlicher Richtung der
Eisschlucht unmöglich.   Lange Eiszapfen und eine dünne
Decke durchsichtigen Eises deckten die glattgeschliffenen
Fluhbänder, und da, wo Stephen lockere Trümmer und
trockene Felszacken angetroffen hatte, ragten kaum ungreif-
bare Platten aus dem Eispanzer.   „Wir müssen uns rechts
gegen den Sattel halten und sehen, ob wir da hinauf mögen!"
meinte Michel.   Ohne Widerrede nahmen wir sein Kommando
an, da wir alle ziemlich apathisch gestimmt waren und, von
der warmen Sonne beschienen, einer nach dem anderen ein-
genickt war.   Inäbnit war etwas unwohl geworden und
auch Freund Gerwer fing die Folgen der Ueberanstrengung
und dünneren Luft an zu spüren und klagte über Uebelkeit
und Fieber.   Nur Egger war immer gleich frisch und elas-
tisch gestimmt und rüttelte uns mit einem fröhlichen Jauchzer
aus unserer Lethargie: „Numme geng süferli gweiggelet."
meinte, er und mit neuer Kraft und Hoffnung schlugen wir
uns in eingehauenen Stufen über· das Eiscouloir auf die
rechtseitige Felsrippe.

Hier kamen wir eine Zeit lang rascher fort, aber bald
wurden die Felsen so, dass nur mit grösster Vorsicht operirt
werden durfte.   Da konnte kein einziger mehr festen Stand
fassen, wenn man nicht den Reibungscoeffizienten der Hosen
auf Gneiss als solchen ansehen will.   Eine böse Viertelstunde
stand uns bevor, bis wir das obere Ende der Eisschlucht zum
zweiten Male passirt hatten und Michel, hinter einem Felszacken verschwindend, plötzlich laut aufjauchzt.   „Der

Grat ist nicht mehr weit!" tröstet er, und allerdings, nachdem einer nach dem andern von oben um eine Ecke des jähen Felsen am Seil emporgehisst worden war, standen wir am Rand eines abschüssigen Schneefeldes, über welches wir, die Schrecknisse der Felsen rasch vergessend, in wenig Minuten den Grat oder Sattel erreichten.

Es war 12 Uhr. Ungetrübt schien die Sonne am wolkenlosen, schwarzblauen Himmel und mit Entzücken durchmusterten wir den ganz neuen Horizont. Die herrliche Gruppe der Wetterhörner, Berglistock und Lauteraarsattel trat plötzlich zu unsern Füssen hervor, und die ganze Welt östlicher Gebirge, sowie schon die Häupter der Penninischen Alpen und der alte Montblanc liessen ahnen, was uns auf dem Gipfel erst zu Theil werden sollte. Wir standen auf dem tiefsten Punkt der Einsattlung zwischen Schreckhorn und Gross-Lauteraarhorn. Letzteres erhob sich in zahllosen, furchtbar zerrissenen Nadeln als Gipfel eines langsam ansteigenden Grates noch 300' über userm Standpunkt, ersteres starrte in jäher Kegelform wohl noch 400' hoch uns entgegen. Einen Schluck Wein und auf zum letzten Sturm!

Der Grat zog sich eine kurze Strecke weit als Firnkante fort. Dann kletterten wir über den schmalen Kamm der wieder recht locker gethürmten Gneistafeln, die hier schneelos guten Griff gewährten, unaufhaltsam empor. Rechts und links öffneten sich immer unmittelbarer die entsetzlichsten, wohl 4000' tiefen Abgründe. Ein Felskegel nach dem andern wurde für den wahren Gipfel gehalten. Hat man einen Zacken erreicht, so starrt weiter oben ein zweiter in den azurblauen Himmel, jedoch ist diese Kletterei hier ungefährliches Turnen gegen die Felsen des Couloirs! „Hier sind wir mit Stephen auf den Grat gelangt!" ruft Michel und zeigt uns eine leere Weinflasche, die zwischen 2 Platten noch unversehrt sich ihres Daseins freut. Es war hier die Ausmündung eines anderen Couloirs, welches mit unserem etwa 1000' tiefer in spitzem Winkel zusammentrifft. Heute wäre Stephens Couloir wegen der übermässigen Beeisung keinesfalls gangbar gewesen. Noch liegen zwei höhere Zacken vor uns, der Grat wird ziemlich beeist, der Schnee bildet eine starke Gwächte, theils müssen wir derselben ausweichen, theils vertrauen wir uns ihrem luftigen Bau an. Der zweite Zacken ist erreicht und kein höherer erscheint mehr! Ah! da dicht vor uns und nur ein Geringes höher liegt der heissersehnte Gipfel, dort glänzt schon die alte Fahnenstange und gucken einzelne Steine des Steinmannlis aus dem Schnee hervor! Aber ein zwar ebenes, aber schrecklich schmales Grätchen mit luftiger lockerer Schneegwächte, verbindet uns mit dem Gipfel, sonst trennen uns bodenlose Abgründe. Auf diesen Anblick hin setzen wir uns lautlos neben einander nieder und schauen uns mit grossen Augen fragend an. „Wer geht da hinüber, Rittersmann oder Knapp?" riefen wir mit dem Dichter aus. Michel besann sich nicht lang, löste sich und Egger vom Seil ab: „Spisspeter, bleib du bei den Herren, wir wollen grad ein wenig den Weg bahnen!" und leichten Fusses betraten die Kühnen den grausigen Grat. Die kleine Schneegewächte war noch gefroren und hielt fest, an einzelnen Stellen wurde sie mit dem Beil weggeschlagen, einige Schritte mehr und die Beiden stehen auf dem Gipfel des Schreckhorns!

Schnell hatte Michel das Fahnentuch entrollt und an die alte Fahnenstange befestigt, beide warfen ihr Gepäck zu Boden und in wenig Minuten waren sie wieder an unserer Seite. „Es geht ganz gut," rief Michel, „die Gwächte ist zum Glück noch gefroren!" Während die Beiden sich anschickten, uns wieder ans Seil zu binden, hatte Inäbnit plötz-

lich auf der Höhe der Strahleck einige schwarze Punkte entdeckt, die langsam die Schneefelder zum Gaak hinunterstie-
gen. „Sind das Gemsen oder Menschen?" fragte einer.
Mit Hülfe des Fernrohrs konnten wir deutlich fünf oder
sechs Mann entdecken. Ein lauter Jauchzer aus allen Kehlen
sollte durch die Lüfte in die Tiefe dringen. Sie haben uns
gehört, bleiben stehen, und einige schwache Juahoo! dringen
zu uns herauf. „Das ist Melchior Andereggs Stimme," behauptet Michel, „der wohl mit Fremden heute von der
Grimsel kömmt." Mehreremal haben wir geantwortet und
mehreremal wurde uns geantwortet, und welche Laune des
Schicksals! Wer sollte die erste Kunde unserer gelungenen
Ersteigung in's Thal hinunterbringen? Niemand anders als
Herr Leslie Stephen selbst, der gerade heute mit zwei andern
Engländern und M. Anderegg und P. Bohren seit mehreren
Jahren wieder die Strahleck passirt, und, der erste Besteiger,
Zeuge der zweiten Besteigung sein muss. Er soll unwillig
den Boden gestampft und uns zu allen Gukkern gewünscht
haben! —

Doch es zog uns mächtig die letzten schwierigsten
Schritte zu thun. Mit äusserster Vorsicht betraten wir das
heikle Grätli. Lose, kaum durch Eis zusammengebackene,
wenige Zoll breite und auf der Ostseite mit einer 6—8 Zoll
dicken und 3' hohen Gwächte überbaute Gneistafeln, auf
beiden Seiten die Nacht tausende von Fuss tiefer Abgründe
— das ist der Zugang zum Gipfel des Schreckhorns. Mit
einem Arm die Gwächte umklammernd, mit einem Fuss
sich in ihr einbohrend, mit dem andern auf 2—3 Zoll breiten, hervorragenden Steinen absetzend, so krochen wir lautlos vorwärts. An zwei Stellen war die Gwächte abgefallen,
und lockere Platten mit Eis bekrustet, zwangen uns zum
Kriechen und Reiten. Noch ein Stückchen Gwächte, noch

9 Stufen über eine ganz kleine Schneefläche, und ' wir alle
stehen jubelnd auf der allerhöchsten Spitze des S c h r e c k-
h o r n s.

Ich glaube, das erste Gefühl, welches ein jeder in diesem
hehren Augenblicke, in dieser seligen Siegesstimmung in
sich trug, war das der Dankbarkeit gegen eine gütige Vor-
sehung, die uns glücklich so weit gebracht, und des gegenseitigen herzlichen Glückwunsches, welches sich in stummem
Händedrucke äusserte. Dann brachen wir das Schweigen
der überwältigenden, anbetenden Stimmung durch mehrmalige Hurrah's und die erste Thätigkeit war, unsere liebe
eidgenössische Fahne vollends an die noch ganz unversehrte
Fahnenstange zu nageln. Von der ersten Fahne war auch
nicht mehr ein Faden vorhanden, nur die Nägel stecken un-
gerostet noch im Holz. Das Steinmannli ragte höchstens
3' aus dem Schnee hervor und schien in sich selbst zusam-
mengestürzt zu sein, wenigstens lagen mehrere Blöcke unor-
dentlich umher. Von der Flasche der ersten Besteigung
fanden wir nichts, da sie wahrscheinlich im untern Theil des
Mannlis festgefroren war. Es war genau 2 Uhr 15 Minuten,
als wir den Gipfel betraten; 2 Uhr war's, als wir beim letzten
Grätli angelangt und Michel und Egger auf Rekognoscirung
vorausgesandt hatten.

Die erste Frage, die mir der Leser stellen wird, wird sein:
Wie sieht der Gipfel des Schreckhorns aus? Wer je das
Schreckhorn von Norden aus der Ebene gesehen hat, der
weiss, dass der dunkle Felsen-Obelisk mit 2 weissen Schneeflecken gekrönt ist, die gar freundlich in das grüne Land
hinausleuchten und beim Volke verschiedene Namen führen.
Die Sage nannte sie früher die v e r d a m m t e n S e e l e n oder
v e r f l u c h t e n N o n n e n, das Volk nennt sie meist die A u g e n
oder, was im Flachland der gebräuchlichste Ausdruck ist:

„die Tübeli", weil es aus grosser Ferne aussieht, als
sässen 2 weisse Täubchen auf der Zinne des Schreckhorn-
thurms. Eines dieser Tübeli liegt, von Norden gesehen,
rechts vom andern und etwas tiefer. Das höhere bildet aber
den höchsten Gipfel und auf diesem strecken wir uns jetzt
aus und starren in das endlose Blau des Himmels. Dieses
Tübeli bildet ein gegen Norden schwach geneigtes Schneefeld von vielleicht 50—60' Länge und 20—30' Breite
und würde für mehr als hundert Personen Platz bieten. Die
Ränder dieses hie und da von hervorragenden Steinen unterbrochenen Schneefeldes brechen in Gwächten auf drei Seiten
über die ungeheuern senkrechten Abgründe ab, in welche
das Horn gegen Norden, Osten und Westen abfällt. Nur
gegen Süden steht es mit dem Grätli in Verbindung und
durch dieses mit der übrigen Welt. Ein scheusslich zerrissener Felsgrat löst sich, wohl unüberschreitbar, in südwestlicher Richtung vom Gipfel ab, und trägt an seinem Ende,
wo er sich zu einem breiten Thurm, gleichsam einem Vor-
werk des Gipfels, erweitert, das andere Tübeli, welches
etwa 100—150' tiefer liegen mag. Wir schätzen die Länge
dieses Grates auf 200'. Dieser Grat ist dem Auge, welches
sonst ringsherum nur auf unvermittelte Abgründe stösst, der
nächste Ruhepunkt.

Bevor wir die Aussicht mustern, lasset uns dem armen
Körper etwas geben, darum heraus mit dem saftigen Ge-
flügel und dem Champagner! „Angestossen auf das Schreckhorn und — Herr Wohlehrwürden — auf gesundes Wiedersehen der Frau Pfarrerin und der lieben Kleinen im freundlichen Pfarrhaus da unten! — Heute taufst du deinen ältesten
Gemeindegenossen, den letzten alten Heiden im Land!"
Eine Viertelstunde war verflossen mit Untersuchung des
nächst Greifbaren und mit Speisung des ermatteten Körpers.

18*

Erst jetzt hoben wir die Augen auf und versenkten
in dem Genuss der unvergleichlichen Aussicht. Noch k
Wölkchen am Himmel, wohl aber eine schneidende Bi
daher in der entfernteren Ebene und dem Hügelland ein vic
blauer Duft und nichts sichtbar, aber die Bergwelt bis
die entferntesten Recesse unverhüllt vor Augen! Unvergleich
lich nenne ich die Schreckhornaussicht, nicht weil es nich
schönere giebt, nicht weil es nicht abgerundetere, ästhetische
und imposantere giebt, wie z. B. Finsteraarhorn, Aletschho
und theilweise der Eiger, sondern weil wir Momente in d
Schreckhornaussicht, in der Schreckhornvogelschau habe
die von wahrhaftig erschütternder Wirkung sind. Es sin
hauptsächlich die zwei zunächstliegenden Gruppen, in di
wir wie mit Adlers Fittigen hineingetragen werden, über di
wir zu schweben scheinen. Da ragen aus dem blauen D
der Ebene und des Hügellandes die drei prächtigen Pyra
den der Wetterhörner hervor, die sich in silbernem Gl
scharf aus dem weiten Hintergrunde abheben. Zwische
ihnen hindurch erglänzen Theile des Vierwaldstädter-See
Rigi und Pilatus, und mancher grüne Hügel ist darin ein
rahmt. Zu den Füssen der 3 Brüder dehnt sich der we
Gletscherkessel der Quellfirne des oberen Grindelwaldgl
schers bis zum scharfen Felsenwall des Lauteraarsat
welcher in wüsten öden Zacken zum unwirthlichen Bergl
stock anwächst, dessen zerrissene wilde Flühe Freund Aeb
zum ersten Mal siegreich begangen hat. Meine Freund
studiren mit besonderer Emsigkeit den Schauplatz ihrer vo
jährigen Rundtour um das Wetterhorn, während ich z
ersten Male einen Blick in dieses prachtvolle Blatt (
grossen Buches der Alpenwelt werfe. — Die zweite Grup
welche dem Gemälde der Schreckhornaussicht, den Chara
ter des Erhabenen und Grossartigen verleiht, wird gebild

von der herrlichen Kette der Viescherhörner vom Finsteraarhorn bis zum Eiger. Durch einen Abgrund getrennt,
dessen Boden nirgends sichtbar, starren uns die in der herr-
lichsten Firnbekleidung gehüllten Viescherhörner unmittelbar entgegen. Wie eine krystallene Mauer von wenig Felsen
unterbrochen, verbindet der Vieschergrat zwei finstere Gesellen mit einander, das gewaltige Finsteraarhorn, dessen
dunkle Felsenpyramide uns noch bedeutend überragt, und
die kahle Kalktafel des messerscharfen Eigers. Der Blick
über den Vieschergrat hinaus ist ganz ungehemmt. Wir
dominiren die Firnhochebene, welche die drei Grindelwaldner Viescherhörner umklammert und südwärts den Walliser
Viescherfirn nährt. Heute genau vor acht Tagen um dieselbe Zeit, stand ich auf dem Gipfel dieses kleinen Viescherhorns da drüben, welches den spitzen Gipfel demüthig vor
seinen Nachbarn senken muss. Die steilen Schneewände,
die Séracs und die lange Gipfelwand, die eine so hartnäckige
Hackarbeit erforderte, die Uebergangsstelle nach dem Walliser Vieschergletscher; — alles ist sichtbar und scheinbar
so nahe, dass man mit einem Sprung wähnt hinübersetzen
zu können. Südlich vom Hinter-Viescherhorn ragen noch
die Grünhörner und Walliser Viescherhörner hervor; das
grosse Grünhorn tritt imposant mit seinen dunkeln Felsen
aus dem Chaos der umgebenden Firnmassen heraus, ja mit
Ausnahme des breiten Aletschhorns, scheint es die weiten
Reviere des Aletsch und Wallisser Vieschergletschers unum-
schränkt zu beherrschen. Vollends bezaubernd und grauen-
erregend zugleich ist der Blick auf das untere Grindelwaldner Eismeer und den chaotischen Eiskessel des Grindelwaldner Vieschergletschers, von welchem wir durch eine
5000' hohe Luftsäule getrennt sind! Wie winzig nimmt sich
von hier das Zäsenberghorn aus! Wie gequält und gewun-

den scheinen die Eismassen des Grindelwaldgletschers zu ihrer engen Felsenhöhle hinausgepresst zu werden! Wie lange nagt wohl schon dieser Eiswurm an seinem Felsenbette! Nordwärts übersehen wir zunächst die kahlen Felsgräte der Schreckhornkette bis zum Mettenberg, das scharfkantige, von einzelnen Schneebändern durchfurchte Nässihorn, dann das klotzige Klein-Schreckhorn und endlich, als Vermittler unseres Standpunktes mit der nebligen Tiefe des Thales, die breiten Fluhsätze des Mettenberges. Darüber hinaus die Faulhornkette und der allezeit freundliche Niesen, gebadet von einem glitzernden Streifen Thunersee. Noch weiter hinaus ist heute Alles in blauen Duft gehüllt, daher wir uns an diesem Theil der Aussicht nicht lange aufhalten und gern zur unmittelbarsten Umgebung zurückkehren. Gegen Süden ist uns ein grosser Theil der Aussicht durch den Grat des Gross-Lauteraarhorns verdeckt, jedoch tauchen rechts und links von diesem Zwillingsbruder des Schreckhorns zahlreiche Gipfel von Nah und Fern hervor. Jenseits der ruhigen Fläche des Lauteraargletschers strebt das aussichtsreiche Ewigschneehorn sich geltend zu machen, daneben Hangendgletscherhorn, Renfenhorn und Alles, was den Gauligletscher umgiebt. Darüber hinaus fesselt vor Allem die offizielle Triftregion. Der mit ungeheuern Schneelasten gekrönte, vielgipflige Winterberg dominirt ein ganzes Heer von Gräten und Hörnern, in deren Labyrinth jetzt wohl mancher eifrige Clubist herumirrt. Von dem Gewirr der östlichen Alpen bemerken wir wieder den Tödi, und einzelne in grosser Ferne gelblich beleuchtete Gipfel werden zur Bernina-Gruppe gehören. Von den Walliser Colossen ragen die hauptsächlichsten alle hervor, doch treten sie hier mehr im zweiten Glied auf und vermögen nicht sich Geltung zu verschaffen. Ueber die Einsenkung des Mönchsattels lugt

die abgestumpfte Pyramide des Mönchs hervor, von den
scharfen Kanten der Jungfrau flankirt, dann tauchen noch
einige Lötschthaler über den Firngrat des Trugberges hervor bis zum eleganten, auf der Nordseite in reiches Schneegewand gehüllten Aletschhorn. Ich sehe diesen alten Freund
immer wieder gern, der, an Höhe ein Rivale des Finsteraarhorns, letzteres an Regelmässigkeit und Anmuth der Formen
doch noch übertrifft. Mit Freude denke ich an die herrlichen
auf seinem Gipfel verlebten Augenblicke, wo mich eine eben
so klare Aussicht bei eben so kaltem Nordwind für die aus-
gestandene Mühe so reichlich belohnte.

Ach wie lange möchte man sehen und wieder sehen
und studiren und geniessen den unvergleichlichen Genuss
eines auf solcher Götterzinne durchlebten Augenblicks!
Aber die Zeit, die unerbittliche, drängt, der Raum ist weit
und der Abgrund ist tief, der uns von den Menschen trennt,
und Menschen sind wir und müssen wieder zu den Menschen
hinab! — Dazu wird die Kälte nachgerade empfindlich und
der Wind schüttelt uns, dass wir zähneklappernd und mit
zitternder Hand auf ein Formular des S. A. C. die Urkunde
der Besteigung verfassen. Das Thermometer zeigt 3,8°.
Das Formular wird sorgfältig in die leere Flasche verwahrt
und diese in meine Botanisirbüchse verpackt, welche ich
auf ewige Zeiten dem Schreckhorn zum Geschenke mache.
Wer je wieder diesen Punkt besucht, ist ersucht, seine Urkunde der unsrigen beizufügen und die alte Büchse wieder
sorgfältig im Steinmannli zu verwahren. Es wird mich
zudem immer freuen, Nachrichten über das Befinden des
alten grünen Bleches zu erhalten.

Zum Schlusse wird noch ein herzhafter Schluck genommen, dann noch einmal geht jeder ganz nahe an den Rand

des Abgrundes, um über die jähen Eiswände einen **Blick**
auf den Lauteraarsattel oder über lothrechte Felsen auf **das**
grause Gewirre des unteren Grindelwaldgletschers zu werfen,
um sich das Bild der Wetterhörner auf immer einzuprägen
oder, um dem Thal ein fröhliches „Wir kommen!" zuzurufen,
und um 3 Uhr brechen wir auf von diesem Stückchen **Erde:**
Auf nimmer wieder betreten! In derselben Reihenfolge **wie**
beim Ansteigen, betraten wir das Grätli bei der **Rückkehr.**
Langsam und eben so vorsichtig wird die Seiltänzerarbeit
vollbracht; zum Glück ist die kleine Gwächte vom **heftigen**
Winde noch immer gefroren, während die Abhänge des **Ber-**
ges thauen. Jenseits des Grätlis angelangt, athmen **wir**
fröhlich auf. Das Niedersteigen über die einzelnen **Zacken**
des schmalen und vielgebrochenen Grates ist nicht so schauer-
lich, wie es aussieht. Der vorderste Führer steigt **um**
Seileslänge hinunter bis er festen Stand hat, dann packt er,
im Falle die Füsse des über ihm rückwärts Kletternden unsicher Stand suchen, mit kräftiger Hand den Knöchel und
drückt den Fuss dahin, wo ein kleiner Vorsprung **Stand**
bietet. Von oben wird man übrigens auch noch gehalten und
so legten wir, theils platt auf dem Rücken hingestreckt, **theils**
auf dem Bauch kriechend, theils sitz- und rittlings, in den
unästhetischsten Stellungen, zum grossen Nachtheil **unserer**
Kleider den Felsgrat bis hinunter zum Sattel verhältnissmässig rasch zurück. Unsere langen Stöcke, die wir hier
zurückgelassen, nehmen wir wieder in Empfang und überlassen L. Stephen's Flasche ihren einsamen Betrachtungen.
Wir sehen auf die Uhr. Es ist 4 Uhr 20 Minuten. Hier
wird uns zum letzten Male Gelegenheit geboten, der Wetter-
horngruppe ein Lebewohl zuzurufen, und mit neugierigen
Blicken betrachten wir vom Sattel aus die Schneehalden,
die in entsetzlicher Steilheit sich zum Lauteraarfirn herunter-

ziehen. Im steilsten Winkel, in welchem Firnschnee noch
kleben kann, ziehen sich diese gefurchten Hänge, hie und
da von glatten Felsrippen unterbrochen, in die neblige Tiefe,
um über senkrechten Felsen abzubrechen.

Michel hatte schon beim Ansteigen geäussert, er gehe
nicht gerne wieder über die Felsen zurück, aber erst jetzt
sahen wir die Nothwendigkeit ein, einen andern Ausweg
zu finden; denn wie wären wir über die von Wasser und
weichem Schnee auf Glatteis triefenden Felsen hinunter-
gekommen? Ich weiss es nicht, aber überzeugt sind wir alle
davon, dass uns die Nacht noch im Couloir überrascht hätte.
Der Ausweg war gefunden. Von dem tiefsten Punkt des
Sattels zog sich auf der Seite des Lauter-Aarhorns, und also
bedeutend südlich von unserem Couloir, ein sehr steiles aber
in ununterbrochener Flucht, soweit wir sehen konnten, bis
auf den Gletscher reichendes Firnfeld, welches durch die
une hinlänglich erweicht, sicheren Stand bot, in die Tiefe.
Um 4 Uhr 30 Minuten betraten wir den steilen Abhang.
Incidit in Scyllam, qui vult evitare Charybdim: hiess es
auch hier. Waren wir den technischen Schwierigkeiten nasser
Felsen entgangen, so drohte uns hier eine andere Gefahr
nämlich die unheimlich dräuende Möglichkeit, dass sich unter
unsern Füssen die lockeren Firnkörner vom tieferen Eise
ablösten und mit uns als Lawine dem Abgrund zurollten,
wie es einige Tage darauf Herrn Prof. Tyndall und Gefährten, zum Glück ohne Verletzungen am Piz Morteratsch
ergangen ist. Jetzt wurde das Commando P. Michels ernst
und fest. Vorerst wurde das Seil in seiner ganzen Länge
ausgespannt, damit die einzelnen Theile der Kette soweit
auseinander zu stehen kämen als möglich, dann kehrten wir
uns um, mit dem Gesicht gegen den Abhang gewendet, und
fingen an, langsam abwärts zu treten. Mit Bergstock oder

Pickel suchte jeder die ganz erweichte, obere, lockere Schicht
des körnigen Firns, die etwa 2 Schuh dick sein mochte, zu
durchbrechen, um in das festere, kompaktere Eis der unteren
Schichten sich möglichst fest einzuharpuniren. Mit jedem
Tritt abwärts mussten wir das Gleichgewicht dadurch her-
zustellen suchen, dass wir auch mit den Händen tief in die
lockeren Schneemassen griffen. Sodann war eine nicht zu
vernachlässigende Vorsicht die, dass jeder Acht gab, sorgfältig in die Tritte seines Vormannes zu treten, um die Löcher
nicht zu erweitern und dadurch der lockeren Masse die
wenige Cohärenz noch zu nehmen, die sie sonst haben mochte.
Dank diesen Vorsichten und den öfteren Mahnungen der
Führer, und Dank auch der ziemlichen Menge jüngeren
Schnees kamen wir verhältnissmässig rasch und sicher vorwärts. Mit der Tiefe nahm auch die Steilheit dieser riesigen
Firnwand so zu, dass wir etwas rechts abbiegen und ein
Stück weit die Felsen wieder aufsuchen mussten. Dann gab's
noch ein höchst mühsames Abwärtstampfen im tiefen weichen Schnee des untersten Gehänges und ein Stück weit sogar in einem unter dem Schnee rieselnden Bächlein, ein
Zeugniss der gewaltigen Abschmelzung der höchsten Firn-
regionen an einzelnen warmen Tagen, und um 6 Uhr standen
wir am oberen Rand des Bergschrundes. Da er von dem
oberen Rande ziemlich überwölbt und nicht tief war, sprang
der Vorderste auf den jenseitigen tieferen Rand hinab, was
den Uebrigen einen solchen plötzlichen Ruck gab, dass Alle
nachstürzen mussten. Höchst komisch waren wir männiglich
übereinander gepurzelt, so dass man nur ein formloses
Gewirr von Armen, Beinen, Bergstöcken und Pickeln sah,
und jeder Mühe hatte aus dem lachenden Knäuel seine Arme
und Beine herauszufinden. Zum Glück hatte keiner bei diesem
plötzlichen Salto mortale in weichen Schnee eine Beule

davongetragen und mit homerischem Gelächter standen
wir auf.

Inäbnit wurde von hier aus abgeschickt um das auf
dem untersten Felsen liegengebliebene Seil noch abzuholen,
und in raschem Schritt trollten wir nun die sanften Gehänge
des Schreckhorngletschers hinab. Auf der kleinen Felswand
gleich über dem Nachtlagerplatz erwarteten uns unsere beiden Träger und hiessen uns von weitem mit frohen Jauch-
zern willkommen. Sie hatten seit 3 Uhr abwechselnd nach
uns ausgelugt und waren seit mehreren Stunden ziemlich in
Angst um uns, da sie uns früher erwartet hatten. Um 7 Uhr
Abends erreichten wir den Lagerplatz und liessen rasch
Alles aufpacken, denn da wollten wir eine zweite Nacht
nicht bleiben.

Es dämmerte schon, als wir den langen Lawinenzug
bis zum Grindelwald-Eismeer hinunterrutschten, aber da
diese Schlucht schon seit einigen Stunden im Schatten war,
hatte der alte Lawinenschnee wieder mehr Cohärenz und
bot prächtige Gelegenheit mehrere Rutschparthien zu machen,
welche uns in wenigen Minuten an den Fuss der Schlucht
brachten. Hier bogen wir, statt das Eismeer zu überschreiten,
gleich am Rande rechts ab, stolperten in der Unsicherheit
des Zwielichts mühsam über steile Moränen und lange Schutthalden und krochen endlich bei eingebrochener Nacht unter
manchen Seufzern über steinige Schafweiden, Guferhalden,
lockere Steine und grosse Blöcke bis zum Kastenstein,
den wir um 9 Uhr erreichten.

Da wir kein Holz mehr hatten, wurde die alte Hütte
Gertschs zum Tode verurtheilt und in Stücke geschlagen,
und nachdem wir noch unsere nassen Kleider am Feuer
getrocknet und eine warme Chocolade geschlürft, krochen
wir in die trockene Höhlung des Kastensteins, wo sich noch

ein wenig Heu vorfand und schliefen alle beinahe augenblicklich ein nach einem der mühsamsten aber auch genussreichsten Tagewerke in den Alpen.

Freitag, den 5. August, entwickelte sich schon früh ein reges und lustiges Leben am Kastenstein-Hôtel. Wir waren so recht ausgeruht, das Wetter war so recht schön, und das Bewusstsein des Gelingens unserer Fahrt stimmte uns alle so fidel, dass die aufgehende Sonne mit Gesang und Jodlern begrüsst wurde. Dann wurde noch der Rest des Hüttenholzes verbrannt, um in einem der Behälter der Kafeemaschine Suppe zu kochen, die Weinvorräthe im lustigen Kreise bis zur Nagelprobe geleert, der Rest der Lebensmittel unter die Führer vertheilt, und endlich in aller Gemüthsruhe um 5 Uhr 30 Minuten aufgebrochen.

Das Kastenstein-Bivouak besteht aus einem mächtigen, einem grossen Kasten nicht unähnlichen Gneisblock, der schief auf mehreren andern ruht und eine sehr tiefe aber nicht hohe Höhlung bildet. Seither ist noch mit einer kleinen Mauer nachgeholfen worden, so dass man jetzt durch einen schmalen Eingang kriechend in einen vollständig geschützten, warmen und trockenen Raum gelangt.

Das Heruntersteigen über die steinigen Schafweiden des Schwarzbergli's und einige recht nette Klettereien beim sogenannten bösen Tritt über platte Felsen auf das untere Grindelwalder-Eismeer waren lustige Nachspiele der Hauptarbeit. Unter unaufhörlichem Jodeln und Juchzen der gesammten Führerschaft wurden die letzten Krümmungen des Bäregg-Weges am Mettenberg zurückgelegt, und ein Böllerschuss verkündete um 9 Uhr 30 Minuten die Ankunft des Hirten der Gemeinde und zweier glücklicher Clubisten im festlich geschmückten Pfarrhause von Grindelwald.

Anhang.

Es sei mir gestattet, zum Schluss noch ein Wörtchen über unsere Führer zu sagen. Was Peter Michel anbetrifft, so ist seine kaltblütige Ruhe und sein Scharfblick in Betreff des einzuschlagenden Weges über alles Lob erhaben; er ist ein sehr tüchtiger Hauptmann einer Führerabtheilung und hält strenge an der Ausführung seines Planes, jedoch muss ich die Bemerkung Stephens unterschreiben, er halte zu 'oft an und es werde zu oft abgesessen, um zu essen. Ein fernerer Hauptvorwurf ist der, dass man zu spät morgens aufbricht und oft 2 — 3 Stunden der werthvollsten Zeit versäumt. Diesen Vorwurf möchte ich auch dem Inäbnit machen und Beide ermahnen, sich gewisse Walliser Führer darin zum Vorbild zu nehmen. Egger hat mit dem Schreckhorn gleichsam debutirt und sich vortrefflich gehalten. Ausgezeichnet auf Fels und Eis, kühn bis zur Verwegenheit, ist Egger unermüdlich in der Beachtung und Aufmerksamkeit für die kleinsten Wünsche des Reisenden, dabei jovial und sehr guter Kamerad mit seinen Collegen. Er verspricht mit der Zeit einer der Berühmtheiten Grindelwalds zu werden. Auch mit dem treuen, willigen Gertsch und mit Christen Bohren hatten wir alle Ursache zufrieden zu sein.

Geologisches.

Die geologische Ausbeute am Schreckhorn war gering. Der ganze Gebirgszug von dem höchsten Gipfel des Mettenbergs bis zu den Lauter-Aarhörnern gehört dem alpinischen

Gneisgebiete an. Die Zone der grünen Schiefer und Hornblendgesteine streicht südlicher durch diese Kette. Der
Schreckhorn-Gneis selbst ist meistens sehr felsitisch und mit
feinen Talkblättchen durchzogen, der Feldspath ist theils
blättriger, grünlich weisser Albit, theils ein sehr dichter grauer
Orthoklas. Quarz tritt zurück, und auch der graue Glimmer
tritt meist mit grünem Talk gemengt auf. Einzelne Quarzadern
mit ausgeschiedenen Bergkrystalldrusen und Chloritnestern
durchsetzen den in grossen Tafeln abgesonderten Gneis.
Von Buritgängen und grobkörnigen Varietäten des Gesteins,
wie es auf Walliser Seite in der Aeggischhorn-Kette so
ausgezeichnet schön ausgebildet ist, fand sich nichts vor.
Nach Kryptogamen auf dem höchsten Gipfel zu suchen, fiel
uns erst ein, als es zu spät war, und überhaupt litt der
wissenschaftliche Eifer unter dem Einfluss der klimatischen
Verhältnisse. Nur ein gutes Handstück Schreckhorn-Gneis
vom höchsten Gipfel ziert unsere geologische Sammlung.

IV.

Aufsätze.

Das Alpenpanorama

von

Höhenschwand.

Geologisch erläutert

von *Alb. Müller*.

> „Unsre Berge luegen
> Ueber's ganze Land."

Einleitung.

Dem gewöhnlichen Wanderer erscheint unser Alpen-
birge als ein unentwirrbares Chaos von Bergen und
hälern, Felsmassen und Klüften, die ihm durch ihre Grösse
d Wildheit imponiren, oder durch ihre landschaftliche
chönheit anziehen, ohne dass er irgendwie Gesetz oder
rdnung darin zu erkennen vermag. Lange geht es, bis
ir uns in dem Wirrwarr von Gipfeln zurechtfinden und den
sammenhang, sowie die Richtung der Ketten erkennen,
d ohne eine gute Karte und ordentliche Führer kommen
ir gar nicht fort. Wir fühlen deshalb das Bedürfniss, uns
f einen, vom Hauptgebirge etwas entfernten hohen Stand-

punkt zu stellen, den Rigi, den Pilatus, den Niesen od
das Faulhorn zu besteigen, oder einen Gipfel des Jura
gebirges oder des Schwarzwaldes zu wählen, wenn w
uns einen rechten Ueberblick über unsere Alpenkette u
über die Stellung der einzelnen Häupter verschaffen woll

Unter den von den Alpen entfernter liegenden Höhe
punkten, welche einen bequemen und umfassenden Anbli
der ganzen Kette unserer Schweizeralpen darbieten, verdi
gewiss das auf den Höhen des südlichen Schwarzwald
wenige Stunden von Waldshut gelegene Dorf Höhe
schwand in erster Linie genannt zu werden. Es
daher ein glücklicher Gedanke von Seiten unseres um
schweizerische Topographie und ihre Verbreitung vielv
dienten Geographen Herrn Heinrich Keller in Zürich, die
so günstig gelegenen Standpunkt zur Aufnahme eines Pa
ramas unserer Schweizeralpen zu wählen. Und wir dü
wohl behaupten, dass Herr Keller diese Aufgabe mit Gl
gelöst und ein zur weitern Verbreitung bestimmtes Panor
unserer Alpen geliefert hat, wie noch, meines Wissens, k
zweites in dieser Grösse und Vollkommenheit existirt.

Wir besitzen bereits von den hochverdienten Koryph
unserer Schweizergeologie, von den Herren Professor Bernh
Studer und Arnold Escher von der Linth eine, schon
mehr als zehn Jahren erschienene vortreffliche geologi
Karte, und von dem erstgenannten eine wahrhaft klassisc
geologische Beschreibung der Schweiz.

Ebenso besitzen wir, theils von den beiden genann
Männern, theils von andern bewährten Geologen, wie
Herren Rathsherr Peter Merian, Thurmann, Gressly, De
Mousson, Jaccard, Greppin, Lang, Mösch, Stutz, Zschok
Campiche, Cartier u. a. specielle geologische Kart
Durchschnitte und Beschreibungen über einzelne Theile d

a; von den Herren B. Studer, A. Escher, F. Kaufmann, Heer und theilweise auch von den schon Genannten ähn- e Publikationen über das Molasseland; und endlich von Herren Charpentier, Lardy, Lusser, B. Studer, Escher, ner, Murchison, Sharpe, Rütimeyer, v. Morlot, Renevier, fmann, Th. Simmler, G. vom Rath, O. Volger und noch chen andern, sowie in jüngster Zeit von den Herren onse Favre (Umgebungen des Montblanc) und Theobald ubündten) eine Anzahl ausgezeichneter geologischer ographien, begleitet von Karten und Durchschnitten r einzelne Theile der Alpen.

Es ist wohl hier der geeignete Ort, der von der geolo- hen Commission der schweizerischen naturforschenden ellschaft unter dem Präsidium des Herrn Professor Studer geleiteten Herausgabe von geologischen Special- ten mit Profilen und Beschreibungen einzelner Theile der weiz, von verschiedenen schweizerischen Geologen bear- tet, zu gedenken, wodurch allmälig das Material zu einer ständigen geologischen Karte und Beschreibung der weiz, unter Benützung des grossen Dufour'schen Atlasses mmelt werden soll.

Dem Schreiber dieser Zeilen ward die Ehre zu Theil, erste Lieferung (geognostische Karte und Beschreibung Kanton Basel und der angrenzenden Gebiete) nach en Aufnahmen zu bearbeiten. Von Herrn Professor eobald ist erst kürzlich die zweite Lieferung (Theil ubündtens), wie schon oben erwähnt, erschienen. Wir ten natürlich hier noch einer Reihe älterer verdienter scher, vor allem eines Hor. B. de Saussure, Hans C. er von der Linth (des Vaters unseres Geologen), Ebel d anderer Erwähnung thun sollen, die sich um die nntniss unserer Alpenwelt verdient gemacht haben.

19*

Ebenso derjenigen, welche sich das specielle Studium
Gletscher zur Aufgabe gemacht, wie die Herren Venetz,
Charpentier, Hugi, Desor, Agassiz, Mousson, Collomb,
Hogard, Dollfuss, der Engländer Forbes, Tyndall und anderer
nicht zu gedenken. Nicht minder derjenigen, welche die
Versteinerungskunde unserer Gebirgswelt gefördert, wobei
ich, mit Umgehung der älteren verdienten Forscher, wie
Scheuchzer und Lang, nur einige der hervorragendsten
neuern nennen will, wie die Herren Rathsherr P. Merian,
Oswald Heer, Pictet, Rütimeyer, Desor, Renevier, Karl
Mayer, Fischer-Ooster, Ooster, Gaudin u. a.

Unter den Besitzern von ausgezeichneten Sammlungen
alpinischer Mineralien verdient mein verehrter Freund
Herr David Friedrich Wiser in Zürich, ohne Widerrede den
ersten Rang. Es giebt wohl keine Sammlung in der Welt,
die sich in Bezug auf den Reichthum alpinischer Schätze
mit dieser messen könnte.

Unter den vielen kühnen Bergsteigern, welche sich um
die Kunde unserer Alpen Verdienste erworben haben, will
ich ihrer grossen Zahl halber, nur Einen, den Verdientesten
von Allen, zu nennen, unsern würdigen Veteran, Herrn
Regierungsstatthalter Studer in Bern.

Wir dürfen hoffen, dass die durch ihre bisherigen Fahrten erprobten Mitglieder des Schweizer-Alpen-Clubs auch
fernerhin durch ihre mühsamen und gefährlichen Excursionen nicht nur die topographische Kenntniss unseres Hochlandes erweitern, sondern auch durch Sammeln von Fel-
ten und Kräutern und durch meteorologische Beobachtung
die Naturkunde wesentlich bereichern werden.

Trotz der beträchtlichen Zahl von Detailarbeiten, hauptsächlich bestehend in Karten, Profilen und Beschreibung,
besitzen wir noch kein geologisch kolorirtes Panorama

erer Alpenketten, also eine Darstellung unserer Gebirgs-
t, welche das Instructive einer geologisch colorirten
te mit der plastischen Anschaulichkeit eines landschaft-
en Bildes vereinigt, und hiermit die Einsicht in den
derbaren Gebirgsbau unserer Alpen erleichtert.

Der Gedanke lag daher nahe, den Freunden unserer
enwelt und insbesondere den zahlreichen Lesern des
rbuches unseres schweizerischen Alpenclubs ein über-
tliches Bild in dieser Art darzubieten, und hierzu das
erwähnte Keller'sche, von Höhenschwand aus aufge-
mmene Panorama, als das weitaus geeignetste zu benützen.

Die bereitwillige Beihülfe der bewährtesten Kenner der
en setzte auch den Verfasser in den Stand, in dem bei-
ebenen Panorama ein dem gegenwärtigen Zustand unsrer
ogischen Kenntnisse entsprechendes, und im Ganzen
h wohl getreues und anschauliches Bild von der Zusam-
nsetzung unserer Gebirgswelt zu bieten; ein grosser Theil
vorliegenden Panoramas ist von meinem verehrten
nd, Herrn Professor Arnold Escher v. d. Linth, geologisch
orirt worden. Auch Herr Professor B. Studer hatte die
e, das vollendete Panorama noch einer schliesslichen
rchsicht und Correctur zu unterwerfen, und überdies ist
Nomenclatur, von den Herren Regierungsstatthalter
der, Escher v. d. Linth u. A. revidirt worden.

Eine kurze Erläuterung des vorliegenden Panoramas,
Aufzählung der in der Schweiz, insbesondere in den
en, auftretenden Gebirgsformationen, ihrer Mineralien
d Versteinerungen und ihrer wichtigsten Fundorte, mag
nchen Lesern dieses Jahrbuchs nicht ganz unwillkommen
n. Ich habe mich hierbei vorzugsweise an die treffliche
ologische Karte und Beschreibung der Schweiz, der
rren Studer und Escher, gehalten, und neuere, oder voll-

ständigere Angaben über das Auftreten von Versteinerun
insbesondere von Pflanzen aus O. Heer's „Urwelt
Schweiz" entlehnt; ein wichtiges Werk, das in Aller
ist und auch dem Geologen von Fach ausserordentlich
Belehrung darbietet. Da in diesem letzteren Werke,
Titel gemäss, das Auftreten der älteren, versteinerungs
krystallinischen Gesteine, der *Granite, Gneisse, Schiefer*
w. keine eingehendere Behandlung gefunden hat, so
dieses, in unserer Uebersicht, wohl um so mehr hervorgeh
werden. Natürlich konnten im Panorama nur die Haupt
mationen angegeben werden, und auch in unserer E
rung dürfen wir nur der wichtigsten und verbreitetsten Un
abtheilungen dieser Hauptformationen gedenken, da ja
nur ein übersichtliches Bild gegeben werden soll.

Bereits haben sich eine Anzahl vorzüglicher
worunter ausser den schon Verstorbenen, an deren Spitze
de Saussure steht, vor allen die Herren B. Studer, A.
von der Linth, Peter Merian, A. Favre und Theobald zu n
sind, mit der geologischen Untersuchung der Alpen beschäff
auch die französischen, italienischen und namentlich
bayerischen und österreichischen Alpen sind b
von einer Schaar rüstiger Forscher in Angriff genommen
den, worunter ich neben den bayerischen Geologen Sch
und Gümbel ganz besonders der Sektionsgeologen der
geologischen Reichsanstalt in Wien, unter der ausg
neten Leitung von Wilh. Haidinger, erwähnen muss.

Dennoch bleibt noch Vieles zu thun übrig und
dürfen wohl sagen, dass wir erst am Anfang der
stehen. Aber die Alpenwelt ist nicht mehr ein Buch
sieben Siegeln. Dank den Anstrengungen so vieler tüch
ger Männer, beginnt es Licht zu werden und wir dürfen
der Zukunft noch Besseres erwarten.

Wir können die uns zugekehrte Seite der Alpen in drei grosse Zonen gruppiren:

1. Die Centralalpen, aus *Granit, Gneiss* und *krystallinischen Schiefern* bestehend.

2. Die Kalkalpen, in mehrere Parallelketten zerfallend und hauptsächlich der Jura-, Kreide- und ältern Tertiärformation angehörend.

3. Das Nagelfluh- und Molassegebirg, welche die Vorketten bilden.

Den Zonen No. 2 und 3 entsprechen zwei ähnliche, obgleich minder reich ausgebildete, auf der Südseite der Alpen.

Die genannten Zonen sind, jede, durch eine Anzahl Längsthäler, bald eigentliche Muldenthäler, bald Combe-Thäler, wie das Wallis, insbesondere aber durch Spaltenthäler in eine Anzahl Parallelketten zertheilt. Ebenso wird das ganze Gebirge durch Querspaltenthäler, welche grösstentheils als Pässe benützt werden, in diametraler Richtung zerstückelt.

Diese Zerspaltung und Zerstückelung des Gebirges nach Längs- und Querlinien dürfen wir im Grossen und Ganzen als eine Wirkung der aus der Tiefe heraufdrängenden krystallinischen Gesteine betrachten, deren Aufquellen selbst wiederum als eine Folge chemischer Umwandlung und Krystallisation erscheint. Durch die Jahrtausende fortgesetzte Verwitterung und Abbröckelung werden die Spalten allmälig erweitert, durch die Bäche die Thalböden noch tiefer geschnitten und der von den Gehängen herabrollende Gesteinsschutt in die Niederungen geführt. Die Thalbildung, lediglich als eine Wirkung der fliessenden Gewässer anzunehmen, erscheint keineswegs gerechtfertigt. Die scharfen Zacken und Hörner, welche das Hochgebirge darbietet, sind nur theilweise durch die steile Aufrichtung der früher horizontal abgelagerten sedimentären Gesteine entstanden. Zum

grössern'Theil sind sie gleichfalls aus der schon erwähnten
verticalen Zerklüftung und Zerstückelung des Gebirges und
der nachfolgenden Abbröckelung hervorgegangen. Was wir
deshalb jetzt auf unserem Panorama vor uns sehen, diese
lange Reihe kühner Hörner und Zacken, die den Horizont
begrenzen, das sind nur die Ruinen des früher höheren und
weniger zerspaltenen Gebirges, und die zahlreichen Einrisse
die Lücken einer früher mehr geschlossenen und continuirlichen Zahnreihe. Das immense Material von Geröllen, Sand
und Lehm, das nun die Hügel und weiten Thalebenen des
Tieflandes zu beiden Seiten der Alpen bedeckt, ist ja nur
aus der Abbröckelung ihrer Gipfel hervorgegangen.

Die Alpen verdanken ihre Höhe und ihre mächtigen
Gebirgsformen nicht bloss dem starken Empordrängen des
Granites, Gneisses und der anderen krystallinischen Gesteine,
sondern auch der immensen Mächtigkeit ihrer sedimentären
Formationen, die schon für sich allein, bei viel geringerer
Hebung, durch blosse Zerspaltung gewaltige Gebirgsmassen
bilden würden. Ebenso haben sich grosse Massen, bereits
durch Spalten getrennt, in der Höhe losgelöst und sind in
die Tiefe gerutscht, wo sie nun für sich ansehnliche Berge
bilden. Die Verwitterung einerseits, die Schwere andererseits, haben im langen Laufe der Zeit die grössten Veränderungen im Relief unserer Gebirge bewirkt.

Auf unserm Alpenpanorama wurden, der Uebersichtlichkeit halber, bloss folgende Hauptformationen unterschieden:

I. **Primäre Formationen**, rosaroth bezeichnet.

A. Azoische, d. h. versteinerungslose Formationen. Hierzu gehören: *Granit, Protogin, Gneiss* und
die *krystallinischen Schiefer.*

B. Paläozoische, d. h. älteste versteinerungs-
führende Formationen.

Da diese nirgends in grösseren selbständigen Massen
auf unserem Panorama zu Tage treten, und wohl ein grosser
Theil der krystallinischen *Schiefer*, deren Versteinerungen
sich in Folge ihrer chemischen Umwandlung nicht erhalten
haben, hierher gehören, so werden sie nicht durch eine
besondere Farbe unterschieden. Zu dieser grossen und
ältesten Abtheilung von Sedimentformationen gehören an-
dererorts folgende Formationen:

Silur-Formation }
Devon-Formation } eigentliches Uebergangsgebirge.

Carbon-Formation oder Steinkohlenformation.

Perm-Formation oder Dyas.

II. Secundäre Formationen.

A. Triasformation, braunroth bezeichnet.

a. *Buntsandstein.* Hierher werden auch die unter dem
Namen *Verrucano* bekannten rothen *Conglomerate* und
Breccien, wozu auch die *Sernfgesteine* gehören, gerechnet,
obgleich diese theilweise dem Rothliegenden der Perm-
formation angehören mögen.

b. *Muschelkalk.*

c. *Keuper.*

B. Juraformation, hellblau bezeichnet.

a. Unterer Jura (Lias).

b. Mittlerer Jura.

c. Oberer Jura (Hochgebirgskalk).

C. Kreideformation, hellgrün bezeichnet.

a. *Neocomien.*

b. *Gault.*

c. *Weisse Kreide.*

III. Tertiäre Formationen.

A. Untere Tertiärformation, hellgelb bezeichnet.

a. *Nummulitenkalk.*

b. *Flysch.*

B. Mittlere und obere Tertiärformation, braun bezeichnet.

   a. *Aeltere Süsswassermolasse.*

   b. *Meeresmolasse.*

   c. *Jüngere Süsswassermolasse.*

IV. Quartäre Formationen, weiss gelassen.

   A. Diluvialablagerungen.

   B. Glacialbildungen.

I. Primäre Formationen.

A. Azoische Formationen (*Granit* und *Gneiss.*)

Hierher gehören, wie schon der Name andeutet, die ältesten versteinerungslosen Gebirge. Das sogenannte Urgebirge, wozu die ältesten Eruptivgesteine, wie *Granit* und der noch häufiger vorkommende *Protogin* (*Talkgranit* oder *Alpengranit*), sowie *Syenit, Diorit, Gabbro, Serpentin* und andere gehören. Ferner werden hierzu gerechnet: *Gneiss* (sowohl *Glimmer-* als *Talkgneiss*) und die krystallinischen oder metamorphischen, d. h. durch Umwandlung aus älteren sedimentären Gesteinen hervorgegangen, *Schiefer,* wie *Glimmerschiefer, Talkschiefer, Chloritschiefer, Hornblendeschiefer, Quarzitschiefer, Serpentinschiefer* und andere. Sie bilden die Centralketten in unsern Alpen, darunter folgende, auf unserm Panorama sichtbare, Gipfel: der Düssistock im Hintergrunde des Maderanerthales, die Spannörter, das Oberaarhorn, das Finsteraarhorn, mit Einlagerungen von *Hornblendegesteinen*, die Schreckhörner, der Mönch, die Jungfrau, das Mittaghorn, das Bietschhorn und ganz im Westen der Montblanc. Eine Anzahl eminenter Gipfel fällt ausserhalb unseres Panoramagebietes, so der Monte Rosa, der auf den Gipfeln *Glimmer-schiefer* trägt und an seinem unteren Abhang mit einer Zone grauer und grüner, oft von *Serpentin* durchbrochener, *Schiefer* umgürtet ist.

Die Centralalpen bestehen nicht, wie man etwa meinen könnte, aus einer einzigen continuirlichen Reihe oder Kette von *Granit-* und *Gneissgebirgen*, sondern aus einer Reihe neben- und hintereinanderlaufender ellipsoidischer oder lang-gestreckter *Granitmassivs* in der Weise, dass oft mehrere parallel neben einander herlaufen und ein neues sich an-schmiegt, ehe das vorhergehende ein Ende erreicht hat.*) Herr Prof. Desor in Neuchâtel hat in einer schönen Arbeit über die „Orographie der Alpen" nicht weniger als 34 sol-cher *Granitmassivs* (oder Massivs krystallins) nachgewiesen, von denen jedoch nur 11 in den Bereich der Schweizeralpen fallen, nämlich: das Massiv des Silvretta, Bernina, Sureta, Adula, der Seenalpen, Tessineralpen, des Simplon, Monte Rosa und der Walliseralpen und auf der nördlichen Seite das Massiv des St. Gotthardt und das des Finster-aarhorns, das längste und bedeutendste vielleicht der ganzen Alpenkette, zu dem fast alle auf dem Panorama sicht-baren Gipfel gehören. An diese schliessen sich zunächst gegen Westen die beiden stattlichen Massive des Montblanc und der Aiguilles rouges in Savoien an.

Mehrere dieser *Granit-* und *Gneissmassivs*, wie nament-.

---

*) Ja mehrere dieser Massivs, wie das des Monte Rosa, der Tessineralpen, und namentlich des Adula und Sureta neh-men, wenn man sie nicht als eine einzige breite Zone mit mehr-facher Quertheilung zusammenfassen will, zur Hauptrichtung der Alpen eine deutliche Querstellung ein, die sich auch im Streichen der Schichten und im meridianen Verlauf ihrer Längsthäler zu er-kennen giebt.

lich das des Montblancs, St. Gotthardt und Finsteraarhorns, zeigen eine ausgezeichnete Fächerstellung
ihrer ost-west streichenden, steil einfallenden Schichten oder
Absonderungsklüfte, wobei es oft schwer wird zwischen
wirklicher Schichtung und sog. Absonderungs- oder Spal-
tungsklüften (Clivage), welche die Schichtung in mehr oder
minder starken Winkeln durchkreuzen und von Lateralpres-
sung herrühren sollen, zu unterscheiden. Die scharfen
Zacken und Gipfel (Aiguilles) sind eine Folge dieser steilen
Schichtenstellung.

Wo mehrere Massivs parallel neben einander laufen,
wie im Ursernthal oder im Chamounithal, welche wahre
Längs- oder Muldenthäler sind, werden die Reste der frühern
Sedimentformationen, namentlich aus *Schiefer* bestehend,
im Thalgrunde U-förmig zusammengebogen, eine Wirkung
des Seitendruckes, der sich links und rechts erhebenden Centralmassen.

Die Hauptmasse der Eruptivgesteine bildet der *Protogin*,
der wie der *Granit* zusammengesetzt ist, aber neben *Feldspath* und *Quarz*, statt des *Glimmers* oder auch neben
Glimmer, grünen oder grauen *Talk* enthält, daher der
Name *Talkgranit**). Diesem entsprechend haben wir auch
häufig statt des gewöhnlichen *Glimmergneisses* einen *Talkgneiss*. Der *Gneiss* unterscheidet sich bekanntlich von dem
Granit bloss durch die schieferige, parallel gestellte Anord-
nung seiner Gemengtheile, namentlich des *Glimmers*. Der
eigentliche *Granit* kommt fast nur im Osten und im Süden
unserer Schweizeralpen, in den Kantonen Graubündten und
Tessin in grösseren Massen vor. Das vorherrschende Gestein in unsern Centralalpen und ebenso am Montblanc,

---

*) *Granit* und *Protogin* sind schon seit langer Zeit bei den Gebirgsbewohnern unter dem Namen *Geissberger* bekannt.

ist ein *Talkgranit* und noch mehr ein *Talkgneiss*, an die
sich die krystallinischen *Schiefer* anschliessen oder mit
denen sie wechsellagern. Manche *Gneisse* und gneissartige
Granite mögen gleichfalls aus der Umwandlung sedimentärer
Gesteine hervorgegangen sein.

Syenite und *Diorite*, *Serpentine* und *Gabbros*, treten
mehr untergeordnet auf, bisweilen aber in mächtigen Gängen
und Stöcken, deren Emporsteigen gewiss mit zur Hebung
sowohl des ältern Gebirges, als der darüber gelagerten,
jüngeren *Sedimentgesteine*, beigetragen hat. Die Haupthebung dürfen wir jedoch dem Emporsteigen der *Granite*
und *Protogine* und namentlich der langsamen krystallinischen Umwandlung der früheren Sedimentgesteine in
krystallinische *Schiefer* und in gneiss- und granitartige Gesteine zuschreiben. Die Hebung der Alpen erscheint hiermit als eine langsame, viele Jahrtausende hindurch fortgesetzte, und im Grossen und Ganzen als eine Wirkung
chemischer Umwandlung und Krystallisation. Eigentlich
vulkanische Wirkungen sind nirgends bemerkbar und
von vulkanischen Gesteinen sind, wenn wir von der äussern
Südflanke der Alpen absehen, kaum Spuren vorhanden.

Wir haben übrigens allen Grund anzunehmen, dass die
Granite und die anderen älteren Eruptivgesteine, die *Gneisse*
und metamorphischen *Schiefer* nicht die einzige Ursache der
Hebung der Alpen sind, dass im Gegentheil noch viele
andere Hebungen, Senkungen und Zerrüttungen in diesem
überaus complicirten Gebirge im langen Laufe der Zeiten,
bald an dieser, bald an jener Stelle stattgefunden haben.
Die Haupthebung unserer Schweizeralpen scheint jedoch in
eine verhältnissmässig junge Periode, nämlich in das Ende
der Tertiärzeit zu fallen.

Auffallend ist, dass die im deutschen Ur- und Uebergangsgebirge so häufig auftretenden *Porphyre* nnd *Mela-phyre* in unsern Alpen fast ganz fehlen und erst auf der Südseite der Alpen, im it alienischen Seengebiet und in Süd-tyrol, in ahnsehnlicher Verbreitung vorkommen. Merkwür-dig sind die Einlagerungen ächter *rother Porphyre* in den Jurakalk der grossen Windgälle. Ausserdem treffen wir noch *Porphyre* im Kanton Graubündten an, so im Davos.

In den krystallinischen *Schiefern* finden sich zahlreiche schön krystallisirte Mineralien eingewachsen, namentlich im *Talk-* und *Glimmerschiefer*, so unter andern *Granaten*, *Cyanile* und *Staurolithe* (besonders, schön im K. Tessin), *Eisenkies, Magneteisen,* und anderes. Häufig treten in diesen krystallinischen *Schiefern* untergeordnete Lager gleichfalls metamorphosirter *Eisenglimmerschiefer*, *Graphitschiefer*, *Quarzitschiefer*, eben so von körnigem *Kalk* (*Urkalk* oder *Urmarmor*, z. B. am Splügen) und von körnigem *Gyps* auf; ferner von zuckerkörnigem, weissen *Dolomit*, besonders schön bei Campo longo im K. Tessin und im Binnathal im K. Wallis, mit schönen und seltenen Mineralien, von denen ich nur den *Diaspor, Korund, Turmalin,* die *Zinkblende, den Realgar* und das *Auripigment,* den *Binnit* und *Dufrénoysit* nennen will.

In der Masse der Protogine, Granite, Gneisse, Syenite und Diorite finden sich wenig Mineralien eingewachsen, um so mehr aber in den Klüften dieser Gesteine, so vor allen in grösster Schönheit und Häufigkeit der Bergkrystall, dann der Adular, Albit, Periklin, Amianth, Chlorit und Glimmer; ferner der Stilbit, Laumontit Heulandit, Prehnit und Chabasit, welche Zeolithe sonst gewöhnlich in vulkani-schen Gebirgen zu Hause sind; der Axinit, Turmalin, Granat, Idokras und Epidot; die drei verschieden krystallisirten Modificationen der Titansäure, der Rutil, Anatas und Brookit; der Sphen oder Titanit, der Eisenglanz in prachtvollen Krystallen und in rosettenförmigen Gruppen (s. g. Basano- melan); Magneteisen und Eisenkies, welche jedoch häufiger eingewachsen vorkommen, Gold; ferner ausgezeichnet Kalk- spath, Apatitspath und Flussspath, alle diese in vielfältigen herrlich ausgebildeten Formen. Merkwürdiger Weise ist der Schwerspath und sind noch andere, in andern Gebirgen sehr verbreitete Mineralien und Erze, in den Alpen eine grosse Seltenheit. Besonders reich an diesen schönen Mi- neralien sind die Massive des Finsteraarhorns und des St. Gotthardt, namentlich die Umgebungen der St. Gotthardt- route in den K. Tessin und Uri, vor allen das Maderaner- thal, wo die schönsten Krystalle im Gebiet der Hornblende- gesteine vorzukommen scheinen. Alle diese Mineralien sind ohne Zweifel als Auslangungsprodukte des in Zersetzung begriffenen Nebengesteines, also des Granites, Gneisses, der Hornblendegesteine u. s. w. zu betrachten, in dessen Klüften sich die in höherer Temperatur und bei höherem Druck in Wasser gelösten Bestandtheile derselben langsam in Kry- stallen ausgeschieden haben. Einzelne Mineralien, wie Anatas, Rutil und Eisenglanz, mögen auch theilweise als Chlor- oder Fluorverbindungen dampfförmig aufgestiegen und durch Wasserdämpfe zersetzt worden sein, obgleich die schöne vollkommene Ausbildung der Krystalle gegen eine solche rasche Entstehungsweise spricht.

B. Paläozoische Formationen.

Es sind dies die ältesten versteinerungsführenden Abla- gerungen, wozu das sogenannte Uebergangsgebirge, vornehm- lich die Silur- und Devonformation, gerechnet wird. Wahr- scheinlich gehört hierher ein grosser Theil der mit dem Urgebirge vereinigten ältern krystallinischen oder metamor-

phischen *Schiefer*. Doch sind meines Wissens nach nirgends deutliche, für diese ältesten Sedimentablagerungen
charakteristische Versteinerungen in *unseren* Alpen darin
gefunden worden. Wo solche vorhanden waren, wurden sie
ohne Zweifel durch den Jahrtausende hindurch wirkenden
Act chemischer Umwandlung und Krystallisation bis zur
Unkénntlicheit verwischt und zerstört. Wir haben jedoch
allen Grund zu hoffen, dass noch solche aufgefunden werden,
so gut wie sich in den bis fast zu *Glimmerschiefer* umgewandelten *Thonschiefern* an der Nufenen und an anderen Orten
in den Centralalpen neben *Granaten* deutliche Reste von
Belemniten vórgefunden haben, die wahrscheinlich zum Lias,
der untersten Abtheilung der Juraformation, gehören.

Die Carbon- oder Steinkohlenformation, bildet
die dritte grosse Abtheilung der alten oder paläozoischen
Formationen, die älteste, welche in unsern Alpen durch die
darin vorkommenden Steinkohlenpflanzen und Anthrazitflötze
deutlich erkennbar und bestimmbar auftritt, so namentlich im
Wallis bei Erbignon, Outre-Rhone, Sitten, Chandoline, Grone,
Siders und anderen Orten, ferner in den Umgebungen des
Montblanc und in der Tarentaise, wo die schönen in
weissen Talk verwandelten Farrenkräuter vorkommen. Zu
den bekanntesten, auch in anderen Steinkohlengebirgen auftretenden Pflanzen gehören: Stigmaria ficoides Brg., Lepi-
dodendron Veltheimianum Stbg. und Calamites Suckowii
Brg., drei Gattungen, die wohl das Hauptmaterial für die
Steinkohlenlager geliefert haben; ferner eine Menge zier-
licher Farrenkräuter, wie Neuropteris flexuosa Stbg., Pecop-
teris cyathea Stbg., P. arborescens Schl., P. Pluckenetii Brg.
und andere.

Das vorherrschende Gestein ist ein kohlschwarzer
Schieferthon oder *Thonschiefer*, dessen dunkle Farbe wohl

von den die ganze Masse durchdringenden Kohlentheilen her-
rührt, und auch da auf die Anwesenheit der Steinkohlenformation inmitten der alten *Schiefer* schliessen lässt, wo noch
keine Leitpflanzen und keine Kohlenflötze bisher gefunden
worden sind. Auch die in den Alpen vorkommenden, dem
Glimmerschiefer ähnlichen oder entsprechenden, *Graphitschiefer* (so am Montblanc) sind wohl durch Metamorphismus
stark umgewandelte Pflanzenreste, die vielleicht theilweise
noch einer älteren Periode angehören.

Spuren von Ablagerungen der Steinkohlenformation
sind in den übrigen Alpen bis jetzt erst an wenigen Stellen
aufgefunden worden, so auf der Ostseite des Tödi, ferner
am Nordabhang des Bristenstockes, hier mit einem schwachen
Anthrazitlager, mitten in die gewöhnlichen *Talk*- und *Thonschiefer* eingebettet.

Selbst in Wallis, wo die ansehnlichsten Anthrazitflötze
in unsern Alpen vorkommen, ist die Ausbeute keine erhebliche und deckt nur den Bedarf der nächsten Umgebungen.
Bedeutende Steinkohlenlager scheinen in keiner Formation
unserer schweizerischen Gebirge, weder in den Alpen, noch
im Jura, noch im Molasseland vorzukommen.

Ueber die Permformation weiter unten.

II. Secundäre Formationen.

Hierher gehören: die Trias-, die Jura- und die Kreideformation.

A. Triasformation, bräunlichroth bezeichnet.

Wir finden diese älteste der secundären Formationen,
die in drei grosse Abtheilungen, in Buntsandstein, Muschelkalk und Keuper zerfällt, ausgezeichnet an den Abhängen
der Vogesen und des Schwarzwaldes entwickelt, von wo aus

die beiden obern Abtheilungen noch in die nördlichen Ketten
des Jura hineingreifen.   In den Alpen nehmen die diesem
Zeitalter entsprechenden Gesteine einen veränderten Habitus
an, so dass sie nicht so leicht wieder zu erkennen sind. Sie
sind vorzugsweise in den österreichischen und bayerischen Alpen vertreten und reichen noch, namentlich im
K. Graubündten und Glarus, in die Ostseite unseres Panem-
magebietes hinein.

1. Bunter Sandstein.

Die gewöhnlich unter dem Namen Verrucano aufgeführten rothen *Conglomerate, Breccien* und *Sandsteine,* die
als *Sernfgesteine*, oft mit einem talkigen *Cement* so mächtig
im K. Glarus verbreitet sind, werden in diese untere Abtheilung eingereiht, obgleich sie theilweise auch dem Rothliegenden der Zechsteinformation entsprechen mögen, mit
dem sie noch grössere Aehnlichkeit haben. Was zu der
einen, was zu der anderen Abtheilung gehört, lässt sich bei
dem Mangel an Versteinerungen nicht entscheiden. Besonders erwähnenswerth sind die abnorm über Nummuliten-
und Flyschgebirg gelagerten Verrucano-Gipfel der Grauen
Hörner, des Haus- und Kärpfstockes.

2. Muschelkalk.

In den österreichischen Alpen mächtige Gebirge von
Dolomit und dolomitischem *Kalkstein* bildend, setzt der
Muschelkalk noch durch das östliche und südliche Bündten,
südlich vom Engadin, und durch die Bergamaskeralpen
bis nach Lugano fort, wo er die Dolomitmasse des Monte S.
Salvadore bildet. Die Versteinerungen zeigen einen von
denen des gewöhnlichen deutschen Muschelkalkes abweichen-
den Habitus. Doch haben wir hier wie dort Meeresmuscheln.[*]

---

[*] Die im deutschen und nordschweizerischen Muschelkalk,
namentlich am Süd- und Ostabfalle des Schwarzwaldes, so ansehn-

3. Keuper.

In noch höherem Grade zeigt sich eine Abweichung von
deutschen Habitus in dem Keuper, der in Deutschland
Frankreich, sowie in unserm Jura vorherrschend eine
dstein- und Mergelbildung mit zahlreichen Resten von
dpflanzen (Equiseten, Calamiten, Pterophyllen und Far-
äutern) darstellt, in den Alpen jedoch eine mächtige
esbildung, bestehend aus *Dolomiten*, dunkelgrauen *Kalk-
nen* und *Schiefern*, ungefähr in derselben Verbreitung, wie
Muschelkalk. Unten die Schichten mit der flachen fein-
igen Muschel *Halobia Lommeli Wissm.*; darüber die
htigen und verbreiteten St. Cassian- und Hallstädter
ichten mit *Cardita crenata Goldf.*, vielartigen Ammoniten
d Orthoceratiten; und oben die bereits an so vielen Punkten
den Alpen, auch in unsern westlichen Schweizeralpen,
gewiesenen Kössener-Schichten mit der *Avicula con-
Portl., Cardium austriacum v. Hauer* und andern Meeres-
heln, eine mächtige Schichtenreihe, welche der obersten
eilung des Keupers, dem deutschen und englischen
ebed, mit seinen zahlreichen Fisch- und Saurierresten
pricht.

Zu den bekanntesten Gipfeln, welche aus dieser obern
Abtheilung des Keupers gebildet sind, gehört die S c e s a
p l a n a, nördlich vom Prättigau, die deutlich auf unserm
Panorama hinter den Kreidegebirgen der Sentiskette her-
vorschaut.

Landpflanzen, wie sie so schön erhalten in den grauen

---

lich im Muschelkalk auftretenden Steinsalzlager, scheinen in dem
alpinen Muschelkalk zu fehlen. Die Salzlager in den bayerischen
und österreichischen Alpen scheinen der obern Trias, dem
Keuper, zu entsprechen, und wurden sogar früher theilweise in den
Lias (Unter-Jura) gestellt.

Mergelschiefern der Neuen Welt bei Basel im Bett des Birs auftreten, sind erst an wenigen Stellen in der alpinen Keuperformation aufgefunden worden. Die Salzlager von Bex (K. Waadt), früher zum Lias gerechnet, gehören wahrscheinlich zum Keuper.

Ueber den Kössener-Schichten kommen in den östlichen Alpen die mächtigen obern Dachsteinkalke mit *Megalodon scutatus Schafh.*, die von vielen Geologen bereits zum Lias gerechnet werden.

Die so malerischen und imposanten hellgrauen Dolomitgipfel in den östlichen Gebirgen des Bündtnerlandes scheinen grösstentheils den mittlern und obern Abtheilungen der Triasformation anzugehören.

B. Juraformation, blau colorirt.

Ausgezeichnet in unserm Juragebirg entwickelt, von dem noch einige Ketten in den nördlichsten Vordergrund unseres Panoramas hineinreichen, sehen wir diese, nach dem Jura benannte Formation als eine fortlaufende Kette ausserordentlich mächtiger grauer Kalk- und Schiefergebirge, worunter eine Anzahl der gefeiertsten Häupter unserer Alpen, fast vom äussersten Osten bis zum äussersten Westen unseres Panoramas, vom Rheinthal bis zum Rhonethal, sich fortziehen. Sie scheinen fast überall den höchsten, aus *Granit, Gneiss* und krystallinischen *Schiefern* bestehenden Centralketten unserer Alpen auf- und angelagert, oder sind stellweise gar, wie im Berner Oberlande, am Schreckhorn, Silberhorn und Wetterhorn von den allmälig in der Centralkette aufgestiegenen *Granit-* und *Gneissmassen*, nicht nur gehoben und nordwärts zurückgedrängt oder zurückgebogen, sondern bisweilen förmlich von diesen krystallinischen Gesteinen überlagert worden. So bildet die C-förmig umgebogenen Kalkschichten des Silberhorns

eine förmliche Einlagerung in der Gneissmasse der Jungfrau; eine ganz ähnliche Einlagerung der Kalkschichten, die
C-förmig zurückgebogen erscheinen, zeigt sich am Mettenberg, ebenso, jedem Touristen auffallend, bei Grund auf
der östlichen Thalseite unten im Haslithal.

Man kann diese lange Zone grauer und schwarzer alpinischer Jurakalke, die namentlich gegen Südwesten, im
Berner Oberland, breiter wird und in mehrere Parallelzüge
zerrissen erscheint, als die nächste Vormauer der aus Urge-
steinen bestehenden Centralalpen betrachten.

Wie im eigentlichen Juragebirg, so finden wir auch in
den Alpen, hier nur noch in ungleich mächtigern Ablagerungen, alle drei Hauptabtheilungen der Juraformation wieder,
ja sogar öfter noch mit einzelnen Unterabtheilungen, jedoch
vorwiegend in der Form dunkelgrauer *Schiefer* und *Kalk-*
steine, und nicht wie im eigentlichen Jura, als weisse oder
hellgelbe *Kalksteine* und *Oolithe*, welche die vorherrschende
Gebirgsart der mittlern und obern Abtheilung bilden.

a. Unterer oder schwarzer Jura (Lias).

Diese untere Abtheilung der Juraformation erscheint
im Juragebirg, sowie im sogenannten schwäbischen Jura
ebenfalls vorwiegend in Form von dunkelgrauen *Thonen*,
Mergeln und *Kalksteinen*, daher der Name schwarzer Jura.
Sie zerfällt in eine Reihe kleinerer Unterabtheilungen, von
den jede durch eine eigenthümliche Fauna von Meeresmuscheln, insbesondere von Ammoniten und von Belemniten
charakterisirt ist, die hier zum ersten Male auftreten. Die
drei Hauptabtheilungen mit den verbreitetsten Leitmuscheln
lassen sich auch an verschiedenen Stellen in unsern Alpen
nachweisen. Zu den bekanntesten Fundorten von Liasver-
steinerungen in unseren Alpen gehören die Umgebungen von
Meillerie am Genfersee, von Bex (hier in der Nähe der

bekannten *Salz-* und *Anhydritlager*), ferner in der **Stock-**
hornkette, namentlich in den Umgebungen von **Blumen-**
stein und bei der Wimmis-Brücke. In den Alpen **haben**
wir grösstentheils dunkelgraue bis schwarze Kalksteine, **oft**
mit weissen *Kalkspathadern*, die dem Gestein ein **hübsches**
marmorirtes Ansehen geben und deshalb auch in den
Umgebungen von Montreux und Aigle als Marmor **gebrochen**
werden.

Einige Leitmuscheln des alpinischen Lias:

1. Unterer *Lias* oder *Gryphitenkalk,* mit:
Gryphaea arcuata Lam.
Spirifer tumidus v. Buch.
Nautilus striatus Sow.
Ammonites Bucklandi Sow.
A. Conybeari Sow.
Belemnites acutus Mill.
Pleurotomaria anglica d'Orb.

2. Mittler *Lias* oder *Belemnitenkalk,* mit:
Belemnites niger List.
Ammonites margaritatus Montf.
Terebratula numismalis Lam.
Gryphaea cymbium Lam.

3. Oberer *Lias* oder *Posidonienschiefer,* mit:
Ponidonomya Brannii d'Orb.
Ammonites jurensis Ziet.
A. aalensis Ziet u. A. radians Schl.
Belemnites tripartitus Schl.

b. **Mittlerer oder brauner Jura.**

Als Hauptglied der mittleren Juraformation **erscheint**
im eigentlichen Juragebirge, längs der Westgrenze **der**
Schweiz, der 100—200 Meter mächtige, hellgelbe oder **fast**

se Hauptrogenstein, ein sehr reiner Kalkstein, der aus
er kleinen, fischrogenähnlichen concentrisch-schaligen
kkügelchen besteht und zahlreiche kleine Muschel-
mente, selten aber deutliche, wohlerhaltene, Versteine-
en einschliesst. Dieser Rogenstein zeigt sich nirgends
schön und mächtig, wie im Kanton Basel, sowohl im
eaugebiet, wo zahlreiche romantische Spaltenthäler
n eingeschnitten sind, als auch in den eigentlichen
ketten, dessen höchste Gräte mit steilaufgerichteten
chten, wie z. B. der Belchen und der Passwang, daraus
ehen.

Sowohl unterhalb, als oberhalb des Hauptrogensteines
n wir fast überall in unserm Juragebirg, in Begleitung
grauen oder braunen *Mergeln* und *Kalksteinen*, Lager
gelbbraunen oder braunrothen Eisenrogensteinen, die
ähnlichen schaligen Körnern, aber von thonigem
meisenstein bestehen und eine Menge trefflich erhaltener
ihnen eigenthümlicher Meeresversteinerungen, namentlich
moniten, Belemniten, Terebrateln, Austern, Myaciten
andere Meeresmuscheln einschliessen.

Der eigentliche Hauptrogenstein lässt sich zwar in
ern Alpen nicht nachweisen, dagegen fast überall längs
Nordabhanges der krystallinischen Centralketten als ein
males, aber leicht erkennbares Band am Fuss des
hgebirgskalkes ein Lager von gleichfalls oolitischen, aber
r oder minder metamorphosirten, zum Theil in *Magnet-*
n oder in *Chamoisit* umgewandelten dunkelbraunen oder
wärzlichen *Eisensteinen*, welche offenbar dem untern und
rn Eisenrogenstein unseres Juragebirges entsprechen
l auch dieselben Leitmuscheln enthalten.

· Wie schon im aargauischen und im schwäbischen Jura,
erscheinen auch in den Alpen beide Abtheilungen, der

untere und der obere Eisenrogenstein (*Etage bajocien*
und *Etage collovien* von d'Orbigny) zu einer einzigen
Schichtenfolge vereinigt und nicht durch einen Hauptrogenstein getrennt. Im Vergleich zu der immensen Mächtigkeit
des Hochgebirgskalkes oder der obern alpinen Juraformation
besitzen diese Eisenrogensteine nur eine geringe Mächtigkeit.
Studer fasst sie unter den passenden Namen „Zwischen-
bildungen" zusammen.

Versteinerungen finden wir am Calanda, auf der
Oberblegialp am Glärnisch, auf Ober-Käsern am Fuss
der Windgelle im Maderanerthal (hier sehr gut erhalten), am Uri-Rothstock, am Urbach-Sattel, am Wetterhorn, auf Kriegsmatt und Stufistein am Westabfall
der Jungfrau, zwischen der Blümisalp und dem Gespaltenhorn, ferner in der Stockhornkette und an andern
Orten. An mehreren Stellen, wie am Glärnisch, im
Maderanerthal (wo der Schmelzofen noch sichtbar ist) und
im Berneroberland wurden diese eisenoolitischen Bänke
als gutes Erz abgebaut und verschmolzen. Unter den zahlreichen Leitmuscheln will ich nur wenige erwähnen:

Belemnites giganteus Schl.

B. hastatus Blr.

Ammonites Humphriesianus Sow.

A. macrocephalus Schl.

A. anceps und A. hecticus Rein.

Lima proboscidea Sow.

Pecten demissus Phill.

Terebratula perovalis Sow u. a.

c. Oberer oder weisser Jura, in den Juraketten
hauptsächlich als *Oxfordkalk* (mit Einschluss des Terrain
à Chailles und der *Scyphienkalke*), als *Korallenkalk*
(*Diceratenkalk*) und als *Kimmeridgekalk (Pterocerenkalk)*

oder fälschlich sogenannter *Portlandkalk* entwickelt, vorherrschend weisse oder hellgelbe, bald reine, bald thonige
Kalksteine, mit untergeordneten schiefrigen und thonigen
Schichten wechselnd. An ihrer Stelle finden wir in unsren
Alpen, mit denselben charakteristischen Meeresversteinerungen, ausserordentlich mächtige Ablagerungen bald
dunkelgrauer, bald hellergrauer *Kalksteine* und *Kalkschiefer*, die gewöhnlich unter dem Namen H o c h g e b i r g s -
k a l k zusammengefasst werden und am besten den Oxfordschichten unseres Juragebirges entsprechen. Darüber eine
ähnliche Folge von grauen, oft hell und dunkel gefleckten
Kalksteinen, die nach ihren Versteinernngen den *Kimmeridge-
kalken* (als „*Etage ptérocérien*" namentlich schön bei
Pruntrut entwickelt) entsprechen. — Die, im Jura durch
einen Reichthum an Korallen ausgezeichnete mittlere Abtheilung der obern Juraformation, der s. g. *Korallenkalk*,
scheint mit diesem Habitus in unsern Alpen zn fehlen.
Ohne Zweifel gehört ein Theil des Hochgebirgskalkes
dieser Abtheilung an.

Wohlerhaltene oder deutlich bestimmbare Versteinerungen der obern Juraformation sind in den Alpen viel
seltener, als im Juragebirg.

Die alpinischen *Oxfordkalke* sind unter anderm durch:
Belemnites hastatus Blv., *Ammonites plicatilis Sow.*, *Am. poly-
gyratus Rein.*, *Am. polyplocus Rein.*, *Am. perarmatus Sow.*,
Aptychus lamellosus M. u. a.; die der *Kimeridgekalke* durch
Pteroceras Oceani Brg., *Isocardia excentrica V.*, *Mytilus
jurensis Mer.*, *Hemicidaris Thurmanni Ag.*, u. a. charakterisirt.

Die Schichten der untern und mittlern Juraformation
bilden, als weniger mächtig und den höheren Abtheilungen
untergeordnet, selten erhebliche Massen oder Gipfel in unserer
Alpenkette. Um so mehr aber der darüber gelagerte, dem

untern weissen Jura oder den Oxfordschichten entsprechende
mächtige Hochgebirgskalk, der nach oben in den obern
weissen Jura *(Pterocerenkalk)* übergeht. Eine Anzahl der bekanntesten Gipfel unserer Alpenkette gehören dieser obersten
Abtheilung der Juraformation, dem weissen Jura, an. Ich will
hier von den auf unseren Panorama hervorragenden nur folgende nennen: den Mürtschenstock, Selbstsanft, Bifer-
tenstock, den Tödi, den Kammlistock, das Scheerhorn, Klein- und Gross-Ruchi, kleine und grosse
Windgälle, den Uri-Rothstock, den Titlis, die Wetterhörner, den Eiger, das Silberhorn nächst der Jungfrau, Tschingelhorn, Gespaltenhorn, Blümlisalp,
Doldenhorn, die hohe Altels, das Rinderhorn, den
Wildstrubel und andere.

C. Kreideformation, grün bezeichnet.

Als eine zweite, kaum minder mächtige Vormauer von
Kalkgebirgen, oft in mehrere Parallelzüge gespalten, mit
dazwischenlaufenden Jurazügen, finden wir auf unserm
Alpenpanorama alle drei Hauptabtheilungen der Kreideformation, insbesondere aber die untere, das s. g. Neocomien
vom äussersten Osten bis zum äussersten Westen in kaum
unterbrochener Reihe repräsentirt. Auch hier haben wir
neben hellgrauen vorzugsweise dunkelgraue Kalke, die aber
durch Verwitterung an der Oberfläche gleichfalls hellgrau
erscheinen. Die Versteinerungen sind fast ausschliesslich
Meeresmuscheln.

a. Untere Kreideformation *(Neocomien)*.

Diese untere Abtheilung, die den Namen von der
Stadt Neuchâtel *(Neocomum)* erhalten hat, wo sie zuerst
genauer studirt wurde, zeigt, wie bemerkt, die grösste
Verbreitung und Mächtigkeit.

1. Unteres *Neocomien* oder *Spatangenkalk,* haupt-

achlich durch einen Seeigel: *Toxaster* (ehemals Spatangus) *amplanatus Ag.* charakterisirt.*)

2. Oberes *Neocomien* oder *Rudistenkalk*, auch *Capro- menkalk* genannt, von der vorherrschenden *Leitmuschel Caprotina ammonia d'Orb.*, von Escher auch *Schrattenkalk* genannt wegen den tief durchfurchten und ausgewaschenen Schratten oder Karrenfeldern. Auch *Caprotina Lonsdali rOrb.* findet sich häufig.

b. Mittlere Kreideformation.

Als Hauptrepräsentant dieser mittlern Abtheilung gilt der Gault, auch in den Alpen nur wenig mächtig, aber durch den Reichthum eigenthümlicher Formen von *Ammo- nien*, sowie der ihnen verwandten hackenförmig gebogenen Hamiten (z. B: *Hamites attenuatus Sow.*) und thurmförmig aufgerollten Turriliten (vornehmlich *Turrilites Bergeri Brg.*) ebenso durch *Inoceramus sulcatus*, *I. concentricus* u. andere Muscheln ausgezeichnet, also dieselben Formen, die auch im südlichen Jura und in Frankreich als Leitformen gelten und theilweise schon im untern und obern *Neocomien* auf- treten. In den Alpen sind sie in schwarze, häufig durch Eisensilicatkörner dunkelgrün gefärbte Kalksteine einge- backen, die nur geringe Mächtigkeit besitzen. Ausgezeichnet tritt diese Abtheilung im südlichen Frankreich auf.

c. Obere Kreideformation.

Weniger in den Alpen verbreitet, begegnen wir doch dieser obern, grossentheils der eigentlichen weissen Kreide entsprechenden Abtheilung, unter dem Namen *Seewerkalk*,

---

*) Ferner: *Holaster L'Hardyi Ag.*, *Belemnites dilatatus Blv.* *Ostre amacroptera d'Orb.*, *Exogyra Couloni Defr.* u. a. Dann eigen- thümliche *Ammoniten* und die ihnen verwandten *Hamiten*, *Scaphiten*, *Crioceras und Ancyloceras.* Vorherrschend erscheinen dunkelgraue schiefrige Mergel und *Kalksteine*, häufig mit grünen *Glaukonitkörnern.*

durch die bekannten Seeigel *Ananchytes ovata Ag.* und *Micraster cor anguinum*, durch *Inoceramus Cuvieri u. I. regularis d'Orb.*, und andere charakterisirt, in ziemlich mächtigen Massen oder Schichtencomplexen grauer *Kalksteine*, die bisweilen *Feuersteinknollen* einschliessen, in der Sentisgruppe in den Schwyzerbergen, namentlich bei Seewen, am Fiznauer stock, am Bürgenstock und andern Orten.

Die Schichten der Kreideformation sind nicht selten, wie z. B. auf dem Glärnisch und in der Stockhornkette den Schichten der obern Juraformation aufgesetzt. Gewöhnlich bilden sie aber, als vorherrschende Formation, selbstständig Gipfel, Gräte und Ketten, wie ein Blick auf das Panorama lehrt.

Unter den bekannten Gipfeln will ich hier, gleichfalls im Osten beginnend, nur folgende hervorheben: Der Calanda, die Kalfeusen und der Glärnisch wenigstens theilweise; der Kamor und Hoh-Kasten, der Sentis die Churfirsten; Aubrig, Silbern, Mythen, Fronalp Pragelpass und andere Höhen im K. Schwyz; die meisten Berge im K. Unterwalden, wie der Ober-Bauen und Nieder-Bauen, die Hauptmasse des Bürgenstockes, das Stanzer- und Buochserhorn, die Fronalp, überhaupt fast alle die Kalkgebirge, in welche der Vierwaldstättersee eingeschnitten ist und die sich durch die wunderbaren, von dem mächtigen Seitendruck der Centralalpen herrührenden Biegungen ihrer Schichten, namentlich zwischen Brunnen und Fluelen jedem Touristen bemerkbar machen; ferner die Hauptmasse des Pilatus, die Schrattenfluh und der Hohgant, das Brienzerhorn, das Rothhorn und das Faulhorn und die obern Theile der Stockhornkette. Wir können die Formation noch weit durch Savoien verfolgen. Die Gaultpetrefacten der Rochers des Fiz in den Umgebungen der Aiguilles rouges sind schon seit langer Zeit bekannt.

Im Juragebirg sind die *Kreideschichten* (mit Ausnahme der obern *Kreide*) vorzugsweise im Neuenburger- und Waadt-länder-Jura, namentlich in den Umgebungen von Ste. Croix, ebenso an der Perte du Rhone entwickelt. Sie fehlen dagegen im ganzen nordwestlichen und nördlichen Juragebirg, ungefähr von Biel an.

III. Tertiäre Formationen.

A. Untere oder eocene Tertiärformation, gelb colorirt.

Hierher gehören die *Nummulitenkalke* und die gewöhnlich sie begleitenden, darüber gelagerten *Schiefer des Flysches*, beide in grosser Verbreitung und Mächtigkeit, in mehrern Parallelzonen, als die noch nördlichern Vorwerke der Central-Alpen, aus dem Vorarlberg über den Rhein setzend und durch die Kantone St. Gallen, Glarus, Schwyz, Unterwalden und das Berner Oberland bis nach Savoien fortziehend.

a. Nummulitenkalk.

Der *Nummulitenkalk* hat seinen Namen von den zahlreich darin auftretenden münzförmigen *Nummuliten* oder sogenannten *Batzensteinen*, welche zu den vielkammerigen Foraminiferen (Polythalamien) gehören.*) Kaum eine Formation zeigt eine so grosse Verbreitung wie diese. Wir können sie längs den Pyrenäen und Alpen, sowie zu beiden Seiten des Mittelmeeres, durch Kleinasien und Hochasien

---

*) Ich nenne hier nur Nummulina regularis, globosa und assilinoides Rüt., N. globulus Leym. Orbitulites discus Rüt. Ferner: Operculina ammonea Leym. Grosse Seeigel, wie Conoclypus anachoreta und C. conoideus Ag., einige Schnecken, wie Turritella imbricataria und namentlich zahlreiche Cerithien sind gleichfalls bezeichnend.

bis nach China verfolgen. In unsern Alpen erreicht der
Nummulitenkalk theilweise eine Mächtigkeit von 1000 Fuss.
Das vorherrschende Gestein in der östlichen Hälfte unserer
Alpen, vom Rheinthal bis zum Pilatus, ist ein dunkelgrüner
Kalk- oder *Sandstein*, durch zahlreiche Körner eines grünen
Eisensilicates gefärbt, das in Folge von Verwitterung und
Oxydation des Eisens dem Gesteine häufig eine braunrothe
Färbung giebt. Westlich vom Pilatus dagegen herrschen
graue, von Eisensilicat freie, *Kalksteine* vor.

b. Flysch.

Der *Flysch* tritt gewöhnlich in Form von grauen, of
dunkelgrauen Schiefern, oder *schiefrigen Sandsteinen* und
Kalksteinen auf, die wenig andere Versteinerungen enthalten,
als sogenannte *Fucoiden* oder *Meeresalgen*, mit dünnen ver-
ästelten blattlosen Zweigen, worunter

Chondrites intricatus St.

„ *Targionii St.*

die verbreitesten sind. Fast überall folgt er auf den *Num-
litenkalk*, bisweilen in nicht geringer Mächtigkeit, die
auf mehrere 100 Meter ansteigt. Nach Studer zeigt kein
Formation so anomale und räthselhafte Lagerungsverhält-
nisse, wie diese. Der *Taviglianazsandstein*, mit weissen
Punkten und grünen Flecken, einem dioritischen Tuffe ähnlich, sowie der *grüne* und *braune Ralligsandstein*, beide
hauptsächlich in den westlichen Alpen entwickelt, gehören
nach Studer in denselben geologischen Horizont.

Ein Blick auf das Panorama zeigt die ansehnliche
Verbreitung dieser alttertiären Gebirge, obschon sie sehr
oft, zum Theil in Folge ihrer anormalen Lagerung, hinter
den Ketten der Jura- und Kreideformation versteckt erscheinen. Obgleich beide Abtheilungen, *Flysch-* und *Nummulit-
gesteine*, gewöhnlich mit einander vorkommen, ja, stellweis

in einander überzugehen scheinen, so dass eine Trennung
schwer wird, so ist doch das Auftreten jeder einzelnen,
namentlich der *Nummulitenkalke*, in Folge ihrer Versteinerungen, gewöhnlich so markirt, dass wir jede Abtheilung
besonders an den bekanntesten Standorten aufsuchen müssen.

Die *Nummulitenformation* treffen wir schon im
Vorarlberg, also ganz am östlichen Anfang unserer Karte,
so bei Dornbirn, ferner ausgezeichnet an der Fähnern
(K. Appenzell), hier voll dunkelgrüner Körner von *Eisensili-*
cat und an verschiedenen anderen Punkten der Sentisgruppe, ebenso im K. Schwyz bei Seewen, Lowerz, auf
dem Hacken, an der Aubrig oberhalb Einsiedeln und bei
Berg im Hintergrunde des Sihlthales, wo sich auch die
grossen Seeigel, wie *Conoclypus anachoreta Ag.*, und *C.*
conoideus Ag., nebst grossen Terebrateln darin befinden;
ferner auf der Höhe des Bürgenstockes und am Pilatus,
hier mit den merkwürdigen Einlagerungen in den *Rudisten-*
der Kreideformation, in den Umgebungen von Sachseln
Sarnen, ferner weiter gegen Westen an der Schafmatt,
Schratten, Hohgant, Niederhorn und den Ralligstöcken
Thunersee, ferner in der Faulhorngruppe und an den
enzergräten, in den Umgebungen der Wengernalp und
Scheideck, wo auch theilweise *Flysch* auftritt, am
rgenberghorn, Gerihorn, Elsighorn, Lohner, bei Schwari-
nördlich von der Gemmi, bei Kandersteg, am Rawyl,
tsch, Oldenhorn, an den Diablerets, deren Versteine-
n schon im vorigen Jahrhundert bekannt waren, an
Dent de Morcle und Dent du Midi, und in gleicher west-
er Richtung durch Savoien hindurch.

Eine zweite südlichere Zone, nächst den Centralalpen,
en wir von Ragatz durch den K. Glarus und Uri bis
Wengernalp verfolgen, und finden einzelne Fetzen oder

Streifen in den Umgebungen des Titlis, der Surenen, C
den, des Bifertengrates, des Tödi, dessen Spitze da
bestehen soll, ebenso am Joch-, Kisten- und Panixerpas

Der *Flysch* zeigt eine ähnliche Verbreitung, wie
Nummulitenkalk. Wir können ihn gleichfalls, in mehr
Parallelzonen streichend, vom Rheinthal bis zum Rhone
und noch weiter durch Savoien verfolgen. Am Hausst
Kärpfstock und den grauen Hörnern erscheinen die rot
alten Verrucano-Conglomerate, wie schon bemerkt, in a
maler, übergreifender Lagerung über den steil einfalle
Flyschschiefern gelagert. Zu dem eocenen *Flysch* wer
auch die bekannten *Dach-* und *Tafelschiefer* des Platten
ges bei Matt gerechnet, welche neben den seltenen Re
einiger Vogel- und Schildkrötenarten, nicht weniger als
Species von Fischen einschliessen, worunter 2 Species
sonders häufig sind, nämlich

Anenchelum glarisianum Blv.

Palaeorhynchum glarisianum Blv.

Es ist dieser Fundort durch den Reichthum von Wir
thierresten einzig in seiner Art in unseren Alpen. Erst
neuerer Zeit wurden noch ähnliche Reste in den eoce
Schiefern bei Attinghausen, unweit Altorf, gefunden.
finden ferner *Flyschketten* im K. Schwyz und Unterwald
die sich am Hohgant und Beatenberg bis an den Thune
fortziehen. In grosser Ausdehnung und Mächtigkeit s
der *Flysch* zwischen Aare und Rhone durch das Ber
Oberland fort, wo Studer zwischen Gurnigel und Wildst
nicht weniger als 6 Züge oder Ketten aufführt, von welc
die Niesenkette, die sich von Mülinen bis Sepey erstre
die bedeutendste ist.

Merkwürdig sind die im *Flysch* des Habkerenthal
(nördlich Interlaken) eingewachsenen kolossalen Blö

s rothen *Granites*, der jetzt nirgends mehr in den Alpen
ht. Aehnliche Einlagerungen im *Flysch* werden auch
ndern Orten, am Bolgen in Bayern, bei Sepey im K.
dt etc. gefunden.

In dieselbe eocene Periode gehören die in den Mulden
Spalten des obern Jurakalkes im eigentlichen Juragebirge
lagerten Bohnerze und die in denselben Spalten, nament-
bei Egerkingen und Obergösgen, K. Solothurn (westlich
östlich von Olten) aufgefundenen Knochen und Zähne
Säugethieren, namentlich der Gattungen Lophiodon,
otherium, Anoplotherium und andern, die grösstentheils
den im Gyps über dem *Grobkalk* von Paris gelagerten
chenresten übereinstimmen. Wir verdanken die nähere
rsuchung und Beschreibung dieser merkwürdigen in
rm Jura aufgefundenen Säugethierreste unserm schwei-
chen Cuvier, Herrn Prof. Rütimeyer, d. Z. Viceprä-
t der Basler Section des schweizerischen Alpen-Clubs.

B. Mittlere und obere Tertiärformation, braun
ichnet.

Wir könnten diese mächtige, grösstentheils aus weichen
geln und grünlichgrauen mergeligen *Sandsteinen* be-
enden Ablagerungen, welche das schweizerische Hügel-
zwischen Jura und Alpen bedecken, auch Molassefor-
tion nennen, weil eben der erwähnte weiche *Sandstein*,
cher die vorherrschende Gebirgsart bildet, *Molasse* ge-
t wird. Wir wollen uns in der That auch des Namens
lasse, als Repräsentant der mittlern und obern Tertiär-
mation des schweizerischen Mittellandes bedienen. Ausser
en *Sandsteinen* spielen auch die Nagelfluhgebirge eine
sse Rolle.

Wir können drei Hauptabtheilungen unterscheiden,
e *untere Süsswassermolasse* und darüber eine

Meeresmolasse, welche beide in schmalen Streifen dem Südrand des Jura bis zur Lägern und dem ganzen Nordrand der Kalkgebirge der Alpen folgen und überdies sich durch die Kantone Waadt, Freiburg und den grössten Theil des Kantons Bern ostwärts bis Huttwyl, an die Ostgrenze dieses Kantones, sich erstrecken. Darüber lagert gegen Osten, mit zunehmender Mächtigkeit und Ausdehnung den grössten Theil der mittlern und östlichen Schweiz in den Kantonen Aargau, Luzern, Zürich, Thurgau, St. Gallen und Appenzell bedeckend, eine *obere Süsswassermolasse*, die in Bezug sowohl auf die Steinart, als auf die darin eingeschlossenen Pflanzenreste grosse Uebereinstimmung mit der unteren zeigt, so dass, wo die mittlere Abtheilung der *Meeresmolasse* fehlt, die Grenzen zwischen oberer und unterer *Süsswassermolasse* schwer zu ziehen sind.

Im Berner- und Basler Jura, namentlich in den Umgebungen von Pruntrut, Delsberg und Basel kommen noch ältere marine Ablagerungen, *Conglomerate, Letten, Sandsteine,* der untersten Abtheilung der mittlern Tertiärformation angehörend, als sogenanntes Terrain Tongrien (Tongrische Stufe) vor, worin sich ausser Haifischzähnen (*Lamna cuspidata Ag.*) besonders zwei Austernarten, eine dicke kopfgrosse (*Ostrea Collini Mer.*) und eine kleinere gerippte (*Ostrea crispata Goldf. = O. cyathula Lam.*) auszeichnen.

In dem Plateaugebiet der Kantone Basel und Aargau und von da ostwärts weiter bis an den Randen durch den Kanton Schaffhausen fortziehend, treffen wir ähnliche gleichfalls grösstentheils aus *Conglomeraten (Kalknagelfluh)* und untergeordneten *Sandsteinen* bestehende Ablagerungen mit *Meeresmuscheln*, die einer etwas höhern Stufe, nach K. Mayer, der Mainzischen Stufe oder noch genauer den Faluns der Touraine entsprechen, über welche dann erst die ob helvetischen Stufe entsprechende *Meeresmolasse* folgen würde. Jene *Conglomerate* decken die langgestreckten Plateaus und Gräte von oberm *Jurakalk*, welche den nördlichsten Vordergrund auf unserm Panorama bilden.

Auch ziemlich mächtige *Süsswasserablagerungen*, bestehend in einer untern *Mergelmolasse (Blättermolasse)* mit Pflanzenresten (worunter *Daphnogene polymorpha Ung.*), und darüber *Süsswasserkalke* mit *Land-* und *Süsswasserschnecken*, treten in den grossen Muldenthälern des Juragebirges auf, so im Thal von Laufen, Delsberg, Matzendorf und anderen. *Süsswasserkalke* finden wir ausgezeichnet in den Umgebungen von Chaux de Fonds und Locle, ferner in der Nähe von Basel, so bei St. Jacob und besonders am Tüllinger Berg. Diese Ablagerungen, wenigstens die untere *Mergelmolasse*, mögen theilweise der untern *Süsswassermolasse* des schweizerischen Mittellandes entsprechen.

Wir halten uns bei diesen, dem Juragebirg und dem nördlich anstossenden Plateaugebiet angehörenden Tertiärablagerungen, die nur einen schmalen Streifen am Nordrande unseres Panoramas bilden, ja schon grossentheils ausserhalb unseres Gesichtskreises fallen, nicht länger auf, und wollen nur dem *eigentlichen Molassegebiet* des schweizerischen Mittellandes einen flüchtigen Blick gönnen.

Das *Molasseland.*

Ein Blick auf unser Panorama zeigt, selbst in der ungünstigen verkürzenden Perspective, die weite Ausdehnung des *Molasselandes*. Vor allem fällt uns in die Augen die grösstentheils aus mächtigen *Nagelfluhmassen* bestehende Zone der subalpinen *Molasse*, die uns in den bekannten stattlichen Höhen des Speers, des Rossberges, des Rigi, des Schattenberges und anderer entgegentritt, jener Reihe

21*

von Nagelfluhgebirgen, die mit vorherrschendem und zunehmendem Südfall hart an die Kalkalpen der Eocen- und Kreideformation anstossen, ja theilweise mit fast senkrechter Schichtenstellung unter dieselben einzuschiessen scheinen. Diese den Alpen zunächststehende Kette von mitteltertiären südfallenden Nagelfluhgebirgen bildet eigentlich nur die Südflanke der genannten subalpinen Zone, der etwas weiter gegen Norden eine zweite ähnliche Kette als Nordflanke mit nördlichen Schichtenfall entspricht. Beide Flanken sind durch die berühmte 2 Stunden vom Nordrande der Kalkalpen entfernte antiklinale Linie getrennt, welche Professor B. Studer längs dem Nordrand der Alpen von Lausanne am Genfersee bis Bregenz am Bodensee verfolgt und auf der geologischen Karte der Schweiz verzeichnet hat. Ohne Zweifel hat der mächtige, bei der jüngsten Erhebung der Alpen wirkende Seitendruck die Aufstauung der subalpinen *Molasse* und *Nagelfluh* in zwei antiklinale Zonen oder Ketten und die theilweise Ueberschiebung des ältern *Kalkgebirges* über diese jüngern *Molasseschichten* bewirkt. Eine´ ganz analoge Ueberschiebung der Jura- und Triasformation über die Tertiärschichten finden wir am Nordrand des Basler- und Aargauer Jura, ja manche Geologen sind geneigt, die Haupthebung des Juragebirges als eine Wirkung des Seitendruckes bei der jüngsten Hebung der Alpen zu betrachten, obgleich die geringe Schichtenzerrüttung des breiten zwischen beiden Gebirgen liegenden *Molasselandes* einen Einwurf gegen diese Annahme rechtfertigen kann. Jedenfalls aber scheint die mächtigste Erhebung der Alpen erst gegen den Schluss der mitteltertiären Periode, nach Ablagerung der *Molasse* und *subalpinen Nagelfluh* zu fallen.

Einen zweiten Zug von *Molasse-* und *Nagelfluhhöhen* können wir längs dem Südrande des Juragebirges verfolgen.

Zwischen dem subjurassischen und subalpinen dehnt sich das breite hügelige *Molasseland* der Mittelschweiz aus.

a. *Untere Süsswassermolasse* (*Etage Aquitanien* von K a r l M a y e r.)

Unten bunte, vorherrschend rothe, *Mergel* und *Sand-steine* (*Molasse rouge*), auch bituminöse *Süsswasserkalke*, darüber die mehrere 100' mächtige graue *Molasse*, aus grauen *Sandsteinen* mit *thonig-kalkigem Bindemittel* be-stehend. Diese Ablagerungen lassen sich aus Savoien durch die Kantone Genf, Waadt, Freiburg und Bern bis Huttwyl verfolgen, sind jedoch in den letztern Kantonen grösstentheils von mariner *Molasse* bedeckt, so dass sie dann nur in den Thaleinschnitten zu Tage treten. Oestlich vom K. Bern beginnt dann die Bedeckung durch die obere *Süsswasser-molasse.* Der weitern Verbreitung der untern *Süsswasser-molasse* längs einer subjurassischen und einer subalpinen Zone wurde schon oben gedacht.

In diese untere Abtheilung der subalpinen Zone gehören wohl auch die mächtigen *Nagelfluhberge* des N a p f, S p e e r, der B ä u c h l e n und des R i g i, welche alle einen ähnlichen Schichtenbau darbieten. Am nördlichen Fuss des Rigi haben wir rothe *Mergel*, die mit Bänken gemeiner *Molasse* und bunter *Nagelfluh* wechseln; darüber, als Hauptmasse des ganzen Berges, die mächtigen südfallenden Bänke der *Kalk-nagelfluh*, und ganz oben wieder beim K u l m, *quarzige* und *granitische* Gerölle, welche sonst die bunte *Nagelfluh* charak-terisiren. Als östliche Fortsetzung des Rigi und ganz ähn-lich gebaut, erscheint der bekannte R o s s b e r g, durch dessen Sturz 1806 Goldau verschüttet wurde.

Die bunte *Nagelfluh* dieser subalpinen Zone besteht aus Geröllen von *Quarz*, *Hornblendegesteinen*, *Mandelsteinen* und *rothen Graniten*, welche sonst nirgends mehr auf der Nordseite der Alpen anstehend gefunden werden.

Die Pflanzen- und Thierreste der untern *Süsswasser-molasse* zeigen, wie zu erwarten, manche Uebereinstimmung mit denen der obern, wenn auch nicht durchweg in den Arten, doch in den Gattungen. Unter den bekanntesten Fundorten von Pflanzenresten will ich nur die Umgebungen von Vivis und Lausanne anführen, so das Thälchen der Paudèze, hier mit Pechkohlen; ferner in der subalpinen Zone der Hohe Rhonen südlich von Rapperschwyl am Zürchersee, gleich-falls mit Kohlenflötzen, Rüfi bei Schännis nördlich von Weesen und das Erizthal östlich von Thun.

b. *Marine Molasse* (*Etage Helvétien* von Karl Mayer).

Vorherrschend graulich-grüne *Sandsteine* mit *thonig-kalkigem Bindemittel* und grünen *Eisensilicatkörnern*, nicht selten mit einer reichen Fauna von *Meeresmuscheln*, nament-lich aus den Gattungen *Cardium* (*C. echinatum Lam.*, *C. multicostatum Br. u. C. edule Lin.*), Pecten (*P. burdigalensis u. palmatus Lam.*), Ostrea (*O. edulis Lam., O. virginica Lam.*), Solen, Tellina, Lutraria, Mactra, Cytherea, und andere; ebenso von Meeresschnecken, insbesondere aus den Gattungen *Conus, Cypraea, Mitra, Pyrula, Cassis, Cancellaria, Turbo, Pleurotoma, Turritella, Natica, Fusus, Buccinum, Mitra,* und andere von ähn-lichem Habitus, die für die Tertiärbildung bezeichnend sind und in den früheren Formationen nur spärlich oder gar nicht auftreten. Die Schalen dieser Thiere sind bisweilen noch gut erhalten, oft aber sehr mürbe und bröcklicht, wie calcinirt.

Unter den Fischen nehmen die Haifische die erste Stelle ein. Man findet ihre Zähne in grosser Menge und

Mannigfaltigkeit und in trefflicher Erhaltung, besonders häufig *Lamna cuspidata Ag.*, *L. contortidens Ag.*, *Oxyrhina hastalis* und die riesigen Zähne von *Carcharodon megalodon Ag.*, mit gekerbter Schneide. Auch Knochen und Zähne von grossen Landsäugethieren fehlen nicht, so von dem mammuthähnlichen *Mastodon angustidens Cuv.*, von *Rhinoceros incisivus Cuv.*, ferner von der bekannten Seekuh *Halianassa (Halitherium) Studeri von Meyer*.

Wie schon oben bemerkt, sehen wir die *marine Molasse* an zahlreichen Orten, schon im K. Waadt und Freiburg, noch mehr im K. Bern über der untern *Süsswassermolasse* zu Tage treten, am ausgezeichnetsten aber längs dem Jura und den Alpen.

1. **Subjurassische Zone**. Reiche Fundorte von Versteinerungen bieten die aargauischen Ortschaften Lenzburg, Othmarsingen, Mellingen, Mägenwyl und Würenloos, bei welchen der wahre „*Muschelsandstein*“ auftritt. Ebenso werden die Umgebungen des Irchel, von Eglisau und andern Orten genannt.

2. **Subalpine Zone**. Nicht minder reich sind die Umgebungen von Bern, so der Längenberg, die Bütscheleck und der Belpberg. Bei Hütlingen, nahe Wichtrach, findet sich eine ganze *Austerbank*. Ebenso finden wir die *marine Molasse* wieder in den Umgebungen von Guggisberg. Weniger reichhaltig und ausgezeichnet setzt diese Zone durch den K. Luzern und weiter bis in die Umgebungen von St. Gallen fort, deren *Sandsteine* wieder reich an Versteinerungen sind, aber auf den Höhen theilweise von *Süsswassermolasse* bedeckt werden. Die *Muschelschalen* sind mürbe, weiss, leicht zerreiblich.

c. *Obere Süsswassermolasse* (*Etage Oeningien* oder *Oeninger-Stufe.*)

Vorherrschend besteht diese obere Abtheilung aus fein-
körnigen, grünlichgrauen, oft thonigen, *Sandsteinen* mit
thonig-kalkigem Bindemittel. Den *Quarzkörnern* sind viele
grüne *Eisensilicatkörner* (Glaukonit) beigemengt, vielleicht
auch Flitterchen eines chloritähnlichen Minerals, welche die
grünliche Färbung hervorbringen. *Glimmerschüppchen*
mengen sich häufig in grosser Zahl bei. Die meisten dieser
als Bausteine so geschätzten und vielfach verwendeten *Sandsteine* brausen mit Säuren. Auch *Thone* und *Mergel* treten
in untergeordneten Zwischenlagen auf, ebenso bituminöse
Kalksteine (Süsswasserkalke) mit Land- und Süsswasserschnecken.

Die obere *Süsswassermolasse* gewinnt erst östlich von
K. Bern, bei Huttwyl beginnend, grössere Verbreitung und
bedeckt, als eine breite Zone, den grössten Theil des schweizerischen Mittellandes in den Kantonen Aargau, Luzern
Zürich, Thurgau, St. Gallen und Appenzell. Hie und da
finden sich schwache, selten aber bauwürdige, *Braunkohlen-
flötze* eingelagert, wie die schon seit Jahren ausgebeuteten
beiden Flötze von Käpfnach bei Horgen, die gegenwärtig
unter der musterhaften Leitung meines verehrten Freundes
des Herrn Bergrathes Stockar-Escher in Zürich stehen und
dennoch die Concurrenz mit den *Saarbrücker-* und *Ruhr-
kohlen* kaum mehr aushalten können.

Nirgends in der Schweiz, weder in den Alpen, noch im
Jura, noch im Mittelland, weder in der eigentlichen *Stein-
kohlen-*, noch in der *Braunkohlen-* oder *Molasseformation,*
noch viel weniger in den andern Formationen sind bisher
irgendwie ausgiebige Kohlenlager gefunden worden und es

ist leider auch wenig Aussicht, das deren noch in der Folge
zum Vorschein kommen könnten.

Am häufigsten sind in der *Süsswassermolasse* Pflanzen-
reste vorhanden, so z. B. in der Albiskette, in den Um-
gebungen von Horgen (Käpfnach), von Winterthur (Veltheim
und Elgg), des Irchel und an andern Orten.
Vor Allen aber sind zu nennen die wegen ihres
Petrefactenreichthums schon seit 150 Jahren ausgebeuteten
Steinbrüche des Schienerberges bei Oeningen östlich von
Stein, am Ausfluss des Bodensees, welche Lokalität von
O. Heer, dem competentesten Beurtheiler, in Bezug auf
miocene Landesfauna als die wichtigste Fundstätte in der
Welt bezeichnet wird.   Heer zählt nicht weniger als 475
Pflanzenarten und 9222 Thierarten auf, wovon freilich
826 Species auf die grosse Abtheilung der Insecten fallen,
während die Fische mit 32, die Repitilen mit 12, die Säugethiere mit 6 Arten vertreten sind, und von Vögeln erst wenige
Bruchstücke gefunden wurden. · Es ist hier nicht der Ort,
auf die einzelnen Merkwürdigkeiten aus diesem berühmten
Fundort einzugehen, um so weniger als Heer dieselben in
einem trefflichen und lehrreichen Werke, „die Urwelt der
Schweiz" ausführlicher für einen grössern Leserkreis beschrieben hat.   Die Erhaltung der Thier- und Pflanzenreste
in dem dünnschiefrigen mergeligen *Kalkstein* ist wunderbar,
namentlich diejenige der sonst so leicht zerstörbaren Insecten.
Die Blätter zeigen noch die feinsten Détails.   In den
Oeninger-Brüchen wurde auch das vielerwähnte Skelett
eines Riesensalamanders, *Andrias Scheuchzeri Tschudi*, gefunden, welche· der alte Scheuchzer für die Ueberreste
eines vorsündfluthlichen Menschen hielt und *Homo diluvii
testis* nannte, mit dem erbaulichen Vers von Diaconus
Miller:

Betrübtes Beingerüst von einem alten Sünder,
Erweiche Stein und Herz der neuen Bosheitskinder.

Dieser Riesensalamander soll der noch lebenden japanischen Art, *Andrias japonicus Tem.* ähnlich sein.

Obgleich die Pflanzen der untern und obern Süsswassermolasse nicht vollständig übereinstimmen, so ist doch der Gesammthabitus ein sehr ähnlicher, so dass, wo beide Abtheilungen nicht durch die *marine Molasse* geschieden sind, man Mühe hat, eine Grenze aufzufinden oder die eine von der andern zu unterscheiden. Wir werden daher bei der Aufzählung der wichtigsten Arten beide zusammenfassen. Vorherrschend jedoch haben wir es mit der obern Abtheilung zu thun.

Von den verbreitetsten und bezeichnendsten Gattungen und Arten der *Süsswassermolasse* will ich hier nur folgende herausheben: Besonders reich vertreten sind die Ahornbäume (so *Acer trilobatum Brg.*), die Pappeln (wie *Populus latior* und *mutabilis*), die Kampherbäume (ganz besonders *Daphnogene* oder *Cinnamomum polymorphum Unger*), ferner Erlen, Birken, Ulmen, Platanen, Wallnussbäume, Eichen, Weiden, Rhamnusarten; unter den Nadelhölzern: Cypressen, Tannen, Föhren und Sequoien; unter den Palmen Fächer-, seltener Fliederpalmen. Ausser den schon genannten tropischen Kampherbäumen und den Palmen, deuten auch die Lorbeer- und Feigenbäume auf ein wärmeres, subtropisches Klima.

Unter den Landschnecken sind besonders reich die Gattungen Helix (so *H. Ramondi Br.*, *H. moguntina Desh.* und *H. angulosa Mart.*), Pupa und Clausilia; unter den Süsswasserschnecken die Gattungen Neritina (*N. fluviatilis L.*), Limneaus, Planorbis, Melania (so *M. Escheri Brg.*); unter den Zweischalern die Gattungen Unio (*U. flabellatus Goldf.*) und Anodonten (*A. Lavateri Mst.*) vertreten. Unter den Fischen und die Hechte, Barsche und Weissfische hervorzuheben, und unter den Säugethieren die Dickhäuter, worunter die Tapire (*Tapirus helveticus, H. v. Mey.*), die Paläotherien, die Mastodonten (so *M. angustidens Cuv.*), die riesigen Dinotherien (*D. giganteum Kaup*, aus der obersten Stufe), die Rhinocerosse (*Rh. incisivus* und *minutus Cuv.*), die pferdeartigen und schweinartigen Thiere (*Anchitherium, Hipparion, Sus, Hypopotamus*, insbesondere das *Anthracotherium magnum Cuv.* u. A. *hippoideum Rüt.* der untern *Süsswassermolasse*), ferner Hirsche und Moschusthiere, während die Bären und Wölfe noch fehlen und von Affen erst wenige spärliche Reste gefunden wurden. Ebenso fehlt noch der Mensch.

Die Schichten der Molassegebirge sind im Ganzen nur wenig geneigt, ausgenommen in der subalpinen Zone, zu beiden Seiten der schon früher erwähnten, längs den Alpen streichenden, antiklinalen Linie. Die Hauptmasse scheint der mittlern (miocenen) Tertiärperiode zu entsprechen, mit Ausnahme vielleicht der obern Schichten der obern *Süsswassermolasse* (Oeninger Stufe), die, theilweise wenigstens, der jüngsten (pliocenen) Tertiärzeit angehören möchten.

Die *Braunkohlen*, sowohl der untern, als der obern *Süsswassermolasse*, werden zwar an verschiedenen Orten in der Schweiz ausgebeutet, sind aber doch nur von lokaler Bedeutung, und halten mit den bekannten *Steinkohlendistricten* keinen Vergleich aus.

IV. Quartäre (quaternäre) Formationen.

Als jüngste Bildungen erscheinen über den *Mergeln* und *Sandsteinen* des hügeligen *Molasselandes* mächtige Sandund Geröllablagerungen, welche die Thalböden ausebnen und auch noch zum Theil die angrenzenden Hügel bedecken.

Diese Ablagerungen wurden unter dem Namen Diluvium
zusammengefasst, weil man sie der Sündfluth, und jedenfalls
nicht mit Unrecht, grossen Fluthen zuschrieb.   Wir finden
diese Schuttablagerungen in allen grössern Thälern auch
auserhalb der Schweiz, so namentlich auch im Rheinthal
unterhalb Basel, wo über den Geröllen als eine mächtige
mit Kalk und Sand gemengte Thonablagerung der s. g. Löss
auftritt, der von seinem Reichthum an kleinen Landschnecken
den Namen Schneckenhäuselboden erhalten hat.   Besonders
verbreitet darin sind *Helix hispida Müll.*, H. *arbustorum Lin.*
Succinea oblonga Drap. u. *Pupa muscorum Drap.* Er steigt
an den Gehängen noch einige hundert Fuss über dem jetzigen
Thalboden empor, so gerade auf den Tertiärhügeln im
Süden von Basel, woraus man auf die Höhe jener Fluthen
schliessen kann.   In den Geröllen, seltener im Löss, findet
sich an vielen Orten Knochen und Zähne grosser Säugethiere, so vor Allem des Mammuths (*Elephas primigenius*
Blumenb.), des *Rhinoceros tichorhinus Cuv.*, des Riesen-
hirsches (*Cervus eurycerus Aldrov.*), des Urochsen (*Bos*
priscus Boj), des Höhlenbären (*Ursus spelaeaus Rosenm.)*
der Höhlenhyäne (*Hyaena spelaea Goldf.)* und anderer,
deren Reste auch zahlreich in den bekannten Knochenhöhlen abgelagert wurden.

Bei Utznach und Dürnten unweit Rapperschwyl kommen
nicht unbeträchtliche Lager von *Braunkohlen* und bituminösen
Holz im diluvialen Schuttlande vor, die schon seit Langem
abgebaut werden und von Heer in seiner Urwelt näher
beschrieben worden sind. Die diluviale Flora weicht wenig
von der heutigen ab. Die Torfmoore setzen aus der Diluvialperiode in die heutige Zeit fort.

Alle diese Schutt- und Lehmablagerungen gehören der
vorhistorischen Zeit und die genannten Säugethiere erlo-

ghenen Arten an. Bis vor wenigen Jahren galt noch allge-
iein die Ansicht, dass in diesen Ablagerungen und ˌmit
iesen erloschenen Thierarten keine Reste oder Spuren des
lenschen vorkämen, dass also jene nicht nur der vorhistori-
chen, sondern der vormenschlichen Zeit angehörten. Seit-
am aber, erst bei Abbeville in der Nähe von Amiens, dann
a zahlreichen andern Orten in Frankreich und England,
ieils im Diluvialschutt selbst (freilich nur in den jüngsten
chichten), theils in den genannten Knochenhöhlen, mit den
laochen jener ausgestorbenen Säugethiere auch Knochen
ad Steinwerkzeuge von Menschen in einer Weise beisam-
ian gefunden wurden, dass ein gleichzeitiges Zusammen-
ben höchst wahrscheinlich ist, seitdem hat die Ansicht
ion der Existenz des Menschen in der Diluvialzeit immer
ehr Eingang bei den Geologen gefunden. Die Steinperiode
ir schweizerischen Pfahlbauten scheint sich dem Ende
ieser Periode anzuschliessen, obgleich jene ausgestorbenen
iugethiere darin fehlen, oder ist noch jünger.

In engem Zusammenhang mit den im schweizerischen
igelland und seinen Thalebenen auftretenden diluvialen
ihuttablagerungen stehen die sogenannten erratischen
iöcke und Schuttwälle, als Zeugen einer in die Diluvialperiode
ilenden Eiszeit, während welcher die Gletscher unserer Alpen
ier das ganze schweizerische Mittelland bis an die Abhänge
ia Jura und des Schwarzwaldes, ja im Nordosten bis über
in Bodensee hinaus sich ausdehnten. Wie noch jetzt in
isern alpinen Hochthälern, so haben auch damals, zu Ende
ir Eisperiode, jene ausgedehnten Gletscher bei ihrem Rück-
ige als End- und Seitenmoränen jene Schuttwälle zurück-
ilassen, die wir nun an zahlreichen Orten des schweizeri-
chen Mittellandes, namentlich in den Kantonen Bern,
azern und Zürich, besonders häufig am untern Ende der

Seen vorfinden. Dahin gehören auch die schon erwähnten
erratischen Blöcke oder Wanderblöcke von alpinischen Ge-
steinen, die so ausgezeichnet an den westlichen und südlichen
Gehängen des Juragebirges vorkommen, ja noch, wie im K.
Basel, tief in die Hochthäler eindringen. Einzelne dieser
Blöcke haben wegen ihrer Grösse und Lage eine gewisse
Berühmtheit erlangt, so einige ob Neuchâtel (*Pierre à Bot)*,
bei Steinhof südöstlich Solothurn und andere. Meistens
sind es schöne *Granite, Gneisse* und *krystallinische Gesteine.*
Ihr fremdartiger Ursprung ward schon lange erkannt, ihre
Abstammung aus den Alpen, mit deren Gesteinen sie so grosse
Uebereinstimmung darbieten, dass man oft noch ihren hei-
mathlichen Gebirgsstock bezeichnen kann, ward schon lange
vermuthet. Es ist jedoch das Verdienst von Venetz und
Charpentier zuerst ihren alpinen Ursprung in Folge der
einstigen grossen Ausdehnung der Gletscher, welche jene
Blöcke abwärts durch die grossen Thäler in die Ebene geführt und bei ihrem Rückzug zurückgelassen, nachgewiesen
zu haben. Desor, Agassiz, P. Merian, Escher, Dollfus,
Mousson, Forbes, Tyndall und andere haben dann diese
schönen Untersuchungen weiter fortgesetzt. Leider nehmen
die am Jura und über das schweizerische Mittelland zer-
streuten Wanderblöcke von Jahr zu Jahr an Zahl ab, da
sie so vielfältig zu baulichen Zwecken verwendet werden
wie das ja auch in der norddeutschen und russischen Ebene
der Fall ist, deren Wanderblöcke aber nicht direct durch
Gletscher, sondern durch schwimmende Eisschollen aus
Scandinavien nach Süden transportirt worden sind. Fast in
allen grössern Alpenthälern, in deren Hintergrunde wir heutzutage noch Gletscher antreffen, so im Rhonethal und in
seinen Seitenthälern sieht man an den Gehängen die erratischen Blöcke zerstreut, deren Höhenniveau im Allgemeinen

so mehr sich senkt, je mehr wir uns dem Ausgange dieser Thäler nähern. Ebenso sehen wir noch in manchen dieser Thäler, in weiter Entfernung von dem jetzigen Ende der Gletscher, die Schuttwälle oder deren Reste, welche früher von dem sich zurückziehenden Gletscher als Endmoränen ausgestossen und zurückgelassen wurden, ganz wie wir es noch heutzutage in nächster Nähe der Gletscher wahrnehmen. Nicht minder schön sehen wir im Rhonethal und Aarethale, so ganz besonders im obern Haslethal und weiter hinauf über dem Unteraargletscher, die durch die fortrückende Bewegung der frühern viel mächtigern und ausgedehntern Gletscher abgerundeten und polirten *Gneiss-* und *Granit-felsen (Roches moutonnées, Roches polies et striées)*, die schon von Agassiz in seinem bekannten Gletscherwerke abgebildet und auch von Herrn Prof. Desor in seinem schönen „*Aperçu du Phénomène erratique des Alpes*“ S. 426 den Lesern des Jahrbuches unseres schweizerischen Alpenclubs (Bd. I.), wieder vorgeführt worden sind, worauf ich die geehrten Leser hiemit verweise.

Wir sehen noch die Wirkungen des Gletscherschliffes an den geglätteten Felsen des Jurakalkes in der Nähe von Neuchâtel, namentlich ob Landeron, und an manchen andern Orten. Kurz, Alles weist darauf hin, eine dieser grossen Ausdehnung der Gletscher entsprechende Eiszeit anzunehmen, welche für das mittlere Europa in die Diluvialperiode fallen würde. Noch grossartiger erscheint die Verbreitung der erratischen Blöcke und Schuttmassen (die sogen. Drift) in Norden von Europa, so in Scandinavien, und namentlich in Norden der Vereinigten Staaten, worüber wir dem Herrn Prof. Desor und andern lehrreiche Aufschlüsse verdanken. Sie gehören derselben Eisperiode an. Ja manche heutigen Geologen sind in Anbetracht, dass an manchen Orten in der

Schweiz erratische Blöcke unterhalb und wieder (z. B. bei Utznach) oberhalb der diluvialen Geröllablagerungen vorkommen, geneigt, zwei Eiszeiten anzunehmen, wovon die eine in den Anfang, die andere gegen das Ende der diluvialen Periode fallen würde. Die Vermuthung liegt nahe, dass das Material für die diluvialen Geröll-, Sand- und Lehmablagerungen grösstentheils durch die Gletscher selbst aus dem Hochgebirge in die Niederungen gebracht und zermalmt worden sei und dass in Folge der Wiederkehr eines wärmeren Klimas und des Schmelzens der ungeheuren Eis- und Schneemassen, die sich in der Eiszeit angehäuft hatten, unter allmähligem, von wiederholten Schwankungen begleiteten, Rückzuge der ehemals so ausgedehnten Gletscher, jene grossen Fluthen entstanden sind, welche den zurückgelassenen Gletscherschutt und Gletscherschlamm weiter geführt und in den Niederungen der Schweiz, sowie im weiten, langen Rheinthal zwischen Basel und Mainz abgesetzt haben. Mit Recht sagt wohl Herr Dollfuss-Ausset, der verdiente Gletscherforscher: Unser Löss und Lehm, der bei Basel und Mülhausen in so grosser Mächtigkeit auftritt, ist nichts anderes, als Gletscherschlamm. Diluvialer und glacialer Schutt sind so häufig mit einander gemengt, und gehen, je nachdem die Abrollung mehr oder minder weit fortgeschritten ist, so häufig in einander über, dass an eine Trennung nicht zu denken ist.

Es ist hier nicht der Ort, die Ursachen zu discutiren, welche eine Depression des Klimas in der Eiszeit und die grosse Ausdehnung der damaligen Gletscher veranlasst haben. Nur so viel bemerke ich, dass die so einleuchtende Hypothese meines werthen Freundes, Herrn Prof. Arnold Escher von der Linth, wonach die warmen Winde, die jetzt unsere Gletscher abschmelzen und die mittlere Jahrestemperatur er-

höhen, aus der heissen Wüste Sahara kommen sollen, die
in der Eisperiode mit Meer bedeckt war und demnach die
darüber lagernden Luftschichten viel weniger erwärmte, als
in ihrem jetzigen trockenen Zustande: dass diese Hypothese
in jüngster Zeit von verschiedenen Seiten Einwürfe erfuhr,
unter andern von Dove, welcher behauptet, dass diese heissen
von der Sahara ausgehenden Winde unsere Alpen nicht mehr
treffen können, sondern sich ostwärts gegen Russland wenden.
Wie dem auch sei, so viel ist sicher, dass nicht die Abnahme
der Temperatur allein die grosse Ausdehnung der damaligen
Gletscher zu erklären vermag, dass grössere Feuchtigkeit
der Luft gleichfalls eine Rolle dabei spielte und die Ansicht
von Frankland, welcher gerade umgekehrt die Ursache der
Eiszeit in einer höhern Temperatur der damaligen Meere
und damit in grösserer Feuchtigkeit sucht, nicht so barock
ist, als sie auf den ersten Augenblick erscheint.

Gegenwärtig haben sich die Gletscher in die Hochthäler
unserer Alpen zurückgezogen und steigen nirgends mehr tiefer
als 3500 — 4000' Meereshöhe in die Thäler hinunter, freilich
mit Schwankungen, indem eine Anzahl kalter und nasser
Jahrgänge ihr Vorrücken, warme und trockene dagegen ihr
Zurückgehen, durch Abschmelzung, bewirken, wie das in
letzten Jahren in hohem Grade der Fall war. Ob Druck und
Schwere allein, wie Tyndall meint, oder ob die Ausdehnung
des gefrierenden Wassers in den Gletscherspalten das Vorrücken der Gletscher bewirkt, darüber sind die Gelehrten
noch nicht einig. In unmerklichen Uebergängen wandelt
sich der feine körnige Firn, der die höchsten Gipfel und
Gehänge unserer Alpen bedeckt, von der Feuchtigkeit der
Luft, von Regen und schmelzendem Schnee getränkt nach
unten in das feste Eis um, welches die Hauptmasse unserer
Gletscher bildet. Firn und Eis sind in unserm Panorama

durch die weissgelassenen Stellen angedeutet. Was ist eine Alpenlandschaft ohne Schneefelder und Gletscher im Hintergrund! Sie sind es vorzüglich, welche die grossartige Schönheit unserer Alpenlandschaften erhöhen und aus allen Ländern eine mit jedem Jahre wachsende Zahl von Bewunderern anziehen und welche auch die Freude, der Stolz und das Ziel unserer kühnsten Bergsteiger bilden, denen nach und nach alle diese hohen und beschneiten Häupter, eines nach dem andern, unterthan werden müssen. Wir werden vielleicht die Zeit noch erleben, wo die Fahnen des schweizerischen Alpenclubs von allen diesen hohen Zinnen ins weite Land hineinschauen. Glück auf!

Die Alpenflora

von *Dr. H. Christ.*

Du erinnerst dich doch noch, lieber Leser, an deine
erste Alpenreise? An das feierliche und wonnige Gefühl,
welches jede neue Wahrnehmung im Hochgebirg in dir erregte? Zuerst erfasste dich das Dunkel der Waldung mit
süssem Grausen, dann drang der düstere Ernst der Felswände auf dich ein, bis endlich der Eintritt in die glänzende
Firnregion in dir einen Sturm noch nicht gekannter Begeisterung wach rief. — Wohl erst nach dem Grossen und Erhabenen der Gesammterscheinung erschloss sich dir dann der
Reiz der kleineren Züge der Alpenlandschaft. Du mustertest
während einer Rast auf bemooster Felsplatte die Pflanzen-
decke rundum. Mit wachsender Freude erkanntest du auch
hier Neues und Schönes. So niedliche, feste Polster von
Grün, so reine Farben, so grosse Blumenkelche hattest du
drunten noch nie geschaut: ja bis in die Moose und Flechten
hinein, welche das Gestein bedecken, schien dir Alles einen
fremden Charakter zu tragen, und je höher du wandertest,
desto eigenthümlicher, desto edler und adliger kamen dir
diese kleinen, muthig der Eisregion trotz bietenden Alpenpflanzen vor. Und dieser erste Jugendeindruck ist dir bis
heute geblieben. Du bist seither kein Botaniker, wohl aber

22 *

ein Alpengewohnter Veteran gewörden, und immer noch
grüssest du mit inniger Freude die Erstlinge dieser hoch-
geborenen Flora: wenn dich das plebejische Kräuterheer
deiner Thalwiesen höchstens an den Heuertrag mahnt, so
siehst du am Rande des Firns in den Alpenblumen nicht
eine blosse Masse von Kräutern, sondern einen Verein von
Distinction, worin jedes Individuum für sich einen Gruss
verdient.

So lass es dir denn gefallen, wenn ich dich, statt auf
verwegener Fahrt in noch unbekannte Eismeere, einführen
will in das stille Gebiet unserer Alpenflora, wenn ich das
Gesammtbild in seine einzelnen Züge zerlegen und solche
wo möglich dir deuten möchte.

Welche gemeinsamen Merkmale, fragen wir zunächst,
kommen der Vegetation der alpinen Region zu?

Zuerst das Fehlen der hochstämmigen Waldung. Wo
die spezifischen Alpenpflanzen, nicht als einzelne, tiefer
streichende Plänkler, sondern in geschlossenem Chor auftreten — in einer Höhe von ungefähr 5000 Fuss in den
nördlichen, von 6000 in den mittleren, und von 7000 in
den Engadiner- und Walliser-Alpen — da findet der Laub-
wald längst keine Stätte mehr und der Nadelwald lichtet
sich rasch und bleibt bald ganz zurück. Nur Sträucher
machen sich in der unteren Zone der eigentlichen Alpenregion breit: ihr Typus und ihre Krone ist die Alpenrose.
— Sonst zeigt sich eine kurze, gedrängte Grasnarbe, überragt von mannigfaltigen schönblüthigen Kräutern, und endlich — auf den höchsten Rücken und Kämmen — jene Elite
unserer Flora, welche Wahlenberg die subnivale genannt
hat, und deren oberste Vorposten tief in die Schneelinie eindringen, wo nur ein aberer Kamm oder eine geschützte
Spalte sich bieten. So giebt ja der letzte Jahrgang dieses

Buches Kunde und Bild einer Oberaarhornflora bei 10500'; so fand man an den Rosagipfeln bei 11770' noch Blüthenpflanzen. — Und wo diese in die,Augen fallende Vegetation aufhört, da breiten noch emsig die Flechten ihre Scheiben fest angedrückt über die Felsen aus, und decken, peripherisch wachsend, Platte um Platte mit bald schwärzlicher, bald hell rothgelber Kruste. Noch ist der Mensch nicht in Höhen gelangt, wo das Pflanzenleben in der Elementarform der Flechten ganz erstirbt: denn nicht nur an alle Gipfel unserer Alpen, sondern an die höchsten erreichten Punkte des Himalaya heften sich noch diese unscheinbaren, aber ausdauernden Bahnbrecher höherer Organismen fest.

Werfen wir, vor der näheren Betrachtung der dicht am Boden sich anschmiegenden Alpenflora, noch einen Blick abwärts in die letzten in diese Region vorgeschobenen Waldbestände, so finden wir kaum mehr als 4 Baumarten darin vertreten. Die Alpenbäume par excellence, die am höchsten oft mitten in den Teppich der Alpenkräuter ansteigen, sind die Lärche und die Arve. Beide erreichen im Oberwallis 7000, im Engadin fast 8000', und stehen beinahe stets gemischt. Oberwallis allein besitzt, so viel mir bekannt, reine Lärchenbestände. Trotz der anscheinenden Zartheit der Lärche hält sie der so robust und derb sich darstellenden Arve im Kampf gegen das Höhenklima die Wage; ja die Lärche scheint noch unabhängiger von äusseren Einflüssen, denn sie steigt tiefer gegen das Thal abwärts als die Arve (im Wallis bis gegen 1200', während die Arve daselbst nie unter 5000' anzutreffen ist), sie setzt sich also grösseren Temperatur-Variationen aus als diese. Zudem verdient die edle Lärche der Schweizer besondere Sympathie als der charakteristische helvetische Gebirgsbaum. Genauere Untersuchung hat gezeigt, dass der Waldbaum Russlands und

Sibiriens, den man bisher für unsere Lärche hielt, einer anderen Art (der Larix sibirica Ledeb.) angehört, dass somit
unsere Lärche in ihrem Vorkommen auf das Alpensystem
beschränkt ist, und dass die Alpen von Wallis, Tessin und
Bündten die eigentliche Domäne derselben sind, von wo aus
sie in dünnen Streifen nach Ost und West ausstrahlt: nach
Ost bis an die Carpathen, nach West bis zum obern Var.

Die Arve dagegen erscheint bei uns nur als letzter
Ausläufer von ihrem mächtig ausgedehnten Heimathland:
dem Norden Sibiriens her, wo sie von Kamtschatka an (ja
nach Hooker und Arnott sogar vom arctischen Amerika
an) in geschlossenem Wald: zuerst als Krummholz, dann
als Hochstamm bis in's europäische Russland einherzieht.
eine kleine Etappe in Siebenbürgen macht, und in den Alpen
der Provence erlischt.

An diese 2 Alpenbäume reiht sich die Rothtanne
(Pinus Picea Du Roi, Pinus Abies L.), die an Häufigkeit dieselben weit übertrifft, die jedoch ihren beiden Vorgängern
nicht ganz so hoch zu folgen vermag (Grenze circa 5700,
südlicher 6500 Fuss). — Doch ein Charakterbaum der Alpen
im strengen Sinn ist unsere Tanne nicht: ihr grösstes Ver-
breitungsgebiet liegt im Norden, wo sie vom Ural an über
Russland, Finnland und Scandinavien bis zum 70. Grad
ihren dunkeln Mantel ausspannt, und auch in ganz Deutschland, in früheren Zeiten auch in Grossbritannien, alle höheren
Punkte besetzt hält. — Dagegen bilden die Alpen, wie der
Arve und der Lärche, so auch der Rothtanne südliche Grenze:
die südlichen Halbinseln Europa's entbehren sie ganz: sehr
ungleich ihrer zärtern Schwester, der Weisstanne (Pinus
Abies Du Roi, P. Picea L.), welche nicht über 4500 Fuss,
also nicht in die eigentliche Alpenregion aufsteigt, (welche
z. B. im ganzen Oberengadin fehlt und erst bei Scanfs be-

ginnt), welche aber die griechischen Berge und den ganzen
Apennin bewohnt, ja selbst auf Sicilien (Serra dei Pini der
Madonie) in erlöschenden Spuren vorkommt, dagegen nördlich von den mitteldeutschen Gebirgen (52° Breitegrad) nicht
mehr auftritt.

Der vierte unserer Alpenbäume ist seltener und wenig
gekannt. Er ist der Art nach mit der Legföhre identisch,
zeigt aber aufrechten Stamm von 25′ bis 40′ und schlanken,
kurzastigen Wuchs. Es ist die Bergföhre oder Hackenkiefer
(Pinus montana Mill. var. uncinata Ram.). Sie findet sich bei
uns zerstreut von Waadt bis nach Graubünden, am häufigsten
wohl im Ofenthal, als Begleiterin der Arve und Rothtanne,
bis gegen 7000′.

Diess sind die Elemente, aus welchen die alpinen Waldbestände zusammengesetzt sind. Von Flechten überwuchert
mit vertrocknetem Wipfel, bieten sie fast überall das
unheimliche Bild absterbenden Lebens. Die Arve zumal
recrutirt sich nirgends mehr in befriedigendem Verhältniss;
auch die Tanne geht zurück, und selbst die Lärche, die
weitaus widerstandskräftigste dieser Baumformen, scheint
sich mehr auf Kosten ihrer Genossen abwärts und seitwärts,
als nach der Höhe auszudehnen. Ueberall treten einzelne
uralte Wettertannen über die geschlossene Waldgrenze hervor, und stundenweit ob den letzten Bäumen bezeugen, inmitten der Hochalpenflora, einzelne abgestorbene Stöcke,
dass früher der Wald weit höher in unseren Bergen gedieh,
dass dessen heutige obere Grenze keine natürliche ist. In
den meisten Fällen war es der Unverstand des Menschen
oder das Bedürfniss seiner Viehheerden, welche die verderbliche Veränderung zu Stande brachten.

Nach dieser kurzen Musterung der alpinen Waldgrenze
betreten wir nun unser eigentliches Gebiet: die herrliche

offene Alpentrift. Doch halt! nicht zu rasch vorwärts! denn es hemmt den Fuss nunmehr dichtes Gestrüpp, anfangs in Aughöhe, bald nur in Gürtelhöhe, und endlich zwischen den Steinen sich verkriechend. An Halden mit trockenem Felsenschutt, besonders also im Kalkgebirg, ist es die Legföhre in mehreren Abänderungen (Pinus montana Mill. var. humilis Heer, Pumilio Hänke etc.), die ihre harzreichen Zweige, die Wipfel stets thalwärts gewandt, ausbreitet und durch Befestigung des GeRölls den Boden für eine spätere Waldvegetation vorbereitet. Auch das Landschaftsbild der Zwergwälder von Legföhren ist den Alpen nicht ausschliesslich eigen: die Carpathen zeigen es selbst noch ausgedehnter als diese, und alle höheren böhmischen und deutschen Gebirge, sowie der Süden von Europa (analog der Weisstanne) bis nach Calabrien, besitzen Legföhrenbestände. Nach Norden geht jedoch diese Form nicht, und der Westen, besonders die Pyrenäen, kennen nur die hochstämmige Form der Hackenkiefer. An feuchteren Abhängen, zumal im Schiefer- und Urgebirg, tritt ganz ähnlich die dunkle Alpenerle (Alnus viridis D. C.) auf. — Zwischen diese dominirenden Sträucher schlingen sich, mehr einzeln, eine grosse Zahl anderer: von unten wagt sich die Himbeere, der Seidelbast (Daphne mezereum L.) und der „Girmsch" (Sorbus aucuparia L.) heran; die dornenlose Rose, drei Arten der Heckenkirsche (Lonicera) u. s. w. treten hinzu, am meisten aber interessiren uns die immer massenhafter erscheinenden, oft weite Hänge überdeckenden Rhododendren, unsere Lieblinge, mit deren Blüthen wir selbst die nackteste Prosa des Lebens: unsere Geldstücke zieren. Zwischen 5000 und 7000 Fuss scheint der eigentliche Gürtel dieser prächtigen Sträucher sich auszudehnen, und zwar durch das ganze Alpengebiet von den Seealpen ob Nizza an bis nach Nieder-

ostreich. Von den beiden Arten hält sich die rostige
(R. ferrugineum L.) mehr in den inneren, die haarige (R.
irsutum L.) mehr in den Voralpen; gleichwohl finden sich
eide sehr oft beisammen. Jedoch scheint die erstere die
rosseren Massen zu bilden. — Jedes grössere Gebirgssystem
er alten Welt — Amerika hat keine Rhododendren — be-
tzt als Zierde Glieder dieses Geschlechts; das Centrum bildet
er Himalaya, wo die Zahl und Grösse der Arten der Macht des
ebirgs entspricht: Wallich hat uns mit solchen vom Wuchs
userer Nussbäume bekannt gemacht, und Hooker in Bootan
ud Sikkim solche mit liliengrossen Blüthen gesammelt.
as pontische und kolchische Küstengebirg bietet das bei
us so häufig gepflegte Rh. ponticum L., der Caucasus das
leinere Rh. caucasicum L. Die Alpen Sibiriens haben das
oldgelbe R. chrysanthum L., Kamtschatka das R. kamtscha-
cum L., und selbst die tropischen Gebirge Asiens, Ceylon
ud die Sunda-Inseln nähren ihre besonderen Alpenrosen
um Theil epiphytisch auf Bäumen lebend; Sumatra eine
olche (R. obtusatum Bl.) von grösster Aehnlichkeit mit
userer rostigen Art. In Europa hat der Jura (Creux du
an) unsere rostfarbene Species neben der Legföhre; die
arpathen Siebenbürgens eine sehr nahe verwandte (R.
yrtifolium Schott); das südspanische Gebirge wieder das
rosse R. ponticum L., und Lappland das ganz kleine R. lap-
onicum L.

An die Alpenrose schliesst sich nun eine reiche Anzahl
amer kleiner werdender Sträucher an: vier Heidelbeerarten,
riken, die seltsame, in Grönland zur Nahrung der Bewohner
esentlich beitragende Rauschbeere (Empetrum), ferner 9
erschiedene Weidenarten und viele andere. Den Schluss
acht als letzte namhafte Holzpflanze, bis weit über 8000 Fuss
er Wachholder (Juniperus communis L. var. nana Willd.)

Es ist indess zu bemerken, dass lange nicht überall in d
Alpen diese Strauchregion sich als eine besondere über d
Walde ausgebreitete Zone darstellt.   An vielen Orten, b
sonders in den südlichern Centralalpen, steigen die lezt
Lärchen und Arven ganz so hoch als die Sträucher, welc
dann ein Unterholz in dem immer lichter werdenden Wa
bilden. Und fast überall deuten Spuren darauf, dass ei
unsre Alpenbäume soweit aufwärts vorkamen, als heute
Alpenerle und die Legföhre, so dass diese Zwergbestä
als das stehengebliebene Unterholz des längst zerstör
alpinen Waldes erscheinen.

In den Lichtungen des Alpenwaldes, und mehr n
im Gebiet der Sträucher steigt nun, dem Lauf der Bä
und Quellen entgegen, eine grössere Zahl hoher grossblätti
Stauden und Kräuter empor, und bedeckt an nassen Stel
auch die fetten untern Waideplätze.   Es sind vollsaft
üppig ins Kraut geschossene Pflanzen, meist mit trübgefär
Blüthen, in Folge des Baum- und Strauchschattens, den
selten verlassen.   Dahin gehören manche Dolden (Cho
phyllum, Astrantia, Imperatoria), Huflattig und Pestw
(Petasites albus Grt. und Cacalia), Wolfs- und Eisen
(Aconitum), Fingerhut (Digitalis), Baldrian (Valeria
Knöterich (Bistorta), die grosse Schafgarbe (Ach. macrophy
L.), Senecioarten, mehrere Disteln und Andere. Sie beha
den Habitus wohlgenährter montaner Pflanzen bis g
5000 und 6000′ bei, verschwinden jedoch rasch, nebst
im Bergwald so massenhaften grössern Farrenkräutern,
bald sie den Schutz der Holzgewächse oder den besond
fetten Boden nicht mehr vorfinden.

Nun erst haben wir Alles hinter uns, was uns an
rasch aufstrebende Vegetation der Ebenen und Vorberge ma
und wir sind im Begriff, unser eigentliches Gebiet zu be

n. Vorher aber geht es noch durch einen Strich, dem die
and des Menschen seinen Stempel aufgedrückt hat:

Durch die obersten Heuwiesen. Wir erkennen sofort —
gesehen von den äussern Merkmalen, der Umzäunung, den
Isserungsgräben etc. — dass hier die menschliche Thätig-
it ein Stück Tiefland in das Alpengelände hinein gewirkt
i. Denn je energischer der Fleiss der Bewohner durch
ifernung der Steine, durch Nivellirung, Wässerung oder
r durch Düngung sich hier bethätigt hat, desto weniger
igt sich auf der Wiese die charakteristische, den unbe-
irten Boden ringsum bedeckende Vegetation der Alpen-
inzen, desto massenhafter erscheinen vielmehr die speci-
then Wiesenkräuter der untern Bergregion bis in die
penregion hinauf. Die halbstrauchigen Pflanzen, die gross-
rauhblättigen Kräuter treten zurück, und je besser die Al-
nwiese gepflegt ist, desto ausschliesslicher besteht sie aus
imineen, in deren dichter Schaar einige Wiesenpflanzen,
ickenblumen: (Campanula rhomb. L. und Scheuchzeri Vill.)
irere Synanthereen: (Crepis, Hypochoeris, Apargia, Tara-
ium) die Lichtnelke, (Lychnis flos cuculi L.,) die Federnelke,
anthus superbus L. etc.) schmächtig und dünn aufgeschos-
stehen, und in denen auch die Herbstzeitlose erscheint.

Aber jetzt befinden wir uns doch auf jungfräulichem
den? Noch nicht ganz. Denn der weite, von Steingeröll
i Bachrunsen vielfach unterbrochene Teppich der freien
penwaiden, den wir jetzt betreten, ist zwar schon durchaus
n echten Alpenpflanzen bewohnt; jedoch ist deren Ver-
ilung auch hier noch wesentlich verändert durch den
igjährigen Einfluss, den das immer wiederkehrende Abwai-
i der Heerden und die zerstreute natürliche Düngung durch
iselben ausübten. Auch hier überwiegen die Gräser
illerdings sind es die eigenthümlichen Alpengräser) in einer

Weise, wie es auf unbewaideten Stellen nicht vorkommt, u
viele andere Alpenpflanzen fehlen, weil sie das beständi
Beschnittenwerden durch die Zähne der Thiere nicht so g
ertragen als die Gramineen, — und selbst die trefflich
Futterkräuter Plantago alpina L. („Spitzgras") Meum Mutelli
Grt. („Muttern") und „Bärwurz" (Meum athmanticum Je
widerstehen nicht immer.

Erst in jenen Höhen (7000 und 8000 Fuss, an un
gänglichen Stellen aber oft beträchtlich tiefer), wo die Wai
zeit zu kurz und das Terrain zu rauh ist, als dass die He
den eingreifend auf die Vegetation einwirken könnten, fin
wir in ursprünglicher Frische und natürlicher Gruppir
jene Elite unserer Flora: die Hochalpenpflanzen. So
an den sanftern Abhängen bilden sie eine Decke, deren
zelne Stücke nicht mehr zusammenhängen, wie tiefer unt
es besteht insulare Sonderung der einzelnen Gruppen
runden Polstern, deren Ränder sich nicht mehr berühr
denn hier oben herrschen Gewalten, welche den Pflan
eine freie Ausdehnung nicht mehr gestatten, und aus eini
Ferne gesehen, ist der grüne Anflug unsrer höchsten Be
rücken nicht mehr als solcher dem Auge wahrnehmbar:
Grau des Terrains dominirt. — Solche Abhänge und T
rassen, („Gemsmätteli") bilden den Standort für die gro
Mehrzahl unserer Alpenarten: da ist die Heimath der manch
lei Potentillen, der Zwergweiden, der reizenden Azalea,
moosartigen Silene acaulis L., des Edelweiss, der gelb
Senecioarten, Habichtskräuter (Hieracium), des Doronic
der Lieblingsspeise der Gemsen; der Veilchen (V. calcarata L
Anemonen (A. alpina L., narcissiflora L.), Ranunkeln, Legu
nosen (Phaca, Oxytropis, Hedysarum), Schafgarben (A
atrata L., moschata Wulf) und der mancherlei Gräser (Ave
Scheuchzeri All., Festuca pumila Vill., Agrostis alpina Sco

d rupestris All.), da steht der als Zaubermittel hoch ge-
tete „Allmannsharnisch" oder „Nünhemler" (Neunhemd-
) Allium Victorialis L., da glänzen die Gentianen, Primeln,
gen die schneeigen Blüthenheerden der Dryas, und die
gängliche, aber desto lieblichere himmelblaue Blume des
penleins. — An Trümmerhalden klemmen sich die Pflanzen
die schützenden, freilich auch beschattenden Lücken des
teins (Viola biflora L., Cacalia leucophylla Wlld.); im feinern
senschutt. erscheinen sporadisch Gewächse mit langen,
artig den Guffer durchziehenden Wurzelfasern, sonst aber
zartem Bau, oft mit saftigen dicken Blättern (Ranunculus
cialis L., parnassifolius L., Viola Cenisia L., Thlaspi
ndifolium Gd.; Papaver alpinum Jacq., Galium helveticum
ig.); den schmelzenden Schnee umdrängt ein Ring noch
terer Gestalten mit besonders reinen Farben, darunter
einzigen Repräsentanten der Tulpen in den Alpen (Loydia,
gea Liottardi Schult., Ranunculus alpestris, rutaefolius und
renaeus L., Anemone vernalis L., Primula integrifolia L.,
danella). Wo stehendes Wasser in einer Mulde eine kleine
fbildung anbahnt, stehen Riedgräser und Binsen (Carex
ida L., Persoonii Sieb., capillaris L., foetida L., bicolor
, etc. Jncus triglumis L., Jacquini L., Scirpus alpinus
l. etc.) und dazwischen die silberweissen Federbälle des
llgrases (Eriophorum Scheuchzeri Hopp.); am Rande des
pfes finden sich die prächtigen Pedicularen ein. — Am
tehenden Fels, wo er beschattet und von Wasser benetzt
siedeln sich Saxifragen (S. aizoides L., stenopetala Gaud.
cendens L., etc.), Fettkräuter (Piugnicula vulgaris L. var.
ndiflora Lam und alpina L.) und seltene Moose an, und an den
nigen Wänden und Hörnern kleben, in weiten Abständen fest
gedrückt, die letzten Vorposten, alle von sonderbarer Pyg-
engestalt: den Leib fast auf Null reducirt, alle Kraft und allen

Stoff auf den Fuss und das Haupt: die meist prächtige B
concentrirend. Als Beispiel gelte die helvetische un
penninische Androsace, und das herrliche Gletscherve
meinnicht, Eritrichium nanum Schrd.

Suchen wir nun die Eigenthümlichkeiten dieser Flo
erfassen, dieser „Alpenkräutlein“, wie wir oft sie nenne
Sehen wir uns aber recht um in dieser reizenden
entwurzeln wir schonungslos diese zierlichen Polster, so
es sich, dass von Kräutern im Sinn der Tieflandsflora
nichts zu finden ist; denn alle diese Pflanzen sind pe
sind, wenn auch noch so klein, wahre Zwergsträucher,
ausdauernde Stämme, sehr verastet und oft von hohem
unterirdisch sich ausbreiten und blos ihre äussersten Zw
lein einige Zoll oder Linien hoch dem Licht aussetzen,
ihre Blätter und Blüthen zu entfalten. Diese belaubten
sprossen sind es, welche wir als „Alpenkräutlein“ pflü
während der greise, zolldicke Stamm tief in der F
verborgen bleibt. So stark ist in diesen Regionen die
denz der Stammbildung und eines unterirdischen Le
dass Gattungen, die im Tiefland nicht anders als in j
Arten auftreten, hier oben nur halbstrauchige Formen
(Draba, Androsace, etc.) Und dieser Eigenthümli
sind denn auch die Alpenpflanzen sehr benöthigt. W
in den unteren Lagen die Vegetationsperiode günstig u
gestört bis zur vollen Reife der Frucht verläuft, ist der
sommer in der Regel zu kurz zur vollen Entwicklu
Saamen; die Alpenpflanzen sind daher fast ausschli
auf die Vermehrung durch Sprossung angewiesen, und
ihrem entwickelten unterirdischen Stamm haben sie dea
in dem fortwährenden Kampf gegen den sie umdränge
Winter zu verdanken.

Neben dieser Eigenschaft: der Perennität der Al

…anzen, zeichnen sie sich noch durch einige andere gemein-
…me Züge vor denen des Tieflandes aus. Vornemlich durch
…e Gedrungenheit, Kürze und Kleinheit aller axialen und ve-
…tativen Theile. Aeste, Stengel und Blätter sind merkwürdig
…ducirt; letztere treten sehr häufig blos in der Form von
…chziegelartig sich deckenden Schuppen auf, und zwar
…eder bei Geschlechtern, deren verwandte Arten in der
…ene mit breit und langentwickelten Blattspreiten und
…hen Stengeln versehen sind (Saxifraga, Primula, Silene,
…mpanula, Gentiana, etc. Auch die Blüthenstände: die Aehren
…d Dolden sind häufig zu dichten Köpfchen zusammenge-
…ngt. Im Gegensatz dazu sind die Blüthen der alpinen
…ten relativ von auffallender Grösse; oft übertrifft die Länge
…d Breite der Corolle die der ganzen übrigen Pflanze be-
…chtlich (z. B. Gentiana acaulis L.); auch die Wurzelfasern
…d meist zu beträchtlicher Länge entwickelt, weil sie den
…zen des Gesteins weithin zu folgen haben, um den spär-
…hen Humus auszubeuten.

… Eine andere Eigenthümlichkeit hat der dänische Bota-
…ker Schouw in der glatten Oberfläche der Alpenpflanzen
…den wollen. Allerdings ist diess der Fall, wo die Standorte
…h durch Luft- und mehr noch durch Bodenfeuchtigkeit
…zeichnen. Unsere südlichen, ein äusserst trockenes Som-
…erklima bietenden Alpen, namentlich der Monte Rosa, be-
…rbergen jedoch gerade in der höchsten Region eine Menge
…chtbehaarter, silbriger und drüsiger Arten, und auch die
…rdlichen Vorberge weisen eine Anzahl dieser so hübsch
…kleideten Pflanzen auf (Artemisia, Androsace, Potentilla,
…ontopodium). Auch sollte man meinen, dass gerade in
…r kalten Höhe die zarten Kinder Floras eines tüchtigen
…lzes am dringendsten bedürfen. Doch diesen Zweck hat
…s Haargewand der Pflanzen wohl nicht; vielmehr deutet

die Thatsache, dass je trockener ein Klima, desto zahlreicher
behaarte Arten sind, mit Sicherheit darauf, dass die Behaarung den Pflanzen die Aufnahme von Feuchtigkeit erleichtert. Der Niederschlag der atmosphärischen Feuchtigkeit wird durch die Vervielfachung der Oberfläche, welche
wir Haare und Drüsen nennen, befördert und das belebende
Nass reichlicher der Pflanze zugeführt. —

Und nun die reinen, ungemischten Spectralfarben, in
denen die Alpenblumen glänzen, neben welchen die Tinten
unserer Thalwiesen trüb und matt erscheinen! Vor allem is
es der Einklang aller Farben: das reine Weiss, und zwa
bei Geschlechtern, welche in der Ebene nur, oder vorwiegen
gefärbt erscheinen (Papaver, Ranunculus, etc.)

Dann folgt Gelb, dann hell Rosa, dann Carmin, da
Violett, dann Blau, beide letztern in einem Feuer, wie es selb
die Tropen kaum aufzuweisen haben. Das metallisch schi
mernde Blau der Gentianen ist wohl die höchste Pote
dieser Farbe in der ganzen Schöpfung. — Auch ein wunde
sam frisches orange kommt vor, wie es sich sonst in unse
ganzen Flora nicht findet (Papaver Pyrenaicum Wlld., Sene
abrotanifolius L., Cineraria aurantiaca Hopp., Hieraci
aurantiacum L., trüber bei Crepis aurea Cass.) — Wie m
erscheinen dagegen die analogen Nüancen der Ebenflo
und wie weit bleiben die Farben der in der Tiefe zum Blüh
gebrachten Alpenblumen hinter ihren auf heimathlicher F
erblühten Schwestern zurück! Ausser den Blumenblätte
zeigen auch die Kelchblätter und Bracteen vieler Alpenpfl
zen eine tiefere, purpurne oder satt braune Färbung, die
bei mehrern Arten (Carex atrata L., ustulata Wahlb., frigi
L., bicolor All., Chryanthemum alpinum L. etc.) zu rein
Schwarz steigert. Der Grund dieser Farbenpracht ist lei
einzusehen: es ist die Intensität des Lichts in den Höh

an sich nun dies Licht zu Farben differenzirt, wieviel
rker und reiner müssen diese sein als in der nebligen
fe? Nicht nùr die Blüthen, die geṣammte sichtbare Welt
der Alpenzone theilt diesen Charakter; alle Farben: die
Flechten und Moose, der Rinden und des Holzes, der
e und des Wassers selbst, zumal in seiner festen Gestalt,
einen nicht nur hier oben, sondern sind an und für sich
ärfer, tiefer, cruder.

Wie aber verhält sichs mit dem lieblichen Bruder der
be, mit dem Duft? Hier müssen wir wohl den heissen
eln der Niederung, z. B. den Seegestaden Tessins oder
Walliser Thalkessel den Preis überlassen: die Hoch-
npflanzen zeichnen sich nicht durch starke Arome aus.
mehr ist das Clima der Tiefe der Entwicklung der äthe-
hen Oele, welche den Duft bedingen, weit günstiger, und
je die betäubenden Würzgerüche einer sonnenbeschie-
en Halde bei Nizza geathmet, wird mir hier trotz unserm
dli (Nigritella) Recht geben. Dafür — bemerkt Schouw
Recht — ist man in der hohen Alpenregion der Furcht
Giftpflanzen enthoben: hat man die letzten Heuwiesen
Mittel-Staffel mit ihrem Germer (Veratrum) und Eisen-
(Aconitum) hinter sich, so ist in dieser Beziehung Alles rein
manches treffliche Heilmittel (die „Iva“ der Engadiner
illea moschata Wulf.; die „Genipi“ od. „Edelraute“ Artemisia
llina Vill. und spicata Wulf.) klebt hoch am Rande der Flühe.

Wie wir am unteren Saum der Alpenregion ein Element:
Waldung, abnehmen sahen, so bemerken wir mit dem
steigen gegen den oberen Alpengürtel die auffallende
hme eines anderen Elements, eines zwar unscheinbaren,
unendlich wichtigen. Hier beginnt das Reich der blüthen-
n, der Zellenpflanzen eine Ausdehnung und Bedeutung
erreichen, wie nirgends im Tiefland. In der obern Wald-

region sind es die Moose, welche weit stärker hervortreten
als in der trockenern Tiefe; jedoch nimmt ihre Zahl in der
eigentlichen Alpenzone wieder beträchtlich ab.   Anders es
gegen die Flechten. Hüte dich, lieber Leser, diese schwarzen
gelbgetupften, diese röthlichen und falben Krusten, die so
wohl den anstehenden Fels als das Geröll der Trümmerhal
den überziehen, etwa nur als Schmutz und Aussatz des Ge
steins, als unvermeidliche Trübung der Oberflächen gering
zu schätzen. Betrachte sie vielmehr mit Respect und Dank
diese Pioniere der Pflanzenarmee, die mit riesenhafter Leben
kraft ausgerüstet, nicht nur den nahrungsreichen Feldspath
nein auch den reinen Kalk und Kiesel überziehen, einhüll
angreifen und endlich eine Schicht von Dammerde herstell
worauf die Gräser sich ansiedeln können. Diese stille, kau
beachtete und doch gewaltige und erobernde Thätigkeit
Flechten hat etwas Imposantes und Rührendes. Selbst
der glänzenden Spaltfläche des Quarzes keimen die Spo
der Lecideen; ihr Thallus dehnt sich concentrisch von Ja
zu Jahr aus; unabhängig von jeder Temperatur benutzen
die geringste Feuchtigkeit und beleben so selbst die höch
Felsenzone.   Nicht nur die Mannigfaltigkeit der Form
und Farben, sondern auch die Masse und Anhäufung
Einzelwesen und des vegetabilischen Stoffes ist im Re
der Flechten von 5000 und 6000 Fuss an aufwärts im
hervortretender und bedingt den Charakter der Landsch
Wo die dünnen Schorfe, schwarzgelb, bleigrau, ziegelr
von Farbe (Lecidea, Lecanora, Parmelia) das Gestein
erobert, da setzen sich bald die grösseren Becher- und Ho
flechten, oft in Purpur wie Corallen glänzend (Cladonia)
die weissen krausen Miniaturwälder des Rennthiermoo
(Cenomyce) an; zwischenein die braunen Polster des is
dischen Mooses.(Cetraria) mit seinen zierlich gewimper

lappen. Bei trockener Luft ist alles dürr und todt, und
erstiebt unter dem Tritt zu Staub; mit dem ersten Regen
doch füllt sich die Flechtendecke mit Wasser, die Zweig-
in schwellen an und in der gallertartigen Masse regt sich
der langgehemmte Lebensprocess. Man begreift, welch mächtige Wirkung diese hygroskopische Eigenschaft der Flechtendecke auf das Gestein ausüben muss. — Und nun erst all
die schönen, in Bart- und Geweihform herabhängenden Arten
welche die alternden Aeste der letzten Bäume wie mit einem
Flor behängen (Usnea), und deren Stämme weiss und hellgrau (Evernia) einhüllen! Selbst das Gebilde, das jedem
Leben unnahbar scheint: der Firnschnee, wird überwunden
und muss einem elementaren Pflanzenorganismus Herberge
bieten: kühner als alle anderen Lebensformen wagt sich die
Schneealge (Protococcus) auf den Firn unserer Hochgipfel
so gut als in die Eiswüste Nord-Grönlands, und färbt in
unbegreiflich raschem Wachsthum weite Strecken mit durch-
sichtig zartem Roth. Das ist eine Nival-Flora im höchsten
Sinne des Worts, das grösste Wunder der wunderreichen
Alpenzone!

Unwillkürlich denken wir hier, wo wir vor den letzten
höchsten Spuren des Lebens auf unserer Erde stehen, an
dessen letzte tiefste Spuren, in der Abgrundszone des Oceans.
Auch hier herrscht, selbst in den Tropenmeeren, eine eisige
Kälte, verbunden mit absoluter Nacht; und dennoch bietet
diese Tiefe eine gleich einfach gebaute Algenform: die Dia-
meen, in gleich unbegrenzter Individuenzahl.

Betrachten wir nun, nach dieser Schilderung der phy-
gnomischen Eigenthümlichkeiten der Alpenflor, die Art
und Weise ihrer Verbreitung und Vertheilung.

Wir haben gesehen, dass uns in der Höhe eine den
Arten nach von der Ebenflor verschiedene Vegetation be-

geguet. Von den 2000 Blüthenpflanzen der Schweiz (in
runder Zahl; meine exacte Zählung giebt 2027) bewohnen
450 (exacte Zählung 449) nur die eigentliche Alpenregion.
Und diese Scheidung der Tieflandsflora von der Alpenflora
ist eine schärfere, absolutere, als es auf den ersten Anblick
scheinen mag. — Zwar dringt aus der Bergregion in den
untern Theil der Alpenzone eine Anzahl von Arten heraus
zumal, durch Vermittlung des Menschen, auf den Heuwiesen;
es sind jedoch blos einzelne wenige Arten, die sich von der
Ebene bis zur Hochalpenzone erstrecken. Theils sind es
Ubiquisten, deren zähe Natur mit allen Lagen vorlieb nimmt
(der Wiesenklee Trifolium pratense L., der Löwenzahn
Leontodon Taraxacum L., Solidago, Poa annua L., Festuca
ovina L., Carex stellulata Good. etc.), theils Unkräuter, die
auf dem künstlichen, durch Menschenhand geklärten oder
durch Dünger bereicherten Terrain sich versamen (Nessel,
Chenopodium, Scleranthus, die Herbstzeitlose), theils aber —
und dies ist der interessanteste Theil — sind es Alpenpflanzen, welche sich an besondern Stellen des Tieflandes
sporadisch wieder finden. Diese Stellen sind Flussgeschiebe,
welche durch den Stromfaden immer wieder mit Flüchtlingen
aus dem alpinen Quellgebiet bevölkert werden (z. B. bei
Basel am Rhein Campanula pusilla Hnk., Allium Schoenopra-
sum L., Linaria alpina Mill., Erigeron angulosus Gd. etc.
Ferner beschattete, feuchte Felswände und Halden, durch
Lawinenzüge und Wasserrinnsale in directer Verbindung
mit der Alpenzone (z. B. Alpenrosen am Spiegel des Thuner
und Lowerzer Sees). Dann aber — ausser aller räumlicher Verbindung mit dieser Zone — Torfmoore und erratische Felsblöcke, über welches Vorkommniss später wird zu reden
sein. Interessant ist es zu sehen, wie das Leben in der Höhe
jenen aus der Ebene heraufgewanderten Arten einen eigenen

alpinen Habitus, analog den eigentlichen Alpenarten, verleiht, so dass Botaniker, welche mehr die systematische als die biologische Seite ihrer Wissenschaft cultivirten, jene Emporkömmlinge als besondere Species beschrieben und benannten. (Trifolium nivale Sieb., Leontodon alpinus Hoppe, Solidago cambrica Huds., Poa varia Schrad., Festuca alpina Gaud., Carex Grypos Schk., Scleranthus biennis Reut., alles in Wirklichkeit blosse Alpenformen der obengenannten Ubiquisten und Unkräuter.)

Warum nun, fragen wir, halten sich die Alpenpflanzen so eigensinnig in einer bestimmten Region? Warum existirt für sie nicht nur, wie für alles Leben, eine obere, sondern auch eine untere Grenze?

In erster Linie darum, weil nur die Höhe ein Clima bietet, welches ihnen behagt, weil in der Tiefe gewisse ihnen feindliche Agentien wirken. Es ist wohl der Mühe werth, näher auf diese Differenzen einzugehen.

Jedermann weiss, dass die Vegetation aller Pflanzen hauptsächlich bestimmt wird durch die zwei grossen Lebenswecker Wärme und Feuchtigkeit. Jedoch kommt es für die Pflanzenart wesentlich darauf an, wie sich diese zwei Agentien zeitlich verhalten. Es ist durchaus entscheidend für das Gedeihen jeder Art, ob die ihr zufliessende Wärme und Feuchtigkeit sich in der ihr zuträglichen Weise über das Jahr hin vertheile.

Man hat sich vielfach — bis jetzt nur mit annäherndem Resultat — bemüht, die Menge der Wärme zu bestimmen, welche einer gegebenen Species zu ihrem Bestehen nöthig ist. Man suchte zu diesem Behuf den Temperaturgrad zu ermitteln, bei welchem die Vegetation der Pflanze beginnt, oder welchem sie stille steht. Man summirte nun die Temperatur der Tage, an welchen die Wärme über dies Mini-

mum: den sogenannten Vegetationsnullpunkt, steigt, und
hielt eine Summe, welche annähernd den Wärmebedarf (
vorliegenden Pflanze ausdrückt. In einer geogr. Breite o
in einer Bergeshöhe nun, wo diese Summe beträchtlich
driger ist, da wird die Pflanze nicht mehr leben können, e
so wenig als in einer Tiefe, wo die Wärmesumme eine na
haft höhere ist als in ihrer Heimath. Und die Pflanzen si
in dieser Beziehung äusserst eigenartig und sensibel. Währe
die eine schon bei 5^0 über dem Gefrierpunkt zu·vege
beginnt, ruht die andere noch, und treibt erst, wenn die T
peratur auf 10^0 gestiegen ist, und während die eine Art e
Wärmesumme von 2500^0 über ihren Nullpunkt bedarf,
es von der Keimung oder vom Ausschlagen bis zur Fruc
reife zu bringen, begnügt sich die andere mit 1500.

Neben dieser Wärmesumme ist nun — und für
Alpenpflanzen ganz besonders — in Betracht zu ziehen
Anzahl der Tage, über welche hin sich die Wärmes
vertheilt, während welcher sie der Pflanze geboten
Denn es ist nicht gleichgültig, ob dieselbe Summe in 90,
erst in 160 Tagen erreicht werde; die Vegetation einer
welche diese Wärmesumme in dem längern Zeitraum
empfangen gewohnt ist, lässt sich vielleicht bis zu ei
gewissen Grade beschleunigen, eine beträchtliche Bes
nigung aber wird nicht ohne Schaden für ihr Bestehe
laufen. Ebenso wird eine Alpenpflanze, die in einer kü
Wärmeperiode zu vegetiren pflegt, eine stark verlän
nicht überdauern. — Was nun die Feuchtigkeit anbel
so kommt es auch hier durchaus darauf an, wie dieselbe
vertheile. Eine Pflanze kann sich trefflich befinden in e
Tropenland, wo in einer Regenzeit von 8 Wochen der
sammte Jahresniederschlag fällt, indess 10 Monate unun
brochene Dürre herrscht. Eine andere bedarf vielleicht

ichen, aber eines gleichmässig über das ganze Jahr ver-
eilten Regenquantums.

Solcher Art sind die Verhältnisse, die hier in Betracht
ommen; quantitativ oft kaum unterschieden, in ihrer Mo-
tät aber sehr mannigfaltig und von durchaus verschie-
ener Wirkung.

Ich kann die Eigenheiten des Alpenclimas als bekannt
raussetzen. Ein langer Winter mit constant niedriger Tem-
eratur (bei 6000 Fuss ungefähr — 6, 2° Réaum. im Mittel)
d ununterbrochener tiefer Schneedecke, eine kurze (4 Mo-
e dauernde) sehr mässige Wärmeperiode (mittlere Luft-
peratur des heissesten Monats Juli bei 6000 Fuss in
n Berner Alpen + 8,9°. In Basel dagegen 15,1°), welche
Wärmesumme über 6° etwa 963° ergiebt, mit häufigen
enn auch im Vergleich zur regenreichen Waldregion nicht
hr so reichlichen) Niederschlägen, steter Feuchtigkeit des
dens, daneben aber starker Sonnenwirkung: das mögen
fähr die Hauptzüge sein.

Nehmen wir nun eine Alpenpflanze: etwa den rothen
nbrech (Saxifraga oppositifolia L.) oder die Alpenrose,
d suchen uns klar zu machen, warum ersterer kaum je
ter 6000′, letztere kaum je unter 3000′ herabsteigt. —
ide sind, der Steinbrech im höchsten Grade — genügsam
Betreff der Wärme: bei 4 oder 5° Lufttemperatur beginnt
tzterer schon sein Wachsthum, während der Boden unter
noch in der Tiefe eines Zolles gefroren ist. Wollten
r ihn aber in unserer Ebene künstlich in eine Lage versetzen,
o ihm nicht mehr Wärme zuströmte, so würden wir vergeb-
h sein Gedeihen erwarten. Denn im Tiefland wirkt eine
ärme- und Wachsthumsquelle viel schwächer, die in den
en mächtig sich geltend macht, und die mangelnde Luft-
ärme in wunderbarem Grade ersetzt. Es ist dies die ge-

steigerte Insolation, d. h. die directe Wirkung der Sonnenstrahlen, welche in der dünnen reinen Luft selbst bei grosser Kälte dermassen kräftig erregend und erwärmend auf die Pflanzen reagirt, dass ihnen ein grosser Theil der in der Ebene erforderlichen Luftwärmesumme über ihren Nullpunkt entbehrlich wird. Es ist dies dasselbe gewaltige Agens, dem unsere Haut in der Hochregion so rasch und kläglich zum Opfer wird, und dem wir nie entgehen, sobald wir uns dort dem Anprall der Sonnenstrahlen, auch bei schneidender Luft, aussetzen. — Dieselbe Insolation gestattet z. B. im Wallis die Cultur des Roggens bei einer Wärmesumme von 903° über 5°, während er unter dem trüben Himmel Schottlands an 2000° bedarf; ohne sie würde die Hochregion unserer Alpen sich trostlos entvölkern.

Es ist also jedenfalls eine zu grosse Wärme des Sommers, die den Alpenpflanzen in der Ebene den Aufenthalt verbittert, jedoch nicht in dem Grade, wie wir leicht glauben könnten, da die Insolation hier ausgleichend eintritt. Weit viel störender als die Höhe der Ebenentemperatur an sich wirkt die lange Dauer der Wärmeperiode des Tieflandes. Die Vegetation der Alpenpflanzen ist eine kurze (von 3—4 Monaten), aber desto energischere. Durch zu lange Ausdehnung des Sommers wird das Gleichgewicht ihrer Oekonomie gestört; sie erschöpfen sich und vergeilen. Ferner ist die Trockenheit unseres Ebenensommers diesen Pflanzen feind; weniger zwar die der Luft, denn trotz den häufigen Niederschlägen ist die Alpenluft von ausnehmender Trockenheit. Vielmehr ist es die vollständige Austrocknung des Bodens, die im Tiefland herrscht, während sich das Hochgebirg durch eine reichliche und constante Bodenfeuchtigkeit, durch stete Berieselung mit Schneewasser auszeichnet. Diese ist eines der ersten Lebenselemente der Alpenpflanzen.

Und nun noch eine hauptsächliche, dem Leser gewiss unerwartete Ursache: es ist nämlich die Kälte, welche die Alpenpflanzen in der Ebene tödtet und sie am Hinabsteigen verhindert. Natürlich nicht die Kälte in Gestalt einzelner absonderlich tiefer Wintertemperaturen, denn solche sind in den Alpen viel häufiger als in der Ebene; sondern die Kälte in Gestalt von Früh- und Spätfrösten des Herbstes und mehr noch des Frühlings, wenn plötzlich, nachdem längst der Schnee geschmolzen, auf Thauwetter und warmen Sonnenschein der Nordostwind einfällt und die nicht mehr geschützte Vegetation einer Kälte von 5, von 10 und mehr Grad aussetzt. — Dieser furchtbaren, in der Ebene leider so häufigen Prüfung sind die Alpenpflanzen durchaus nicht gewachsen, denn in ihrer Heimath deckt und schützt sie tiefer Schnee bis zu einem Zeitpunkt, wo die Sonne mächtig genug ist, um alle diese Gefahren zu beseitigen. Die Alpenpflanzen sind also durchaus nicht die Aschenbrödel unserer Flora, die sich alle erdenkliche Unbill gefallen lassen. Die Blattorgane einzelner subnivaler Arten vermögen zwar dicht an den Boden gedrückt, den Nachtfrösten trefflich zu widerstehen, sonst aber sind die Alpenpflanzen viel zarter, viel wählerischer als die meisten Tieflandspflanzen: sie bedürfen längerer Ruhe, eines sicheren Schutzes, einer Garantie gegen die Kälte und steter Zufuhr von Feuchtigkeit, und werden für den Mangel der Luftwärme durch eine gesteigerte Insolation getröstet. Von allem dem hat denn auch der Gärtner praktische Einsicht: er giebt den Alpenpflanzen eine leichte, die Feuchtigkeit conservirende Pflanzenerde; er hält sie noch bedeckt zu einer Zeit, wo schon einige südliche Sträucher ohne Gefahr im Freien stehn, oder überwintert sie ganz im Glashaus.

Ob und in wie weit bei all dem Vorhergehenden auch

der verminderte Luftdruck ins Gewicht falle, ist noch durchaus unerforscht.

Dass nun jeder, auch der Alpenpflanze, eine obere Grenze
gesetzt ist, über welche hinaus sie nicht mehr gedeiht, ergiebt sich aus dem Gesagten.   In einer Höhe, wo trotz der
Insolation die unentbehrliche Wärmesumme nicht mehr erreicht wird, wo die schneefreie Zeit für die auch noch so
rasche Entfaltung ihrer Knospen zu kurz ist, da wird auch
ihre Grenzmark stehen.   Doch ist diese Grenzmark eine
höhere, als man bei dem eisigen Clima der höchsten Alpenregion erwarten sollte.   Eine ziemlich grosse Zahl selbst
von Blüthenpflanzen findet sich noch bis 10000 und 11000
Fuss, und manche können jahrelang unter der Schneedecke
schlummern, ohne zu sterben; sie treiben und blühen, sobald
einmal ein günstiger Sommer ihren Standort für einige
Wochen von Schnee befreit.   Es sind dies sämmtlich solche
Arten, deren untere Grenze nicht tief hinabsteigt, sondern
welche erst in Höhen von 7000 und 8000 Fuss beginnen.
Dahin gehört Cherleria, Androsace pennina Gd., Gentiana
brachyphylla Vill., Saxifraga biflora All., Draba sclerophylla
Gd., Campanula Cenisia L., Ranunculus glacialis L., Eritrichium, Thlaspi rotundifolium Gd., zwei Zwergweiden, Potentilla
frigida Vill., Phyteuma pauciflorum L. und Andere, im Ganzen
etwa 50 Arten.

Wir haben soeben die physikalischen Gründe besprochen,
welche die Alpenpflanzen in ein bestimmtes Gebiet eingren-
zen, Gründe, welche unter unseren Augen immerfort wirken.
Doch müssen wir uns gestehen, dass wir damit das grosse
Phänomen der Eigenthümlichkeit dieser Flora und ihrer
Verbreitung über die Räume hin entfernt nicht erschöpfend
erklärten.   Giebt es ja Stellen auf unserer Erde, deren Clima
und Boden fast gleich, und doch von so verschiedener Ve-

getation belebt sind, dass unter tausend kaum eine Art ihnen
gemein ist. Neben den Gründen der Gegenwart sind es
hauptsächlich Ursachen, die der Vergangenheit angehören,
die in einem dem unsrigen vorangegangenen Zeitraum die
Vertheilung der Organismen über die Erde hin bestimmt
haben. Und gerade die Alpenflora bietet den stärksten An-
haltspunkt für diese Ansicht, gerade sie hat auf diese gene-
tische Betrachtungsweise der pflanzengeographischen Verhältnisse, auf die historische Erforschung derselben hingeführt.

Bereits wurde erwähnt, dass die Arve, die Rauschbeere,
die rothe Schneealge, das isländische und das Rennthier-
moos sowohl in unseren Alpen als innerhalb des nördlichen
Polarkreises vorkommen. Dies sind nicht etwa seltene Aus-
nahmen, sondern die Alpenflora hat durchweg die grösste
Aehnlichkeit mit der des hohen Nordens; sie ist zugleich
nahezu die Flora aller übrigen hohen Gebirge Europas; ja
die Flora aller Hochgebirge der alten und der nördlichen
neuen Welt bildet mit der arctischen eine Familie, deren
Glieder unter sich die grösste Verwandtschaft haben, und
das so seltene Beispiel der Verbreitung einer Pflanzenart
über mehr als einen Erdtheil hin findet sich relativ am häufigsten in der Gebirgsflora. Vergleichen wir die Alpenflora
mit der Lapplands, so sind die Genera bis auf einige wenige
dieselben, und von den 685 Blüthenpflanzen Lapplands finden sich nach Anderssen 108 in der schweizerischen Alpenkette. Unter den von Ed. v. Martens aufgezählten 486 Ge-
fässpflanzen der äussersten arctischen Zone (rund um den
Pol herum von Spitzbergen über Grönland, Melvilles Island,
Behringsstrasse nach dem polaren Sibirien) kommen volle
229 Arten, und von 109 arctischen Moosen gar 98 auch in
Mittel- und Südeuropa vor. — Von jenen 229 Arten sind
nur 98 Strand- u. Wasserpflanzen oder Ubiquisten; 131 da-

gegen sind echte Alpenpflanzen unseres Hochgebirgs. Einige
dieser gemeinsamen Arten finden sich im Norden, andere
in den Alpen häufiger; viele der seltensten, erlöschenden Alpenarten sind in der Lappmark oder Grönland oder der Behringsstrasse sehr häufig (Saxifraga cernua L., Ranunculus pygmae-
us Wahlenb., Carex ustulata Wahlb. Juncus castaneus Sm.
Lychnis alpina L., Alsine biflora Wahlenb., Achillea alpina
L. etc.), während Andere in den Alpen zahlreicher auftreten
(Oxytropis Lapponica Gaud. von den Basses Alpes bis Engadin,
ferner Potentilla frigida Vill., Saxifraga cuneifolia L., Gentiana
purpurea L., Leontodon pyrenaicus Gouan.) und die grösste
Zahl von arctisch-alpinen Arten vereinigt sich auf den co-
lossalen sibirischen Gebirgen um den Baikal, und im Altai.
Hier, wenn irgendwo, scheint überhaupt der Heerd zu sein,
von dem aus sich diese Flora über die Erde verbreitet hat:
denn nicht nur bedeckt sie hier die grössten Räume, sondern
es finden sich neben den arctischen Pflanzen auch eine Zahl
solcher alpiner Arten, die im eigentlich arctischen Gebiet
nicht zu finden sind.

Mustern wir nun unsere Umgebungen näher, so ist all-
bekannt, dass der Jura auf seinem höheren Rücken eine
mit der alpinen identische Flora zeigt; fast dieselbe Uebereinstimmung findet sich jedoch bei allen höheren Gebirgen
im weitesten Umkreis: auf den Karpathen, Sudeten sowohl
als den Pyrenäen, Apenninen, den spanischen Sierren, in
der Türkei und Griechenland. Und wenn auch, je weiter
wir uns, zumal nach Süden zu, entfernen, die Zahl der identischen Arten zurücktritt, so werden sie doch ersetzt durch
eine Menge nahverwandter, oft sehr schwer von den alpinen
zu unterscheidender Arten, welche man stellvertretende Arten
nennen kann. Als Beispiel können die schon besprochenen
Alpenrosen, noch mehr aber die Geschlechter Saxifraga oder

Viola dienen. Man wird unwillkürlich zu der Vermuthung getrieben, dass es locale, im Lauf der Zeiten entstandene Variationen der gleichen Typen seien. Diese stellvertretenden Arten sind in der Regel, weil sie eben als locale Formen ihrem Gebiet speciell eigen sind, zugleich auch als charakteristische Arten dieser Gebiete zu bezeichnen. — Dieselbè Erscheinung ist nun über Europa hinaus in die reichgegliederte Bergwelt Vorderasiens hinein zu verfolgen: Der Caucasus ist das letzte Gebirge, welches unsere Alpenpflanzen in grosser Masse bietet; in den bithynischen und pontischen Ketten, dem Taurus und persischen Gebirge treten die identischen Arten sehr zurück und machen nah verwandten Platz, und von da ab nach Südosten hin wird die Identität der Species zwar immer seltener, stets aber vermitteln stellvertretende Arten aus gleichen Genera die Aehnlichkeit. So im Himalaya (wo z. B. Pedicularis asplenifolia Fl., P. versicolor Wahlenb., P. verticillata L., Saxifraga cernua, Hirculus und Stellaris L., Rhodiola rosea L. mit den Alpen identische Blüthenpflanzen), in China bis nach den höchsten Gipfeln der Sunda-Inseln.

. Auch die von der alten sonst so grundverschiedene neue Welt macht von diesem Gesetz der Aehnlichkeit der Gebirgsfloren keine Ausnahme. Vom arctischen Amerika zieht die Alpenflora sich in die Felsengebirge hinein, wo nach Hooker von 286 Moosen 203 den europäischen Alpen gemeinsam und wo auch die Phanerogamen sehr ähnlich sind. Ed. v. Martens zählt 69 Arten, welche aus der polaren Zone nach den nördlichen, und 27, welche bis nach den südlichen Vereinigten Staaten hinabgehen. — Endlich erstreckt sich über den ganzen Rücken Amerikas durch die Schneegebirge Mexikos und der Anden bis Patagonien und den Falklandsinseln ein Strich stellvertretender und einzelner gleicher

Arten. Ein Beispiel wie das Trisetum subspicatum Clairv.,
ein bei uns nicht seltenes Alpengras, das von den Malouinen
östlich von Cap Horn und von Campbells Island im Süden
Neuseelands über alle hohen Bergkämme beider Hemi-
sphären bis zum Nordpol streicht, also gleichsam den ganzen
Planeten mit seinem Netz umzieht, ist nur im Bereich der
Alpenflora möglich.

Selbst das ganz isolirte, mitten aus tropischen Tieflän-
dern emporragende Cameroon-Gebirge, im Golf von Guinea,
zeigt nach Ferd. Manns neusten Entdeckungen die nordischen
Formen Silene, Poa, Koehleria, Ranunculus und Andere.

Woher nun aber diese Uebereinstimmung? Von einer
Verbreitung von Einem Punkt aus, etwa vom Pol, über alle
jetzt ein gleiches arctisches Clima bietenden Punkte der
Erde, kann bei der so vollständigen Trennung dieser Punkte
durch Meere und heisse Ebenen und bei der delicaten Natur
dieser Pflanzen keine Rede sein. Die heutige Configuration
der Länder erklärt dies Räthsel nicht. Aber das Pflanzen-
kleid unserer Erde ist kein gleichzeitig auf einen Schlag ge-
wobenes, es ist ein gewordenes, aus Stücken und Streifen
verschiedenen Alters kunstreich gewirktes, und unter diesen
Gewandstreifen ist die Polar- und Alpenflora nicht der jüngste.
Sie ist zwar nicht so alt als die Flora Neuhollands, auch
nicht einmal so alt als die Japans oder der Canaren; sie ist
jünger selbst als ein Theil der Mittelmeerflora; jedenfalls
aber ist sie um eine ganze Generation älter als die Vegetation, welche unser Tiefland erfüllt.

In der Periode, welche die Molasse unseres Mittellandes abgelagert hat, erhoben sich die Alpen noch nicht
zu ihrer jetzigen Höhe. Europa bestand aus einem Complex
von Inseln und war durch einen breiten Landstreif mit dem

südlichen Nord-Amerika verbunden. An seinen östlichen
und südlichen Strand schlugen die warmen Gewässer eines
Meeresarms, welcher mit dem tropischen indischen Ocean
in directer Verbindung war. Dieser Lage und Beschaffenheit
entsprechend herrschte ein subtropisch-oceanisches, d. h ein
mildes und feuchtes Clima und eine Flora, welche mit der
der südlichen Vereinigten Staaten und Japans grosse Aehnlichkeit hatte, und deren Reste sich auf den atlantischen
Inseln, theilweise wohl auch an den Küsten des Mittelmeeres
finden. Diese von Heer so schön geschilderte, ja recht
eigentlich wieder auferweckte Flora vereinigte einige Palmen,
mehrere Coniferen, immergrüne Lorbeerarten und Proteaceen,
Ahorn- und Kätzchenbäume mit abfallendem Laub zu einem
Ganzen, wie wir es in gleicher Mischung nirgends mehr, wohl
aber annähernd noch in den Urwäldern des Missisippi-Delta
heutigen Tages wiederfinden. Von einer mit der Ebenen-
flora contrastirenden Gebirgsflora war damals so wenig zu
finden, als von den Hochgebirgen selbst. Auf diese Epoche
folgte nun aber das Verschwinden der atlantischen Länder-
brücke, die mächtige Erhebung der Alpen, die Ausdehnung
des Festlandes zu seiner heutigen Gestalt, und zugleich die
gewaltige Entwickelung des vorderasiatischen Gebirgs-
rückens, welcher die innige Verbindung Europas mit Asien
und damit das Aufhören seiner Communication mit dem
warmen indischen Ocean zur Folge hatte. Durch diese
Erhebung des Landes und seiner Gebirge bis in die Schneeregion einerseits, durch den Verlust seiner beiden Wärme-
quellen in Ost und West anderseits trat nun eine Umwälzung
im Clima, eine Abkühlung ein, welche die ganze organische
Schöpfung aufs Tiefste berühren musste. Es finden sich
von jetzt an über ganz Europa hin Spuren einer Zeit, wo
die Gletscher von den Gebirgen herab bis zum Meeresufer

reichten, einer Zeit, wo der ganze Continent (höchstens mit Ausnahme des mittelländischen Küstensaumes) kaum wirthlicher ausgesehen haben muss, als jetzt die Küste Ostgrönlands unter 65°. Den Beweis hiefür liefern die überall angehäuften Geschiebe und Blöcke, welche gerade so vertheilt sind, wie nur die Gletscher sie hinterlassen, und die Reibungsspuren des Gletschereises an den Gebirgen. Diese gewaltige Erkältung, die Eiszeit der Geologen, brachte natürlich der reichen subtropischen Flora der Molassezeit den Untergang; es siedelte sich in dem kalten Lande eine neue, die heutige arctisch-alpine Flora an, und zwar aller Vermuthung nach von Asien her. In dieser unserer Epoche vorausgehenden Eiszeit war also die Alpenflora die einzige und ausschliessliche, und bedeckte von der Sierra Nevada bis zum Pol alles von der Eisdecke verschonte Land.

Doch es kamen endlich bessere Zeiten. Vielleicht entstand durch die Trockenlegung der Sahara die neue Wärmequelle, welche allmälig das vergletscherte Europa wieder belebte, die Thäler erwärmte, die Eismassen schmolz und sie endlich auf den jetzigen Stand reducirte. Und nun begann, wieder von Asien her, die Flora einzuwandern, welche jetzt unser Tiefland in ein grünes Gewand kleidet. Die Flora der Eiszeit aber hielt sich immer noch an den Orten, deren Clima das alte blieb: auf den Kämmen der Gebirge und um den Pol. — Diese von Charpentier zuerst erkannte, seither durch Geologen und Botaniker näher aufgehellte Geschichte der zwei letzten Weltalter erklärt nun vollständig die Uebereinstimmung der arctischen und Gebirgsfloren bei ihrer heutigen localen Isolirung: es sind verschonte Inseln der alten Glacialflora, umfluthet von dem später eingedrungenen wärmeren Luftmeer und der modernen temperirten Vegetation.

Thäler, einzelne Kämme gebunden und kommen sonst nirgends vor. So ist die Campanula excisa Schl. auf unsere Rosathäler, und die Wulfenia auf die einzige Kühweger Alp in Kärnthen beschränkt. Diese Erscheinung nimmt zu, je weiter wir nach Süden und Osten gehen, und erreicht in der Gebirgswelt Asiens ihr Maximum. Jeder neue Bergrücken hat hier seine specielle und eigenthümliche Flora. (Der Bulghar Dagh allein hat zum Beispiel nach Kotschy in seiner Hochregion über 5000 Fuss 70 ihm eigenthümliche Arten.). Die entgegengesetzte Wahrnehmung machen wir, je weiter wir gegen den Pol vorrücken; hier tritt auf einem Raum, der in den Alpen einen Reichthum verschiedener Arten bieten würde, eine grosse Monotonie, eine sehr geringe Artenzahl auf.

Anderseits bemerken wir in den Alpen, sobald wir die Buschzone hinter uns haben, nirgends mehr gesellschaftliche Arten, wie sie im Tiefland in compacten Massen ganze Bezirke überdecken und daselbst ausschliesslich herrschen. Vielmehr besteht in den Hochalpen eine bunte Mischung einzelner Individuen verschiedener Art und viele Arten finden sich nur in wenigen Exemplaren weit über den Bezirk ihres Vorkommens hin zerstreut.

Diese beiden Erscheinungen: Kleine Verbreitungsbezirke und Vereinzelung innerhalb dieser Bezirke mögen zum Theil mit der verringerten Fortpflanzungsfähigkeit durch Samen zusammenhängen. Beide sind aber auch wieder Belege für die Annahme, dass die Alpenflora aus einzelnen Trümmern einer einst zusammenhängenden Decke besteht. Die Abnahme der Artenzahl bei Zunahme des Areals, die um so mehr hervortritt, je weiter wir uns von Südeuropa und den asiatischen Gebirgen nach dem Pol zu entfernen, weist darauf hin, dass von Mittel-Asien aus, wie

durch die vorgelagerten Frontmoränen.*) Und selbst in der
eigentlichen Tieflandsflora zeigen sich die Spuren der alten
Glacialvegetation eingemengt. Es hat die moderne Vegetation nicht ganz die alte zu verdrängen vermocht. Diesen
Spuren können wir am besten nachgehen in der Jahreszeit,
wo das Clima unserer Ebene die meiste Analogie zeigt mit
dem arctisch-alpinen Clima: in der Zeit, wo die Sonne am
Rande der schmelzenden Schneeflecke zu wirken beginnt,
im Frühling. Unsere Frühlingsflora hat mit der Alpenflora
so viele gemeinsame Züge, dass sie auch gleichen Ursprungs
scheint. Nicht nur bietet sie Pflanzen von gleichem Habitus:
kurze Stengel, relativ sehr grosse Blüthen mit reinen Farben
in weiss, rosa und gelb, Pflanzen mit ganz kurzer, schon im
Vorsommer endigender Vegetationsperiode, sondern sie
enthält auffallend viele nächstverwande Arten, und viele
ihrer Arten sind gerade diejenigen, welche hoch in die
Alpen aufsteigen und dort als Sommerblüthen auftreten.
(So die Anemonen, Ranunkeln, viele Cruciferen, Potentillen,
Phyteuma, Viola, Primula etc.).

Werfen wir nun einen Blick auf die Verbreitung der
Alpenflora mit specieller Rücksicht auf die Alpenkette.
Vor allem fällt uns auf, dass die meisten Arten einen viel
kleinern Raum einnehmen, als die Bestandtheile der Tieflandsflora, und zwar in doppeltem Sinne. Einerseits sind
die meisten Alpenpflanzen in einen weit kleinern Bezirk
eingegrenzt als die grosse Mehrzahl der über ganz Mittel-
europa bis an die Pyrenäen gleichmässig häufigen Ebenen-
pflanzen. Einige Alpenpflanzen sind sogar an einzelne

---

*) Heer fasst auch den Standort von Alpenarten auf den
Kämmen der Züricher Vorberge (Albis, Schnebelhorn etc.) als
einen exceptionellen auf. —

Thäler, einzelne Kämme gebunden und kommen sonst nirgends
vor. So ist die Campanula excisa Schl. auf unsere Rosathäler, und die Wulfenia auf die einzige Kühweger Alp in
Kärnthen beschränkt. Diese Erscheinung nimmt zu, je
weiter wir nach Süden und Osten gehen, und erreicht in
der Gebirgswelt Asiens ihr Maximum. Jeder neue Bergrücken hat hier seine specielle und eigenthümliche Flora.
(Der Bulghar Dagh allein hat zum Beispiel nach Kotschy in
seiner Hochregion über 5000 Fuss 70 ihm eigenthümliche
Arten.). Die entgegengesetzte Wahrnehmung machen wir,
je weiter wir gegen den Pol vorrücken; hier tritt auf einem
Raum, der in den Alpen einen Reichthum verschiedener
Arten bieten würde, eine grosse Monotonie, eine sehr geringe
Artenzahl auf.

Anderseits bemerken wir in den Alpen, sobald wir die
Buschzone hinter uns haben, nirgends mehr gesellschaftliche
Arten, wie sie im Tiefland in compacten Massen ganze
Bezirke überdecken und daselbst ausschliesslich herrschen.
Vielmehr besteht in den Hochalpen eine bunte Mischung
einzelner Individuen verschiedener Art und viele Arten
finden sich nur in wenigen Exemplaren weit über den Bezirk
ihres Vorkommens hin zerstreut.

Diese beiden Erscheinungen: Kleine Verbreitungsbezirke und Vereinzelung innerhalb dieser Bezirke mögen
zum Theil mit der verringerten Fortpflanzungsfähigkeit
durch Samen zusammenhängen. Beide sind aber auch
wieder Belege für die Annahme, dass die Alpenflora
aus einzelnen Trümmern einer einst zusammenhängenden
Decke besteht. Die Abnahme der Artenzahl bei Zunahme
des Areals, die um so mehr hervortritt, je weiter wir uns
von Südeuropa und den asiatischen Gebirgen nach dem Pol
zu entfernen, weist darauf hin, dass von Mittel-Asien aus, wie

24*

die gesammte heutige Lebenswelt, so auch deren Vorläufer: die
Alpenflora, nach Europa eingewandert ist, wobei natürlich auf
dem langen Weg die entfernte Peripherie weder, die Mannigfaltigkeit noch den Reichthum des Centrums erhalten konnte.

Was nun noch die Vertheilung der Alpenpflanzen in
unserem s c h w e i z e r i s c h e n Hochgebirg betrifft, so
bemerken wir schon auf dieser mässigen Strecke, dass
solche durchaus nicht gleichförmig über den Raum hin
verbreitet sind. Es giebt artenreichere und artenärmere
Districte, welche ersteren durchaus nicht etwa mit den
üppig bewachsenen, letztere mit den sterilen zusammenfallen.
Zu den erstern gehört vor allem der Monte Rosa und seine
Umgebung, und in schwächerem Maasse das Wallis überhaupt. Eine ganze Anzahl von Arten, deren Centrum in
Dauphiné und Piemont liegt, rückt bis ins Wallis vor, mischt
sich hier mit den Arten der mittleren Schweizeralpen, und
erreicht am Rosa ihre Ostgrenze, (Potentilla multifida L.,
Oxytropis cyanea Gaud. und foetida Vill, Silene Va-
lesia L. Colchicum alpinum DC. Alyssum alpestre L.,
Androsace carnea L., Senecio uniflorus All. etc.). Es
hängt dies zusammen mit der climatischen Uebereinstimmung dieser Gebiete: Wallis hat durchaus das Sommerclima des weiteren Südwestens, eine mächtig entwickelte
Thalsohle, welche wie ein Trockenofen auf die Berge
ringsum wirkt, daher eine beständigere und längere
Wärmeperiode und weniger Regen als sonst in den Alpen
irgendwo, und eine höchst gesteigerte Insolation. Dass
aber auch hier historische Ursachen mitwirken, ist kaum
zweifelhaft. — Viel ärmer an Arten sind bei sehr üppiger
Vegetation unsere mittleren Alpen, die Berneralpen, der
nördliche Theil des Gotthardtstocks, die vorderen Bündner-
alpen und noch mehr die nördlich vorgelagerten Ketten.

Dagegen nimmt der Reichthum an Arten wieder wesentlich zu auf der Südseite des Gotthardts und mehr noch im Engadin. Hier treten wieder viele seit Wallis nicht mehr beobachtete westliche Arten auf und haben da ihre letzte Ostgrenze. (Z. B. Cacalia leucophylla Wlld. Scirpus alpinus Schl., Oxytropis lapponica Gd., Alsine biflora Wahlenb., Geranium aconitifolium L'Her. etc.). Dazu kommen aber mehrere östliche Arten, die weiter nach Tyrol hinein häufiger sind und im Engadin ihre Westgrenze finden (z. B. Pedicularis Jacquini Kch. und asplenifolia Fl., Primula glutinosa Wulf. u. oenensis Thom. Valeriana supina L, Crepis Jacquini Tausch, Dianthus glacialis Hnke. Senecio abrotanifolius Hppe. etc.) Diese Erscheinung ist, abgesehen von den historischen Ursachen, wieder zu erklären aus der Thalbildung und zugleich aus der in den Alpen einzig dastehenden Massenerhebung des Engadin, welche ein ähnliches Sommerclima hervorrufen wie das der penninischen Alpen. Es ist merkwürdig, dass gerade in diesen trockeneren südwestlichen und Engadineralpen auch die meisten mit der arctischen Flora gemeinsamen Arten vorkommen, (z. B. Juncus arcticus L., Tofjeldia borealis Wahlenb., Linnea borealis L., Oxytropis lapponica Gd., Alsine biflora Wahlenb., Salix glauca L., Potentilla multifida L. etc.), während diese um so seltener sind, je weiter wir uns in die feuchteren und kühleren Voralpen entfernen. Die schon so oft genannten historischen Ursachen vorbehalten*), erklärt sich auch dies

---

*) Heer stützt auf das Vorkommen mehrerer nordischer Arten in Graubünden die Vermuthung, dass die Alpenflora aus Lappland (also nicht von Ost) in unsere Gebirge möge eingewandert sein. Da von den grossen Gletschern der Eiszeit einzig der aus Bündten herablaufende (der sogen. Rhein-Gletscher) nach Deutschland hinausreichte, so konnten — glaubt Heer — gerade in Bündten leichter nordische

zum Theil aus dem Clima, denn die arctischen Länder haben einen durch ihren langen Sommertag bedingten sehr heissen Sommer mit wenigem Regen. —

Wollten wir nach dem Gesagten die Vertheilung der Alpenpflanzenarten in der Schweiz graphisch darstellen, so würden von Südwest nach Südost 2 dunkle, d. h. artenreiche Streifen gegen ein helleres, artenärmeres Centrum: den St. Gotthardt, vorrücken, und sich in einen noch blassern nördlichen Saum verlieren.

Doch ist nicht zu übersehen, dass die Voralpen trotz ihrer grössern Armuth an Arten manche, den Centralalpen abgehende Pflanze besitzen. So ist Pedicularis Barrelieri Rb., Oxytropis Halleri Bunge, Eryngium alpinum L., Draba incana L. der Kette zwischen Waadt, Freiburg und Bern, Pedicularis versicolor Wahlb., der ganzen nördlichen Alpenkette eigenthümlich; der gelbe Alpenmohn Papaver pyrenaicum Willd. der Centralalpen wird in den Voralpen ersetzt durch den stellvertretenden weissen Papaver alpinum Jacq. Näher einzugehen auf die Einzelnheiten aller dieser Verbreitungsverhältnisse wäre nun eine der schönsten und resultatreichsten Arbeiten, würde jedoch den dieser Uebersicht gezogenen Rahmen weit überschreiten.

Auf einen Punkt möchte ich jedoch noch eintreten, da er gerade gegenwärtig viel besprochen wird, auf den Einfluss der chemisch-mineralogischen Beschaffenheit des Bodens auf die Vegetation. Man hat eine Zeitlang geglaubt, und hat es sogar in Floren streng durchgeführt, dass die meisten

---

Pflanzen einwandern als sonstwo. Dem steht jedoch entgegen, dass über die ganze Alpenkette hin sporadisch Stellen sich finden, wo mehrere arctische Arten beisammen vorkommen (Mont Cenis, Zermatt, Grossglockner), ohne dass solche Stellen nach Norden bis in die Ebene hinaus durch Thäler geöffnet sind.

Blüthenpflanzen, und die Gebirgspflanzen insbesondere,
streng an eine bestimmte Gebirgsart gefesselt seien, so dass
für diese der Granit, für jene der Kalk eine absolute Lebens-
bedingung sei; man hat erstere granit- oder kieselstete,
letztere kalkstete Arten genannt. Und wenn man an andern
Orten nachwies, dass eine als kalkstet registrirte Art sich
auch auf Granit ertappen lasse, so entging der Flücht-
ling deswegen dem unerbittlichen System doch nicht,
nur dass er mit dem milderen Namen „kalkhold" behaftet
wurde. Neuere, ausgedehntere Nachsuchungen haben aber
gezeigt, dass weitaus die meisten Pflanzen sich sehr indiffe-
rent verhalten gegenüber der chemischen Beschaffenheit des
Terrains, das es vielmehr die mechanische Beschaffenheit
der Grundlage ist, welche über das Fortkommen der verschiedenen Arten entscheidet. Es giebt Felsenpflanzen, die
den nackten, compacten und trockenen Fels ausschliesslich
bewohnen. Solche treten natürlich vorwiegend im Kalkgebirg auf, wo die Verwitterung eine sehr geringe, wo der Fels
homogen, fest und glatt ist, und wo auch dessen Trümmer
eine trockene Masse bilden. Andere Pflanzen siedeln sich
immer nur in dem sandigen Gruss an, der in der Regel aus
der Verwitterung der Granitgebirge entsteht und viel Feuchtigkeit und Nahrungstoff enthält. Wo nun aber ausnahmsweise der Granit sich so modificirt, dass er eine jener Felsen-
pflanze günstige Stätte bietet, da findet sie sich oft trotz
der gänzlichen Abwesenheit des Kalks, und wo der Kalk
also auftritt, dass er für die Sandpflanze einen geeigneten
Boden bildet, da wird oft auch die granitstete Pflanze gefunden. So kommt es, dass in einer Gebirgskette gewisse
Pflanzen nur auf einer Gebirgsart erscheinen, während in
einer andern, oft nicht sehr entfernten, dieselben Arten
gerade diese Gebirgsart eher vermeiden und sich an eine

Proteaceen, nichts von irgend einer der vormaligen oder der
jetzigen Typen der warmen Zone. Die Alpenflora bietet
auch keine Art, welche man als reducirte Alpenform einer
dieser subtropischen Typen ansehen könnte, keine verzwergte Palme, keine stengellose Laurinee oder dergleichen.
Die Alpenflora zeigt, obwohl im Alter zwischen der Molassen-
und der heutigen Ebenen-Flora gelegen, keine Fortentwicklung aus jener in diese, sondern hat im Ganzen durchaus
den Charakter der letzteren. Sie beide zusammen bilden
Eine Gruppe, die man die moderne vorderasiatische nennen
kann, und die sich durch das Vorherrschen der Dolden
und Cruciferen charakterisirt.

Vergleichen wir nun noch die beiden Glieder dieser
Gruppe: unsere Alpen- und unsere Ebenenflora. In beiden
herrschen, wie bekannt, die Synanthereen weit vor; doch
während in der schweizerischen Ebene deren 166 auf 1578
Blüthenpflanzen vorkommen, ihr Verhältniss also 10,5% ist,
so steigt es in den Alpen bis zu 17,8% (genau 80 : 449).
Dies Ueberwiegen der Synanthereen um mehr als 7% ist
ein Hauptunterschied beider Floren und ist für die Alpenflora um so charakteristischer, als die verwandte polare
Flora deren nur 7% (29 Arten auf 422) besitzt. — Es
folgen die Saxifragen, die in den Alpen volle 7% (21 Arten)
in der Ebene nur 0,6% (9 Arten), in der arctischen Zone
nur 3,5% ausmachen. Die übrigen, in der Ebene zurücktretenden Alpenfamilien folgen hier tabellarisch in ihrer
Reihenfolge:

	Alpenfl.		Ebenenfl.	
	%	Artenzahl.	%	Artenzahl.
Primulaceen .	4_7	21	1_1	17
Gentianeen	3_3	15	0_7	11

	Alpenfl.		Ebenenfl.	
	%	Artenzahl.	%	Artenzahl.
Rhinanthaceen	3_1	14	1_2	20
Campanuleen	2_7	12	1_1	17
Rosaceen	3_5	16	2_3	37
Leguminosen	6_2	28	5_6	89
Ranunculaceen	3_8	17	3_3	53

Besonders auffallend ist das Vorherrschen der Legumi-
nosen, einer sonst den wärmeren Zonen besonders eigenen,
in der polaren Region mit nicht einmal 3% auftretenden
Familie. — Zum Theil entsprechend diesen charakteristischen
Alpenfamilien, sind die artenreichsten Genera der Schweizer
Alpen folgende:

*Glumaceen:　Carex mit Kobresia und Elyna .　27 Arten
Synanthereen:　Crepis und Hieracium . . .　26　„
(nach meinen Ansichten über Species; Andere zählen mehr
　　　　　　als das Doppelte)
Gentianeen:　Gentiana mit Pleurogyne . . .　14 Arten
*Caryophylleen:　Alsine mit Arenaria . . .　13　„
Rhinanthaceen:　Pedicularis . . . .　11　„
Rosaceen:　Potentilla . . . .　10　„
Primulaceen:　Androsace . . . .　⎫
Synanthereen:　Cineraria mit Senecio . . .　⎬je　9　„
*Amentaceen:　Salix . . . .　⎭

*Cruciferen:　Draba . . . .　⎫je　8　„
*Juncaceen:　Juncus . . . .　⎭

*Violarieen:　Viola. . . . .　⎫
Leguminosen:　Oxytropis . . . . . .　⎪
Primulaceen:　Primula. . . . .　⎬je　7　„
Campanuleen:　Phyteuma . . . . . .　⎪
*Glumaceen:　Festuca . . . .　⎭

Leguminosen: Trifolium . . . . \
Synanthereen: Achillea . . . . \
*Cruciferen: Arabis . . . . } je 6 Arten \
Ranunculaceen: Ranunculus . . . . . . \
*Glumaceen: Poa . . . . /

Ranunculaceen: Anemone . . . . . . \
*Antirrhineen: Veronica . . . . . . \
Campanuleen: Campanula . . . . . . } je 5 „ \
*Cruciferen: Thlaspi . . . . /

Unter dieser Liste begegnen wir ausser den dominirenden Alpenfamilien mehreren andern, mit * bezeichneten,
welche in beiden Floren in gleichem Verhältniss vorkommen
wie die Glumaceen, Cruciferen, Caryophylleen, oder welche
in der Ebene vorherrschen.

Zu den letzteren, deren Zurücktreten oder Fehlen in
der Alpenflora charakteristisch ist, gehören, wie schon bemerkt, vorab fast alle Baumfamilien (mit Ausnahme des
Genus Salix der Amentaceen), dann aber alle der subtropischen oder warmen Flora eigene Formen, selbst wenn sich
solche in einzelnen Repräsentanten noch in unserer Ebenen-
flora finden. So bietet die Schweizerflora oder deren Nach-
barschaft (Oberitalien) je ein oder mehrere Glieder der
Aroideen, Asclepiadeen, Apocyneen, Rutaceen, Acanthaceen,
Verbenaceen, Cucurbitaceen, Tiliaceen, Balsamineen, Myr-
taceen, Laurineen, Smilaceen etc. Nichts von alledem
ist in der Alpenflora vorhanden. Selbst aus den in der
Ebenene ziemlich zahlreichen Chenopodiaceen und Solaneen,
ja aus den daselbst mit 1_1°/₀ (17 Arten) auftretenden
Euphorbiaceen beherbergen die Schweizeralpen keinen einzigen Repräsentanten. Es treten ferner zurück die Umbelli-
feren, diese für Europa und Vorderasien so bezeichnenden

Zur Geologie der Berneralpen.

Von *B. Studer*.

———

Unter den vier in unserer Nähe befindlichen Hochgebirgsgruppen, des Montblanc, der Walliseralpen, des Gotthard und der Berneralpen, sind die letzteren, bis auf die neueste Zeit, nächst dem Montblanc, von Touristen, Künstlern und Naturforschern vorzüglich ausgezeichnet worden. Beinah gleichzeitig, als im vorigen Jahrhundert englische Touristen nach Chamounix vordrangen, wurden auch Lauterbrunnen und Grindelwald besser bekannt und fanden später Pfarrer Wyttenbach einn eifrigen Lobredner und kundigen Führer. Unter seiner Anleitung zeichnete der geniale Wolf die ersten naturgetreuen Ansichten unseres Hochgebirgs durch ihn lernte das grössere Publicum die Mineralien und Pflanzen des Oberlandes kennen. Die Gletscherstudien von Altmann und Gruner in den Berneralpen haben die Grundlage zu der richtigen Theorie dieser Erscheinung geliefert und zwischen der kühnen Ersteigung der höchsten Schneeregion durch Saussure und den Reisen der Meyer auf unsere Eisgebirge finden wir keine namhafte Unternehmung ähnlicher Art verzeichnet.

Auch der schweizerische Alpenclub hat seine ersten

Mit dieser Vergleichung schliessen wir unsern Versuch, der auf Vollständigkeit oder Gleichmässigkeit der Behandlung nicht Anspruch macht, der überhaupt nur dazu dienen soll, den Freund der Alpen anzuregen zu näherer Betrachtung dieser herrlichen Flora, die in jeder Richtung: in biologischer, geographischer, historischer, Probleme von höchstem Interesse stellt. Wenn es mir gelungen ist, dies Interesse zu beleben, und zugleich einen Begriff zu geben von der Art und Weise, wie solche Fragen aufgefasst und behandelt werden, so ist mein Zweck erreicht.

Zur Geologie der Berneralpen.

Von *B. Studer*.

Unter den vier in unserer Nähe befindlichen Hochgebirgsgruppen, des Montblanc, der Walliseralpen, des Gotthard und der Berneralpen, sind die letzteren, bis auf die
neueste Zeit, nächst dem Montblanc, von Touristen, Künstlern und Naturforschern vorzüglich ausgezeichnet worden.
Beinah gleichzeitig, als im vorigen Jahrhundert englische
Touristen nach Chamounix vordrangen, wurden auch Lauterbrunnen und Grindelwald besser bekannt und fanden später in
Pfarrer Wyttenbach einn eifrigen Lobredner und kundigen
Führer. Unter seiner Anleitung zeichnete der geniale Wolf
die ersten naturgetreuen Ansichten unseres Hochgebirgs,
durch ihn lernte das grössere Publicum die Mineralien und
Pflanzen des Oberlandes kennen. Die Gletscherstudien von
Altmann und Gruner in den Berneralpen haben die Grundlage zu der richtigen Theorie dieser Erscheinung geliefert
und zwischen der kühnen Ersteigung der höchsten Schneeregion durch Saussure und den Reisen der Meyer auf unsere Eisgebirge finden wir keine namhafte Unternehmung
ähnlicher Art verzeichnet.

Auch der schweizerische Alpenclub hat seine ersten

Arbeiten den Berneralpen gewidmet. Während der Wan-
derungen in den Umgebungen des Tödi oder der Sustenhörner ist aber wohl der Wechsel der Felsarten, die verticale
Tafelstructur mehrerer dieser Gebirge, das Ruinenartige
ihrer Gestalten nicht unbeachtet geblieben, und, wenn auf
den hohen Standpunkten der Jungfrau, des Finsteraarhorns
oder Schreckhorns das grosse Chaos von Thälern und
Schluchten, Ketten und Gipfeln reliefartig ausgebreitet
verlag, mag auch die Frage sich aufgedrängt haben, ob denn
Alles hier nur gesetzlose Verwirrung sei, ob nicht in der
Zerstörung der ursprüngliche Bau erkannt werden möge,
und welches die Gewalten seien, die hier im Aufbau und in
der Zerstörung thätig gewesen seien.

Es kann nicht die Absicht einer kurzen Besprechung
sein, auf diese Fragen näher einzugehen, da selbst die Wissenschaft über die wichtigsten derselben nicht zum Abschluss
gekommen ist, und immer noch, mit abwechselndem Glück,
Wasser und Feuer, Neptunisten und Vulkanisten, um den
Vorrang streiten. Einige Berichtigungen der über die geologische Beschaffenheit dieser Gebirge herrschenden Ansichten mögen indess vielleicht eine geneigte Aufnahme finden,
da ja nur auf dem Boden wohlbegründeter Thatsachen sich
feste Theorien aufbauen lassen, und Jeder, der unsere Gebirge besucht, diese Thatsachen vermehren kann, wenn
er vorher von den bereits gewonnenen Kenntniss genommen hat.

Wie zu erwarten war, hatte man den Montblanc als
den Typus der granitischen Centralmassen der Alpen betrachtet. Seine Steinarten und Structur waren am frühsten
bekannt geworden, und sein geringer Umfang liess das Ge-
setzmässige in seinem Bau leichter erkennen, als an der
Centralmasse des Finsteraarhorns, die eine mehr als viermal

so grosse Fläche bedeckt und im ganzen. Alpenzug di
grösste zusammenhängende Masse von Gletschern und Firn
schnee trägt. Eine nähere Vergleichung zeigte auch bal
viel Uebereinstimmendes, so dass es erlaubt schien, den U
sprung beider Gebirge auf dasselbe Princip zurückzuführe

Zwischen dem Thal von Chamounix und den Thäler
Ferret und Lez Blanche erhebt sich die langgezogen
elliptische Montblancgruppe schroff in die höchste Firnr
gion. Auf beiden Seiten sind die Schiefer und Felsbänk
der innern langen Axe der Ellipse zugeneigt, am Fuss de
Gebirges mit geringem Winkel, nach der Höhe zu imme
steiler, und über der Axe selbst stehen sie vertical, so das
ein Querschnitt der Gruppe, von Chamounix nach Val Ferr
gezogen, sich wie ein nach oben geöffneter Fächer dar
stellen würde. Die Steinarten zeigen eine sehr abnorm
Aufeinanderfolge. Die tiefsten, zu beiden Seiten am Fus
des Gebirges hervortretenden Felsen bestehen aus schwar
zem Schiefer, Kalkstein und Gyps, und der Kalkstein ent
hält Ueberreste von Meerthieren, ist daher offenbar durc
Niederschläge im Wasser entstanden. Die über der Axe
grösster Höhe aufsteigenden Felstafeln sind Granit, *Alpe*
granit, oft auch *Protogin*, in der mittleren Schweiz *Geisberg*
genannt; und dieselbe Steinart bildet, zu beiden Seiten de
höchsten Kammes, die Tafeln, welche, mit abnehmend
Steigung, die Abhänge der Gruppe bilden. Am südöstliche
dem Val Ferret und der Lez Blanche zugekehrten Abha
liegt der Granit in beträchtlicher Ausdehnung unmittelba
auf den obersten Kalkbänken, oder es werden beide Stei
arten durch eine Zwischenlage von Talkschiefer, Gneiss od
Hornblendegestein getrennt. Am Abhang gegen Chamo
nix dagegen ist zwischen dem Granit und dem am Fuss de
Gebirges hervortretenden Kalksteine eine breite Zone vo

Schiefern eingelagert, die gewöhnlich als *krystallinische*
Schiefer bezeichnet werden und unsere ganze Aufmerksamkeit verdienen. Bei dem häufig wechselnden Charakter derselben hält es schwer, für sie einen bezeichnenderen Namen
aufzufinden. In Bünden sind ähnliche Steinarten von Theobald *Casannaschiefer*, am Tödi von Simler *Alpinit* genannt
worden. Für eine der gewöhnlichsten Abänderungen hatte
aber Jurine den Namen *Dolerine* vorgeschlagen. Auch die
Kette der Vogesen kann man damit vergleichen. Bald
scheinen diese Schiefer als deutlicher oder stark verwach-
ner Gneiss, bald als Talk-, Chlorit- oder Glimmerschiefer,
bald als verwachsene oder deutlich entwickelte Diorit- und
Hornblendschiefer, bald als Euritschiefer mit feinem Glim-
mer- oder Chloritüberzug. Nicht selten kommen stockför-
mige Einlagerungen von Topfstein und Serpentin vor,
womit sich Adern von Asbest oder Drusenhöhlen verbinden,
worin Asbest und Bergleder Krystalle von Quarz, Feldspath
oder Epidot umwickeln. — Mehr Uebereinstimmung, als
über die Benennung, herrscht über den Ursprung dieser
Schiefer, indem man sie, wohl ziemlich allgemein, als umge-
bildete, oder, in gelehrter Sprache, als *metamorphische*,
betrachtet, d. h. als Steinarten, die durch chemische Processe
aus gewöhnlichen, durch wässerigen Niederschlag entstan-
denen Thon- und Mergelschiefern und Sandsteinen hervorgegangen seien.

Welcher Ansicht man auch über den Ursprung des
Granits der Montblancmasse sein mag, immer wird man
denselben in enge Verbindung mit der Gestaltung dieses
Gebirges setzen. Eine starke Erhebung der Erdmasse hat
offenbar stattgefunden und, wo die Erhebung die grösste
Höhe und Breite erreicht hat, da ist auch der Granit am
mächtigsten entwickelt. In der Regel bildet aber ander-

wärts dieses Gestein die Grundlage der Schiefer und Kall
steine, und so finden wir es auch am nördlichen Ende de
Gruppe, wo der Granit mehr zurücktritt, im wallisische
Ferret-Thal und bei Orsières. Im mittleren Theile, wo d
Steinarten in verkehrter Ordnung auf einander folgen, mul
daher eine Ueberkippung stattgefunden haben; die zu gross
Masse des aus dem Erdinnern aufgestiegenen, oder, w
neuere Untersuchungen es wahrscheinlich machen, dur
Waeserdämpfe emporgetriebenen Granits hat die Ränder de
Erdspalte umgebogen, niedergedrückt und sich über sie au
gebreitet, und mit dieser Pressung mag auch die Fäche
structur des Granits selbst in Verbindung stehen. Jede
falls sind die krystallinischen Schiefer, die den Kalkst
vom Granit trennen, älter als der, nach seinen Petrefac
der Jurazeit angehörende Kalkstein. Man kann daher, we
nach dem ursprünglichen Gestein jener Schiefer gefragt w
an die nahe liegende Anthracit- oder Steinkohlenformati
denken, die auch in Dauphiné und im benachbarten Rho
thal sich so innig mit Gneiss und gneissartigen Gesteinen v
bindet, dass eine Trennung kaum möglich erscheint. A
ältere Glieder des Uebergangsgebirges, die bei uns ganz
fehlen scheinen, während sie in den Ostalpen vorkomm
Schiefer und Sandsteine der devonischen oder silurischen Z
können den Stoff geliefert haben.

Dem Montblanc gegenüber, auf der rechten Seite
Thales von Chamounix, erhebt sich die kleinere Centralma
der Aiguilles Rouges. Der Granit, nach seiner miner
gischen Zusammenstellung nicht verschieden von dem Pro
gin des Montblanc, tritt hier beschränkter auf. Er zeigt s
vorzüglich am Fuss des Gebirges, in der Umgebung v
Valorsine, aber ohne die Tafelabsonderung, durch die er s
Montblanc sich dem Gneiss nähert. Es sind massige, banch

sen, die gangartig in die krystallinischen Schiefer aufsteigen und sich darin verästeln. Diese krystallinischen
Schiefer, meist vertical stehende Gneisse, bilden die Hauptmasse des Gebirges und auch seine höhern Gipfel. Der
höchste aber dieser Gipfel trägt, wie schon Dolomieu bemerkt hatte, eine Kuppe von horizontal geschichtetem Kalkstein, worin Favre jurassische Petrefacten gefunden hat,
gleichen Alters wie diejenigen, welche die Kalksteine am
Fuss der Montblancgruppe charakterisiren.

Die Berneralpen, wenn sie topographisch aufgefasst
werden, erstrecken sich von Martigny bis Chur und werden
gegen Mittag begrenzt von der Rhone, dem Thal von Urseren
und dem Vorderrhein. Nur der mittlere Theil derselben,
der als Finsteraarhornmasse näher bezeichnet wird,
kann jedoch mit der Montblancmasse verglichen werden und
besteht, wie dieser, vorherrschend aus Granit und krystallinischen Schiefern.

Wo jener Gebirgszug an seinem westlichen Ende,
zwischen Martigny und St. Maurice, durch das Querthal der
Rhone begrenzt wird, zeigt sich noch ein theilweise von
Euritgängen durchsetzter Gneiss, sowohl an der südlichen Ecke des Durchschnitts, als nördlich von Outre-Rhone.
Zwischen beiden Gneisspartien, die als östliche Ausläufer der
nördlichen savoyischen Centralmasse zu betrachten sind,
liegen verticale Anthracitschiefer und Sandsteine, die sich
in der Höhe über den Gneiss ausbreiten und die durch ihren
Pflanzenreichthum und ihre Aussicht auf das südliche Hochgebirge des Mt. Velan und Mt. Collon berühmte Foullyalp
umschliessen. Nach Osten hin verschwinden diese Gesteine
ziemlich bald unter der mächtigen Kalksteindecke, die nun den
ganzen breiten Rücken bildet, der das Wallis von den Quell-
bezirken der Saane und Simme scheidet. Die Pässe der

25*

Cheville, des Sanetsch, des Rawyl und der Gemmi zeig
von der Rhone bis in die Thalgründe von Bex, Saanen,
Lenk und Frutigen nur Mergelschiefer, Sand- und K
steine, von denen einige Bänke voll organischer Ueberre
sind. Eine eben so zusammenhängende Masse von K
stein- und Sandsteinlagern zeigt das östliche Ende
langen Gebirgszuges, vom Tödi bis zum Durchbruch
Rheins bei Chur und Maienfeld. Nur zwischen diesen bei
Kalksteinmassen, vom Balmhorn bis an den Tödi, se
wir, als herrschende Steinarten, Granit, Gneiss und kryst
nische Schiefer, die auch in den Fuss ihrer zwei Grenzpfe
eingreifen.

Eine Vergleichung der Centralmasse des Finsteraa
horns mit derjenigen des Montblanc lässt mehrere be
tenswerthe Analogien erkennen.

Die Längenausdehnung der beiden Gruppen fällt,
geringer Abweichung, in dieselbe gerade Linie, so dass
versucht sein könnte, beide als zusammengehörende, d
selben Erdspalte entstiegene Massen zu betrachten. Di
Linie weicht ab von der Hauptrichtung der Berneralpen
nähert sich mehr dem Meridian, so dass das westliche E
der Finsteraarhornmasse den Südrand, das östliche den N
rand der Berneralpen berührt. Der Winkel zwischen bei
Richtungen mag wohl $10^0 - 15^0$ betragen. Parallel mit je
Linie streichen das Lötschthal, das obere Rhonethal von B
bis an die Furca und andere orographische Richtungen.
ziemlicher Sicherheit geht hieraus hervor, dass in der Bild
der Berneralpen mehrere, wohl nicht gleichzeitige Proc
thätig gewesen sind, und dass die Erhebung des Haupt
der Berneralpen nicht auf diejenige ihrer granitischen Cen
masse zurückzuführen ist.

Die Analogie zwischen beiden Centralmassen,

Entfernung des vorderen Absturzes von dem hinteren Keil
ende beträgt in den verschiedenen Querthälern wol
$^3/_4$ Schweizerstunden, oder $3^1/_2$ Kilometer. In den drei v.
. Hasli-im-Grund auslaufenden Querthälern ist am Keilen
. der dunkelgraue Kalkstein in weissen Marmor umge
wandelt. — Weniger grossartig zeigen sich die Verhäl
nisse am Südrande. Man sieht N fallende schwarze Schief
und Kalksteine, die, obgleich selten, *Belemniten* enthalte
wenig oberhalb Obergestelen, überlagert von ausgezeic
netem, gleich fallendem Gneiss, der zollgrosse Feldspa
krystalle einschliesst, und kann diese Steinarten, in gleic
Folge, über die Furca bis nach Urseren verfolgen.
Ansteigen von Andermatt nach der Oberalp hat die ne
Fahrstrasse schöne Durchschnitte entblösst. Es wechs
mehrfach, Lager von schwarzem Schiefer mit Lager
oder vielleicht Gängen von granitischem Gneiss, alle
verticaler Stellung. Nach der Oberalp zu, und a
dieser, fallen aber die schwarzen Schiefer, hier, wie auf d
Furca, in Verbindung mit Kalkstein und Rauchwacke,
beträchtlicher Erstreckung gegen Nord ein, wie es schei
unter die Gneisse und Granite des Rienzerstocks, welc
an der Grenze, wo man von der Oberalp nach dem Fellith
übersteigt, eckige Stücke von dunkelm feinschuppigem Gli
merschiefer einschliessen, die man wohl nur als Trümm
des tieferen schwarzen Schiefers betrachten kann. — Wie e
am Ende der Montblancgruppe sich das normale Lagerung
verhältniss, die Bedeckung der granitischen Steinarten dur
den Kalkstein, wieder einstellt, so finden wir auch an d
Enden der Finsteraarhornmasse, im Gasterenthal wie i
Maderan- und Vorderrheinthal, den Kalkstein nicht me
unter, sondern über dem Gneiss, oder an denselben angeleh
Wir können auch hier die frühere Folgerung festhalten, da

das Aufsteigen der granitischen Masse später, als die Ablagerung des Kalksteins erfolgt sei, dass an den Enden, wo
die hebende Kraft schwächer war, die Kalksteinlager nur
aufgerichtet und mit gehoben wurden, dass aber im mittleren
Theile der Gruppe, wo die krystallinischen Steinarten in
grösster Masse sich hervordrängten, die Ränder der Spalte
umgebogen, zum Theil auf ihre Unterlage niedergepresst
und von der aufgestiegenen Masse bedeckt wurden.

Unter den Steinarten beider Gruppen zeigt sich eine
eben so auffallende Uebereinstimmung.

Wie in der savoyischen ist in der Gruppe des Finsteraarhorns die wichtigste Rolle dem weissen Geisberger- oder
Protogin-Granit zugefallen. Man findet ihn mächtig
entwickelt in der dem Wallis zugekehrten Reihe dieser
Gebirge, und auch die grossen Findlinge, die durch das
ganze Aarthal bis Bern zerstreut, oder als Bausteine verwendet sind, bestehen meist aus demselben. Ein Granit,
der im linkseitigen Hintergrunde des Gasterenthales auftritt,
enthält rothen Feldspath und ist mit weissem Granit innig
verwachsen. Man darf ihn vielleicht mit dem rothen Granit
vergleichen, der am nordwestlichen Ende der Aiguilles Rouges·
vorkommt. Von seltenern Mineralien enthalten die Granite
beider Gruppen *Molybdänglanz*, in mit dem Granit verwachsenen Blättern, ferner, in Drusenräumen, die zuweilen
zu grösseren, klafterhohen Höhlen sich ausdehnen und zum
Theil mit *erdigem Chlorit* erfüllt sind, *Bergkrystall*, *Rauch-
topas*, rothen oktaedrischen *Flussspath*, *Kalkspath*.

Am Südabfall beider Gebirge verbindet sich der Granit
enge mit Talk-, Chlorit- und Hornblendgesteinen. Schon
Saussure erwähnt der vielen Blöcke von Syenit, von ihm
Granitello genannt, die der Miagegletscher von der Südseite
des Montblanc her führt. Später machte, an derselben Stelle,

Jurine aufmerksam auf einen eigenthümlichen, an **Horn-**
blende reichen Granit, der oft *Titanitkrystalle* einschliesst,
und gab ihm den Namen *Arkesine*. Auf andern Blöcken
dieses Gletschers fand man wasserhellen *Flussspath* und
mannigfaltige *Zeolithe* (*Stilbit*, *Mesotyp*, *Laumonit*,) die
sonst altvulcanischen, oder Trappgebirgen eigenthümlich
sind. — Am Südrande der Berneralpen zeigen sich die
ersten Spuren entsprechender Steinarten in Nestern von
Hornblende und *Strahlstein*, welche oberhalb Naters und
Mörel dem Gneiss eingelagert sind. In dem Graben oberhalb Lax enthält ein dunkler Schiefer Drusen von *Quarz*,
Chlorit und *Asbest*, verwachsen mit basischen *Kalkspath-*
tafeln, und mit zahlreich aufsitzenden Kreuzkrystallen von
Titanit. Im Graben des Giebelbachs bei Viesch gelangt
man, im Ansteigen durch ähnliche dunkle Schiefer, an einen
vielfach zerspaltenen Quarzit, der Drusen von *Quarz-*
krystallen, blassgrünem, oktaedrischem *Flussspath* und
mehreren *Zeolithen* (*Stilbit*, *Desmin*, *Laumonit*, *Chabasit*)
einschliesst. Krystalle von *Titanit*, grün mit rothem Rand,
sollen bei Münster vorkommen. Ueber die Furca und Oberalp verlassen uns die Spuren dieser Steinarten, welche
einem höhern Niveau, als die daselbst herrschenden schwarzen
Schiefer, angehören. In grosser Mächtigkeit finden wir sie
aber in Tavetsch und abwärts bis Trons. Eine breite
Zone von dunkelm dioritischem, trappartig zerklüftetem
Gestein begleitet hier, enge verwachsen mit Talk- und
Chloritschiefer und mit Granit, den Südrand des Gebirges.
Hinter Sedrun, am Ausgang des Strimthales, enthält es,
in Drusen und Nestern, *Epidot* und *Bergflachs*, in erdigem
Chlorit Tafeln von *Kalkspath* mit *Quarz* und *Albit*, ausge-
zeichnete Zwillinge von grünem *Titanit* mit rothem Rand,
etwas seltener auch gelben *Anatas* und, aus der Familie der

Zeolithe, *Desmin, Laumonit, Stilbit, Chabasit.* Im Hintergrund des Puntailjasthales, oberhalb Trons, hat sich das Gestein als ein schöner Syenit oder Hornblendgranit entwickelt, mit zollgrossen, aber schmalen, deutlich begrenzten weissen Feldspathzwillingen und schwacher Beimengung eines andern Feldspaths, der Quarz sehr untergeordnet, der Glimmer beinahe verdrängt durch Hornblende, nicht selten kleine Titanitkrystalle einschliessend.

Auch die krystallinischen Schiefer machen keine Ausnahme in der Reihe dieser mineralogischen Analogien. Vorherrschend sind wieder die dunkeln dickschiefrigen, mit Talk verwachsenen Euritgesteine, welche Jurine als *Dolerine* beschrieben hat. Bald entwickeln sich dieselben als unvollkommene Gneisse, bald als Talk-, Chlorit- oder Glimmerschiefer, bald verdichten sie sich zu schmutzig grünen Thonstreifen. Auf der Südseite des Gebirges unterscheiden sich mächtig auftretende Gneisse vom Protogin nur durch die deutlichere Schieferung. Andere daselbst sind dunkelbraun, feinflasrig durch vorherrschenden Glimmer, an die Minette erinnernd. Als Einlagerungen erscheinen insenartige Streifen und Nester von *Topfstein, Serpentin* und dioritischen *Hornblendschiefern.* Bei Guttannen wurden, vor etwa 30 Jahren, Nester von *Graphit* gefunden, am Kristenstock und Tödi Nester von *Anthracit.*

Vergleichen wir endlich auch die angrenzenden, organische Ueberreste enthaltenden Felsbildungen, so vermissen wir im Bezirk der Berneralpen die in der Umgebung des Montblanc und auch im Rhonethal noch so bedeutend auftretende Anthracitbildung, sofern man nicht, sich auf das Vorkommen von Kohle bei Guttannen, in Uri und am Tödi stützend, in den krystallinischen Schiefern einen Stellvertreter derselben erkennen will, eine Annahme, die,

obgleich wahrscheinlich, doch erst durch das Auffinden von
Kohlenpflanzen fest begründet werden könnte.

Mit grösserer Sicherheit lassen sich die Kalksteine
und schwarzen Schiefer, von denen beide Gruppen begrenzt werden, als ungefähr gleichzeitige, der jurassischen
Zeit angehörende Bildungen bezeichnen. In der nähern Umgebung des Montblanc hat man bis jetzt in diesen, daselbst
nur beschränkt auftretenden Ablagerungen nur schwer bestimmbare *Belemniten* gefunden, so auch in den schwarzen
Schiefern der Furca. In den Kalksteinmassen aber, die auf
der Nordseite der Berneralpen von den krystallinischen Schiefern umschlossen sind, kommen, mit den *Belemniten*, auch
andere Petrefacten vor, welche die Epoche ihrer Ablagerung
noch näher als der mittleren Jurazeit angehörend bezeichnen.
Ja, es sind zureichende Gründe da, zu behaupten, dass die
Umbiegung der Kalklager und ihre Umschliessung durch die
krystallinischen Schiefer zu einer noch weit spätern Zeit müsse
stattgefunden haben, zu einer Zeit, da Belemniten, Ammoniten
und die ganze sie begleitende Thierwelt längst verschwunden
und durch neue Familien und Geschlechter ersetzt worden war.

Müssen wir, nach der bisherigen Vergleichung beider
Gruppen, ein starkes Uebergewicht der identischen oder
ähnlichen Charaktere erkennen, so zeigt sich dagegen ein
wesentlicher Unterschied in der Vertheilung der krystallinischen Steinarten, und auf diesen Unterschied, der, wie
ich glaube, bisher übersehen worden ist, wünschte ich
besonders die Aufmerksamkeit zu lenken, da er mir für die
geologische Auffassung unserer Hochgebirge von nicht
geringer Bedeutung zu sein scheint.

Die Montblancmasse, die als der normale Typus der
alpinischen Centralmassen betrachtet werden kann, enthält
einen mittleren vertical oder fächerförmig stratificirten

Kern von Alpengranit, der zu der grössten vom Gebirge
erreichten Höhe aufsteigt. Auf beiden Seiten, in grösserer
Mächtigkeit auf der Westseite, folgen die gegen diese Kern-
masse einfallenden Gneisse und krystallinischen Schiefer und
am Fuss der Gruppe die schwarzen Schiefer und Kalksteine.

Schön in den nahen Aiguilles Rouges zeigt sich eine
auffallende Abweichung von diesem Gebirgsbau. Zwar ist
auch hier der Granit mehr nach der Ostseite hingedrängt,
und die krystallinischen Schiefer bilden, wie am Montblanc,
eine breite Zone auf der Westseite. Allein, die höhern
Gipfel der Gruppe gehören selbst auch diesen krystallinischen
Schiefern und Gneissen an, und der Granitkern, wenn von
einem solchen die Rede sein kann, erscheint nur am Fuss des
Gebirges, bei Valorsine, in den bauchigen Massen, die sich
gangartig in den aufgesetzten krystallinischen Schiefer ver-
zweigen, und bei Chamounix in vertical stehenden Tafeln.

Grösser noch ist die Abweichung von dem Typus des
Montblanc in der Centralmasse der Berneralpen. Statt
eines mittleren Granitkerns, finden wir hier eine breite Zone
dunkler krystallinischer Schiefer und Hornblendgesteine,
welche, mit meist verticaler Schieferung, die Gruppe von
ihrem südwestlichen Ende, bei Gampel, am Ausgang des
Lötschthales, nach ihrer ganzen Erstreckung bis an den
Tödi mitten durchzieht, und auf beiden Seiten von granitischen
Steinarten begrenzt wird, oder auch, wie bei Valorsine, denselben als eine mächtige Decke aufgesetzt ist. Die Breite
dieser Zone ist, je nach der Lagerung ihrer Schiefer zu den
angrenzenden Steinarten, ungleich, mag aber im Mittel
wohl eine schweizerische Wegstunde betragen.

Wenn man von Gampel nach dem Lötschthale ansteigt,
sieht man zur Rechten, bis zur Kapelle von Goppenstein,
die Durchschnitte steil südlich fallender Hornblendgneisse,

mit Drusen von Bergkrystall und Chlorit und, durch zersetzte
Schwefelkiese oft mit braunrother Kruste überzogen. Im
Lötschthale selbst zeigt sich die Zone, über der Holzgrenze
der südlichen Thalwand, als ein mehrere hundert Fuss hoher
Absturz braunrother Steinarten, deren Trümmer, am Fuss
der Felsen, aus Hornblendgesteinen, Serpentin und Topfstein
bestehen. Dass das grosse Aletschhorn, auf seiner aus
Granit bestehenden Hauptmasse, eine Kuppe von Hornblend-
fels trägt, haben wir, im letzten Jahrbuch des Alpenclubs, durch
Herrn E. von Fellenberg erfahren. Es ist ein Vorkommen,
das an Valorsine, oder an die Kuppe von Kalkstein auf dem
Gipfel der Aiguilles Rouges erinnert und scheint die südliche
Grenze dieser dunkeln Gesteine zu bezeichnen; denn weiter
nördlich, am Grünhorn, an den Viescherhörnern und
am Finsteraarhorn scheinen dieselben, in grösserer Verbreitung, bis an den Fuss der Gebirge anzuhalten und unter
die Gletscherbedeckung niederzusteigen. Auf dem Unteraargletscher ist öfters schon auf den Gegensatz der Steinarten in beiden Hälften der grossen Mittelmoräne hingewiesen
worden. Die südlicher, aus Finsteraar herstammende Seite
enthält vorherrschend Blöcke von weissem Granit und Gneis.
die nördliche, die sich von Lauteraar her mit jener am Abschwung vereinigt, führt dunkle Trümmer, die der Dolerin-
und Hornblendzone angehören. Dieselben Steinarten, in
welche, von Mittag her, der Granit mehrfach gangartig eindringt, bilden den Gauligrat und wahrscheinlich auch.
wenn man der rothbraunen Farbe der Felsen vertrauen darf.
das Hohritzlihorn und Stampfhorn. Auf der rechten
Seite des Aarthales, auf Schallaui oberhalb Guttannen.
wurde früher, hoch über dem Thalgrund, in dieser Schieferzone
Topfstein gebrochen, und in der Nähe, auf Rothlaui, findet
man die ausgezeichneten, in Bergflachs eingewickelten Kry-

stalle von Epidot. Von da scheint die Zone, in der Gegend
des Steinhaushorns und der neuen Hütte des Alpenclubs,
nach den Thier- und Sustenbergen fortzusetzen. Die
westliche und östliche Gandeck des Triftgletschers enthalten Blöcke von Serpentin und Hornblendgestein, äusser-
lich braunroth, die nur von den südlichen, ebenfalls braunrothen Felskämmen herstammen können. Auch sind mir daselbst Blöcke von grünem Feldsteinporphyr aufgefallen, deren
Stammort vielleicht von den Mitgliedern des Alpenclubs entdeckt worden ist, die im vorigen Sommer diese Gebirge durch-
forscht haben. Wahrscheinlich steht diese Steinart, die mir
bis dahin in der ganzen Ausdehnung der Berneralpen nicht
vorgekommen ist, in Verbindung mit den vielen Granitgängen,
die hier, wie bei Valorsine, wo der Granit in einen ähnlichen
Porphyr übergeht, den Schiefer durchschneiden. Auch der
Steingletscher trägt vorherrschend Blöcke von Hornblendfelsarten, unter denen besonders schöne Strahlsteine sich auszeichnen, und, wenn man von Göschenenalp aus nach dem
Hintergrund des Kehlegletschers hinsieht, so zeigen die
Felsen, die ihn vom Steingletscher scheiden, dieselbe Rost-
farbe, die auch in dem westlichen Ausläufer der Thierberge,
an der Felsstufe des Triftgletschers, so auffallend ist. — Auf
Inschialp bricht, nach Lusser, Marmor und Serpentin
mit Diallag. — Im gleichen Fortstreichen treffen wir unsere
Schiefer wieder bei Amstäg, am Bristenstock und im
Maderanerthal, stets mit demselben Gesteinscharakter
und von denselben Mineralien begleitet. Am Eingang des
Etzlithales zeigt sich ein vortrefflicher Topfstein, und die
Schiefer, weiter einwärts, nähern sich dem Gneisse; aber in
den östlichern schroffen Graben, die sich in die südliche Thalwand von Maderan einschneiden, im Griestobal, Mittel-
eckthal, Steinthal u. s. w., glaubt man in der Steinart

eher die grauen Schiefer des Wallis oder Urserenthales zu erkennen. Diese Thonschiefer werden aber, im oberen Theile der Graben, von einer solchen Menge granitischer Adern, Streifen und Nester, oft von weniger als Zolldicke und an beiden Enden sich ausbreitend, oft zu mehr als fussbreiten Gängen anschwellend, durchschwärmt, dass sich leicht der Gedanke aufdrängt, man stehe hier mitten in der Werkstätte, in der einst Thonschiefer zu Granit und Gneiss umgewandelt wurde. In Drusenräumen dieser krystallinischen Streifen und Nester finden sich die mannigfaltigen Mineralien, welche dem Maderanerthal bei den Sammlern seinen grossen Ruf erworben haben. Die meisten dieser Räume sind mit erdigem *Chlorit* angefüllt, und dieser überzieht auch den *Kalkspath*, *Adular*, *Albit* und *Bergkrystall*, welche die locker unter sich und mit dem umschliessenden Schiefer zusammenhängenden Bestandtheile der Nester bilden, oder ist auch in das Innere, besonders des Bergkrystalls und Kalkspaths, eingedrungen. Einige dieser Drusenräume enthalten *Epidot*, umwickelt von *Bergflachs*, *Bergkork*, *Bergleder*, in andern findet man *Titanit*, *Anatas* und *Brookit*; auch *Eisenglanz* und rothe *Zeolithe* sollen vorgekommen sein. Der *Kalkspath* hat unter diesen Mineralien sich am frühesten, der *Quarz* am spätesten gebildet, und schon desshalb ist an eine Entstehung aus geschmolzenen Stoffen und an sehr hohe Temperaturen überhaupt nicht zu denken. Der *Chlorit*, scheint es, ist von Anfang bis zuletzt der Flüssigkeit, aus welcher jene Mineralien sich abgesondert haben, beigemengt gewesen. Merkwürdig ist auch das Verhalten des Chlorits zum Kalkspath. Die ursprünglichen rhomboedrischen Gestalten des letzteren haben sich basisch in Tafeln zerspalten, welche mit Chlorit bedeckt wurden, und oft lose im Cloritsand liegen; in einigen Individuen ist jedoch die Trennung nicht durchgedrungen, so dass die basischen, mit Chlorit ausgefüllten Klüfte nur wenig tief von aussen her einschneiden und dem Krystall ein geripptes oder zerfressenes Aussehen geben. Merkwürdig, dass auch in granitischen und Porphyrgebirgen der Kalkspath, als Schieferspath, basische Tafeln bildet, als ob hier, bei der Umwandlung neptunischer in krystallinische Schiefer, der Kalkspath eine entsprechende Veränderung erlitten hätte.

Die Uebereinstimmung der Steinarten und Mineralien dieser mittleren Schieferzone mit denjenigen der südlichen Randzone ist zu auffallend, um nicht bemerkt zu werden. Es ist vorhin an diesem Südrand nur von den Hornblendfelsarten und den sie begleitenden Mineralien die Rede gewesen, weil jene sich zu enge an den Granit anschliessen, als dass sie getrennt davon ihre Stelle finden könnten. Die Hauptmasse dieser Randzone besteht aber, wie die der Mittelzone, aus krystallinischen Schiefern und Gneiss. — Die vom Dalathal her nach Osten fortsetzende Kalkbedeckung des untern Abhanges steigt vom Baltschiederthal an höher aufwärts und scheint gegen Bellalp und Lusgenalp hin sich in eine graue und weisse talkige Schieferbildung aufzulösen. Am Fuss des Abhanges, bei Mund, Naters, Mörel und weiterhin herrscht Gneiss, bald hell und grobflasrig, bald dunkel und feinflasrig, bald in Talk- und Glimmerschiefer übergehend und häufig von Granit-, Eurit- und Quarzgängen durchzogen. Ein Quarzgang in der engen, oben fast zuschliessenden Massaschlucht, oberhalb Mörel, führt die *silberhaltenden Bleiglanzerze* und *Kupferkiese*, deren Abbau vor wenig Jahren angegriffen, bald aber wieder eingestellt worden ist. An der hohen, dem Strassenbau so grosse Schwierigkeiten entgegensetzenden Thalstufe, über die man nach Lax ansteigt, ist aber der Gneiss wieder verdrängt durch leicht zertrümmernde grüne und graue Schiefer, die bis Niederwald anhalten und nördlich unter den gleich fallenden Gneiss einfallen. Sie bilden einen Uebergang der grauen, Gyps führenden Wallisschiefer der Südseite des Thales in die krystallinischen Schiefer der Nordseite und lassen sich obgleich weniger krystallinisch entwickelt, theils den dunkeln Schiefern von Guttannen und Maderan, theils den grünen Schiefern der Serpentingebiete vergleichen. Es sind diese Schiefer, in denen bei Lax und Viesch *Titanite, Zeolithe* und *Flusspath* vorkommen.

Zwischen diesen beiden Schieferzonen erhebt sich die südliche und mächtigere Granitzone, deren höchste Gipfel, das Aletschhorn und Finsteraarhorn indess noch aus dem, beide Steinarten verbindenden Hornblendgestein bestehen. Es ist ein ausgezeichneter *Protogingranit,* der diese Zone bildet und meist senkrecht neben dem Schiefer in die Tiefe setzt, zuweilen ihm auch zur Grundlage dient, oder in Gängen ihn durchdringt. Die Breite dieser Granitzone mag an mehreren Stellen wohl zwei Wegstunden betragen. — Wenn man von dem Rhonethal her in das Baltschiederthal eindringt, erreicht man, nach mehrstündigem Ansteigen, den Granit im obersten Hintergrund, in den er, vom Bietschhorn her, in schroffen Felsen abfällt. Eine gleiche hohe Felsstufe bezeichnet auch weiter östlich, in seiner Fortsetzung über den Jägigletscher und das Nesthorn nach dem Aletschgletscher, seine südliche Grenze, die ihn von den leichter zerstörbaren vorliegenden Schiefern scheidet. Er durchsetzt den Aletschgletscher in der Gegend des Merjelensees und der Walliser Viescherhörner, bildet die Umgebung der Grimsel, von dem oberen Kamm der Hauseck abwärts bis unter die Handeck, erscheint mächtig entwickelt in der Göschenenalp, an deren Ausgang alte Gletscherschliffe, so ausgezeichnet als irgendwo,

Mit dieser Vergleichung schliessen wir unsern Versuch, der auf Vollständigkeit oder Gleichmässigkeit der Behandlung nicht Anspruch macht, der überhaupt nur dazu dienen soll, den Freund der Alpen anzuregen zu näherer Betrachtung dieser herrlichen Flora, die in jeder Richtung: in biologischer, geographischer, historischer, Probleme von höchstem Interesse stellt. Wenn es mir gelungen ist, dies Interesse zu beleben, und zugleich einen Begriff zu geben von der Art und Weise, wie solche Fragen aufgefasst und behandelt werden, so ist mein Zweck erreicht.

Weder in Gastern, noch in Lauterbrunnen und Grindelwa
sieht man denselben, anstehend oder in Trümmern, und n
durch die Thäler der Aare und Reuss, welche das Gebir
bis in die südliche Granitzone hinein durchschneiden, si
Blöcke von Geisberger oder Alpengranit bis in das Hügella
und an den Jura fortgetragen worden. — Der Granit n
rothem und weissem Feldspath, der in Gasteren, am Fu
des Schilthorns auftritt, ist wesentlich verschieden, u
so auch der kleiu — aber deutlich körnige, beinah an Sandst
erinnernde gneissartige Granit, der die südlichen Gebirge v
Lauterbrunnen und Grindelwald bildet und die Ka
keile der Jungfrau, des Mettenbergs und Wetterhor
umschliesst. So metallisch glänzend und in deutlichen Bl
chen zeigt sich der Glimmer im Alpengranit nicht, und a
Feldspath und Quarz tragen einen andern Charakter. V
älterer Zeit her sind diese Granite, sowohl im Lötschth
als in Lauterbrunnen, bekannt durch ihre *silberhalten*
Bleiglanzerze, die jedoch nur ein regelloses, nesterweises V
kommen zeigen und dem Bergbau schwer zu überwinde
Hindernisse entgegensetzen. Etwas mehr nähert sich dem P
togin der weisse Granit, der oberhalb und unterhalb Gutta
nen stockförmig in den dunkeln Schiefer aufsteigt und wah
scheinlich in Verbindung steht mit den zahlreichen Granit- un
Euritgängen, welche oberhalb Furtwang, am Uebergang vo
Guttannen nach dem Triftgletscher, den Schiefer durchsetze
    Wenn das Zusammentreffen mehrfacher Charaktere a
eine nähere Verwandtschaft unserer südlichen Granitzone n
der Montblancmasse hinweist, — das Vorherrschen des Pr
togingranits, das Vorkommen derselben Mineralien im Inner
desselben und an seinem Südabfall, sein gangartiges Ei
dringen in den angrenzenden Schiefer — so sprechen nich
weniger gewichtige Analogien für eine engere Verbindu

der nördlichen Granitzone mit der Centralmasse der Aiguilles Rouges. Auf das Vorkommen des in unseren Alpen sonst seltenen rothen Feldspaths zugleich im Valorsine und Gastern ist schon hingewiesen worden; aber auch der gneissartige Granit von Lauterbrunnen kann mit keinem eher verglichen werden, als mit demjenigen, der zwischen Martigny und S. Maurice, auf dem rechten Rhoneufer, als das östliche Ende der nördlichen savoyischen Centralmasse betrachtet werden muss. Beide Granite sind kleinkörnig und aus ähnlichen Elementen zusammengesetzt; beide enthalten, als hinzutretenden Gemengtheil, ein graulich grünes, noch nicht analysirtes Mineral, das der ältere Escher als *Speckstein* bezeichnet, das mir aber eher *Pinit* zu sein scheint; beide neigen sich zum Gneiss, mit steil südlich fallender Schieferung; beide werden vielfach von Euritgängen durchzogen, im Rhonethal am Trient und im Aufsteigen von Branson nach der Foullyalp, im Berner Oberland auf dem Lötschpass, im Roththal an der Jungfrau und an andern Stellen. Auch die silberhaltenden Bleierze, die in Lauterbrunnen, wie bei Servoz, von Schwerspath begleitet sind, können zur Vergleichung beigezogen werden.

Finden aber unsere zwei Granitzonen der Berneralpen die in Savoyen ihnen entsprechenden Gebirgsglieder in den Centralmassen des Montblancs und der Aiguilles Rouges, so muss die zwischen jenen Granitzonen liegende Schieferzone nothwendig den Steinarten verglichen werden, die zwischen den zwei savoyischen Centralmassen das Thal von Chamounix erfüllen, die breite Gebirgsstufe der Alpen der Blaitiere und des Montanvert bilden und über Col de Balme und Trient gegen Martigny fortsetzen. Durch die mächtigere Entwicklung des Granits in den Berneralpen und das nähere Zusammentreten seiner zwei Zonen wurden die dazwischen liegenden Steinarten stärker zusammengepresst, durch metamor-

26*

phische Processe und das Eindringen granitischer Stoffe
allgemeiner umgewandelt, so dass der in Chamounix noch
deutlich auftretende, bei Martigny kaum mehr erkennbare
Kalkstein in den Berneralpen ganz aufgezehrt wurde und
vielleicht den vielen Hornblendgesteinen ihren Kalkgehalt geliefert hat, vielleicht auch, als letzter Ueberrest, in den Kalk-
spathkrystallen der Chloritdrusen noch zu erkennen ist.

Fragen wir nun nach dem Ursprung dieser Gebirge,
nach den Agentien, die zu ihrer Entstehung und Ausbildung
mitgewirkt haben, so ist die Wissenschaft genöthigt, ihr
Unvermögen zu gestehen, diese Fragen genügend beantwor-
ten zu können. Ihre Resultate sind einstweilen meist negativ.
Sie kann mit Sicherheit behaupten, dass die Formen, in
denen das Gebirge uns erscheint, nur sehr entfernt diejenigen darstellen, die es ursprünglich besass, indem, während
der ungezählten Zeiträume seit seiner Entstehung, die langsam oder schnell zerstörende Kraft der atmosphärischen
Einwirkung, des Eises und der Gewässer grosse Massen zer-
trümmert und weggeführt, vorhandene Thäler erweitert,
neue eingegraben, höhere Gipfel und Gräte abgetragen,
tiefere Spalten und Becken mit Schutt ausgefüllt, oder diese
zu neuen Hügelmassen aufgethürmt haben muss. Eine flüch-
tige Erwägung der Veränderungen, die, im Laufe weniger
Jahre, durch hoch angeschwollene Wildbäche oder Lawinen,
oft nur durch ein einzelnes Gewitter erzeugt werden, kann
uns hierüber kaum im Zweifel lassen und fordert bei der
Beurtheilung des ursprünglichen Zustandes zu grosser Vorsicht auf. Eine genauere Prüfung scheint ferner entschieden
zu haben, dass die früheren Annahmen von feurig-flüssigen,
lavaartigen Granitmassen, von einer Entstehung des Bergkrystalls und anderer Mineralien aus geschmolzener oder
sublimirter Kieselerde, von Metamorphosen ganzer Gebirge

durch Schmelzung nicht mehr haltbar seien, weil viele Mineralien, die man im Granit, in den krystallinischen Schiefern, oder im Bergkrystall eingeschlossen findet, in diesen hohen Temperaturen nicht hätten bestehen können, weil ferner der Quarz weit früher erstarrt wäre, als' die meisten seiner Einschlüsse, früher auch als die beiden andern Bestandtheile des Granits, die umgekehrt Eindrücke in denselben gemacht haben. Es hat sich endlich herausgestellt, dass bei der Entstehung des Granits die krystallisirende Masse mit Wasser oder Wasserdämpfen durchtränkt war, indem der Quarz desselben unter dem Mikroskop eine Menge theilweise mit Wasser angefüllter Poren wahrnehmen lässt. — Andererseits wird man sich fragen, ob denn wirklich die begabtesten Schüler Werners, während eines langen der geologischen Forschung in beiden Welttheilen gewidmeten Lebens, in arger Täuschung befangen gewesen seien, als sie die vielfachsten Analogien zwischen granitischen und vulcanischen Steinarten, Granitgängen und Lavagängen, granitischen Kettengebirgen und Vulcanreihen wahrzunehmen glaubten und den neptunischen Theorien ihres Lehrers untreu wurden? Die bedeutende Erhebung des Landes, die offenbar mit dem Auftreten des Granits in Verbindung steht, die Zerreissung des früheren Bodens, wovon Stücke in den Thalniederungen liegen blieben, andere die Gipfel der höchsten Granitmassen bilden, noch andere zwischen den Granit eingeklemmt sind, das gangförmige Eindringen des Granits in den angrenzenden Schiefer, die massenhafte Umwandlung des letzteren, seine Durchflechtung mit granitischen Adern und Nestern, das Vorkommen eigenthümlicher Mineralien und Stoffe in Drusenräumen, es sind alles diess Thatsachen, die ohne die Annahme einer Verbindung mit dem tief liegenden Herde, aus dem auch die Thermalwasser und Laven ihre hohe Tem-

peratur herbringen, schwer zu begreifen sind. Hätte das
in den Boden dringende Wasser und seine chemische
Thätigkeit, bei gewöhnlicher Temperatur, das Vermögen,
ohne weitere Unterstützung jene Wirkungen zu erzeugen,
so ist kaum einzusehen, warum nicht auch in den weiten
Flachländern aller Welttheile oder im Grund unserer Seen
und Meere der Sand und Schlamm, warum nicht die von
Wasser durchtränkten Mergel und Thone der ältesten geologischen Zeiten, die Thonschiefer und Grauwacken des
Uebergangs- oder Steinkohlengebirgs, längst in Granit und
Gneiss umgewandelt und zu Hochgebirgen erhoben worden
wären, da doch im Gebirgslande diese Umwandlung weit
jüngere Steinarten betroffen hat.

Es werden diese Räthsel und scheinbaren Widersprüche
einst ihre Lösung finden, es wird vielleicht gelingen, durch
gleichzeitige Wirkung von Feuer und Wasser, Granite und
krystallinische Schiefer in unsern Laboratorien zu erzeugen, da ja auch in allen Vulcanen Wasserdämpfe die Haupt-
rolle spielen und noch lange nach den Eruptionen aus den
Laven als Fumarolen aufsteigen. Bis dahin werden wir uns
bescheiden müssen, durch Sammlung von Thatsachen vor-
eilige Theorien abzuweisen und der späteren besseren
Kenntniss den Weg zu bahnen. Es bedurfte Jahrtausende
astronomischer Beobachtungen, bevor Kepler seine Gesetze
der planetarischen Bewegung und Newton ihre Herleitung
aus einem einfachen Princip finden konnten, und wie einfach
sind die rein dynamischen Probleme, die uns die Bewegungen am Sternhimmel stellen, in Vergleichung mit denjenigen der Geologie, deren auf Beobachtung gestützte Fort-
schritte kaum ein Jahrhundert hinaufreichen und in die ver-
wickeltsten Gebiete aller Naturwissenschaften eingreifen!

Die Beziehungen des Föhns

zur

afrikanischen Wüste.

Von *E. Desor*.

Es ist im ersten Bande des Alpenclubbuches, bei Anlass
der frühern grössern Ausdehnung' der Gletscher in den
Alpen und der mannigfachen Theorien, welche zur Erklärung
dieser grossartigen Erscheinung aufgestellt worden sind,
auf die Theorie von Herrn Prof. Escher v. d. Linth hinge-
gewiesen worden, welche das Verschwinden jener grossen
Gletscher in Verbindung bringt mit den Schwankungen des
Bodens im afrikanischen Continent und besonders mit der
Trockenlegung der Sahara.

Als Vermittler dieser Umgestaltung im Klima des
Alpenlandes ruft Herr Escher den Föhn an, unter dessen
Hauch jene gewaltigen Gletscher verschwanden, welche sich
eine Zeitlang südlich bis an den Saum der Lombardisch-
venetianischen Ebene und auf der Nordseite sogar bis auf
die Höhe des Jura erstreckt hatten. Von der Voraussetzung
ausgehend, dass der Föhn identisch sei mit dem trockenen
Sirocco, dessen Ursprung allgemein in die afrikanische Wüste

verlegt wird, hatte sich in den wissenschaftlichen Kreisen
von Zürich die Frage aufgeworfen, was denn eigentlich
geschehen werde, wenn der Föhn eines Tages ausbleiben
sollte. Eine solche Frage unter Leuten wie Escher, Denzler,
Mousson, Wolf, Heer einmal angeregt, konnte nicht ohne
Lösung bleiben. Es musste sich als nächstes Resultat ein
weit geringeres Schmelzen und als Folge dessen ein verhält-
nissmässiges Anwachsen der Schneemassen auf den Alpen
ergeben, da bekanntlich der Föhn alljährlich in sehr kurzer
Zeit bedeutende Massen von Schnee aufzehrt, wesshalb er
von den Aelplern als Schneefresser bezeichnet wird.
Daher auch das Sprüchwort:

> „Der lieb' Gott und die liebi Sunn
> chönnet's nüt, wenn der Föhn nit hilft."

Mit dem Verschwinden der Wüste würde dieser mächtige
Einfluss, den der afrikanische Continent auf unsere Berge
übt, wenn nicht aufgehoben, doch wesentlich verändert
werden. Und wenn gar die Sahara sich in ein Binnenmeer
umwandelte, so würde an die Stelle des trocknen Föhns ein
feuchter Wind treten. Dieser müsste als Tropenwind ebenfalls warm sein, würde aber zugleich eine bedeutende Menge
von Feuchtigkeit mit sich führen, die sich beim Anprallen
an die kalten Zinnen der Alpen niederschlagen und auf diese
Weise die Schneemasse wirklich vermehren würde.

Somit würde die Besitznahme der Sahara durch das
Meer in doppelter Weise zum Anwachsen der Schneemassen
in den Alpen beitragen, indirect durch das Ausbleiben des
Föhns, und direct durch das Auftreten eines feuchten
Windes an seiner Statt.

Noch kennen wir nicht hinlänglich die Beziehungen der
Niederschläge zu den herrschenden Winden, um voraussagen
zu können, wie viel die Firnmassen der Alpen unter solchen

Umständen zunehmen würden. Es ist diess eine Aufgabe, welche die schweizerische meteorologische Commission ohne Zweifel sich stellen und wohl auch mit der Zeit lösen wird. Einstweilen lässt sich annehmen, dass die Zunahme keine unbedeutende sein dürfte, indem zu den, rein meteorologischen Einflüssen sich auch noch andere Anlässe zur Vermehrung der Gletscher zugesellen würden. Wir haben anderwärts auf den Einfluss der Thalbildung in den Alpen hingewiesen. Es lässt sich nehmlich eine directe Beziehung zwischen der Ausdehnung der grossen Alpen-Gletscher und ihren obern Thalbehältern oder Bassins nachweisen. Der grosse Aletschgletscher, der Unter-Aar, der Rhone-Gletscher, die Mer de glace oder glacier du Bois steigen nur desshalb so tief herab, weil sie die Ausläufer von gewaltigen Behältern in den höhern Regionen sind. Neben denselben trifft man aber in den Alpen nicht selten grosse, circusartige Erweiterungen und breite Joche, die sich alljährlich noch ihres Schnees zu entledigen vermögen, besonders auf dem Südabhange der Kette, so z. B. der Circus des Monteleone, derjenige von Dever, ein ähnlicher, obgleich nicht so grosser am Mont Cenis südlich vom Pass, und unter den Jochen, der Bernina, der Gotthard, der Simplon, alle an der Grenze der Schneeschmelze gelegen. Mit Noth gelingt es der Sommerwärme, dieselben alljährlich auf einige Monate von Schnee zu befreien. Sollte aber durch irgend eine Ursache die Schmelzkraft des Sommers sich vermindern, so würde der Winterschnee in den Kesseln ausharren, die Niederschläge des folgenden Jahres würden sich zum alten Schnee gesellen und auf diese Weise ein Firnfeld erzeugen, aus dem sich bald ein Gletscher als Ausläufer entwickeln würde, dessen Länge im Verhältniss wäre zu der Ausdehnung und Mächtigkeit des Firnfeldes. Eine solche Erscheinung könnte möglicher

Weise eintreten, ohne ein namhaftes Sinken der mittleren Jahrestemperatur. Es bedürfte dazu lediglich einer Ermässigung einerseits in der Wärme des Sommers und andererseits in der Kälte des Winters, wie man sie leicht voraussetzen könnte, wenn die feuchten Winde sich auf Kosten der trocknen vermehren würden.

Ein ähnliches Resultat würde sich aber, aller Wahrscheinlichkeit nach, im gesteigerten Maase ergeben, wenn der Föhn von unsern Alpen verschwände und durch einen feuchten Meereswind ersetzt würde. Es würden sich nicht nur neue Gletscher bilden an Orten, wo gegenwärtig keine vorhanden sind, die jetzigen würden auch wesentlich an Grösse zunehmen, und es bedarf keiner grossen Phantasie, um sich vorzustellen, wie z. B. unter solchen Umständen die Gletscher der Seitenthäler des Wallis bis in das Hauptthal gelangen könnten, um sich daselbst zu einem einzigen grossen Eis- oder Firnfelde zu vereinigen. Hat man ja doch nachgewiesen, dass in Scandinavien bei einem Sinken von nur 1^0 in der Sommertemperatur, die Hochplateaus sich nicht mehr alljährlich ihres Schnees entledigen würden, was zu bedeutenden Veränderungen in der ganzen Physiognomie des Landes Anlass geben müsste.

So einladend und verführerisch auch die Theorie sein mochte, wodurch die Eiszeit der Alpen mit der Wüste Sahara in Verbindung gebracht wird, so war dieselbe doch nichts weniger als thatsächlich begründet. Vor allem musste nachgewiesen werden, dass beide Erscheinungen in der Zeit stimmen und auf dieselbe geologische Periode zurückführbar sind. Die Zeit der Gletscherausdehnung lässt sich nach geologischem Maasstab bestimmen. Wir haben in einem frühern Artikel gezeigt, dass sie nach der Alpenhebung (vielleicht durch dieselbe bedingt) eingetreten ist, dass sie

mithin sehr jung ist.' Wenn aber ein Causalzusammenhang
zwischen dem einstigen Sahara-Meer und der Eiszeit besteht, so muss jenes Meer noch nach der letzten Alpenhebung existirt haben und mithin in die quaternäre Zeit
fallen, da bekanntlich die tertiäre Periode mit der Alpenhebung abschliesst. Aus demselben Grunde fiele die Trockenlegung desselben in eine noch jüngere Zeit.

Nun war von jeher die Idee, dass die Wüste Sahara
neuern Ursprungs sei, gleichsam instinktartig verbreitet.
Schon Ptolemaeus spricht von derselben als von einer
jüngeren Erscheinung, indem er voraussetzt, dass das Meer
dort jedenfalls länger verweilt habe, als in den angrenzenden Gebieten.

Gestützt auf die orographische Beschaffenheit dieses
weiten Beckens, das nicht allein sehr wenig über das Meer
sich erhebt, in manchen seiner Theile, namentlich am nördlichen Saum der Wüste sogar tiefer sein soll (etliche 20
Meter am Chott Mel-Rhir), haben spätere Reisende diese
Voraussetzung vielfach wiederholt. Auch ist die Kette der
grossen Salzseen, die sich gegen Osten hinzieht, und die
man gern als das Residuum des alten Meeres anzusehen geneigt ist, dieser Annahme mehr oder weniger günstig, um
so mehr als zwischen denselben, in der Nähe des Meerbusens
von Cabes, keine wesentliche Bodenerhöhung vorkommt,
und es in der That nur einer geringen Senkung bedürfte,
um ein weites Feld der Wüste wieder in ein Binnen-Meer
zu verwandeln. Ausserdem war in neuerer Zeit vielfach von
Meermuscheln die Rede gewesen, die man an verschiedenen
Stellen aufgelesen hatte, und als deren häufigste die essbare
Herzmuschel, das Cardium edule angeführt wird.

Die näheren Beziehungen dieser Muschelart waren aber
nicht genau erforscht. Am nächsten lag die Vermuthung,

dass sie aus irgend einem der zahlreichen, am Saume der Wüste sich hinziehenden Salzseen oder Chott herrühren möchte, zumal die Lokalität, von der man sie anführte, wirklich am Chott Mel Rhir liegt. Gegen eine solche Annahme sprach aber der Umstand, dass man nur leere Schalen kannte, und überhaupt gar keine Kunde von lebenden Muscheln in jenen Seen vorlag.

Unsere Reise in die Sahara sollte uns die erwünschte Gelegenheit bieten, das Problem zu lösen. Die Frage war an sich schon beachtenswerth, von rein zoologischem Standpunkte aus. Sie musste aber ganz besonderes Interesse für reisende Geologen haben, im Hinblick auf das Problem, das uns so lebhaft beschäftigte, nehmlich die Beziehungen der Wüste zur Eiszeit.

Unter gewöhnlichen Verhältnissen wäre es ein leichtes gewesen, aus der einfachen Speciesbestimmung das Alter der Muschel abzuleiten und zu ermitteln, ob sie zur gegenwärtigen Fauna Afrikas gehört oder aus einer vorweltlichen Zeit stammt, wenn auch der Jetztzeit noch so nahe, wie denn unsere Conchyliologen mit grösster Bestimmtheit zu sagen wissen, ob eine Muschelart, die man ihnen vorzeigt, der Molasse oder selbst dem Löss angehört.

Anders verhält es sich in der Wüste. Dort herrscht Unbestimmtheit nach allen Richtungen. Nicht nur weiss man nichts von den Thieren, die in den Salzseen leben. Die Wüste selbst ist noch weniger zuverlässig, in so fern deren Boden grossentheils aus losem Sande gebildet ist, und dieser Sand in seiner jetzigen Gestaltung und Lagerung das Werk der Winde ist, das Material der Wüste mithin aus Formationen verschiedenen Alters zusammengeweht sein kann.

Glücklicher Weise besteht die afrikanische Wüste nicht lediglich aus Flugsand, wie man sich's oft vorstellt. Die

Durchschnitte der artesischen Bohrungen hatten schon mehrfache Anzeigen von Schichtung geliefert. Dieselben waren aber unserm Augenschein nicht zugänglich und auf der ganzen Strecke von Biskra nach·Tugurt hatten wir keine Gelegenheit gehabt, einen wirklichen Durchschnitt zu sehen, noch weniger irgend eine Spur von Versteinerungen anzutreffen. Die erste Anzeige von etwas Aehnlichem fanden wir östlich von Tugurt auf dem Wege nach den Oasen des Suf, an einem Brunnen, den man vor nicht langer Zeit zu graben angefangen hatte. — Bei näherer Betrachtung der Umsäumung desselben bemerkten wir in den Wänden des Kessels, dass die Sandkörner abwechselnd bald grösser, bald kleiner waren, und wenn auch keine Schichtfläche dieselben von dem gewöhnlichen Sand trennte, so ergab sich doch daraus eine gewisse Aufeinanderfolge, wie sie nur durch die Ablagerung im Wasser erzeugt wird. Vom Winde konnten solche Wirkungen nicht hervorgebracht sein. Zugleich zeigten sich vielfach kleine eckige Steinchen, welche die Form von Gypskrystallen hatten, obgleich sie hauptsächlich aus feinen Sandkörnern zusammengesetzt waren. Noch durften wir jedoch nicht auf eine wahre Schichtung schliessen, zumal es uns nicht gelingen wollte, auch nur die geringste Spur von irgend einer Versteinerung oder überhaupt einer Muschelschale zu entdecken. Die Wahrscheinlichkeit war aber vorhanden, und unsere Aufmerksamkeit war um so gespannter.

Die wahre Lösung des Räthsels sollten wir erst später, während der Rückreise, auf dem weiten Plateau zwischen den Oasen des Suf und dem Chott Mel-Rhir finden.

Am 6. December 1863 Morgens hatten wir in aller Frühe Gemar, die zweit grösste Oase des Suf verlassen, und zogen mit einer zahlreichen Karawane nach Norden gegen den Chott oder Salzsee. Nach einigen Stunden schon waren die

Dünen weniger dicht, ziemlich grosse, flache Strecken
dehnten sich zwischen ihnen aus, und um Mittag waren
wir bereits wieder auf dem öden Plateau angelangt, wo die
durch frühere Auswaschungen bedingten Abstürze vielfach
mit wirklichen Dünen abwechselten. Hin und wieder ist
das Plateau so sehr zerfressen, dass nur schmale Gräte
zwischen zwei Auswaschungen übrig bleiben, die dann das
Ansehen von Hügeln mit flachem Gipfel annehmen. Eines
solchen scharf ausgeprägten Grat hatten wir ausgewählt,
um unser Mittagsmahl darauf zu halten. Als wir zu demselben gelangten, bemerkten wir ganz in der Nähe einige
seltsam gestaltete Kegel von zwar nicht mehr als 10 Fuss
Höhe, jedoch mit steilen und scharf ausgeprägten Abstürzen, ganz das Gegentheil von der abgerundeten Form
der Dünen.

Wir fanden nun, dass die Kegel zwar aus feinem Sand
bestanden, bemerkten aber zugleich eine deutliche, wenn
auch unregelmässige, in verschiedenen Winkeln aufgelagerte
Schichtung (Uebergussschichtung). Bei näherer Prüfung entdeckten wir auch darin eine Menge Bruchstücke von Muschelschalen, die zwar sehr abgerieben waren, indessen doch
durch ihre Rippen sich als Stücke von Bivalven beur-
kundeten.

Hier konnte also kein Zweifel mehr walten. Wir hatten
es mit einer wahren Wasserablagerung zu thun, die sich
durch Schichtung sowohl als durch ihre organischen Reste
zu erkennen gab. Es blieb nur noch die Species der
Muschel zu identificiren, um zu wissen, ob es sich um eine
Meer- oder Süsswasserablagerung handelte. Dieses Resultat, auf das wir natürlich sehr gespannt waren, liess nicht
lange auf sich warten.

Am folgenden Tage lagerten wir zum Mittagessen an

Brunnen Buchana. Wie alle Brunnen der Wüste liegt dieser in einer Niederung oder früheren Auswaschung, umgeben von den gleichen schroffen Abhängen, wie wir sie schon mehrfach erwähnt haben. Nur war hier der Gipfel von der härteren Gypsschicht überdeckt, die, eben weil sie härter und weniger zerstörbar war, wie eine Brüstung über die Abhänge hinaus ragte. Wir untersuchten an mehreren Stellen die unter der Gypsdecke gelegene Masse, und fanden sie wiederum aus feinem Sande mit Uebergussschichtung zusammengesetzt. Es war diess eine directe Aufforderung zu näherer Prüfung, welche sofort eingeleitet wurde und auch nicht ohne Erfolg blieb. Unser Anführer, H. Hauptmann Zickel, Director der artesischen Brunnen in der Wüste, dessen Interesse nicht minder erregt war als das unsrige, fand auch sehr bald dieselben kleinen Schalentrümmer, und nach einer Weile auch eine beinahe vollständige Schale, die sich mit ziemlicher Sicherheit als eine Herzmuschel (Cardium edule) herausstellte. Zugleich fanden sich auch ein Stück von einem Tritonshorn (Buccinum gibberulum Lam.) und einzelne Fragmente von Seeeicheln (Balanus miser L.) Somit war die Frage entschieden. Der Sand, der die Schalen einschloss, war unzweifelhaft ein Meergebild.

Am dritten Tage gelangten wir in die Nähe des grossen Chott Mel-Rhir, den wir zum Theil zu durchwaten hatten. Das grosse Becken, zu dem man allmälig hinabsteigt, ist im weiten Umkreis von hohen Terrassen umgeben, an deren Gehängen vielfach mergelichte Lager mit dem reinen Sand abwechseln. Letzterer bot uns abermals Muscheln in Menge, und zwar immer die gleiche Herzmuschel, diessmal mit beiden Schalen unversehrt. Somit hatten wir dieses muschelführende Sandlager an drei verschiedenen Stellen des Plateaus, und in einer Entfernung von mehr als zwölf Stunden nachgewie-

sen. Bringt man nun in Rechnung, dass früher schon dieselben Muscheln in den gleichnamigen Abstürzen des Chotts
bei M'rair an seinem westlichen Ufer beobachtet worden
waren, so liegt der Schluss nahe, dass sie nicht, wie man
glaubte, der jetzigen Fauna des Chott's, der ohnediess öde
zu sein scheint, sondern einem tieferen und umfassenderen
geologischen Horizont angehören, und mithin auf einen
früheren Seeboden hindeuten, den man wahrscheinlich in
verschiedenen Richtungen wird weiter verfolgen können,
jetzt, da die Andeutung dazu gegeben ist.

Hier aber stellt sich eine für den Naturforscher nicht
unwesentliche Frage ein: die erwähnte Herzmuschel kommt
bekanntlich noch jetzt lebend im Mittelmeer vor; sie ist aber
an gewisse Stationen gebunden, und wird hauptsächlich an
den Flussmündungen angetroffen, wo der Salzgehalt des Wassers ein viel geringerer ist als im offenen Meer. Es ist mit
einem Worte eine Brackwassermuschel. Somit liegt der Schluss
nahe, dass das Wasser, in dem die Muschel früher gelebt hat,
dieselbe Eigenthümlichkeit besass, d. h. ein unvollkommen
salziges Becken gewesen sein muss, im Gegensatz zu den
jetzigen Chotts, die sich bekanntlich durch ihr Uebermaas an
Salzgehalt auszeichnen.

Ist diese Annahme gerechtfertigt, so musste das Sahara-
Meer, zur Zeit als die genannte Herzmuschel darin lebte, den
Bedingungen entsprechen, welche den jetzigen brakischen
Wassern eigenthümlich sind. Diese sind aber in der Regel
nur Binnenseen, und es ist eine bekannte Thatsache, dass
die Thiere derselben im Vergleich zu denen in offener See
mehr oder weniger verkümmert sind. Auch ist die Zahl
der Species eine geringere. Nimmt man nun an, dass die
Wüste zu irgend einer gegebenen Zeit vom Meer eingenommen war, so muss sie in ihrem Wesen so ziemlich der Ostsee

entsprochen haben. Es war ein Binnenmeer, dessen Verbindung mit dem Mittelmeer durch die Meerenge von Kabes vermittelt wurde. —

Fragt man nun nach der Ordnung, in welcher die Erscheinungen auf einander gefolgt sind, so ergiebt sich, dass die Sahara noch Meer war, als die Alpen bereits in ihrer jetzigen Gestalt existirten, deren Trockenlegung mithin in eine noch spätere Zeit fällt. Damit ist nicht nur die Erklärung oder die Theorie von Escher über den Einfluss der Wüste gerechtfertigt, sondern es ergiebt sich auch der andere bedeutende Schluss: dass seit der Erhebung der Alpen, mithin in der allerjüngsten geologischen Periode, von der man annimmt, dass der Mensch ihr Zeuge gewesen, Veränderungen von der grössten Bedeutung sich zugetragen haben, in geographischer sowohl wie in klimatischer Hinsicht. Dieselben Südwinde, welche früher den Niederschlag von Schnee in den Alpen begünstigt hatten, wurden später zum trocknen Föhn oder „Schneefresser" und veranlassten den Rücktritt der grossen Gletscher.

Wie langsam aber dieser Process der Gletscherverminderung vor sich gegangen, darüber besitzen wir freilich keine bestimmten Data; jedenfalls bedurfte es dazu eines lange andauernden Zeitraums. Es liegen Gründe zur Annahme vorhanden, dass die Grenzen der Gletscher während der Eiszeit bedeutenden Schwankungen unterworfen gewesen. Viele Geologen wollen sogar zwei Gletscherperioden annehmen, die durch eine Zwischenzeit von gleichem Klima wie das jetzige getrennt waren und zu welcher die Gletscher ungefähr bis in ihre gegenwärtigen Sitze müssen zurückgegangen sein. Als Beleg dafür werden von H. Prof. Heer namentlich die Schieferkohlen von Utznach, Dürnten und Wetzikon im Kanton Zürich (ein dem comprimirten Torf ähnliches Gebilde) an-

geführt, welche zwischen zwei Lagern von erratischen Blöcke
vorkommen, und die gleichen Pflanzen und Käfer enthalte
welche heut zu Tage bei uns angetroffen werden.

Auch zu dieser Erscheinung muss sich nun die Sahar
auf irgend eine Weise verhalten, und wenn die Eiszeit selb
so verschiedenartige Momente nachweist, so dürfen wi
auch wohl ein ähnliches von der Wüste annehmen. Di
Trockenlegung der Sahara wäre demnach, wie die Au
dehnung der Gletscher, bedeutenden Schwankungen unte
worfen gewesen. Als Beweis hiefür wird man vielleicht ein
die verschiedenen mit Sand abwechselnden Gyps- und Sa
lager anführen, so wie den Umstand, dass beim Bohren ein
artesischen Brunnens zu Om Thiour im Oued-Rir, sich Spur
von Süsswasser-Muscheln (Planorbis) in bedeutender Ti
(98 M.) vorgefunden haben.

Somit wäre denn die Sahara der grosse Regulator unser
Klima's, und zwar: ist sie mit Wasser bedeckt, so wird d
Gletscherbildung übermässig; ist sie trockene Wüste, so is
unser Klima ein für seine geographische Lage und Höhe d
Bodens ausnahmsweise bevorzugtes. Erst dann, wenn di
Sahara wäre, was sie nie gewesen, eine Grassteppe, eine m
Savannen bedeckte Ebene, oder ein Culturland, würden unse
Alpen zu ihrem eigentlichen Klima gelangen, welches e
verhältnissmässig kälteres als das gegenwärtige und milder
als das frühere (zur Eiszeit) wäre.

Diese Beziehungen zwischen der Sahara und den klim
tischen Verhältnissen der Alpen oder mit andern Worte
zwischen Föhn und Alpengletschern sollten auch ihre Wide
sacher finden. Es meldet sich nehmlich H. Prof. Dove, de
hervorragendste unter den Meteorologen der Zeit, und be
hauptet auf allgemeine Gesetze sich stützend „es könne
kein Wüstenwind an die Alpen anschlagen, indem

Proteaceen, nichts von irgend einer der vormaligen oder der jetzigen Typen der warmen Zone. Die Alpenflora bietet auch keine Art, welche man als reducirte Alpenform einer dieser subtropischen Typen ansehen könnte, keine verzwergte Palme, keine stengellose Laurinee oder dergleichen. Die Alpenflora zeigt, obwohl im Alter zwischen der Molassen- und der heutigen Ebenen-Flora gelegen, keine Fortentwicklung aus jener in diese, sondern hat im Ganzen durchaus den Charakter der letzteren. Sie beide zusammen bilden Eine Gruppe, die man die moderne vorderasiatische nennen kann, und die sich durch das Vorherrschen der Dolden und Cruciferen charakterisirt.

Vergleichen wir nun noch die beiden Glieder dieser Gruppe: unsere Alpen- und unsere Ebenenflora. In beiden herrschen, wie bekannt, die Synanthereen weit vor; doch während in der schweizerischen Ebene deren 166 auf 1578 Blüthenpflanzen vorkommen, ihr Verhältniss also 10,5% ist, so steigt es in den Alpen bis zu 17,8% (genau 80 : 449). Dies Ueberwiegen der Synanthereen um mehr als 7% ist ein Hauptunterschied beider Floren und ist für die Alpenflora um so charakteristischer, als die verwandte polare Flora deren nur 7% (29 Arten auf 422) besitzt. — Es folgen die Saxifragen, die in den Alpen volle 7% (21 Arten) in der Ebene nur 0,6% (9 Arten), in der arctischen Zone nur 3,5% ausmachen. Die übrigen, in der Ebene zurücktretenden Alpenfamilien folgen hier tabellarisch in ihrer Reihenfolge:

	Alpenfl.		Ebenenfl.	
	%	Artenzahl.	%	Artenzahl.
Primulaceen	4_7	21	1_1	17
Gentianeen	3_3	15	0_7	11

	Alpenfl.		Ebenenfl.	
	%	Artenzahl.	%	Artenzahl.
Rhinanthaceen	3_1	14	1_2	20
Campanuleen	2_7	12	1_1	17
Rosaceen	3_5	16	2_3	37
Leguminosen	6_2	28	5_6	89
Ranunculaceen	3_8	17	3_3	53

Besonders auffallend ist das Vorherrschen der Legumi-
nosen, einer sonst den wärmeren Zonen besonders eigenen,
in der polaren Region mit nicht einmal 3% auftretenden
Familie. — Zum Theil entsprechend diesen charakteristischen
Alpenfamilien, sind die artenreichsten Genera der Schweizer
Alpen folgende:

*Glumaceen: Carex mit Kobresia und Elyna . 27 Arten
Synanthereen: Crepis und Hieracium . . . 26 „
(nach meinen Ansichten über Species; Andere zählen mehr
als das Doppelte)

Gentianeen: Gentiana mit Pleurogyne . . . 14 Arten
*Caryophylleen: Alsine mit Arenaria . . . 13 „
Rhinanthaceen: Pedicularis . . . . 11 „
Rosaceen: Potentilla . . . . 10 „
Primulaceen: Androsace . . . . ⎫
Synanthereen: Cineraria mit Senecio . . . ⎬je 9 „
*Amentaceen: Salix . . . . ⎭

*Cruciferen: Draba . . . . ⎫je 8 „
*Juncaceen: Juncus . . . . ⎭

*Violarieen: Viola. . . . . ⎫
Leguminosen: Oxytropis . . . . ⎪
Primulaceen: Primula. . . . . ⎬je 7 „
Campanuleen: Phyteuma . . . . ⎪
*Glumaceen: Festuca . . . . ⎭

Blüthenpflanzen, und die Gebirgspflanzen insbesondere,
streng an eine bestimmte Gebirgsart gefesselt seien, so dass
für diese der Granit, für jene der Kalk eine absolute Lebens-
bedingung sei; man hat erstere granit- oder kieselstete,
letztere kalkstete Arten genannt. Und wenn man an andern
Orten nachwies, dass eine als kalkstet registrirte Art sich
auch auf Granit ertappen lasse, so entging der Flücht-
ling deswegen dem unerbittlichen System doch nicht,
nur dass er mit dem milderen Namen „kalkhold" behaftet
wurde. Neuere, ausgedehntere Nachsuchungen haben aber
gezeigt, dass weitaus die meisten Pflanzen sich sehr indiffe-
rent verhalten gegenüber der chemischen Beschaffenheit des
Terrains, dass es vielmehr die mechanische Beschaffenheit
der Grundlage ist, welche über das Fortkommen der verschiedenen Arten entscheidet. Es giebt Felsenpflanzen, die
den nackten, compacten und trockenen Fels ausschliesslich
bewohnen. Solche treten natürlich vorwiegend im Kalkgebirg auf, wo die Verwitterung eine sehr geringe, wo der Fels
homogen, fest und glatt ist, und wo auch dessen Trümmer
eine trockene Masse bilden. Andere Pflanzen siedeln sich
immer nur in dem sandigen Gruss an, der in der Regel aus
der Verwitterung der Granitgebirge entsteht und viel Feuchtigkeit und Nahrungstoff enthält. Wo nun aber ausnahmsweise der Granit sich so modificirt, dass er eine jener Felsen-
pflanze günstige Stätte bietet, da findet sie sich oft trotz
der gänzlichen Abwesenheit des Kalks, und wo der Kalk
also auftritt, dass er für die Sandpflanze einen geeigneten
Boden bildet, da wird oft auch die granitstete Pflanze gefunden. So kommt es, dass in einer Gebirgskette gewisse
Pflanzen nur auf einer Gebirgsart erscheinen, während in
einer andern, oft nicht sehr entfernten, dieselben Arten
gerade diese Gebirgsart eher vermeiden und sich an eine

Zur Geologie der Berneralpen.

Von *B. Studer*.

Unter den vier in unserer Nähe befindlichen Hochgebirgsgruppen, des Montblanc, der Walliseralpen, des Gotthard und der Berneralpen, sind die letzteren, bis auf die neueste Zeit, nächst dem Montblanc, von Touristen, Künstlern und Naturforschern vorzüglich ausgezeichnet worden. Beinah gleichzeitig, als im vorigen Jahrhundert englische Touristen nach Chamounix vordrangen, wurden auch Lauterbrunnen und Grindelwald besser bekannt und fanden später an Pfarrer Wyttenbach einn eifrigen Lobredner und kundigen Führer. Unter seiner Anleitung zeichnete der geniale Wolf die ersten naturgetreuen Ansichten unseres Hochgebirges, durch ihn lernte das grössere Publicum die Mineralien und Pflanzen des Oberlandes kennen. Die Gletscherstudien von Altmann und Gruner in den Berneralpen haben die Grundlage zu der richtigen Theorie dieser Erscheinung geliefert, und zwischen der kühnen Ersteigung der höchsten Schneeregion durch Saussure und den Reisen der Meyer auf unsere Eisgebirge finden wir keine namhafte Unternehmung ähnlicher Art verzeichnet.

Auch der schweizerische Alpenclub hat seine ersten

Viola dienen. Man wird unwillkürlich zu der Vermuthung getrieben, dass es locale, im Lauf der Zeiten entstandene Variationen der gleichen Typen seien. Diese stellvertretenden Arten sind in der Regel, weil sie eben als locale Formen ihrem Gebiet speciell eigen sind, zugleich auch als charakteristische Arten dieser Gebiete zu bezeichnen. — Dieselbe Erscheinung . ist nun über Europa hinaus in die reichgegliederte Bergwelt Vorderasiens hinein zu verfolgen: Der Caucasus ist das letzte Gebirge, welches unsere Alpenpflanzen in grosser Masse bietet; in den bithynischen und pontischen Ketten, dem Taurus und persischen Gebirge treten die identischen Arten sehr- zurück und machen nah verwandten Platz, und von da ab nach Südosten hin wird die Identität der Species zwar immer seltener, stets aber vermitteln stellvertretende Arten aus gleichen Genera die Aehnlichkeit. So im Himalaya (wo z. B. Pedicularis asplenifolia Fl., P. versicolor Wahlenb., P. verticillata L., Saxifraga cernua, Hirculus und Stellaris L., Rhodiola rosea L. mit den Alpen identische Blüthenpflanzen), in China bis nach den höchsten Gipfeln der Sunda-Inseln.

. Auch die von der alten sonst so grundverschiedene neue Welt macht von diesem Gesetz der Aehnlichkeit der Gebirgsfloren keine Ausnahme. Vom arctischen Amerika zieht die Alpenflora sich in die Felsengebirge hinein, wo nach Hooker von 286 Moosen 203 den europäischen Alpen gemeinsam und wo auch die Phanerogamen sehr ähnlich sind. Ed. v. Martens zählt 69 Arten, welche aus der polaren Zone nach den nördlichen, und 27, welche bis nach den südlichen Vereinigten Staaten hinabgehen. — Endlich erstreckt sich über den ganzen Rücken Amerikas durch die Schneegebirge Mexikos und der Anden bis Patagonien und den Falklandsinseln ein Strich stellvertretender und einzelner gleicher

Les nouvelles routes

dans les

Alpes suisses.

Par *E. Cuenod.*

Tandis que l'importante question de la traversée des
Alpes par un chemin de fer fait le sujet des préoccupations
de nombre d'hommes d'état, d'industriels et de commerçants,
tant en Suisse qu'à l'étranger, des travaux moins grandioses
se poursuivent depuis quelques années au sein de nos montagnes et ouvrent à la circulation des contrées jusqu'ici
complètement privées des avantages des routes carrossables.

Les premières chaussées établies à travers les Alpes ne
datent, on le sait, que du commencement de ce siècle. En ordon-
nant la construction de la route du Simplon, Napoléon inau-
gura la série de ces grands travaux qui ont rendu et rendent
tous les jours au commerce des services bien plus grands que
ceux que l'Empereur espérait obtenir de la première route militaire à travers les Alpes. Le Simplon terminé, l'on vit
entreprendre successivement les belles routes du Splugen, du

St. Gothard, du Bernhardin, du Julier et du Maloja, grâce
auxquelles les rapports commerciaux entre l'Italie et le Nord
de l'Europe ont pu prendre un si grand développement. Mais
quoique franchissant cinq passages des Alpes suisses, ces
routes ne desservaient notre pays que bien imparfaitement.
En effet, la seule qui aboutisse au coeur de la Suisse,
le St.-Gothard, était restée inachevée, s'arrêtant à Fluelen
devant les rochers de l'Axen et obligeant voyageurs et
marchandises à emprunter la voie du lac pour pénétrer
plus avant dans l'intérieur du pays. Quant aux autres, elles
pouvaient aboutir, l'une (le Simplon) au lac Léman, et les
trois passages grisons (réunis à Coire), au lac de Constance,
sans toucher à la plaine entre le Jura et les Alpes.

Aucune route secondaire, parallèle à la chaîne des
Alpes, ne reliait entr'elles ces grandes artères commerciales
et ne venait neutraliser ainsi l'effet fâcheux pour la défense
de la Suisse de ces cinq ouvertures pratiquées dans nôtre
rempart du Sud; de sorte que dans les cantons alpestres
dotés de ces grandes routes les contrées qu'elles parcouraient
profitaient seules directement des avantages des voies
carrossables. Les vallées latérales en étaient complètement
privées. Mais malgré l'utilité évidente de ces routes secondaires il s'écoula, depuis l'établissement des grandes artères,
bien des années avant qu'il fut question de leur relier les
vallées latérales dont les populations ont d'ailleurs toujours
été peu favorables, lorsqu'elles n'étaient pas hostiles, à ces
innovations.

Outre ce dernier motif et la faible importance commerciale de leurs districts montagneux, les efforts considérables
faits par les cantons pour l'établissement des grandes routes
exigeaient d'ailleurs un temps d'arrêt avant d'entreprendre
de nouveaux travaux dont l'utilité eût été, surtout alors, peu

Kern von Alpengranit, der zu der grössten vom Gebirge
erreichten Höhe aufsteigt. Auf beiden Seiten, in grösserer
Mächtigkeit auf der Westseite, folgen die gegen diese Kern-
masse einfallenden Gneisse und krystallinischen Schiefer und
am Fuss der Gruppe die schwarzen Schiefer und Kalksteine.

Schon in den nahen Aiguilles Rouges zeigt sich eine
auffallende Abweichung von diesem Gebirgsbau. Zwar ist
auch hier der Granit mehr nach der Ostseite hingedrängt,
und die krystallinischen Schiefer bilden, wie am Montblanc,
eine breite Zone auf der Westseite. Allein, die höhern
Gipfel der Gruppe gehören selbst auch diesen krystallinischen
Schiefern und Gneissen an, und der Granitkern, wenn von
einem solchen die Rede sein kann, erscheint nur am Fuss des
Gebirges, bei Valorsine, in den bauchigen Massen, die sich
gangartig in den aufgesetzten krystallinischen Schiefer ver-
zweigen, und bei Chamounix in vertical stehenden Tafeln.

Grösser noch ist die Abweichung von dem Typus des
Montblanc in der Centralmasse der Berneralpen. Statt
eines mittleren Granitkerns, finden wir hier eine breite Zone
dunkler krystallinischer Schiefer und Hornblendgesteine,
welche, mit meist verticaler Schieferung, die Gruppe von
ihrem südwestlichen Ende, bei Gampel, am Ausgang des
Lötschthales, nach ihrer ganzen Erstreckung bis an den
Tödi mitten durchzieht, und auf beiden Seiten von granitischen
Steinarten begrenzt wird, oder auch, wie bei Valorsine, denselben als eine mächtige Decke aufgesetzt ist. Die Breite
dieser Zone ist, je nach der Lagerung ihrer Schiefer zu den
angrenzenden Steinarten, ungleich, mag aber im Mittel
wohl eine schweizerische Wegstunde betragen.

Wenn man von Gampel nach dem Lötschthale ansteigt,
sieht man zur Rechten, bis zur Kapelle von Goppenstein,
die Durchschnitte steil südlich fallender Hornblendgneisse,

mit Drusen von Bergkrystall und Chlorit und, durch zersetzte
Schwefelkiese oft mit braunrother Kruste überzogen. Im
Lötschthale selbst zeigt sich die Zone, über der Holzgrenze
der südlichen Thalwand, als ein mehrere hundert Fuss hoher
Absturz braunrother Steinarten, deren Trümmer, am Fuss
der Felsen, aus Hornblendgesteinen, Serpentin und Topfstein
bestehen. Dass das grosse Aletschhorn, auf seiner aus
Granit bestehenden Hauptmasse, eine Kuppe von Hornblend-
fels trägt, haben wir, im letzten Jahrbuch des Alpenclubs, durch
Herrn E. von Fellenberg erfahren. Es ist ein Vorkommen,
das an Valorsine, oder an die Kuppe von Kalkstein auf dem
Gipfel der Aiguilles Rouges erinnert und scheint die südliche
Grenze dieser dunkeln Gesteine zu bezeichnen; denn weiter
nördlich, am Grünhorn, an den Viescherhörnern und
am Finsteraarhorn scheinen dieselben, in grösserer Verbreitung, bis an den Fuss der Gebirge anzuhalten und unter
die Gletscherbedeckung niederzusteigen. Auf dem Unteraargletscher ist öfters schon auf den Gegensatz der Steinarten in beiden Hälften der grossen Mittelmoräne hingewiesen
worden. Die südlicher, aus Finsteraar herstammende Seite
enthält vorherrschend Blöcke von weissem Granit und Gneis,
die nördliche, die sich von Lauteraar her mit jener am Abschwung vereinigt, führt dunkle Trümmer, die der Dolerin-
und Hornblendzone angehören. Dieselben Steinarten, in
welche, von Mittag her, der Granit mehrfach gangartig eindringt, bilden den Gauligrat und wahrscheinlich auch,
wenn man der rothbraunen Farbe der Felsen vertrauen darf,
das Hohritzlihorn und Stampfhorn. Auf der rechten
Seite des Aarthales, auf Schallaui oberhalb Guttannen,
wurde früher, hoch über dem Thalgrund, in dieser Schieferzone
Topfstein gebrochen, und in der Nähe, auf Rothlaui, findet
man die ausgezeichneten, in Bergflachs eingewickelten Kry-

en même temps une communication directe entre ces cantons; on reliait à la route du St. Gotthard, celles du Simplon, du Splugen et des autres passages grisons; on créait en un mot une grande ligne carrossable entre Sion et Coire, espèce de chemin couvert recevant sur son parcours le débouché de tous les passages principaux des Alpes, par lesquels une armée suisse opérerait ses sorties quand elle serait appelée à défendre cette partie de nos frontières. Ce qui précède expliquera suffisamment pourquoi le Valais a dû être relié au centre du pays par la Furka et non par le col du Grimsel quoique celui-ci soit d'environ 300 mètres moins élevé.

L'exécution des deux routes de la Furka et de l'Oberalp devait donc avoir lieu simultanément, car elles sont le complément l'une de l'autre. Mais leur construction, en augmentant l'importance de la route qui descend la vallée de la Reuss, obligeait à faire disparaître la solution de continuité entre Fluelen et Brunnen, en ouvrant aux voitures le défilé au pied de l'Axenberg, jusqu'ici impraticable même aux piétons. Telle est la solidarité qui existe entre les trois routes du réseau militaire.

Route de l'Axen.

Cette route s'étend entre les villages de Fluelen et de Brunnen, sur la rive orientale du bassin supérieur du lac des quatre cantons, la partie la plus pittoresque de ce beau lac. Les rochers à pic qui l'encadrent des deux côtés avaient jusqu'ici formé une barrière infranchissable entre les cantons de Schwitz et d'Uri qui de tout temps ne pouvaient communiquer entr'eux qu'en bateau. Lorsque ce dernier canton eut achevé sa portion de la route du St. Gotthard, l'idée de la continuer jusqu'à Brunnen surgit naturellement au sein du peuple et du gouvernement d'Uri, malgré les difficultés qu'y opposait la nature. Dès 1837 des ingénieurs furent donc chargés d'étudier un tracé suivant horizontalement la rive entre Fluelen et Brunnen. Ce premier projet étant d'un coût trop élevé, Monsieur l'ingénieur Muller. d'Altorf, en étudia en 1838 un second qui passait à une hauteur beaucoup plus grande au-dessus du lac. C'est celui qui sauf quelques modifications de détail, vient d'être exécuté dans ces deux dernières années. La route de l'Axen aurait été commencée à la suite de ces études sans la non-réussite de négociations entre les gouvernements d'Uri et de Schwitz, au sujet de leur participation aux frais. Ces deux cantons n'étant pas tombés d'accord, on dût renoncer à cette belle entreprise, ce qui se fit d'autant plus facilement, que dès lors la navigation à vapeur sur le lac des quatre cantons prit un développement qui facilita au-delà de toutes les prévisions les rapports entre les contrées riveraines. Mais lorsque la possibilité d'établir une communication par terre, praticable par tous les temps, vint de nouveau à surgir, grâce à l'intérêt qu'y portait la Confédération, les cantons de Schwitz et d'Uri saisirent avec empressement les moyens qu'elle leur fournissait dans ce but. Le canton d'Uri était d'autant plus intéressé à cette entreprise que jusqu'alors il pouvait se trouver des jours entiers privé de toute relation avec ses voisins, surtout au printemps, lorsque le Föhn rend le lac impraticable et que les neiges encombrent encore les passages des montagnes.

En donnant ici une description succinte du tracé de la route de l'Axen, je renoncerai à celle de tous les nombreux sites remarquables, les points de vue magnifiques, dont ces travaux grandioses ont ouvert l'accès jusqu'alors si difficile. L'ouverture de cette route va d'ailleurs, dès cet été, faire connaître des beautés dont je ne pourrais donner ici qu'une idée trop imparfaite.

Quoique reliant deux villages situés au bord du lac, la route de l'Axen n'a cependant pas été menée horizontalement le long de la rive. L'augmentation de dépense qu'aurait causé un semblable tracé eut été hors de proportion avec l'utilité commerciale d'une voie qui ne pouvait d'ailleurs pas lutter avec celle du lac. On n'a donc pas craint d'adopter un profil s'élévant, quoique avec des pentes fort modérées, à la hauteur nécessaire pour éviter, au moins en partie, les difficultés du terrain que rencontrait le tracé horizontal. Le principal obstacle était la paroi à pic, de plusieurs centaines de pieds de hauteur, formée par les rochers de l'Axen. La traversée de cette paroi exigeait d'après le projet horizontal une galerie dans le roc d'environ 600 mètres de longueur; à la hauteur où passe la route ce tunnel n'en a que le quart. Si ce passage a été le plus difficile, c'est aussi celui où la hardiesse du tracé, les beautés de la vue, l'effet imposant de ces rochers immenses, surplombant la route à des hauteurs prodigieuses, produiront désormais sur des milliers de voyageurs les impressions les plus saisissantes.

C'est par cette paroi que se termine brusquement l'Axenberg, sommet extrême de la chaîne qui sépare la vallée de Schächen de celle de Riemenstalden. Elle forme deux promontoires rocheux qui bornent la vue de Fluelen du côté du Nord. La galerie dans le roc, pratiquée à 250 pieds audessus du lac pour livrer passage à la route, est percée de deux grandes ouvertures latérales, à travers lesquelles s'offrent à la vue, dans un encadrement naturel, le petit village et les vergers de Bauen, sur la rive opposée. Au sortir du tunnel on passe sous des demi-galeries après lesquelles la vue s'ouvre du côté de Brunnen, dont les jolies habitations

s'aperçoivent au loin. C'est à juste titre que ce parcou
remarquablement pittoresque, à travers des rochers imposant»
et au milieu d'une nature si belle et si sauvage à la fois, »
donné son nom à toute la route, et c'est ici le moment d
nommer l'ingénieur, Mr. Muller d'Altorf, actuellement Land
ammann du canton d'Uri, auquel revient l'honneur d'avo˙
le premier, suspendu à des cordes, étudié le tracé dans
lieux dangereux. Après s'être élevée graduellement depuis
Fluelen par une pente d'un peu plus de 3%/o jusqu'à la hauteur des galeries de l'Axen, la route s'abaisse de nouvea
insensiblement à travers les prés escarpés qui dominent l
chapelle de Tell. Elle se développe ensuite dans une vall
formée par un torrent quelques fois redoutable et attein
après une nouvelle traversée de rochers, le petit village d
Sissikon, condamné jusqu'ici à l'isolement le plus comple
car, à peine sortie des vergers qui l'entourent, la route re»
contre de nouveau des parois abruptes, au bas˙ desquell
l'on eût vainement cherché à longer à pied ces rives sauvage
Au-delà de Sissikon la chaussée gagne le bord du lac qu'ell
suit, après le tunnel du Schieferneck, en quai au pied d'˙˙
menses rochers calcaires. Puis elle contourne le promonto
de Ort en se relevant pour gagner après un long parcou
horizontal le sommet des rochers de la Wasifluh, d'où e
redescend enfin˙ sur Brunnen. Ce dernier parcours, où tou
la largeur de la chaussée a dû être profondément entaillée
daus un roc à pic, témoignera à jamais des travaux considérables qu'a exigé cette route. La place du port à Brunnen,
dont la vue bien connue est l'une des plus belles de la Suisse
primitive, termine heureusement la série des aspects que
l'on découvre à chaque pas dans le tracé dont je viens d'esquisser les traits principaux.

La longueur de la route est de 12 kilomêtres. Son

Thäler, einzelne Kämme gebunden und kommen sonst nirgends vor. So ist die Campanula excisa Schl. auf unsere Rosathäler, und die Wulfenia auf die einzige Kühweger Alp in Kärnthen beschränkt. Diese Erscheinung nimmt zu, je weiter wir nach Süden und Osten gehen, und erreicht in der Gebirgswelt Asiens ihr Maximum. Jeder neue Bergrücken hat hier seine specielle und eigenthümliche Flora. (Der Bulghar Dagh allein hat zum Beispiel nach Kotschy in seiner Hochregion über 5000 Fuss 70 ihm eigenthümliche Arten.). Die entgegengesetzte Wahrnehmung machen wir, je weiter wir gegen den Pol vorrücken; hier tritt auf einem Raum, der in den Alpen einen Reichthum verschiedener Arten bieten würde, eine grosse Monotonie, eine sehr geringe Artenzahl auf.

Anderseits bemerken wir in den Alpen, sobald wir die Buschzone hinter uns haben, nirgends mehr gesellschaftliche Arten, wie sie im Tiefland in compacten Massen ganze Bezirke überdecken und daselbst ausschliesslich herrschen. Vielmehr besteht in den Hochalpen eine bunte Mischung einzelner Individuen verschiedener Art und viele Arten finden sich nur in wenigen Exemplaren weit über den Bezirk ihres Vorkommens hin zerstreut.

Diese beiden Erscheinungen: Kleine Verbreitungsbezirke und Vereinzelung innerhalb dieser Bezirke mögen zum Theil mit der verringerten Fortpflanzungsfähigkeit durch Samen zusammenhängen. Beide sind aber auch wieder Belege für die Annahme, dass die Alpenflora aus einzelnen Trümmern einer einst zusammenhängenden Decke besteht. Die Abnahme der Artenzahl bei Zunahme des Areals, die um so mehr hervortritt, je weiter wir uns von Südeuropa und den asiatischen Gebirgen nach dem Pol zu entfernen, weist darauf hin, dass von Mittel-Asien aus, wie

24*

die gesammte heutige Lebenswelt, so auch deren Vorläufer: die
Alpenflora, nach Europa eingewandert ist, wobei natürlich auf
dem langen Weg die entfernte Peripherie weder, die Mannigfaltigkeit noch den Reichthum des Centrums erhalten konnte.

Was nun noch die Vertheilung der Alpenpflanzen in
unserem s c h w e i z e r i s c h e n Hochgebirg betrifft, so
bemerken wir schon auf dieser mässigen Strecke, dass
solche durchaus nicht gleichförmig über den Raum hin
verbreitet sind. Es giebt artenreichere und artenärmere
Districte, welche ersteren durchaus nicht etwa mit den
üppig bewachsenen, letztere mit den sterilen zusammenfallen.
Zu den erstern gehört vor allem der Monte Rosa und seine
Umgebung, und in schwächerem Maasse das Wallis überhaupt. Eine ganze Anzahl von Arten, deren Centrum in
Dauphiné und Piemont liegt, rückt bis ins Wallis vor, mischt
sich hier mit den Arten der mittleren Schweizeralpen, und
erreicht am Rosa ihre Ostgrenze, (Potentilla multifida L,
Oxytropis cyanea Gaud. und foetida Vill, Silene Va-
lesia L. Colchicum alpinum DC. Alyssum alpestre L.,
Androsace carnea L., Senecio uniflorus All. etc.). Es
hängt dies zusammen mit der climatischen Uebereinstimmung dieser Gebiete: Wallis hat durchaus das Sommerclima des weiteren Südwestens, eine mächtig entwickelte
Thalsohle, welche wie ein Trockenofen auf die Berge
ringsum wirkt, daher eine beständigere und längere
Wärmeperiode und weniger Regen als sonst in den Alpen
irgendwo, und eine höchst gesteigerte Insolation. Dass
aber auch hier historische Ursachen mitwirken, ist kaum
zweifelhaft. — Viel ärmer an Arten sind bei sehr üppiger
Vegetation unsere mittleren Alpen, die Beneralpen, der
nördliche Theil des Gotthardtstocks, die vorderen Bündner-
alpen und noch mehr die nördlich vorgelagerten Ketten

Dagegen nimmt der Reichthum an Arten wieder wesentlich zu auf der Südseite des Gotthardts und mehr noch im Engadin. Hier treten wieder viele seit Wallis nicht mehr beobachtete westliche Arten auf und haben da ihre letzte Ostgrenze. (Z. B. Cacalia leucophylla Wlld. Scirpus alpinus Schl., Oxytropis lapponica Gd., Alsine biflora Wahlenb., Geranium aconitifolium L'Her. etc.). Dazu kommen aber mehrere östliche Arten, die weiter nach Tyrol hinein häufiger sind und im Engadin ihre Westgrenze finden (z. B. Pedicularis Jacquini Kch. und asplenifolia Fl., Primula glutinosa Wulf. u. oenensis Thom. Valeriana supina L., Crepis Jacquini Tausch, Dianthus glacialis Hnke. Senecio abrotanifolius Hppe. etc.) Diese Erscheinung ist, abgesehen von den historischen Ursachen, wieder zu erklären aus der Thalbildung und zugleich aus der in den Alpen einzig dastehenden Massenerhebung des Engadin, welche ein ähnliches Sommerclima hervorrufen wie das der penninischen Alpen. Es ist merkwürdig, dass gerade in diesen trockeneren südwestlichen und Engadineralpen auch die meisten mit der arctischen Flora gemeinsamen Arten vorkommen, (z. B. Juncus arcticus L., Tofjeldia borealis Wahlenb., Linnea borealis L., Oxytropis lapponica Gd., Alsine biflora Wahlenb., Salix glauca L., Potentilla multifida L. etc.), während diese um so seltener sind, je weiter wir uns in die feuchteren und kühleren Voralpen entfernen. Die schon so oft genannten historischen Ursachen vorbehalten*), erklärt sich auch dies

---

*) Heer stützt auf das Vorkommen mehrerer nordischer Arten in Graubünden die Vermuthung, dass die Alpenflora aus Lappland (also nicht von Ost) in unsere Gebirge möge eingewandert sein. Da von den grossen Gletschern der Eiszeit einzig der aus Bündten herablaufende (der sogen. Rhein-Gletscher) nach Deutschland hinausreichte, so konnten — glaubt Heer — gerade in Bündten leichter nordische

zum Theil aus dem Clima, denn die arctischen Länder haben einen durch ihren langen Sommertag bedingten sehr heissen Sommer mit wenigem Regen. —

Wollten wir nach dem Gesagten die Vertheilung der Alpenpflanzenarten in der Schweiz graphisch darstellen, so würden von Südwest nach Südost 2 dunkle, d. h. artenreiche Streifen gegen ein helleres, artenärmeres Centrum: den St. Gotthardt, vorrücken, und sich in einen noch blassern nördlichen Saum verlieren.

Doch ist nicht zu übersehen, dass die Voralpen trotz ihrer grössern Armuth an Arten manche, den Centralalpen abgehende Pflanze besitzen. So ist Pedicularis Barrelieri Rb., Oxytropis Halleri Bunge, Eryngium alpinum L., Draba incana L. der Kette zwischen Waadt, Freiburg und Bern, Pedicularis versicolor Wahlb., der ganzen nördlichen Alpenkette eigenthümlich; der gelbe Alpenmohn Papaver pyrenaicum Willd. der Centralalpen wird in den Voralpen ersetzt durch den stellvertretenden weissen Papaver alpinum Jacq. Näher einzugehen auf die Einzelnheiten aller dieser Verbreitungsverhältnisse wäre nun eine der schönsten und resultatreichsten Arbeiten, würde jedoch den dieser Uebersicht gezogenen Rahmen weit überschreiten.

Auf einen Punkt möchte ich jedoch noch eintreten, da er gerade gegenwärtig viel besprochen wird, auf den Einfluss der chemisch-mineralogischen Beschaffenheit des Bodens auf die Vegetation. Man hat eine Zeitlang geglaubt, und hat es sogar in Floren streng durchgeführt, dass die meisten

---

Pflanzen einwandern als sonstwo. Dem steht jedoch entgegen, dass über die ganze Alpenkette hin sporadisch Stellen sich finden, wo mehrere arctische Arten beisammen vorkommen (Mont Cenis, Zermatt, Grossglockner), ohne dass solche Stellen nach Norden bis in die Ebene hinaus durch Thäler geöffnet sind.

Haut-Valais. Jusqu'en 1860 ce chemin s'arrêtait au-dessus de Viesch et ce ne fut qu'en Juillet 1861 que les premières voitures parurent à Oberwald, village le plus élevé de la vallée du Rhône.

C'est sur la proposition de Mr. le Colonel Aubert, faite en 1859 à la suite d'une reconnaissance militaire qu'il commanda, que le Département militaire fédéral décida, en 1860, d'examiner la possibilité de l'exécution d'une route par la Furka. Le Conseil fédéral, après avoir assuré l'exécution par le canton du Valais d'un chemin à voitures arrivant jusqu'au pied du passage, chargea son Département militaire de faire étudier par des officiers du Génie un tracé de route par le col de la Furka. Ces premières études furent faites dans l'été de 1860 et il en résulta un avant-projet avec devis, basé sur un tracé qui fut dès lors conservé dans ses traits généraux, savoir l'emplaiement des deux principaux groupes des lacets et le choix des plateaux élèves, de préférence aux thalwegs. Ceux-ci en effet, outre la mauvaise qualité de leurs terrains, présentent le grave inconvénient de rester encombrés des neiges accumulées par les avalanches, lorsque depuis longtemps le soleil et les vents en ont dépouillé les hauteurs exposées au midi. Les nouvelles opérations sur le terrain faites dans les campagnes de 1861, 1862 et 1863, tout en consacrant ces principes, eurent pour effet d'apporter sur l'un et l'autre versant du passage de notables améliorations au projet primitif. Ces études répétées étaient nécessaires pour déterminer sur un terrain aussi nouveau le meilleur tracé possible.

Les projets définitifs une fois adoptés par l'autorité fédérale, le travaux purent commencer: en 1863 sur Valais, en 1864 sur le canton d'Uri. La portion de route située sur ce dernier territoire traverse un terrain éminement favorable

28*

andere halten. In den Vogesen z. B. werden Saxifraga
Aizoon Jcq., Alchemilla alpina L., Anomene alpina L., und
narcissiflora L., Gentiana lutea L. als dem 'Granit eigene
Arten angesehen, während sie bei uns weit häufiger im Kalkgebirg auftreten. Schon der treffliche Wahlenberg hat
hierüber Belege gesammelt, De Candolle hat die Liste der
bisher nur auf Kalk bemerkten Arten bis auf 31, die der nur
auf Granit gesammelten bis auf 26 heruntergebracht. Er
bemerkt dabei mit Recht, dass bei der grossen Seltenheit der
meisten Nummern dieser Listen gar kein Schluss zulässig
sei; auch würde es uns nicht schwer sein, fernere Reductionen vorzunehmen. Dass es einige wenige Blüthenpflanzen
geben mag, die theils aus historischen Gründen, theils wirklich aus physikalisch-chemischen Ursachen durchaus und
überall nur auf einer ganz speciellen mineralischen Localität,
z. B. auf Granitgeschiebe, vorkommen, ist indess, obschon
noch nicht streng bewiesen, so doch möglich, denn eine Anzahl von Cryptogamen: Flechten, Moose und sogar Farren
(Asplenium, septentrionale L., Allosorus crispus Bernh.)
scheinen unabänderlich an bestimmte Gesteinsarten gebunden, — was auch bei diesen niedrigern Organismen und
bei ihrem innigern Anschluss an ihre Unterlage weniger
auffällt.

Zum Schluss unserer Arbeit werfen wir nun noch einen
Blick auf den Charakter der Alpenflora in Beziehung auf
ihre Zusammensetzung, auf die Gruppirung ihrer systema-
schen Bestandtheile, auf ihre Mischungsverhältnisse und
damit auf ihre Statistik.

Vor allem zeigt sich uns sofort, dass die Alpenflora
durchaus keine Analogie mehr hat mit ihrer Vorgängerin
der Molassenflora. Da ist nichts zu sehen von all den subtropischen Urwaldformen, nichts von Palmen, Lorbeeren oder

Proteaceen, nichts von irgend einer der vormaligen oder der jetzigen Typen der warmen Zone. Die Alpenflora bietet auch keine Art, welche man als reducirte Alpenform einer dieser subtropischen Typen ansehen könnte, keine verzwergte Palme, keine stengellose Laurinee oder dergleichen. Die Alpenflora zeigt, obwohl im Alter zwischen der Molassen- und der heutigen Ebenen-Flora gelegen, keine Fortentwicklung aus jener in diese, sondern hat im Ganzen durchaus den Charakter der letzteren. Sie beide zusammen bilden Eine Gruppe, die man die moderne vorderasiatische nennen kann, und die sich durch das Vorherrschen der Dolden und Cruciferen charakterisirt.

Vergleichen wir nun noch die beiden Glieder dieser Gruppe: unsere Alpen- und unsere Ebenenflora. In beiden herrschen, wie bekannt, die Synanthereen weit vor; doch während in der schweizerischen Ebene deren 166 auf 1578 Blüthenpflanzen vorkommen, ihr Verhältniss also $10,5\%$ ist, so steigt es in den Alpen bis zu $17,8\%$ (genau 80 : 449). Dies Ueberwiegen der Synanthereen um mehr als 7% ist ein Hauptunterschied beider Floren und ist für die Alpenflora um so charakteristischer, als die verwandte polare Flora deren nur 7% (29 Arten auf 422) besitzt. — Es folgen die Saxifragen, die in den Alpen volle 7% (21 Arten) in der Ebene nur $0,6\%$ (9 Arten), in der arctischen Zone nur $3,5\%$ ausmachen. Die übrigen, in der Ebene zurücktretenden Alpenfamilien folgen hier tabellarisch in ihrer Reihenfolge:

	Alpenfl.		Ebenenfl.	
	%	Artenzahl.	%	Artenzahl.
Primulaceen	4_7	21	1_1	17
Gentianeen	3_3	15	0_7	11

verlegt wird, hatte sich in den wissenschaftlichen Kreisen
von Zürich die Frage aufgeworfen, was denn eigentlich
geschehen werde, wenn der Föhn eines Tages ausbleiben
sollte. Eine solche Frage unter Leuten wie Escher, Denzler,
Mousson, Wolf, Heer einmal angeregt, konnte nicht ohne
Lösung bleiben. Es musste sich als nächstes Resultat ein
weit geringeres Schmelzen und als Folge dessen ein verhält-
nissmässiges Anwachsen der Schneemassen auf den Alpen
ergeben, da bekanntlich der Föhn alljährlich in sehr kurzer
Zeit bedeutende Massen von Schnee aufzehrt, wesshalb er
von den Aelplern als Schneefresser bezeichnet wird.
Daher auch das Sprüchwort:

> „Der lieb' Gott und die liebi Sunn
> chönnet's nüt, wenn der Föhn nit hilft."

Mit dem Verschwinden der Wüste würde dieser mächtige
Einfluss, den der afrikanische Continent auf unsere Berge
übt, wenn nicht aufgehoben, doch wesentlich verändert
werden. Und wenn gar die Sahara sich in ein Binnenmeer
umwandelte, so würde an die Stelle des trocknen Föhns ein
feuchter Wind treten. Dieser müsste als Tropenwind ebenfalls warm sein, würde aber zugleich eine bedeutende Menge
von Feuchtigkeit mit sich führen, die sich beim Anprallen
an die kalten Zinnen der Alpen niederschlagen und auf diese
Weise die Schneemasse wirklich vermehren würde.

Somit würde die Besitznahme der Sahara durch das
Meer in doppelter Weise zum Anwachsen der Schneemassen
in den Alpen beitragen, indirect durch das Ausbleiben des
Föhns, und direct durch das Auftreten eines feuchten
Windes an seiner Statt.

Noch kennen wir nicht hinlänglich die Beziehungen der
Niederschläge zu den herrschenden Winden, um voraussagen
zu können, wie viel die Firnmassen der Alpen unter solchen

Umständen zunehmen würden. Es ist diess eine Aufgabe, welche die schweizerische meteorologische Commission ohne Zweifel sich stellen und wohl auch mit der Zeit lösen wird. Einstweilen lässt sich annehmen, dass die Zunahme keine unbedeutende sein dürfte, indem zu den, rein meteorologischen Einflüssen sich auch noch andere Anlässe zur Vermehrung der Gletscher zugesellen würden. Wir haben anderwärts auf den Einfluss der Thalbildung in den Alpen hingewiesen. Es lässt sich nehmlich eine directe Beziehung zwischen der Ausdehnung der grossen Alpen-Gletscher und ihren obern Thalbehältern oder Bassins nachweisen. Der grosse Aletschgletscher, der Unter-Aar, der Rhone-Gletscher, die Mer de glace oder glacier du Bois steigen nur desshalb so tief herab, weil sie die Ausläufer von gewaltigen Behältern in den höhern Regionen sind. Neben denselben trifft man aber in den Alpen nicht selten grosse, circusartige Erweiterungen und breite Joche, die sich alljährlich noch ihres Schnees zu entledigen vermögen, besonders auf dem Südabhange der Kette, so z. B. der Circus des Monteleone, derjenige von Dever, ein ähnlicher, obgleich nicht so grosser am Mont Cenis südlich vom Pass, und unter den Jochen, der Bernina, der Gotthard, der Simplon, alle an der Grenze der Schneeschmelze gelegen. Mit Noth gelingt es der Sommerwärme, dieselben alljährlich auf einige Monate von Schnee zu befreien., Sollte aber durch irgend eine Ursache die Schmelzkraft des Sommers sich vermindern, so würde der Winterschnee in den Kesseln ausharren, die Niederschläge des folgenden Jahres würden sich zum alten Schnee gesellen und auf diese Weise ein Firnfeld erzeugen, aus dem sich bald ein Gletscher als Ausläufer entwickeln würde, dessen Länge im Verhältniss wäre zu der Ausdehnung und Mächtigkeit des Firnfeldes. Eine solche Erscheinung könnte möglicher

bientôt, en longeant les flancs de la vallée, le petit village
de Tschamuot, situé sur un promontoire d'où la vue découvre
quelques échappées de la vallée du Rhin. Au sortir de
Tschamuot nous suivons, à une grande hauteur au-dessus du
fleuve naissant, des pentes escarpées, autrefois boisées, dont
la nudité actuelle expose chaque année au danger des avalanches le pauvre village de Selva que, vu sa position, la
route a dû laisser à l'écart. Celle-ci en effet suit inflexi-
blement une pente uniforme de Tschamuot à Sta. Brida
petite chapelle à l'entrée d'une gorge boisée au sortir de
laquelle s'ouvre le beau bassin du val de Tavetsch, dont la
culture surprend agréablement le voyageur qui a parcouru la vallée d'Urseren. La nouvelle route traverse ensuite une plaine
coupée sur quelques points par les lits encaissés de torrents
descendants des montagnes au Nord, et relie ainsi entr'eux
les villages de Rueras, Camischolas et Sedrun. C'est à
l'entrée de cette dernière localité que le torrent du même
nom est franchi par le pont de 12 mêtres d'ouverture qui
est l'ouvrage d'art le plus important de toute la route. Passé
Sedrun la vallée du Rhin est de nouveau reserrée entre des
pentes plus abruptes, de sorte qu'après le passage du val
Bugnei le chemin traverse un nouveau défilé qui débouche
au pied de Mompe Tavetsch dans la riante vallée de Dissentis. Ce bassin tout semblable à celui de Tavetsch, est traversé par les torrents de Clavanieff, Acletta et Cuoz, dont
les vastes sillons vont joindre leurs eaux à celles du Rhin,
après avoir déchiré les terrains fertiles qui s'étendent au
pied des monts. La route de l'Oberalp franchit donc encore
trois ponts avant de se souder à Dissentis au chemin carrossable qui arriva en 1856 pour la première fois jusque
sous les murs de l'antique Abbaye. On ne pensait pas alors
qu'il ne s'écoulerait pas dix ans avant que cette route fût

continuée par le col de l'Oberalp jusque dans la vallée d'Urseren.

C'est cependant ce qui a eu lieu, grâce à l'intérêt militaire que la Confédération suisse a attaché à cette entreprise en en faisant le complément nécessaire de l'ouverture du passage de la Furka. Votés par l'Assemblée fédérale en 1861 les travaux furent entrepris dans l'été de 1862, d'abord sur le parcours de Dissentis à la chapelle de Sta. Brida, le pied du passage proprement dit. La campagne de 1863 vit achever ce tronçon et commencer celui compris entre Sta. Brida et Andermatt. Enfin en 1864, malgré un été peu favorable aux travaux dans les régions élevées, ceux - ci furent terminés de manière à permettre aux voitures de circuler dès l'automne sur toute la ligne. Le tronçon à la charge d'Uri dont l'exécution n'offrait, comme nous l'avons vu, aucune difficulté n'a exigé en 1863 et 1864 que neuf mois de travail, et la section grisonne, d'une longueur double, comprenant des ouvrages d'art d'une certaine importance, a pu être achevée dans trois étés seulement. C'est donc dans un espace de temps relativement court que ces 31 kilomètres de route ont pu être exécutés. La dépense totale s'élève à environ 500,000 francs.

Cette nouvelle voie ouverte à la circulation sera appelée pendant la saison d'été à rendre au commerce plus de services que l'on ne s'en était promis à l'origine. Par elle les populations de la partie supérieure de l'Oberland grison se trouveront plus rapprochées d'une route commerciale, et les marchandises dont ils ont besoin pourront désormais leur arriver plus facilement que de Reichenau, sur la route du Splugen. Le mode d'exécution de cette nouvelle artère y rendra d'ailleurs les transports plus faciles que sur la route du St. Gothard et tous les voyageurs qui, après avoir remonté

la vallée de la Reuss, passeront dans les Grisons par le col
de l'Oberalp, reconnaîtront bientôt à la régularité des pentes
et du tracé les progrès faits depuis trente ans dans la construction des routes.

Réseau grison.

La route militaire de l'Oberalp vient de nous conduire
tout naturellement dans le grand canton où s'exécute le
second réseau que je me propose de décrire. Mais auparavant
il importe de faire connaître l'état antérieur des communications dans ce pays montagneux et d'en donner en abrégé
la description géographique, afin d'orienter le lecteur dans ce
labyrinthe de montagnes et de vállées qui constitue une si
grande partie des Alpes suisses. Les premières fois que
l'on jette les yeux sur une carte du canton des Grisons on a
en effet de la peine à découvrir dès l'abord, comme cela est
aisé pour le Valais, les rapports qui existent entre les différentes parties du pays. Au lieu d'une seule vallée principale
dans laquelle viennent déboucher du Nord et du Sud une
série de vallées secondaires, on remarque dans les Grisons
des chaînes de montagnes courant dans toutes les directions
et déversant leurs eaux dans les bassins de trois mers bien
distinctes. La plus grande partie se dirige par le Rhin vers
la mer du Nord; à l'Est l'Inn porte à la mer Noire les eaux
de l'Engadine; enfin c'est vers l'Adriatique que coulent les
rivières des vallées méridionales. Divisée entre ces trois
bassins, l'étude géographique du territoire grison en devient
plus facile.

Commençons par le plus étendu des trois: le bassin

de la Mer du Nord, qui comprend les vallées des deux Rhins et de leurs affluents.

La vallée principale est celle du Rhin antérieur que nous considérerons comme se prolongeant au-delà du confluent de Reichenau, jusqu'au point où le fleuve quitte, sous les rochers du Flaeschberg, le territoire du canton. Du pied du Six Madun où il prend naissance le Rhin se grossit, en coulant vers l'Orient, de tous les affluents des vallées latérales de l'Oberland grison; les cours d'eau les plus forts sont ceux du Lugnetz, de Vals et de Savien. Dans le coude que forme le fleuve près de Coire il reçoit la Plessur qui recueille, au sortir des gorges du Schanfigg, la Rabiosa, originaire des hauteurs du Parpan. Enfin au-dessus du pont qui conduit à Ragatz (Tardisbrücke), la Landquart débouche du Prättigau pour apporter au Rhin le dernier tribut des montagnes grisonnes.

Retournons maintenant à Reichenau et, après y avoir observé en passant les deux courants contraires que forme sous le pont supérieur le confluent des deux Rhins, remontons la riche vallée du Domleschg aux vieux manoirs, restes du moyen-âge, aux nombreux villages qui se cachent au milieu des vergers et d'une culture jouissant des faveurs d'un climat privilégié. Après Thusis entrons dans les célèbres gorges de la Via mala où la route du Splugen, entaillée dans les flancs de ses rochers immenses, semble prendre plaisir à sauter hardiment, au-dessus des précipices, d'une paroi à l'autre. Une vallée plus large s'ouvre ensuite à nos yeux: c'est la vallée de Schams; là le Rhin se repose des nombreuses chûtes qu'il vient de faire dans les gorges de la Rofla; puis si nous traversons ce nouveau défilé nous arrivons, au pied des passages du Splugen et du Bernhardin, dans la vallée de

Rheinwald au fond de laquelle le glacier de Zapport donne
naissance au Rhin postérieur.

Les deux principaux affluents de cette branche du Rhin
sont sur sa rive droite. C'est d'abord, dans la Rofla, le Rhin
d'Avers, sortant des sombres gorges de Canicul; puis, en
aval de Thusis, l'important cours d'eau de l'Albula. L'Albula
prend sa source près du sommet du col qui lui donne son nom et
reçoit en aval du pont de Filisur les eaux que lui envoie la vallée
de Davos. Enfin à Tiefenkasten il s'associe au Rhin du
Oberhalbstein et se précipite à travers les gorges profondes
du Schyn dans la plaine du Domleschg.

Le bassin de la Mer noire, beaucoup moins étendu,
est limité dans les Grisons par les deux chaînes principales
qui courent, du Sud-Ouest au Nord-Est, entre le Bergell et
le Tyrol. Ce bassin est formé par la vallée de l'Inn, cette
Engadine maintenant si connue par les eaux minérales de
St. Moritz et de Tarasp. La rivière qui l'arrose et qui y
prend naissance est la seule qui porte à la Meer noire le
produit des glaciers de la Suisse. Sa source est ce collier
d'émeraudes que forment les jolis lacs de Sils, Silvaplana,
Campfer et St. Moritz reposant tranquillement à 6000 pieds au-
dessus de la mer, au pied de belles forêts où le frais feuillage du
mélèze se mélange aux teintes plus sombres des sapins. Les
beautés pittoresques de ce coin de pays sont trop remarquables pour que dans cette revue rapide nous ne fassions pas
mention en passant de la position charmante de Silvaplana
et de sa presqu'île, vues des hauteurs de la route du Julier:
puis St. Moritz sur sa rive élevée; plus loin, dans la plaine,
les jolies maisons de Cresta et Cellerina et cette vieille église
sur une colline isolée; puis là bas, sur la droite, Pontresina
contemplant ses glaciers; enfin dans le lointain de nombreux

villages dont les maisons blanches animent et décorent cette haute vallée.

L'Inn reçoit du Nord comme du Sud de nombreux affluents ; la plupart débouchant de vallées latérales peu étendues n'apportent pas au fleuve de forts volumes d'eau ; les deux seules rivières de quelque importance sont : le Flatz, qui des hauteurs du Beruina descend vers Samaden, et la Spöl, originaire de la vallée lombarde de Livigno, qui se jette dans l'Inn près du pont de Zernetz.

Laissant l'Inn franchir à Martinsbruck la frontière de la Suisse, passons en revue les rivières des vallées méridionales qui appartiennent au bassin de l'Adriatique.

C'est d'abord le Rammbach, illustre depuis le combat de Tauffers en 1799, qui amène à l'Adige les eaux de la vallée de Münster, au Sud-Est de Zernetz. Puis le Poschiavino qui decend du col du Bernina, arrose la fertile vallée de Poschiavo, y forme le petit lac de Le-Prese et va se joindre à l'Adda, en aval de Tirano. Ensuite vient la Maira qui de son cours rapide traverse le Bergell (val Bregaglia), se tourne vers le Sud aux abords de Clèves (Chiavenna) et porte enfin au lac de Mezzola ses eaux torrentueuses. Enfin nous nommerons la Moesa, originaire des sommets du Bernhardin, coulant du Nord au Sud dans l'étroit Mesocco séparé du Val Calanca par une chaîne abrupte comme la chaîne parallèle qui forme à l'Orient la limite entre la Suisse et la vallée lombarde de St. Giacomo, traversée par la belle route du Splügen. Jointe près de Roveredo à la Calancasca, la Moesa se tourne vers l'Ouest pour aller grossir le Tessin dans les champs d'Arbedo, illustrés par l'histoire.

Après avoir ainsi parcouru à grands pas les contrées si diverses de l'ancienne Rhétie, voyons quels sont les moyens de communication qui ont existé entr'elles depuis l'ouverture des premières chaussées jusqu' au moment où le nouveau réseau y a été entrepris.

Ce fut en 1824 que le canton des Grisons acheva sa première voie carrossable, celle du Bernhardin avec le tronçon jusqu'au sommet du Splügen. De 1835 à 1839 il en établit une seconde, celle du Julier, destinée à fournir à l'Engadine une communication plus facile avec Coire et par le Maloja un débouché sur Cléves. Ces routes sont d'une haute importance pour le commerce entre l'Allemagne et l'Italie, car elles franchissent des passages qui viennent aboutir à deux grands lacs: les lacs Majeur et de Côme, dont l'extrémité supérieure baigne le pied des Alpes, tandis que de l'autre ils touchent aux plaines du Piémont et de la Lombardie. La route du Bernhardin établit une communication directe entre le lac de Constance et le lac Majeur; sa construction formait la suite naturelle de la chaussée établie antérieurement par le Vorarlberg et aboutissant à Coire. Du chef-lieu du canton elle remonte les vallées du Rhin postérieur et va de l'autre côté du col du Bernhardin, en suivant la Moesa, se confondre avec la route du St. Gothard vers le pont voisin d'Arbedo, où celle-ci franchit la rivière. A Splügen un embranchement s'en détache vers le col de ce nom pour rejoindre la route autrichienne qui des bords du lac de Côme remonte la vallée de S. Giacomo. La chaussée du S. Bernhardin, large de 6 m. 20, traverse le canton sur une longueur de 118 kilomètres; son point culminant est à l'altitude de 2067 m. au-dessus de la mer. Les pentes varient ordinairement entre 7 et 8 % et sur quelques points de la Via mala elles atteignent exceptionellement 10, 11 et même 12 %. Les frais de construction de la route principale et du tronçon de 6 kilomètres de longueur jusqu'au sommet du Splugen se sont élevés à 3,027,000 francs en tout.

La seconde des routes cantonales est celle du Julier qui à partir de Coire se dirige immédiatement vers le Sud, sur l'Engadine, en dépit de la forte contrepente que nécessitent les hauteurs du Parpan et la traversée de l'Albula à Tiefenkasten. Cette localité est tellement encaissée que le pont sur l'Albula une fois franchi, l'on remonte aussitôt pour gagner la vallée élevée du Oberhalbstein d'où l'on atteint Bivio, point de bifurcation des chemins du Septimer et du Julier. Le premier de ces deux cols, autrefois fort fréquenté, dès les temps des Romains, est maintenant abandonné par la plupart des voyageurs qui lui préfèrent le Julier grâce à sa route et à la bonne réputation dont jouit le climat de ce passage et malgré son altitude de 2,287 mètres au-dessus de la mer. La descente sur le versant italien est interrompue entre Silvaplana et l'extrémité du lac de Sils par le parcours horizontal le long de ces rives jusqu'au bord de la descente de la Maloja. Une fois engagée dans le val Bregaglia, la route descend rapidement du seuil de l'Engadine à travers tous les degrés d'une végétation de plus en plus riche jusqu'à Clèves où elle rejoint la chaussée du Splügen, que nous avons laissée sur le sommet du passage. La route du Julier n'a qu'une largeur de 5 mètres et son développement total de Coire à Castasegna est de 103 kilomètres, dont les frais d'établissement se sont élevés à 1,230,000 francs.

C'est donc un total de 4 $^1/_4$ millions que la construction des principales artères commerciales a coûté au canton.

Mais cela ne pouvait pas suffire aux besoins que l'ouverture de ces premières voies faisait naître dans d'autres parties du pays. Les trois districts les plus importants quant à leur population: le Prättigau, l'Oberland et l'Engadine, voulurent au bout d'un certain temps être reliés aux routes commerciales pour tirer, eux aussi, des grandes artères in-

ternationales tous les avantages que leur passage par le canton des Grisons mettait à leur portée. C'est alors que com-
mença l'exécution du réseau secondaire dont les nouvelles
routes dans les Alpes grisonnes ne sont que l'extension et
le complément.

Dans l'année 1842 on entreprit les chemins à voitures
destinés à desservir le Prättigau et l'Oberland. Ils furent
continués par tronçons successifs remontant ces vallées: celui
du Prättigau jusqu'au village de Davos qu'il atteignit en
1860, celui de l'Oberland, jusqu'à Dissentis, en 1856. A
l'époque où ses routes furent décrétées les autorités du pays
ne purent malheureusement pas prévoir leur importance
future ni leur consacrer des sommes suffisantes, de sorte que
leur largeur totale fut fixée à 14 pieds à peine sur les pre-
miers parcours, dimension évidemment trop faible pour la
route de l'Oberland par exemple, maintenant qu'elle a été
continuée avec une largeur plus grande par le col de l'Oberalp. La route de l'Engadine fut executée entre Silvaplana
et Pontalla, extrémité inférieure de la Haute-Engadine, dans
les années 1845 et 1846; puis de 1852 à 1860 dès ce dernier
point jusqu'à Ardetz, dans la Basse-Engadine.

Ces trois routes secondaires d'un développement de
154 kilomètres coûtèrent à l'Etat 1,821,000 francs. Enfin
deux autres tronçons exécutés l'un pour la vallée de Poschiavo
l'autre pour celle de Bergün, réclamèrent encore du pays quelques sacrifices. La belle route du Bernina sur le parcours
compris entre Poschiavo et le Lac noir fut un pas important
pour rapprocher du centre du canton la vallée de Poschiavo
si éloignée des autres. Aux 292,000 francs qu'exigea ce
travail remarquable ajoutons les 14,000 francs de la petite
route de Tiefenkasten à Bergün et nous arriverons au chiffre
de plus de $2^1/_4$ millions dépensé par l'Etat des Grisons en

routes de 2e classe dans une période de 19 ans, de 1842
à 1860. Jointe aux dépenses faites pour les voies principales, cette somme donne donc un total de six millions et demi,
consacrés à des constructions de routes par un pays montagneux, sans aucune industrie. Ce chiffre témoigne suffisamment des efforts faits par le gouvernement et les populations
pour créer dans leur canton des communications faciles et
pour y développer les relations commerciales.

Mais les tronçons de routes que nous venons d'énumérer
s'arrêtaient presque tous au bout d'une vallée, au pied d'un
col, ou comme le Bernina au sommet du passage; ils laissaient
de la sorte l'oeuvre inachevée. Les nombreuses lacunes
qui subsistaient encore forçaient les voitures à faire de grands
détours pour se rendre d'une portion du pays dans une
autre parfois peu éloignée, et empêchaient les routes existan-
tes de rendre tous les services que l'on pouvait en attendre.
Mal reliées entr'elles ces contrées l'étaient encore bien moins
avec les pays voisins. Ainsi la Basse-Engadine, assu-
jettie pour se rendre à Coire à l'immense détour par Silvaplana, n'avait de communication avec le Tyrol que par un
chemin détestable. Poschiavo ne possédait du côté de la
Valtelline qu'une route asse zmauvaise, mais meilleure cependant que celle descendant du Lac noir à Samaden. Enfin
l'extrémité de l'Oberland grison restait tout à fait à l'écart
des chemins à voitures sans la route militaire dont nous
avons parlé. Le Schyn, puissante barrière entre les deux
vallées principales, forçait au grand détour par Coire et le
haut plateau du Parpan ceux qui voulaient se rendre en voiture
de Thusis à Tiefenkasten et dans l'Engadine C'est donc en
vue de combler ces diverses lacunes qu'a été combiné le
nouveau réseau grison que nous allons décrire.

Ces projets qui, comme nous l'avons vu, ne sont que

l'achèvement de celui qui a été commencé en 1842 et dont les travaux ont continué, sauf quelques interruptions, jusqu'en 1860, comprennent les routes suivantes:

1⁰ La route du Schyn: entre Tiefenkasten et Thusis.

2⁰ „ du Landwasser: entre Davos et le pont de Filisur.

3⁰ „ de l'Albula: entre Bergün èt Ponte, dans la Haute-Engadine.

4⁰ „ du Fluela: entre Davos et Sus, dans la Basse-Engadine.

5⁰ „ du Bernina: entre Samaden et Cellerina (Haute-Engadine) d'une part et le Lac noir d'autre, part ainsi que de Poschiavo à Campo-Cologno, frontière italienne.

6⁰ „ des Fours (Ofen): entre Zernetz et Munster, frontière autrichiennne,

7⁰ „ de la Basse-Engadine: entre Ardetz et Martinsbruck, limite du Tyrol.

Ce réseau occasionne au canton une nouvelle dépense d'environ trois millions de francs, dont la Confédération suisse a pris l'un à sa charge, à titre de subside. L'inspection de la carte suffit pour démontrer qu'en remplissant des lacunes signalées dans les voies de communication secondaires, on supprime les longs détours mentionnés plus haut et l'on favorise la défense du pays en cas de guerre. En effet, grâce à cette nouvelle entreprise les principales lignes d'opération militaires se trouveront pourvues sur toute leur longueur de chemins à voitures facilitant singulièrement les mouvements des troupes dans l'intérieur et leurs communications avec la base de la défense de ce canton: la ligne du Rhin entre Tardisbruck et Reichenau.

Passons maintenant successivement en revue chacune des nouvelles routes énumérées plus haut.

Route du Schyn.

Elle tire son nom de celui des gorges creusées par l'Albula dès le point où, grossie des eaux du Oberhalbstein, elle se dirige à l'Ouest vers le Rhin postérieur. Comme nous l'avons vu, la liaison qu'elle établit entre la route du Splugen et celle du Julier la rend précieuse à ceux qui · veulent de l'Engadine atteindre sans détour les plaines du Domleschg. Une distance de 2²/₃ lieues, soit 13 kilomêtres, sépare ses deux extrémités: Tiefenkasten et Thusis; et si dès longtemps ses deux points importants sont restés en réalité beaucoup plus éloignés, c'est que la construction d'une voie carrossable par ces défilés de rochers entraînait une dépense assez considérable. La traversée du Schyn a donc été jusqu'à ce jour une impossibilité pour les voitures, car nous n'appellerons pas de ce nom les petites charrettes du pays qui s'aventurent parfois sur le chemin dangereux passant sur la rive droite par le village d'Alvaschein et débouchant à Sils, en face de Thusis. De tout le nouveau réseau la route du Schyn est donc selon nous d'une haute utilité pour une grande partie du peuple des Grisons; aussi ce canton ne regrette-t-il point les sommes qu'absorberont ces travaux difficiles. Les déblais dans le roc et les maçonneries y joueront un grand rôle et ne seront pas partout d'une exécution facile. L'étude du terrain que suivra le tracé n'était pas non plus sans danger. C'est là les seuls travaux entrepris jusqu'ici, mais l'on ne tardera pas à mettre la main à l'oeûvre, d'autres parties du réseau se trouvant maintenant près de leur achèvement. Ces travaux donneront aussi lieu à deux ouvrages d'art, dignes d'être cités. Le premier est le pont élancé de Solis, sur un gouffre de plus de 100 mêtres de profondeur et le second aussi un pont qui franchira le Rhin au sortir

des gorges de la Via mala et ajoutera un ornement de plus
à ce site pittoresque.   Dans peu d'années les nombreux
voyageurs qui visitent la contrée pourront donc jouir de ce
nouveau passage et aller secouer à l'ombre des rochers du
Schyn la poussière de la route brûlante du Domleschg.

La route du Landwasser.

n'est comme celle du Schyn pas encore commencée.
Pour l'une comme pour l'autre les travaux n'ont consisté
jusqu'ici que dans l'étude du tracé.   Dans les ravins du
Landwasser la nature du terrain, quoique différente · de celle
en aval de Tiefenkasten, offre cependant à l'ingénieur plus
d'une difficulté.   Ce rayon de route, long de 20 kilomètres,
complètera bientôt la ligne carrossable qui allant de Davos
à la vallée du Rhin postérieur doit relier entr' eux, au pied
de la chaîne principale, les débouchés de quatre passages,
savoir les deux anciennes routes du Splugen et du Julier et
celles qui sont comprises dans le nouveau réseau: l'Albula
et la Fluela.   Une portion de cette ligne, concentrique avec
celle de Tardisbruck à Reichenau existe depuis 10 ans entre
Tiefenkasten et le pont de Filisur.

Route de l'Albula.

Le chemin de Bergün ne devait être dans l'origine
qu'un débouché pour ce village et celui de Filisur.   La stricte
économie qui présida à sa construction fut cause que l'on
borna à dix pieds seulement la largeur carrossable, personne
ne croyant à cette époque à l'ouverture prochaine du col de

l'Albula. Mais lorsqu'on vit la poste arriver à Bergun, le
désir de voir la route prolongée jusqu'à Ponte dans la Haute-
Engadine se manifesta d'autant plus vivement que le col
à franchir n'offrait pas de difficultés sérieuses à l'exécution
d'un semblable projet. Les efforts réunis des populations
intéressées, secondés par des subsides cantonaux et fédé-
raux, réussirent à former la somme nécessaire pour cette belle
entreprise. Dès l'été de l'année 1864 des chantiers furent
ouverts sur tout le parcours entre Bergun et Ponte et, poussés
avec vigueur dans l'année écoulée, les travaux pourront dans
le cours de la prochaine campagne être avancés au point de
livrer à la circulation la ligne toute entière. Les pentes
adoptées pour atteindre le col ne dépassent nulle part celle
de 10 % et le point culminant est à 2313 m. au-dessus de
la mer. L'établissement de cette petite chaussée n'a occasi-
onné nulle part des travaux extraordinaires, mais son tracé
ne manque ni d'intérêt ni de variété. Jusqu'à l'auberge du
Weissenstein la nature y conserve un aspect peu sauvage ;
ce n'est qu'à partir de ce point, le long du cirque rocheux
où la route se développe, que l'on se sent voisin des hautes
sommités. C'est surtout aux approches du sommet du passage
que la contrée prend un aspect bien sévère. Dans la large
encolure entre les deux montagnes formées l'une de gneiss,
l'autre de rochers calcaires, les siecles ont entassé les énormes débris des arêtes voisines. C'est sur des hauteurs sauvages comme ce désert de pierres que les alignements tracés
par l'ingénieur, contrastant frappamment avec le désordre
de ce vaste chaos, élévent au travail de l'homme, par leur
simplicité régulière, un monument tout aussi imposant que
ne le feraient dans les lieux habités des travaux plus grandioses. Passé le large dos du col de l'Albula, l'on redescend
bientôt par une pente rapide dans la région des mélèzes ;

ensuite en serpentant à travers les prairies la route atteint
enfin le village de Ponte sur la rivière de l'Inn.

La route du Fluela

franchit plus à l'Orient la chaîne des montagnes qui séparent
les bassins de l'Inn et du Rhin. Elle joint Süs à Davos,
c'est-à-dire à la haute vallée d'où l'on pourra bientôt, descendant le Landwasser, déboucher à Thusis. L'on évitera ainsi
le long détour par la Haute-Engadine, et par l'ouverture de
ce col Coire se trouvera désormais, au moyen de la route du
Prättigau, rapproché de beaucoup de celle du Tyrol. Le
chemin du Fluela aura une longueur de 5³/₄ lieues, soit
27 kilomètres. De tous les passages carrossables dans les
Alpes grisonnes il sera le plus haut, car son altitude atteint
la cote de 2405 mètres au-dessus de la mer.

Route du Bernina.

Après avoir suivi dans le fond des vallées deux des
nouveaux projets et avoir avec les deux autres passé des
cols qui mènent dans l'Engadine, examinons encore les rayons
qui de cette vallée se dirigent sur la frontière pour sonder
le réseau aux routes limitrophes, du Tyrol à l'Orient, de la
Valtelline au Midi. Nous tournant vers le Sud la route du
Bernina nous amène audelà du passage de ce nom dans la
jolie vallée de Poschiavo. Le tronçon récemment terminé
dès la frontière lombarde jusqu'aux rives du lac n'offre de
remarquable qu'un tracé remontant une étroite vallée dont
la belle végétation contraste vivement avec celle des régions

du Bernina. En effet quand on quitte l'ombre des châtaigners pour gravir lentement les 1400 mêtres jusqu'au sommet du col, l'on passe successivement par différents degrés de la vie végétale jusqu'aux hauts pâturages que hantent chaque été les bergers bergamasques. L'on ne peut s'empêcher de remarquer aussi, en montant, le tracé de la route dans lequel l'ingénieur a su habilement enlacer les nombreux mamelons du terrain et obtenir ainsi la longueur nécessaire pour gagner presque sans zig-zag une hauteur aussi grande. Cette portion de route, faite il y a 20 ans, va de Poschiavo au petit Lac noir ; là commence le tronçon fini depuis un an qui par Pontresina aboutit à Samaden. Il traverse le Flatz en amont et en aval de l'auberge du Bernina, redresse ce cours d'eau et descend dans la vallée au pied du Morteratsch. Plus bas que Pontresina la route se bifurque dans la plaine arrosée par le Flatz et par l'Inn. Laissant le bras de droite filer sur Samaden, le tronçon principal se portant sur la gauche franchit pour la troisième fois les eaux du Bernina. Un pont en bois sur l'Inn termine enfin cet intéressant tracé à l'entrée du village de Cellerina. Les 17 kilomêtres d'ici au Lac noir ont été achevés dans trois étés à peine et les autres travaux jusqu'à la frontière italienne, terminés récemment, permettront dès l'été aux postes fédérales d'atteindre Tirano, dans la vallée de l'Adda.

Route des Fours (Ofen).

La vallée de Munster, ce poste détaché à nos extrêmes frontières, devait comme Poschiavo, avoir aussi sa part dans le réseau projeté. La route du Bernina conduit en Lombardie; celle par les cols des Fours et du Buffalora ira en Vénétie, en rejoignant à Mals la chaussée du Tyrol et de la vallée de l'Adige. Moins élevés que les autres passages dont nous avons parlé, les deux cols susnommés sont par leur distance des contrées habitées un obstacle assez fort aux relations commerciales entre la vallée de Munster et la Basse-Engadine. Entre les deux villages de Cierfs et de Zernetz une seule maison se trouve sur le chemin; c'est au point où débouche celui de Livigno l'auberge solitaire et hospitalière des Fours. La distance totale entre Zernetz et Munster, frontière du Tyrol, est de près de 40 kilomètres. Une route aussi longue à construire à travers un pays désert, en faveur d'une population peu nombreuse et entretenant avec les pays limitrophes des rapports plus fréquents qu'avec son canton, est pour celui-ci la charge la plus lourde de toute l'entreprise. Il se peut cependant que comme continuation du passage du Fluela, la nouvelle chaussée de la vallée de Munster, rapprochant les bassins de l'Adige et du Rhin, acquière par la suite, dans la saison d'été, une certaine importance.

Route de la Basse-Engadine.

Entreprise en 1845 la route secondaire partant de Silvaplana et descendant la vallée, atteignait en 1860 le village d'Ardetz dans la Basse-Engadine et laissait à construire au nouveau réseau grison, projeté à cette époque, les 27 kilomètres jusqu'à Martinsbruck, frontière du Tyrol. Ce dernier parcours était, dès 1862, ouvert jusqu'à Schuls: il sera terminé dans la présente année. La belle vallée de l'Inn se trouvera ainsi ouverte dans toute sa longueur sur territoire suisse à une circulation que les eaux minérales de Tarasp et de St. Moritz ne manqueront pas de rendre de plus en plus active, surtout lorsque la route des gorges de Finstermünz aura opéré la jonction entre le Tyrol et l'Engadine.

La descente d'Ardetz jusqu'au niveau de l'Inn est la seule partie de la construction où le terrain ait présenté quelques difficultés. Par différents travaux, fréquemment en usage sur les routes de montagne, on a heureusement surmonté ces obstacles. Au-delà des établissements de Nairs on découvre soudain, au détour de la route, le grand cirque occupé par les maisons de Schuls, village qui s'élève par gradins sur les pentes d'un terrain fertile. Plus loin nous traversons sur une arche hardie le val de Sinestra, puis les champs de Rémus, théâtre de trois combats dont le dernier força Lecourbe à la retraite. Passé le défilé de la Platta mala la route parcourt ensuite un terrain plus facile et vient à Martinsbruck attendre impatiemment sa continuation sur la rive autrichienne, pour éviter ainsi les hauteurs de Nauders.

Telle est l'esquisse rapide de la tâche grandiose nouvellement entreprise par le peuple grison. Sans se laisser rebuter par les grands sacrifices que lui ont imposés ces travaux étendus, il procède courageusement à l'exécution d'une oeuvre qu'il léguera aux générations futures comme un lien de plus entre toutes leurs vallées et une source nouvelle de vie et de prospérité. Quelques années encore et l'on verra la fin d'une belle entreprise à laquelle le nom de l'Ingénieur en chef, Mr. Adolphe de Salis, restera attaché.

L'achèvement prochain des routes des Grisons contribuera aussi à mieux faire connaître cet intéressant canton. Mélange remarquable de populations qui diffèrent parfois,

fédérale décida de participer à la construction de ces deux
réseaux de routes à l'aide d'un subside de 2,750,000 Francs,
une nouvelle activité s'est répandue dans plus d'une vallée de
nos Alpes et, après trente ans de silence, les solitudes de
leurs cols élevés ont de nouveau été troublées par le bruit
pacifique de la détonnation des mines.

Réseau militaire.

Ce réseau se compose des trois routes déjà nommées de
l'Axen, de la Furka et de l'Oberalp.

La première forme la continuation de la route du St.
Gotthard qui se soudera désormais à Brunnen au réseau de
la plaine suisse. Les deux autres relient entr'elles trois
des vallées qui se groupent autour du massif central des
Alpes, savoir les vallées du Rhône, de la Reuss et du Rhin.
Elles procurent ainsi aux cantons du Valais et des Grisons
un nouveau débouché dans l'intérieur de la Suisse. L'importance stratégique de ce second débouché se conçoit aisément
lorsqu'on considère l'insuffisance de l'unique communication
carrossable entre ces deux grands cantons et le reste de la
Suisse. La prise du pont de St. Maurice, en Valais, ou celle
du pont sur le Rhin près de Ragatz (Tardisbrück), pouvant
nous priver d'autant plus facilement de la possession soit du
Simplon, soit des passages du Bernhardin, du Splugen,
du Julier, que ces deux défilés, par leur situation voisine de
la frontière, sont exposés à être interceptés. Le choix des
passages de la Furka et de l'Oberalp pour l'établissement
des deux routes militaires, destinées à rattacher au centre de
la Suisse les cantons du Valais et des Grisons, est motivé
par l'avantage qu'il y avait à les faire déboucher toutes deux
dans la vallée d'Urseren. De cette manière on établissait

 camarades lui rendre en quelque sorte des honneurs mili-
 res. C'est ce que l'on a pu voir l'an dernier à Coire,
 ef-lieu de l'arrondissement postal le plus montagneux de
 Suisse.

_____

 On pourra être surpris de trouver dans un livre, devant
 rvir d'annales aux hardis explorateurs des hautes sommités,
 numération de tous les travaux qui livrent à la foule des
 uristes en voitures, des passages jusqu'ici praticables
 ulement au nombre bien plus faible des voyageurs à pied.
 clubiste, il est vrai, préfère aux grandes routes les sen-
 rs de montagne, parfois à peine frayés, où il a l'occasion
 exercer à la fois ses jambes et son oeil. Mais en véri-
 ble amateur de la nature alpestre il est heureux de voir
 nt de pittoresques beautés, de sites remarquables être
 ndus accessibles au grand nombre de ceux qui n'ont ni le
 isir ni la facilité des excursions en dehors de l'ornière que
 ur creusent les routes.
 D'autres regretteront qu'une chaussée poudreuse vienne
 uiller désormais la fraîcheur primitive de tant de beaux
 ssages; les routes muletières ou les sentiers étroits sont
 en plus poétiques, vous diront-ils souvent, et cadrent aussi
 en mieux avec le paysage que tous ces grands travaux ne
 ront que gâter. Les goûts peuvent différer, mais nous ne
 utons pas que ceux auxquels les chemins à voiture inspirent
 s regrets, s'ils gravissent les hauteurs qui dominent les
 ssages, trouveront avec nous, que loin de déparer la nature,
 s longs rubans de routes qui reposent sur chaque côté
 es cols de nos Alpes, leur sont comme un diadême dont les
 ntours gracieux font ressortir davantage le désordre im-

au sein du peuple et du gouvernement d'Uri, malgré les difficultés qu'y opposait la nature. Dès 1837 des ingénieurs furent donc chargés d'étudier un tracé suivant horizontalement la rive, entre Fluelen et Brunnen. Ce premier projet étant d'un coût trop élevé, Monsieur l'ingénieur Muller, d'Altorf, en étudia en 1838 un second qui passait à une hauteur beaucoup plus grande au-dessus du lac. C'est celui qui sauf quelques modifications de détail, vient d'être exécuté dans ces deux dernières années. La route de l'Axen aurait été commencée à la suite de ces études sans la non-réussite de négociations entre les gouvernements d'Uri et de Schwitz, au sujet de leur participation aux frais. Ces deux cantons n'étant pas tombés d'accord, on dût renoncer à cette belle entreprise, ce qui se fit d'autant plus facilement, que dès lors la navigation à vapeur sur le lac des quatre cantons prit un développement qui facilita au-delà de toutes les prévisions les rapports entre les contrées riveraines. Mais lorsque la possibilité d'établir une communication par terre, praticable par tous les temps, vint de nouveau à surgir, grâce à l'intérêt qu'y portait la Confédération, les cantons de Schwitz et d'Uri saisirent avec empressement les moyens qu'elle leur fournissait dans ce but. Le canton d'Uri était d'autant plus intéressé à cette entreprise que jusqu'alors il pouvait se trouver des jours entiers privé de toute relation avec ses voisins, surtout au printemps, lorsque le Föhn rend le lac impraticable et que les neiges encombrent encore les passages des montagnes.

En donnant ici une description succinte du tracé de la route de l'Axen, je renoncerai à celle de tous les nombreux sites remarquables, les points de vue magnifiques, dont ces travaux grandioses ont ouvert l'accès jusqu'alors si difficile. L'ouverture de cette route va d'ailleurs, dès cet été, faire connaître des beautés dont je ne pourrais donner ici qu'une idée trop imparfaite.

Quoique reliant deux villages situés au bord du lac, la route de l'Axen n'a cependant pas été menée horizontalement le long de la rive. L'augmentation de dépense qu'aurait causé un semblable tracé eut été hors de proportion avec l'utilité commerciale d'une voie qui ne pouvait d'ailleurs pas lutter avec celle du lac. On n'a donc pas craint d'adopter un profil s'élévant, quoique avec des pentes fort modérées, à la hauteur nécessaire pour éviter, au moins en partie, les difficultés du terrain que rencontrait le tracé horizontal. Le principal obstacle était la paroi à pic, de plusieurs centaines de pieds de hauteur, formée par les rochers de l'Axen. La traversée de cette paroi exigeait d'après le projet horizontal une galerie dans le roc d'environ 600 mètres de longueur; à la hauteur où passe la route ce tunnel n'en a que le quart. Si ce passage a été le plus difficile, c'est aussi celui où la hardiesse du tracé, les beautés de la vue, l'effet imposant de ces rochers immenses, surplombant la route à des hauteurs prodigieuses, produiront désormais sur des milliers de voyageurs les impressions les plus saisissantes.

C'est par cette paroi que se termine brusquement l'Axenberg, sommet extrême de la chaîne qui sépare la vallée de Schächen de celle de Riemenstalden. Elle forme deux promontoires rocheux qui bornent la vue de Fluelen du côté du Nord. La galerie dans le roc, pratiquée à 250 pieds au-dessus du lac pour livrer passage à la route, est percée de deux grandes ouvertures latérales, à travers lesquelles s'offrent à la vue, dans un encadrement naturel, le petit village et les vergers de Bauen, sur la rive opposée. Au sortir du tunnel on passe sous des demi-galeries après lesquelles la vue s'ouvre du côté de Brunnen, dont les jolies habitations s'aperçoivent au loin. C'est à juste titre que ce parcours remarquablement pittoresque, à travers des rochers imposants et au milieu d'une nature si belle et si sauvage à la fois, a donné son nom à toute la route, et c'est ici le moment de nommer l'ingénieur, Mr. Muller d'Altorf, actuellement Land-ammann du canton d'Uri, auquel revient l'honneur d'avoir le premier, suspendu à des cordes, étudié le tracé dans ces lieux dangereux. Après s'être élevée graduellement depuis Fluelen par une pente d'un peu plus de 3%/0 jusqu'à la hauteur des galeries de l'Axen, la route s'abaisse de nouveau insensiblement à travers les prés escarpés qui dominent la chapelle de Tell. Elle se développe ensuite dans une vallée formée par un torrent quelques fois redoutable et atteint, après une nouvelle traversée de rochers, le petit village de Sissikon, condamné jusqu'ici à l'isolement le plus complet, car, à peine sortie des vergers qui l'entourent, la route rencontre de nouveau des parois abruptes, au bas desquelles l'on eût vainement cherché à longer à pied ces rives sauvages. Au-delà de Sissikon la chaussée gagne le bord du lac qu'elle suit, après le tunnel du Schieferneck, en quai au pied d'immenses rochers calcaires. Puis elle contourne le promontoire de Ort en se relevant pour gagner après un long parcours horizontal le sommet des rochers de la Wasifluh, d'où elle redescend enfin sur Brunnen. Ce dernier parcours, où toute la largeur de la chaussée a dû être profondément entaillée dans un roc à pic, témoignera à jamais des travaux considérables qu'a exigé cette route. La place du port à Brunnen, dont la vue bien connue est l'une des plus belles de la Suisse primitive, termine heureusement la série des aspects que l'on découvre à chaque pas dans le tracé dont je viens d'esquisser les traits principaux.

La longueur de la route est de 12 kilomêtres. Son

Urirothstock vom Bachtel.

ist also der Begriff ein weiterer, und man darf wohl anneh men auch ein älterer als der geographisch definirte, folglich auch ein vollkommen berechtigter.

Die individuelle Benennung der Bergspitzen des Ge bietes der Stöcke ist sehr verschieden, bald nach der Farb des Gebirgstocks (Uri-Rothstock, Schwarz-Stock), bald nac dem Wild, das sich dort häufig aufhält (Gemsstock, Hühner stock), dann wieder nach deren Form (Hausstock, Grätli stock, Kistenstock) etc. Endlich giebt es eine Anzahl N men, welche schwierig ableitbar sein dürfte.

Zwischen diesen Stöck und Stöckli kommen zerstre andere Benennungen vor wie Horn, Kopf, Fluh, Wa und Berg.

Jenseits des Wallensees ist das Gebiet der Firste.

Treten wir über die südliche Grenze der Stöcke, di Tödikette, so trifft man fast überall die generelle Benennung Piz, welche sich über den ganzen romanischen Theil Bün dens ausdehnt. Hier und da findet man den Ausdruck Cuolm, worunter man einen abgerundeten, kuppelförmige meist berasten Berg oder Bergesvorsprung versteht. (Cuol da vi im Tavetsch, Cuolm da Latsch.) Treten letztere i die Thalsohle vor, so werden sie auch Monpé (Oberland) oder Pé de Mont (Münsterthal) genannt. Kleinere Gebirgs vorsprünge und hügelartige Bergformen tragen im all gemeinen den Namen mott, muot, muota. Die Benennung des Dorfes Mutta rührt daher. Zwei nahe Spitzen und auch andere Orte, werden hier und da mit der Bezeichnung da daint (inner) und dadoura (äusser) unterschieden. Die Eigennamen der Piz sind meist wie diejenigen der Stöcke von der Farbe, Form und anderen Eigenschaften derselben genommen, z. B.: P. nair (schwarze Spitze), P. laat (breite Spitze), P. vadred (Gletscher-Sp.) P. ot, (hohe Sp.) etc.

Merkwürdig ist wie mitten unter diesen romanischen
Namen rein deutsche auftreten, so in Davos, Arosa, Wals,
Safien, Rheinwald, und in der That wurden diese Thalschaften zuerst von deutschen Volksstämmen bewohnt. Ver-
einzelte romanische Benennungen, z. B. Pedera, Clavadel,
Travagan in Davos verdanken ihren Ursprung wahrscheinlich späteren Ansiedlungen romanischer Familien.*) Als ich
mit der topographischen Aufnahme dieser Landschaft beschäftigt war, fiel mir die grosse Verwandtschaft der dortigen Ortsnamen mit solchen in Oberwallis, besonders in
Zermatt und Saasthal auf. Es liefert diese Verwandtschaft
einen neuen Beleg für die geschichtliche Ueberlieferung, dass
die ersten Einwanderer in Davos freie Walser gewesen.**)
Diese haben die Ortsnamen von Oberwallis auf die entsprechenden Oertlichkeiten in Davos übertragen und so in
ihrer neuen Heimat für sich und ihre Nachkommen eine
ewige Erinnerung an ihre alte Heimat geschaffen. Der Da-
voser, der das Oberwallis besucht, muss von heimeligen
Gefühlen ergriffen werden, so viele Namen seiner Landschaft
(die sonst nur noch sehr vereinzelt zu hinterst im Berneroberland und in Safien und Avers gefunden werden) hier
wieder zu treffen, mit noch andern verwandten Verhältnissen,
wie die Namen der Kirchen St. Leonhard und St. Johann
und verschiedene Familiennamen, und so auch umgekehrt.

---

*) Wenigstens sprechen die vorhandenen Dokumente, insbe-
sondere die Urkunde, durch welche der Freiherr v. Vatz den 12
freien Walsern das Thal Davos gegen eine gewisse Zinsentrichtung
schenkt, gegen eine frühere romanische Ansiedlung.

**) Dass der Freiherr v. Vatz dazu kam, gerade Wallisern die
Thalschaft zu schenken, rührt (nach Prof. Bott) wahrscheinlich daher,
dass diese Familie mit den im Wallis sässigen Freiherren v. Raron in
nahem verwandtschaftlichen Verhältniss gestanden.

l'action soutenùe de ses rayons, s'éboulent par moments avec
fracas dans de larges crevasses. Ce spectacle sublime est
difficile à décrire. Un groupe de onze lacets serpente en
face de cette vue unique, puis au bas de cette descente
l'on atteint les eaux boueuses du Muttbach, qui vont se
perdre dans le glacier. Le tracé suit alors le pied des
longues pentes du Längisgrat, en évitant les moraines accumulées plus bas. Enfin après deux nouveaux lacets traver-
sant des éboulis de blocs énormes, la route gagne l'extrémi-
inférieure du glacier d'où le Rhône s'échappe pour s
précipiter bientôt dans des gorges reserrées. C'est
qu'après un grand contour dans la petite plaine de Glet
le tracé suit la rivière, d'abord sur sa rive droite, puis
instant sur la gauche, pour la franchir une dernière fois,
aval de la Mayenwand, par un bond hardi au-dessus d'
cascade. On se trouve alors dans la partie la plus tour
mentée de la route, où la nature rocheuse du sol à prése
le plus de difficultés d'exécution; mais une fois sortie de
gorges étroites la route développe agréablement ses lacets
l'ombre des sapins et des melèzes, dans une forêt arrosée
limpides ruisseaux et d'ou l'on sort enfin pour se trouver
face de la belle vallée de Conches et de ses nombreux vi
ges, aux maisons de bois noircies par le temps. Les pe
des montagnes, couvertes de riches forêts, s'arrêtant au b
de la plaine cultivée qu'arrose le Rhône et le splendide We
horn qui ferme ce riant tableau, forment un contraste
plus vifs avec la nature sauvage et désolée que l'on a r
contré sur l'autre versant du passage et avec les haut
solitaires de la Furka que l'on vient à peine de quit
La route gagne le fond de la vallée vers le village d'Ob
wald, où elle se soude au chemin carrossable qui de Bri
remonte le Rhône pour desservir les dixains extrêmes

Im Kanton Bern bis an die Grenze von Waadt und im
Oberwallis ist den meisten Bergspitzen der generelle Name
"Horn" gegeben, und in der That zeichnet sich dieser Theil
der Alpen durch zahlreiche pyramidenförmige, schrofffelsige
Erhebungen der Bergspitzen aus. Zwei Hörner nebenein-
ander werden hier und da Scheeren oder Zwillinge genannt.
Auch Graubünden hat ein Scheerhorn, Piz Forbisch in
Oberhalbstein, und Zwillingsspitzen, P. Giumells im Enga-
in.) Schroffe Felswände werden häufig mit „Fluh" be-
zeichnet. Im Süd-Wallis ist die Grenze der Hörner am
Matterhorn, weiter westlich folgen die Dents (Zähne),
Aiguilles (Nadeln), Monts (Berge), seltener Tours, Têtes,
Rocs, Becs. Häufig trifft man die Unterscheidung zweier
naheliegender Spitzen durch die Beisetzung petit und grand.
Die meisten dieser Benennungen im Unterwallis kommen
auch im gebirgigen Theile von Waadt vor.

Von den Alpen in das Hügelland der Schweiz niedersteigend, verlieren sich naturgemäss obige Bezeichnungen
immer mehr und gehen in diejenigen von Berg, mont, monte
mit vereinzelten Flüthen, Stein, rocher u. dergl. über, welche
Benennungen auch dem Schweizer Jura eigen sind.

Ziemlich häufig finden sich in unseren Alpen auch Na-
men von Bergspitzen ohne alle generelle Bezeichnung, z. B.
die beiden Mythen (durch gross und klein unterschieden),
Härnisch, Falknis, Camoghé, Moléson u. A. Ja in den
Appenzeller Gebirgen sind diese vorwiegend, z. B. Sentis,
Altmann, Camor, Fähnern, Schäfler, Gonzen u. A.

Ueber die Eigennamen der Bergspitzen habe ich mich
theilweise bereits ausgesprochen. Ausser Farbe, Form,
Wildstand, Höhe, Nähe von Alpen und Thälern, Aehnlichkeit mit alpwirthschaftlichen Geräthen und Erzeugnissen
gab hier und da auch die Zeit des Durchgangs der Sonne

à ces constructions. Elle rencontre peu de rochers à faire sauter, mais généralement des pentes gazonnées, par fois abruptes, mais offrant partout et en abondance des matériaux de bonne qualité. En revanche la section valaisanne a présenté, surtout dans sa partie inférieure, des parcours d'un établissement plus coûteux. La traversée des gorges du Rhône est sans contredit le travail le plus considérable de toute la route. Cependant les travaux n'offrent en eux-mêmes rien d'extraordinaire et, situés dans la plaine, on en ferait à peine mention. Ils consistent principalement en terrassements et murs secs, puis dans l'établissement de la chaussée et de ses accessoires. En fait d'ouvrages d'art il n'y a que les ponts sur le Rhône et celui sur la Reuss, près de Réalp, qui méritent d'être mentionnés. Le sol partout solide et de bonne qualité n'a exigé nulle part ces travaux d'assainissement et de consolidation qui engloutissent dans des ouvrages de peu d'apparence des sommes parfois considérables. Ces conditions d'exécution étaient donc tout à fait favorables. La seule difficulté réside dans la situation du tracé qui s'élève à des hauteurs où la courte durée de la campagne et l'inconstance du climat obligent à dérober, pour ainsi dire, chaque été à l'hiver quelques kilomètres de route. Il faut pour cela racheter par le grand nombre de bras le petit nombre de jours de l'année où l'on peut travailler. Mais il faut aussi loger et nourrir ces troupes d'ouvriers et là nous rencontrons la difficulté des approvisionnements dans une contrée manquant de tout et où vivres, bois de chauffage et outils doivent être transportés à dos d'homme jusque sur les chantiers les plus éloignés. Le premier besoin à satisfaire et de loger convenablement les ouvriers; c'est ce qui les attache à leur chantier et leur permet de perdre le moins de temps possible pendant les jours de pluie. C'est

hüllend haben ihre Namen entweder
von den Bergen, denen sie anliegen,
häufiger von den nahen Alpen oder
den Thälern, in deren Hintergrund
sie sich bilden und durch deren Richtung ihr Zug bestimmt wird.

Statt dem Ausdruck Gletscher
trifft man, besonders häufig im Berner Oberland das Wort Firn; in der
Tödikette den Bündnerbergfirn. Mit
dieser Bezeichnung will aber nicht
gesagt sein, dass der betreffende
Gletscher nur aus Firneis bestehe,
ebensowenig als unter Gletscher nur
Gletschereis verstanden wird.

Nachdem wir so einen, wenn
auch nur flüchtigen Blick über die
Benennung der Bergspitzen, Kämme,
Gräte, Sättel und Gletscher der
Schweizeralpen geworfen, frägt es
sich, welche Namen den zahlreichen
noch nicht benannten, aber benen-
nenswerthen Oertlichkeiten gegeben
werden sollen, und wie der Schweizer-
Alpenclub diesen, ganz in seinen
Wirkungskreis gehörenden Gegenstand zu behandeln habe, um Sinn
und Ordnung in die Ortsbenennung
zu bringen.

Zwar hat die Natur unserer Alpen nichts mit den ihnen vom Menschen früher oder später gegebenen

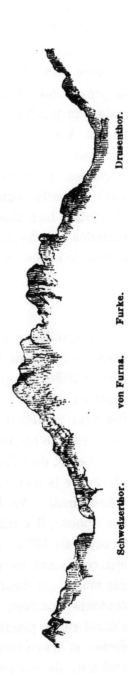

suit généralement le tracé et l'expose à l'action du soleil.
Il est constaté qu'à égale hauteur la quantité de neige y est
moindre qu'au Grimsel et au St. Gothard.   Ce fait permet
de prévoir que, si elle n'est pas destinée à être ouverte aux
traineaux pendant la saison d'hiver, la route de la Furka
pourra, à peu de frais, être rendue au printemps praticable
aux voitures à la même époque que les grandes artères commerciales.   Du reste les beautés naturelles que fera connaître
cette nouvelle route ne tarderont pas à y développer une
circulation bien plus active que celle, déjà considérable, des
touristes qui chaque été gravissent péniblement, à pied ou à
cheval, le sentier monotone de Rèalp à la Furka.

Route de l'Oberalp.

L'établissement de la voie carrossable qui a ouvert aux
voitures le col de l'Oberalp est loin d'avoir rencontré les
mêmes difficultés que celles qui ont signalé l'exécution de la
route de l'Axen.   L'altitude de ce col est son éloignement
des lieux habités n'étaient pas non plus des obstacles aussi
sensibles que sur les hauteurs de la Furka.

Le col de l'Oberalp, situé à 2040 mètres audessus du
niveau de la mer, est de 600 mètres plus élevé que le village
d'Andermatt.   Vu le peu de distance horizontale entre ces
deux points, il a fallu, pour gagner la hauteur sans dépasser
la pente de 10%, avoir recours à un développement artifi-
ciel consistant en neuf lacets occupant les flancs escarpés
des monts qui dominent la vallée d'Urseren à l'Orient.   Des
contours spacieux à l'extrémité de ces lacets, le regard
s'étend sur la plaine et ses vertes prairies, arrosées par la
Reuss et traversées par un ruban de route qui disparaît
audessus de Hospenthal dans la gorge de la Reuss du St.

genstand in ihr Bereich zu ziehen. Diese nationale Macht,
m. HHrn., welche nur eine moralisch durchdringende sein
darf, glaube ich im Schweiz. Alpenclub gefunden zu haben,
und stellte daher der Sect. Rhätia den Antrag, der General-
versammlung in Basel die Aufnahme dieses Gegenstandes
unter ihre Verhandlungen zu empfehlen mit dem Bemerken,
dass die Sectionen die passendsten Organe zur gründlichen,
richtigen und beförderlichen Lösung dieser Aufgabe sein
dürften.

Dieser Antrag fand, wie Sie wissen, bei der General-
versammlung Aufnahme, und es wurde das Central-Comité
mit einer diesfälligen Vorlage an die Generalversammlung
in Chur beauftragt. Diese Vorlage kann sich begreiflicher-
weise nur mit den Mitteln und Wegen befassen, mit und auf
welchen der Verein zweckentsprechend vorzugehen habe,
auf den Gegenstand selbst näher einzugehen liegt weder in
seiner Aufgabe, noch dürfte die Generalversammlung gewillt
und geeignet sein, speciell mit demselben sich zu befassen.

Um nun dessen ungeachtet zu einer zweckentsprechen-
den Beschlussnahme zu gelangen, ist es nöthig, dass die
Ortsbenennungen in den Alpen von den einzelnen Sectionen
zum Voraus besprochen, und die Sectionsabgeordneten bereits sachvertraut zur üblichen Vorversammlung sich ein-
finden. Diese Besprechungen zu veranlassen und etwas
Material zu denselben beizutragen, ist der Zweck vorliegen-
der Arbeit.

Gehen wir nun zur Beantwortung der Frage über,
welche Namen den bisher noch nicht benannten wichtigeren Oertlichkeiten in den Schweizer Alpen gegeben
werden sollen.

Fassen wir die Alpen als Ganzes in's Auge, so müssen
wir zunächst Benennungen haben für die Gebirgsgruppen,

dann für die Hauptachsen der Gebirgsketten*), für die Nebenketten und ihre weitern Verzweigungen. Bei mehreren bereits benannten Ketten und Kettengliedern sind die Grenzen derselben genauer festzusetzen. Wir befinden uns hier überhaupt auf einem noch wenig bearbeiteten Boden, und man muss sich wundern, dass derselbe so lange brach liegen gelassen wurde.**)

Die Gebirgsgruppen sind, nach meiner Ansicht, am passendsten nach der höchsten Erhebung derselben zu benennen, und die Gebirgsketten nach der Gebirgsgruppe, von der sie auslaufen, und dem Berge, in dem sie enden, unter Beifügung der Hauptrichtung nach der Himmelsgegend. Verbindet eine Kette zwei Gebirgsgruppen, so soll sie die Namen beider tragen. Geognostische Theorien können hierbei im Allgemeinen nicht in Betracht gezogen werden, sondern einzig nur die absolute Höhe der Gebirge, verbunden mit ihrer Ausdehnung in die Breite oder überhaupt ihre orographische Erscheinung. Indessen sind die Gruppirungen und Abgrenzungen nicht immer so leicht, wie man auf den ersten Blick meinen möchte, in welchen Fällen der geognostische Bau des betreffenden Gebirges allerdings von entscheidendem Einfluss sein dürfte.

Uns bei dieser Arbeit strikte nur an die Schweizergrenze halten zu wollen, wäre ebenso einseitig als unwissenschaftlich. Ein anderes ist es, ob die Nebenstaaten unsere Benennung für ihren Theil der Alpen annehmen wollen,

---

*) Der Ausdruck Kette ist nichts weniger als gut gewählt, aber so allgemein in den Sprachgebrauch übergegangen, dass wir es nicht wagen von demselben abzugehen.

**) Die Schweizerkunde von H. A. Berlepsch enthält eine fleissige Bearbeitung des vorhandenen Materials über Ortsbenennungen in der Schweiz.

worüber man sich mit den betreffenden Alpenvereinen zu
verständigen hätte.

Horn.

Piz Ott von Wiesen.

Kommen wir zur Benennung der einzelnen Bergspitzen,
so scheint mir ein genereller neben einem Eigennamen zweckmässig, indem durch ersteren die Eigenschaft der Spitze

Nadel.

Einshorn von Splügen.

bereits mehr oder weniger genau bezeichnet wird, wenn wir
uns über die Begriffe der generellen Namen verständigen

und dieselben richtig anwenden. So sollte z. B. der so
bräuchliche, aber oft unrichtig angewandte generelle N
„Horn" dem Gegenstand, dem er entlehnt ist, entsprech
nur steilen, felsigen, pyramidenförmigen Spitzen gege
werden, vorzüglich solchen, deren eine Seitenkante kürz
daher auch steiler ist als die andere. Das hierfür entsp
chende Wort im Franz. wäre Dent, im Ital. corno, im
man. corn.

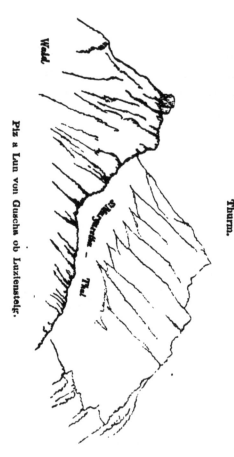

Mit dem Namen N
deln (franz. Aiguill
ital. Aguglie, rom. A
glias) könnten diejen
Formen von
belegt werden, welch(
schmalen. und verh
nissmässig langen Py
miden scharf auslauf
mit Kopf (franz. T
diejenigen, welche
kopfförmig abrunden
bei noch flacherer A
rundung und grösseren
Dimensionen Kuppe oder
Kuppel. .

Thurmförmige tr
gen schon jetzt die Na
men Thurm, Tour, Torre,
rom. Chasté (Schloss).

Bei Bergen, die in
keiner der obigen oder
sonst eigenthümlichen
Formen enden, könnten

Kopf.

Wallenstock von Wolfenschiessen.

die Ausdrücke **Spitze** (franz. **Pointe,** ital. **Punta, Cima,** rom. **Piz** zur Anwendung kommen.

Kuppel.

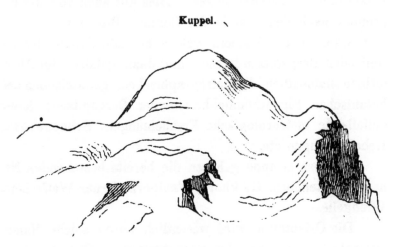

Titliskuppe vom Weissenstein

Der Ausdruck Berg fasst die gesammte Masse ei Gebirgserhebung von der Ebene oder der Thalsohle zu deren Gräten und Spitzen in sich und eignet s daher nicht zur generellen Bezeichnung der höchsten Spi allein.

Bei der Wahl der Eigennamen der Bergspitzen müss Wiederholungen, die so leicht irre führen, besonders in d selben Gegend, vermieden und desshalb die Bezeichnu nach Farbe, z. B. Schwarzhorn, Weisshorn, deren wir oh dem bereits eine grosse Anzahl besitzen, nur mit Vorsi gebraucht werden.

Die Form der Bergspitzen ist zwar schon beim ge rellen Namen benutzt worden, doch bietet auch sie n Anhaltspunkte für die Eigennamen, z. B. Gespaltenes H((im Berneroberland), Piz Fess (im rom. Lugnez). Ind zeigen die Bergspitzen bekanntlich oft verschiedene Form ,je nachdem man sie von einer Himmelsgegend in's A fasst, wesshalb man in solchen Fällen zur Benennung immer diejenige Seite wählen sollte, wo das Hauptthal und die bevölkertsten Ortschaften liegen. Dies gilt auch von der Benennung nach dem Stande der Sonne. Besser ist es aber. man wählt solche Namen, welche auf alle Seiten der betreffenden Bergspitzen passen, und dazu gehören im Allgemeinen namentlich die petrographischen, geologischen und botanischen Eigenthümlichkeiten der Bergspitzen; ferner auffallende meteorologische Erscheinungen, Schneewehten, Nebelbildungen etc.

In diese Gruppe gehören die bereits bestehenden Namen: Plattenhorn, Kalkhorn, Faulhorn, ferner Wetterhorn. Windgelle.

Die Orientation wird wesentlich durch solche Namen erleichtert, welche von den nächstgelegenen Pässen, Alpen.

Thälern, Flüssen und Ortschaften entlehnt sind. Ist die
Bergspitze begletschert, so können auch die Gletscher-
bildungen bezeichnende Namen bieten. Der hier und da
vorkommende Ausdruck Schild kommt von Schneeschild her,
und Gletscherhörner (P. vadret) haben wir bereits eine ziemliche Anzahl.

Eine Menge Namen von Bergspitzen sind bildlich an-
gewandt und einer lebhaften Phantasie entsprungen, z. B. die
schönen Namen: Finsteraarhorn, Silberhorn, Monte rosa.
Weit entfernt, solche Namen auszuschliessen, würde ich dieselben mit in erste Linie stellen und selbst der Sagenwelt
Zutritt gestatten.

Dagegen kann ich mich mit der Uebertragung von
Personen-Namen auf Bergspitzen im Allgemeinen nicht be-
freunden. Es ist nach meiner Ansicht eine Anmassung
unserer Generation, Gebirge, die hunderttausende von Jahren
älter sind als wir und uns um ebenso viele Jahre überleben
werden, mit unserem flüchtigen Leben in unzertrennliche
Verbindung bringen zu wollen. Hüten wir uns vor einer
Manie, wie solche in der Naturgeschichte und namentlich bei
der Benennung von Pflanzen eingerissen ist. Die Pflanzen-
namen bilden jetzt eine wahre Musterkarte der verschiedensten Personen-Namen aus bald allen bekannten Sprachen,
ohne dass damit der Wissenschaft gedient wäre, wohl aber
wird hierdurch die richtige Aussprache und das Einprägen
derselben in das ohnedem genug geplagte Gedächtniss
möglichst erschwert. Unsere Alpen möchte ich vor
solchem Missbrauch gewahrt wissen. Ausgezeichnete
Schweizer, die sich um das Vaterland Verdienste erworben,
die leben wärmer im Herzen des Volkes fort, zu dessen
Wohlergehen sie beigetragen, als auf den hohen, kalten
Olympen.

Sehr wünschbar ist es, dass ausser den Bergspitzen auch die wichtigeren Gräte, Grateinsenkungen, Sättel etc. benannt werden, und zwar kann dies auf ähnliche Weise wie bei den Bergspitzen geschehen. Ausserdem können hier Anlagerungen von Felstrümmern und erratischem Gestein, geschichtliche Momente zu passenden Benennungen behülflich sein.

Die Gletscher endlich werden am besten nach dem Thale benannt, in dem sie sich entwickeln oder aber, wenn es kleine Gletscher sind, welche die Thalsohle nicht erreichen, nach dem Berge, dem sie anliegen. Nicht unbenannt dürfen die wichtigeren Moränen bleiben, wobei man hauptsächlich ihren Ursprung in's Auge fassen sollte.

Es würde mich zu weit führen, auch noch die Benennung der übrigen wichtigeren Oertlichkeiten in den Alpen in diese Arbeit hereinzuziehen, wie Gebirgsvorsprünge, Hangrücken, Mulden, Wannen, Kessel, Teller, Rüfen, Erdschlipfe, Lawinenzüge und endlich die Benennung der Gewässer. Wie bereits gesagt will mit diesen Zeilen nur ein Ueberblick über dieses noch neue Gebiet der Ortsbenennung in den Alpen und einige Ansichten gegeben werden über Behandlung dieses Gegenstandes. Gründlichere und allseitigere Studien desselben, namentlich in den so werthvollen Monographien, werden hoffentlich folgen, wozu die Anregung gegeben zu haben ich mich glücklich schätzen würde.

V.

Kleinere Mittheilungen.

Flächeninhalt

der

Gletscher der Schweiz.

———

Die folgenden Angaben über den Flächeninhalt der schweizerischen Gletscher, welche in den nachfolgenden Publicationen des Alpenclubs allmählig vervollständigt werden sollen, sind mit dem Polar-Planimeter so genau als möglich gemacht. Der Flächeninhalt ist in Quadrat-Kilometern mit zwei Decimalen ausgedrückt. Der Gesammt-Flächeninhalt der Gletscher jedes Beckens oder des Hauptthales ist dann noch in Schweizer Quadratstunden mit zwei Decimalen angegeben;

$$\text{Der Quadrat-Kilometer} \ldots \begin{cases} = 100 \text{ Hectares,} \\ = 277{,}8 \text{ Schweizer Jucharten;} \end{cases}$$

$$\text{die Schweizer Quadratstunde} \begin{cases} = 2304 \text{ Hectares,} \\ = 6400 \text{ Schweizer Jucharten.} \end{cases}$$

Die in den Gletschern eingeschlossenen Felsen sind mit gerechnet, als zu ihrer Oberfläche gehörig.

Wallis. Südliche Alpenkette.

	Kilomètres □	Kilomètres □	Kilomètres □	Lieues suisses □
I. Val d'Illiez (La Viège).				
Glacier au Nord du Mont-Ruan (Alpe Susanfe)		3,86		
Dent du Midi.				
„ au-dessus du Lac Vert . . .	0,1			
„ au-dessus de Soix	0,35			
„ au-dessus de Chatin	0,46			
• Total		0,91		
Total pour le Val d'Illiez .			4,77	0,1
II. Val de Salanfe (Pissevache).				
Glacier Nord-est des Tours-Sallières .	0,61			
„ Dent du Midi	1,77			
Total pour le Val de Salanfe			2,38	0,1
III. Vallée du Trient (Le Trient).				
Eau noire.				
Glacier des Fonds	3,30			
„ des Rosses	0,66			
„ col de Taneverge	0,10			
„ à l'est de la Pointe de la Finive	1,12			
„ montagne Emosson.	1,02			
Total		6,20		
Le Trient.				
„ du Trient	8,44			
„ au Nord de l'aiguille du Tour (montagne des Grands) . . .	3,86			
		12,30		
„ au Nord du Fontanabran (montagne d'Emaney)		0,51		
Total pour la Vallée du Trient		.	19,01	0,9

		Kilomètres ☐	Kilomètres ☐	Kilomètres ☐	Lieues ☐ Suisses

IV. Bassin de la Dranse (La Dranse).

Val d'Arpette.

Glacier	au Nord de la Pointe d'Orny .		1,27		

Val de Ferret.

„	d'Orny . . . . . '	2,60			
„	de Saleinoz	14,74			
„	de Planereuse	1,17			
„	de Truzbuc	0,91			
„	de Laneuvaz	9,05			
„	à l'Est du Mont-Dolent . . .	2,85			
„	des Agroniettes	1,88			
	Total		33,20		

Val d'Entremoht.

„	les Planards au Nord du Mont-Tillier	0,25			
„	au Nord de la Pointe de Dronaz	0,10			
„	de Proz	1,63			
„	à l'Ouest du Petit-Vélan . .	0,61			
„	du Tzeudet	3,79			
„	du Vassorey	4,48			
„	du Sonadon	3,61			
„	à l'ouest du Grand-Combin (versant sur le Glacier du Vassorey)	0,91			
„	à l'ouest du Grand-Combin (montagne du Chalet) . . .	0,86			
„	à l'ouest de la Maison Blanche (montagne Challand)	1,88			
„	de Boveyre	3,66			
	Total		21,78		

Val de Bagne.

„	à l'Est du Mont-Rogneux . .	1,12			
„	au Sud de la Pointe d'Azet .	0,61			
„	à l'Est du Col de l'Ane (Montagne de Sery)	3,71			
„	de Corbassière	24,30			
„	les Otanes . . . . . . : .	0,71			
„	au Nord du Tournelon blanc .	0,76			
„	de Zessetta	7,62			
„	du Mont Durand	12,30			
„	au Sud-est du Mont-Avril . .	0,31			
	Transport	51,44			

31 *

	Kilomètres □	Kilomètres □	Kilomètres □	Lieues Suisses □
Transport	51,44			
Glacier de Fenêtre	1,78			
„ de Crête-Sèche	4,02			
„ d'Otemma	26,69			
„ de Lyre	0,25			
„ des Portons	0,61			
„ de Breney	15,76			
„ au Sud du Col du Mont-rouge	1,32			
„ de Gétroz	7,63			
„ (montage le Crêt)	0,92			
„ au Sud-Est de la Pointe de Rosa Blanche	1,53			
„ à l'Est du Bec des Roxes (Alpe de la Louvie)	0,41			
„ au Nord du Bec des Roxes (Alpe de la Chaux)	0,61			
Total		112,97		
Total pour le Bassin de la Dranse			169,22	7,34

V. Vallée de Nendaz (La Prinze).

	Kilomètres □	Kilomètres □	Kilomètres □	Lieues Suisses □
Glacier du Mont Fort . . . . . ,	2,69			
„ le Grand Désert	6,81			
„ 3 petits Glaciers à l'Est du Mont-Métailler	0,60			
Total pour la Vallée de Nendaz		10,10	10,10	0,44

VI. Bassin de la Borgne.
(La Borgne.)

Vallée d'Heremence.

	Kilomètres □	Kilomètres □	Kilomètres □	Lieues Suisses □
Glacier 2 petits glaciers au Nord et à l'Ouest du Mont-Métailler . .				
„ de l'Alp	0,5			
„ de l'Alpe d'Allèves	0,51			
„ de Praz fleuri	2,14	•		
„ des Ecoulaies	3,86			
„ au Nord de la Salle (Alpe Liappey)	2,24			
„ du Lendarey	2,75			
Transport	12,00			

		Kilomètres □	Kilomètres □	Kilomètres □	Lieues Suisses □
	Transport	12,00			
Glacier	de Durand ou Cheillon . . .	10,27			
„	de Derbonneyre.	1,47			
„	au Nord-Ouest de la Pointe Vouasson) alpe Méribé) . . .	0,36			
	Total		24,10		
	Le Vouasson.				
„	de Vouasson . . . . . •. .		2,49		
	Val de l'Arolla.				
„	des Aiguilles rouges	4,42			
„	des Ignes	1,98			
„	de Zinareffien	0,31			
„	de Cijorénove	2,24			
„	de Pièce	3,25			
„	de Vuibez	9,41			
„	de l'Arolla	13,82			
„	des Dents de Bertol et de l'Aiguille de la Za	3,37			
„	au Nord de la Dent de Perroc	0,41			
	Total		39,21		
	Val d'Hérens.				
„	au Nord des Petites dents . .	0,56			
„	à l'Ouest de la Dent de Perroc	0,66			
„	du Mont Miné	13,82			
„	de Ferpécle	11,28			
„	à l'Est de la Dent blanche et du Grand Cornier	8,74			
„	de l'Alpe des Ros	0,81			
„	au Sud de la Zatalana au-dessus de Sales	0,31			
	Total		36,18		
	Total pour le Bassin de la Borgne			101,98	4,43
VII. Reschy-Thal (die Reschy).					
Glacier des Becs de Bosson				1,22	0,05
VIII. Val d'Annivier (La Navisonce).					
Glacier Au Nord du Mont-Moret (Alpe Orsivaz)			0,61		
	Val de Moiry				
„	Au Nord de Sasseneyre . . .	0,95			
„	de Moiry	9,05			
	Total		10,00		

	Kilomètres □	Kilomètres □	Kilomètres □	Lieues Suisses
Val de Zinal.				
Glacier au Nord de la Pigne de l'Allée	0,41			
„ au Sud de la Pigne de l'Allée	0,10			
„ de Durand ou Zinal	21,96			
„ 3 petits glaciers au Sud et à l'Ouest du Besso versant sur le Glacier du Zinal	1,29			
„ de Moming	9,40			
„ du Weisshorn	7,38			
„ 3 petits glaciers et une partie de celui de Turtmann versant dans l'Alpe Tracuit	0,85			
Total		41,39		
„ à l'Est du signal de Tounot au-dessus de Nissoye		0,66		
Total pour le Val d'Anniviers			52,66	2,29
IX. Meretschy-Alp (Ob Agarn).				
Bella Tola Gletscher			1,06	0,05
X. Turtmann Thal.				
Borter Thal Gl.		0,51		
Turtmann Gl.	23,56			
Pipi Gl.	1,02			
4 kleinere Gl. vom Rothhorn bis zum Zehntenhorn	2,20			
Total		26,78		
Total für das Turtmann Thal . . .			27,29	1,13
XI. Die Visperthäler (der Vispbach). Das St. Niklaus und Zermatt-Thal.				
Gletscher nördlich vom Steinthalhorn (Augstbord Thal)	0,76			
drei kleinere Gletscher der Jungthal Alp	2,14			
zwei kleinere Gl. südlich vom Festihorn .	0,66			
Stetti Gl.	1,89			
Abberg Gl.	4,49			
Ross Gl.	0,25			
Bies Gl.	6,12			
Schmal Gl.	0,25			
Hohlicht Gl.	13,86			
Transport	30,42			

	Kilomètres □	Kilomètres □	Kilomètres □	Lieues □ Suisses
Transport	30,42			
Trift Gl.	7,83			
2 kleine Gl. nördlich der Kalbermatt-Alp	0,61			
Arben Gl.	2,59			
Hohwäng Gl.	3,20			
Z'Mutt-Gl. mit Schönbühl Gl.				
Stock Gl.	26,94			
Tiefenmatten Gl. . .				
Matterhorn Gl.	3,91			
Furgen Gl.	8,06			
Ober Theodul Gl.	10,55			
Unter Theodul Gl.	2,96			
Klein Matterhorn Gl.	5,71			
Breithorn Gl.	3,37			
Schwärze Gl.	5,91			
Zwillinge Gl.	5,10			
Grenz Gl.	15,09			
Monte-Rosa Gl.	7,19			
Gorner und Boden Gl.	23,35			
Findelen Gl.	20,39			
Triftje Gl.	3,37			
Adler Gl.	2,86			
Gl. nordöstlich des Ober-Rothhorn und Fluhhorn	2,50			
Längenfluh Gl.	3,06			
Hubel Gl.	4,18			
Mellichen Gl.	4,38			
Wand Gl.	3,21			
Weingarten Gl.	4,64			
Kien Gl.	4,90			
Festi Gl.	3,42			
Hoberg Gl.	5,35			
Gassenried Gl.	10,45			
Bigerhorn Gl.	0,71			
Total		236,21		

Saas Thal.

Balferin Gl.	4,85			
Bider Gl.	2,65			
Hochbalm Gl.	3,01			
Fall Gl.	0,61			
Fee Gl.	23,70			
Ritz Gl.	0,31			
Transport	35,13			

	Kilomètres □	Kilomètres □	Lieues □ Suisses
Transport	236,21		
Kessjen Gl.			
Hochlaub Gl.			
Allalin Gl.			
Schwarzenberg Gl.			
Seewinen Gl.			
Thälliboden Gl.			
Ofenthal Gl.			
Nollen Gl.			
Furgen Gl.			
Börter Gl.			
Augstkummenhorn Gl.			
Weissthal Gl.			
Rothblatt Gl.			
Roththal Gl.			
Trift Gl.			
Fletschhorn Gl.			
Gletscher der Mattwald Alp			
Total	99,24		
Total für die Visperthäler		335,45	14,56

A. Kündig.

Theobald's Bündner Atlas.

Mitglieder des Alpenclubs, die sich an der Erforschung der Selvretta-Gebirge betheiligen wollen, finden reiche Belehrung über die geologischen Verhältnisse dieser, als Excursionsgebiet für das Jahr 1865 bezeichneten Gruppe in der kürzlich auf Kosten der Eidgenossenschaft herausgekommenen geologischen Beschreibung der Blätter X und XV des eidgen. Atlasses von Prof. Theobald.

Der Text ist von einer grossen Zahl geologischer Profilzeichnungen begleitet, die beiden Karten sind geologisch colorirt.

Dass auch englische Clubisten beginnen, sich in der Erforschung unserer Alpen höhere Aufgaben zu stellen, bezeugt eine ausgezeichnete Karte des Montblanc-Gebirges im 40,000^{el}, welche letzthin in der Berner Naturhistorischen Gesellschaft vorgezeigt wurde. Man verdankt sie Herrn Adams Reilly, der, mit Hülfe eines Theodolits und einiger ihm mitgetheilten trigonometrisch bestimmter Punkte, den Sommer 1863 zu ihrer Aufnahme verwendet hat. Mehrere, besonders die südlichen und westlichen Theile des Gebirges und der Hintergrund des Gletschers von Argentière, haben eine wesentlich verbesserte Darstellung erhalten. Es ist zu wünschen, dass diese Karte, welche einstweilen nur in einzelnen photometrischen Copien vom Verfasser verschenkt wird, bald auch durch Lithographie dem grösseren Publicum zugänglich werden möchte.

B. Studer.

Gebirgszeichnungen.

Seit Jahren hat die Herrlichkeit der Formen, die Kühnheit der Umrisse, die Gewalt der Farben, kurz die Verbindung von Grösse und Entschiedenheit in den Alpenansichten eine Menge von Dilettanten und schüchternen Schülern der Kunst veranlasst, an der Darstellung solcher Ansichten ihren Griffel zu erproben, während sie dies in den für unsere Kunst wohl lehrreicheren und fruchtbareren Gebieten der Hügelregionen und der Ebenen nie gewagt hätten; und was Begeisterung für den Gegenstand und treuer Fleiss auch hier zu erzielen vermögen, davon können wohl die grossen handschriftlichen Panoramasammlungen Zeugniss geben, welche sich, oft nur Wenigen bekannt, in den Händen vieler schweizerischen Bergbesteiger befinden. Der Alpenclub hat zu allen diesen Schätzen die Schlüssel gefunden und ist so glücklich, in dieser Beziehung ein wahrhaft unerschöpfliches Material zu seiner Verfügung zu sehen. Abgesehen von den zahllosen und oft vortrefflichen Albums, die wir fast bei jedem schweizerischen Bergliebhaber finden, wäre es leicht eine ganze Anzahl von Sammlungen namhaft zu machen, die eher den Namen von topographischen Museen verdienen, in welchen der Fleiss Einzelner es von Versuchen primitiver Art durch Beharrlichkeit sehr oft bis zur Darstellung von Ansichten gebracht hat, die, bei der grössten Bescheidenheit der Hülfsmittel, an Treue der Zeichnung, an Grösse der Conception, an Wahrheit des Colorits manchem Künstler von Fach eine schwer erreichbare Aufgabe sein dürften; ohne diesen Letzteren zu nahe zu treten, darf man dies wohl einen Zweig schweizerischer Kunst nennen, der seine Blüthe und Früchte im Verborgenen gereift hat, und den ans Licht zu ziehen eine dankbare Aufgabe des Alpenclubs sein kann.

Allein nicht nur die Kunst, sondern auch die Wissenschaft kann aus diesen Hülfskräften Vortheil ziehen, und wenn wir für die letztere hier Unterstützung suchen möchten, so sind wir sicher, dass es nicht ohne Erfolg geschieht.

Auch die Geologie bedarf zur Darstellung ihrer Ergebnisse genauer Zeichnungen in den Alpen mehr als irgendwo. Das in diesem Bande gebotene geologische Panorama der Alpenkette wird dies durch die Uebersichtlichkeit seiner Resultate Jedem klar machen. Allein noch wichtiger als Oberflächen-Ansichten sind für die Geologie Durchschnitte, in welchen die innere Structur der Bergketten zur Anschauung kommt; und nirgends finden sich solche Durchschnitte häufiger von Natur blossgelegt, als in den Alpen, deren Querthäler und Clusen oft den Bau des Gebirgs bis in grosse Tiefe zur Ansicht bringen. Allein der Geolog ist nicht immer im Stande, seine Aufmerksamkeit gleichzeitig dem Studium der einzelnen Schichten und der topographischen Darstellung im Grossen zuzuwenden; und genaue Profile durch die Alpenketten würden ihm daher die grössten Dienste leisten können. Es darf daher wohl die Bitte an die zahlreichen, geübten Zeichner im Alpenclub gerichtet werden, diesem Gegenstand auch ihre Kunst zu widmen. Setzt auch ein genaues Profil Messungen, oder wenigstens Berücksichtigung der von unsern Karten nunmehr durchweg gebotenen Längen- und Höhen-Dimensionen voraus, so können diese leicht zum voraus zu Papier gebracht werden, und den Detail erfasst dann ein geübtes Auge, wie es unsere Panoramazeichner meist in hohem Maasse besitzen, so richtig auf, dass Correctionen mit Hülfe der Karte auch nachher leicht möglich sind. Die Aufgabe bestände demnach darin, auf geeigneten Linien Profile durch das ganze Gebiet der Schweizer-Alpen, von der schweizerischen bis an die lombardische Ebene zu zeich-

nen, welche mit zu Grunde gelegten der Karte entnommenen
Längen- und Höhendimensionen, von welchen die letzteren
sich zu den ersteren im Verhältniss einfacher Zahlen, 2 : 1 oder
3 : 1 befinden würden, die Contouren der Durchschnitte richtig angeben und auch wo möglich da, wo das Auge sie sicher
erfasst, die Neigung der Felsschichten eintragen würden. Der
Geolog würde an einem solchen Profil einen vortrefflichen
Rahmen haben, in welchen er seine Detailbeobachtungen
eintragen könnte.

Um gleich Anhaltspunkte für solche Thätigkeit zu haben, machen wir auf den Vorschlag von Herrn Prof. B. Stu-
d e r vor der Hand folgende Linien namhaft, auf welchen
solche Profile besonders erwünscht wären.

> Herisau- Sentis- Sargans- Chur- Piz Err- Julier- Sondrio-
> Lago d'Iseo.
> Gislikon- Rigi- Uri-Rothstock- Sixmadun Pizzo Forno-
> Mte. Generoso- Camerlata.
> Huttwyl- Napf- Flühli- Brienz- Wetterhorn- Oberaarhorn-
> Albrun- Baveno- Sesto-Calende.

Vorbild ist ein Durchschnitt durch die Oesterreicher-
Alpen, welcher 1856 in der Naturforscher-Versammlung in
Wien vorgezeigt wurde. Er geht von Passau an der Donau
bis Duino N. von Triest und hat eine Länge von 20—30
Fuss. Die Höhen-Skala ist, soviel in Erinnerung, dieselbe
wie die Skala der Horizontalen, was nun in den meisten
geologischen Profilen befolgt wird.

Die Richtung ist senkrecht auf das Hauptstreichen der
Alpen zu wählen, im Einzelnen kann man sich indess, im
Interesse der Klarheit oder des Pittoresken, Abweichungen
erlauben. Der Beobachter denkt sich im Westen des Durch-
schnittes und folgt demselben von Nord nach Süd beständig

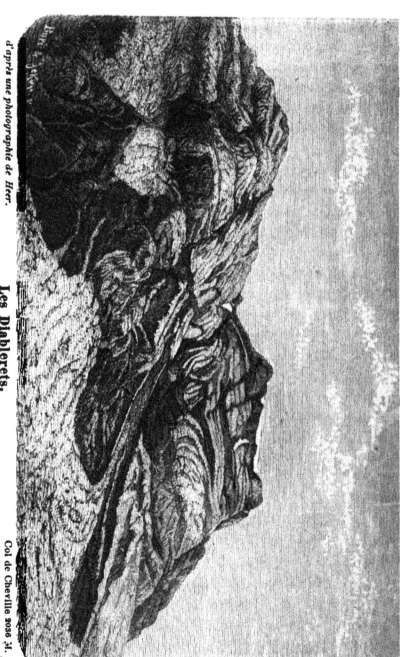

d'après une photographie de Heer.

Les Diablerets.

Col de Cheville 2038 M.

nach Ost sehend, mit möglichster Vermeidung perspectivischer Verkürzungen und Ueberdeckungen. Die Zeichnung hätte nur, wie die gewöhnlichen Panoramen-Zeichnungen, die äusseren Formen und das Landschaftliche wiederzugeben, indem vorausgesetzt wird, dass später ein Geologe, mit der Zeichnung in der Hand, dieselbe Reiseroute durchgehen werde.

Würde der Alpenclub in dieser Weise der schweizerischen geologischen Commission sich der Art zur Verfügung stellen, dass er sich anheischig machte, Aufgaben, welche die letztere stellen würde, nach Kräften zu lösen, so glauben wir, dass der erstere durch Erfüllung dieses Theiles des Programmes, das er sich bei seiner Entstehung gesetzt, Unterstützung der Wissenschaft, nicht nur Dank, sondern auch eigene werthvolle Belehrung und Befriedigung finden würde.

L. Rütimeyer.

Notice sur le massif des Diablerets.

Le massif des Diablerets, vu depuis les pâturages d'Enzeindaz et le col de Cheville, se présente sous un aspect extrêmement sauvage et désolé; ses couches calcaires et schisteuses, tordues, tourmentées et repliées sur elles-mêmes renferment une grande quantité de pétrifications et offrent aux géologues un sujet d'études des plus intéressants. Le botaniste aussi y trouve quelques plantes rares. Depuis le Col de Cheville on voit encore les traces des terribles éboulements qui en 1714 (Juin) et en 1749 couvrirent près de 50 chalets, 15 pâtres et une centaine de pièces de bétail et formèrent le lac de Derborence.

La légende fait passer ce massif pour le séjour des esprits infernaux, de là son nom des Diablerets. Chose curieusé, il est rare que le sommet ne soit ceint d'un cercle de brouillards ou de nuages pendant le jour. Il est prudent d'en faire l'ascension de bon matin. Deux membres de la section Vaudoise du S. A. C. ont fait l'an passé une excursion sur les Diablerets en compagnie d'un clubiste Anglais, Mr. Brown Docteur en Théologie. Voici le compte rendu de cette course, consigné dans nos archives.

Course de Section.

Par suite de diverses circonstances deux membres seulement ont participé a cette course. Messieurs P. Cérésole Doct. méd. et Bugnion étud., accompagnés du guide Ph Marlétaz ainé, des Plans sur Frenières, ont fait le six Août 1864, l'ascension de la pointe supérieure des Diablerets, en partant d'Enzeindaz. Ils y ont planté une perche d'une quinzaine de pieds, surmontée d'une girouette en fer blanc. Après avoir traversé le glacier Sansfleuron, ils sont descendus sur le col Sanetsch, d'où ils comptaient faire le lendemain l'ascension de l'Arbelhorn et du Wildhorn, ce que le mauvais temps a empêché. Je comptais bien me joindre à ces deux membres pour explorer à fond le massif au point de vue de l'accès et pour en dessiner les différentes faces. J'en ai été empêchê par une indisposition, mais j'espère pouvoir exécuter mes projets cette année-ci et réussir à rendre l'accès du dernier contrefort plus abordable, ou à trouver un autre passage, afin que les membres savants de nôtre section puissent à leur tour y monter facilement au profit de la science.

Les deux membres précités de nôtre section, excursionnistes enthousiastés des Diablerets„ ont construit un hôtel

magnifique et des plus confortable, hôtel des grands Ga-
rons, au pied du contrefort, en dessous des roches polies
et tordues qui bordent la grande gorge. Cet hôtel consiste en
deux murs en pierres adossés contre la paroi du rocher, en
un peu d'herbe, séche ou humide selon le temps. Messieurs
les touristes sont priés d'apporter avec eux le toit, les cou-
vertures, les oreillers et les vivres; ils y passeront une nuit
assez agréable en battant la semelle toutes les demi-heures
jusqu'au moment du départ.

Plaisanterie à part, cette station offre l'avantage réel
de n'avoir à grimper que pendant 2 ½ heures au plus pour
atteindre la cîme.

Le dessin qui accompagne ces notices, a été copié d'a-
près une photographie prise sur les lieux par Mr. Martens et
Mr. Heer, photographe à Lausanne. C'est Mr. Renevier qui a
eu l'obligeance de me la prêter. Le dessin, de même que la
photographie, a le défaut de ne pas rendre assez forte l'incli-
naison du premier plan.

La première ascension des Diablerets depuis les chalets
d'Enzeindaz a été faite en 1856 par Monsieur Eugène Ram-
bert professeur, Charles Bertholet forestier et moi, accompagnés par les deux Ph. Marlétaz, Guides des Plans.
(Oncle et neveu).

La veille, nous avions exploré attentivement la direc-
tion à suivre pour y parvenir. Nôtre itinéraire, tracé d'a-
vance, fût suivi assez fidélement, et nous atteignîmes nôtre
but en 3 ½ heures, une petite halte sur le col y comprise.
Depuis lors, nous avons répété cette excursion plusieurs
années de suite, en la complétant par la traversée du glacier
Sansfleuron, nous dirigeant d'abord contre la Becca d'Audon
et ensuite vers le Sanetschpass.

Quoique l'ascension soit continuellement roide, elle

n'offre aucun danger réel. C'est pour un grimpeur des Alpes, une des excursions les plus courtes et les plus intéressantes qu'on puisse entreprendre pour atteindre à un sommet aussi élevé. Un seul endroit (peu distant de la pointe) désigné sur le dessin par le pas du lustre, n'est pas d'un accès très-commode; c'est une paroi presque verticale, d'environ 5 à 6 mêtres de hauteur, où il y a de quoi poser une partie du pied et s'accrocher des doigts. Une fois ce passage franchi, une route royale, pavée de débris de rochers de toute taille, conduit en 10 minutes sur la pointe, qu'on aperçoit d'Enzeindaz; de là 5 minutes suffisent pour atteindre la véritable cîme, formée par une étroite arète du glacier.

Le nom de pas du lustre a une origine assez plaisante. A une des excursions faites à la fin de l'été 1857, par une froide matinée, le terrain étant givré et les roches glissantes, Monsieur M*** botaniste distingué, dut se faire descendre au retour par le moyen d'une corde.

Pendant cette opération, Monsieur M*** s'éloigna de la paroi en poussant du pied, ce qui imprima à la corde un mouvement de rotation et le fit tourner lui même comme un lustre.

La vue dont on jouit de la cîme des Diablerets est sans contredit aussi attrayante et grandiose que celles qu'offrent la plupart des sommets des Alpes bernoises, valaisannes ou grisonnes et mériterait certainement la visite de nos grimpeurs de la Suisse Allemande. Le premier plan, formé par un grand plateau de glace éblouissant de blancheur, donne l'illusion d'une élévation bien plus grande qu'elle ne l'est réellement.

L'admirable bassin du lac Léman déploie presqu'en entier ses eaux pures et profondes; la douce ligne du Jura et la plaine qui s'étend à sa base repose les regards éblouis par la vue des géants et des fleuves de glace de la chaîne Pennine.

Le Mont blanc, le Velan et surtout le Grand Combin se montrent sous leur aspect le plus imposant. La plaine du Rhône, la riante vallée des Ormonts, les Alpes de Savoie, la dent du Midi et enfin la chaîne du Grand Moeveran, forment une richesse d'ensemble et de détails qui laisseront au touriste un souvenir ineffaçable.

G. A. Koella.

Letztjährige Jungfraubesteigungen.

Jede grössere Bergfahrt, auch solche nach bereits mehrfach erstiegenen und bekannten Gipfeln bringt neue Anschauungen und Ergänzungen, und es ist eine natürliche Erscheinung, dass mit der Zahl der Ersteigungen die Begierde, an die bisher gefürchtetsten Gipfel sich zu wagen in geometrischer Progression wächst. Voriges Jahr wurde uns die Kunde der kühnen Bezwingung des Silberhorns, und lugs stürmt 1864 ein Clubist nach dem andern den hehren Zinnen der Jungfrau entgegen, um der vor Allen ausgezeichneten Königin der Berner-Alpen ihren Tribut staunender Huldigung darzubringen. Zuerst im Jahre 1864 erstieg Herr Raillard von Basel den 28. Juli diesen majestätischen Hochgipfel, auf ihn folgte den 6. August ein junger Engländer, 2 Tage später schwelgte Herr Lindt von Bern auf dieser Hochwarte im Genuss einer unvergleichlichen Aussicht. Den 9. führten 3 Engländer, an ihrer Spitze eine der Koryphäen des englischen Alpen-Clubs, Hr. L. Stephens, begleitet von den Hrn. Macdonald und Grove mit den Führern M. und J. Anderegg und J. Bischof die Gewalt-Tour

von Lauterbrunnen über das Roththal und die Jungfrau-
Spitze nach Aeggischhorn Hôtel aus, und endlich am 10. August lief Hr. Jacot von Neuenburg Gefahr, sich auf dem
von Nebel und Kälte starrenden Eisberge die Glieder zu
erfrieren.

Es erzeigen diese Excursionen merkwürdige Abweichungen von den im letzten Jahrbuch angeführten, früheren
Besteigungen entnommenen Angaben. Theils die genauere
Kenntniss dieser hinter Schnee und Felsmauern versteckten
Gegend, theils die ausnahmsweise günstige Firnlage gestatteten, die diesjährigen Reisen in viel kürzerer Zeit zurückzu-
legen. Nicht minder treffen wir aber auch selbst in der Zwischenzeit von nur ungefähr 14 Tagen bedeutende Differenzen,
aus denen man entnehmen kann, wie gross die Abstufungen
der Schwierigkeiten, welche den Berggänger in diesen Regionen erwarten, beinahe von einem Tag zum andern sich
gestalten können.

Deiner, liebliches Bivouac am zerrissenen Faulberg und
der wohlwollenden Fürsorge Herrn Welligs sei zuerst in
dankbarer Erinnerung gedacht! Unter den überhängenden
Felsen aneinander geschmiegt, schirmt uns die steinerne
Wand vor dem rauhen Gletscherwind, die monotone Musik
von Stein zu Stein träufelnden Schneewassers lullt uns bald
zu erquickendem Schlummer ein. Kurz ist die Ruhe; schon
regt sich der keinen Schlafs bedürftige Rytz und facht von
neuem das Feuer zu unsern Füssen an. Mitternächtlicher
Geisterspuk scheint da oben sein Wesen zu treiben. Zum
geheimnissvollen Werke werden Zaubertränke gebraut und
von vermummten Gestalten mit grosser Andacht eingenommen, und bereits Nachts um ein Uhr wird die Denken und
Sinnen erfüllende Reise angetreten. Temperatur der Luft
den 8. August um 1 Uhr Nachts + 8° C.

hüllend haben ihre Namen entweder
von den Bergen, denen sie anliegen,
häufiger von den nahen Alpen oder
den Thälern, in deren Hintergrund
sie sich bilden und durch deren Richtung ihr Zug bestimmt wird.

Statt dem Ausdruck Gletscher
trifft man, besonders häufig im Berner Oberland das Wort Firn; in der
Tödikette den Bündnerbergfirn. Mit
dieser Bezeichnung will aber nicht
gesagt sein, dass der betreffende
Gletscher nur aus Firneis bestehe,
ebensowenig als unter Gletscher nur
Gletschereis verstanden wird.

Nachdem wir so einen, wenn
auch nur flüchtigen Blick über die
Benennung der Bergspitzen, Kämme,
Gräte, Sättel und Gletscher der
Schweizeralpen geworfen, frägt es
sich, welche Namen den zahlreichen
noch nicht benannten, aber benen-
nenswerthen Oertlichkeiten gegeben
werden sollen, und wie der Schweizer-
Alpenclub diesen, ganz in seinen
Wirkungskreis gehörenden Gegenstand zu behandeln habe, um Sinn
und Ordnung in die Ortsbenennung
zu bringen.

Zwar hat die Natur unserer Alpen nichts mit den ihnen vom Men-
chen früher oder später gegebenen

streckt den 'Athemwerkzeugen einige Erholung zu gönnen.'
In mässiger Steigung führt uns der Weg einer jähen mit eini-
gen Schründen durchzogenen Firnwand entlang gegen den
Roththalsattel. Die Passage ist nicht ganz unbedenklich,
denn drohend hängen mit prächtigen Eiszapfen befranste
Schneewächten über dem steilen Gehänge, und es ist ein
grosser Vortheil, wenn die Sonne noch nicht erwärmende
Kraft ausübt. Zur Rechten liegt in abschüssiger Tiefe der
Jungfraukessel.

Wie gewaltig überraschend gähnt dann plötzlich auf dem
Kamm der finstere Abgrund des Roththals dem Blicke entgegen, welch' köstlicher Ein- und Ueberblick eröffnet sich
zaubergleich in den Hintergrund des Lauterbrunnenthals
und in die Gletschermulde zwischen Blümlis Alp und der
Hauptkette. Je nach Firn und Wetterbeschaffenheit mag der
Roththalsattel von jenem Plateau aus in $1^{1}/_{2}$ — 2 Stunden
erreicht werden. Und nun noch eine herzhafte Stärkung
mit Kirschgeist!

Zum letzten Sturme setzen die Eispickel ein. Ach! das
geht ja ganz federleicht, wo bleibt das gefürchtete Eis? Mit
leichter Mühe werden die prächtigsten Stufen zur Sicherung
der Füsse an dem berüchtigten steilen Hange ausgehöhlt
und statt in 3 Stunden, wie es früher meist der Fall war, ist
die Spitze von Hrn. R. in 1. 20, von Hrn. L. in einer kleinen Stunde und von den Engländern, welche die Tritte ihrer
letzten Vorgänger benutzen konnten, sogar in $^{3}/_{4}$ Stunde
erstiegen. Wer hätte früher sich es träumen lassen, dass
ein menschlicher Fuss schon vor 9 Uhr Morgens die schnei-
dige Spitze betreten werde? Glücklich der Sterbliche, dem
es vergönnt ist, in einer klaren warmen Morgenbeleuchtung
das wunderbare vor ihm entrollte Gemälde zu .bewundern.
Mit einem Blick überschaut er das zu Füssen ausgebreitete

mit allen Reizen der Natur geschmückte Oberland wie in
Vogelperspective. Ei! wie blickt es so freundlich herauf von
den bekannten Lieblingsstätten der Menschen. Grüsse
spendet er nach Mürren, dem Niiesen, Schynigen Platte-
und Faulhorn, deren gastliche Mauern sich deutlich vom
Grün oder grauen Fels abheben, gerade aus im tiefen Hauptthal glänzen die stattlichen Gebäude des Höhewegs. Die
massiven alten Schlösser des Thuner See-Ufers zeichnen sich
scharf neben dem matten graulichen Wasserspiegel. Ueber
der einförmig grauen Linie des Jura erkannte Hr. Thioly
noch deutlich die Vogesen. Mit lebhaftem Interesse wird
rasch die Distanz zum Silberhorn gemessen und die schauerlichen Abstürze hinunter in den zwischen inne liegenden Hochfirn so weit thunlich geprüft. Wahrlich eine harte und wohl
gefährliche Arbeit, auf dieser nördlichen Seite vorzudringen.

Vorsichtig dreht man sich auf der schwindligen Spitze,
man achtet nicht auf die starrer werdenden Glieder, freude-
trunken wendet sich das Auge nach den riesigen Gipfeln
des umliegenden Gletscherreviers und der südlicheren Walliser und Savoier Ketten. Ins Unendliche schweift das
Auge, in ungeahnten Weiten dringt dasselbe über Heere von
Bergesgipfeln bis zum Apennin und in mehrerer frem-
der Völker Gebiete.

Nach 15 bis 20 Minuten Aufenthalt bringen der scharfe
alles durchschauernde Nordwind und die unsichere Stellung
auch den grössten Schwärmer zur Erkenntniss, dass hier
seines Bleibens nicht sei. Nur auf kurze Augenblicke vermag da oben der Mensch die unbändige Natur zu bezwingen;
den Stössen der kalten Winde, welche Hr. R. nöthigten sich
auf ein Knie niederzulassen, und einer beissenden Kälte
von — 3,5 C. um 9 Uhr des 8. August lässt sich auf die
Dauer nicht Trotz bieten. Daher rasch in umgekehrter

Ordnung abmarschiert. Wem die gütige Natur nicht lange und solide Beine bescheert, der wird es vorziehen, mit dem Gesicht gegen den Berg niederzusteigen. Hr. R. freilich stieg zuversichtlich in gewohnter Weise bergab. Treffliche Dienste an solchen steilen gefrorenen Hängen leisten mit Hacken versehene, nicht zu lange Bergstöcke sowohl im Auf- als Hinabsteigen, da sie viel mehr Sicherheit und Unterstützung gewähren als der einfache Bergstock, der im Eise schwer solid eingetrieben werden kann. Diese von zugespitzten Hacken können etwa 1½ — 2 Zoll breit und bis 4″ lang, auf dem Rücken gewölbt und leicht gebogen sein, vor allem müssen sie vollkommen zuverlässig am Stocke befestigt und stark genug verfertigt werden, dass ein Mann sich ganz darauf verlassen kann. Ein solches Instrument ist natürlich für die eigentliche Arbeit des Tritt Hauens nicht genügend, zur Nachhülfe sind sie sehr zweckmässig und viel leichter und bequemer als die schweren, starken von den Engländern adoptirten Eispickel, welche sich vorzüglich für die Führer eignen. Ein zweites auf glattem Boden nicht zu verachtendes Instrument sind leichte Fusseisen besonders auf Touren, welche, wie bei einer Jungfraubesteigung, selten über Fels führen.

In einer halben Stunde steht man wieder auf dem Sattel und beeilt sich, noch bei Zeiten die bereits weicher werdenden obersten Gehänge in Rücken zu bekommen. Auch hier wieder bedeutender Unterschied zwischen der Ersteigung vom 28. Juli und der vom 8. August, wo die Rutschpartien einiger geöffneter Schründe wegen nicht mehr gewagt werden durften, und wie versanken wir erst in der glühenden Mulde zwischen der Grünhorn und Lötschen Lücke! Trotzdem differiren die beiderseitigen Marschzeiten nicht sehr bedeutend, Hr. R. verwandte 13 Stunden 25 Mi-

nuten, L. 14. 30'. Um 6 Uhr Abends kann man füglich, d. h.
bei ausdauerndem Marsch wieder in Aeggischhorn-Hôtel
einrücken.

Im Sommer 1862 den 19. Juli hatte Hr. Thioly von
Genf eine von allen bisherigen abweichende kühne Ersteigung unserer Bergkönigin glücklich ausgeführt. Durch einen breiten ohne Leiter nicht passirbaren Schrund vom
Roththalsattel abgeschnitten, unternahm derselbe mit den
Führern A. Valter und J. Minig mitten an dem furchtbar
steilen südlichen Absturz der Jungfrau emporzuklimmen.
1200—1300 Stufen wurden von 7 Uhr Morgens bis 2 Uhr
Nachmittags an einer Eiswand von 70—80° gehauen. Ein
Versuch, über eine Felsklippe zu klettern, musste wegen des
gefährlichen Glatteises aufgegeben werden. Wiederholt erklärten die Führer ein weiteres Vordringen für unmöglich,
scharfe Windstösse liessen sie das Schlimmste befürchten,
zuletzt brach der Eispickel, der nun durch ein kleines Hand-
beil ersetzt wurde. Gegenüber diesen Hindernissen und
dem Schrecken eines hinter ihnen hinunter donnernden Eis-
bruchs hatte sich eine solche Bergwuth des Reisenden bemächtigt, dass er allein vordrang und durch seine Entschlossenheit auch die Führer zur Fortsetzung der mühseligen
und gefährlichen Arbeit anspornte. Um 2 Uhr war die
schmale Firnschneide nahe der obersten Spitze endlich gewonnen. Des heftigen Sturmes wegen musste dieser rittlings zugerutscht werden, um in raschem Fluge das ungeheure
Panorama vollständig geniessen zu können.

Den unbeschreiblichen Empfindungen, von Freude und
Grauen gemischt, machten die Führer ein baldiges Ende,
welche des entschiedensten zur Rückkehr mahnten. In 1½
Stunden wurde diese glücklich bis zum Fusse bewerkstelligt
und bei beginnender Abenddämmerung am Faulberg ange-

langt. Hier hatte aber bereits Hr. Professor Tyndall sein Quartier aufgeschlagen, dessen Träger auf dem Hermarsch in eine Gletscherspalte gestürzt und nur mit grosser Anstrengung und nach langer Arbeit durch den trefflichen Bennen gerettet worden war. Unter solchen Umständen wurde bei einbrechender Nacht der Marsch den Aletsch-Gletscher hinunter angetreten. Nach endlosem Hin- und Herirren konnte um 11 Uhr der Rand des Gletschers nahe beim Märjelen-See erreicht werden, wo alle drei Mann durch die grossen Tagesmühen erschöpft sich auf die feuchte Erde warfen. Die Ruhe wurde aber plötzlich gestört durch einen starken Krampfanfall, der einen der Führer in Folge der Strapazen des Tages und der schneidenden Kälte der Nacht befiel, und dem sie nicht anders zu begegnen wussten, als indem sie sich wieder in Bewegung setzten. Die Kur schlug gut an und in aller Finsterniss wurde um den Märjelen-See herumgetappt. Leichter ging es dann bei Mondenschein dem Aeggischhorn-Hôtel zu, wo endlich um 4 Uhr Morgens angeklopft wurde.

Die etwas unklare Beschreibung der zweiten Jungfrau-Ersteigung durch Hrn. R. Meyer lässt keinen positiven Schluss zu, ob, wie einige Stellen vermuthen lassen, die von Hrn. Thioly eingeschlagene Richtung mit jener theilweise übereinstimme oder nicht, wahrscheinlich ist es indess, dass Hr. Thioly sich zwischen dem Wege des Hrn. R. Meyer und dem von den Hrn. Agassiz und Studer eingeschlagenen gehalten und dass vor ihm Niemand den gleichen Gang versucht hat. Unzweifelhaft ist diese Ersteigung als eine der mühseligsten und kühnsten zu betrachten.

Einer von Hrn. Raillard entworfenen Tabelle entnehmen wir folgende Distanzen-Angaben:

Der Ausdruck Berg fasst die gesammte Masse einer Gebirgserhebung von der Ebene oder der Thalsohle bis zu deren Gräten und Spitzen in sich und eignet sich daher nicht zur generellen Bezeichnung der höchsten Spitze allein.

Bei der Wahl der Eigennamen der Bergspitzen müssen Wiederholungen, die so leicht irre führen, besonders in derselben Gegend, vermieden und desshalb die Bezeichnung nach Farbe, z. B. Schwarzhorn, Weisshorn, deren wir ohnedem bereits eine grosse Anzahl besitzen, nur mit Vorsicht gebraucht werden.

Die Form der Bergspitzen ist zwar schon beim generellen Namen benutzt worden, doch bietet auch sie noch Anhaltspunkte für die Eigennamen, z. B. Gespaltenes Horn (im Berneroberland), Piz Fess (im rom. Lugnez). Indess zeigen die Bergspitzen bekanntlich oft verschiedene Formen, je nachdem man sie von einer Himmelsgegend in's Auge fasst, wesshalb man in solchen Fällen zur Benennung immer diejenige Seite wählen sollte, wo das Hauptthal und die bevölkertsten Ortschaften liegen. Dies gilt auch von der Benennung nach dem Stande der Sonne. Besser ist es aber, man wählt solche Namen, welche auf alle Seiten der betreffenden Bergspitzen passen, und dazu gehören im Allgemeinen namentlich die petrographischen, geologischen und botanischen Eigenthümlichkeiten der Bergspitzen; ferner auffallende meteorologische Erscheinungen, Schneewehten, Nebelbildungen etc.

In diese Gruppe gehören die bereits bestehenden Namen: Plattenhorn, Kalkhorn, Faulhorn, ferner Wetterhorn. Windgelle.

Die Orientation wird wesentlich durch solche Namen erleichtert, welche von den nächstgelegenen Pässen, Alpen.

Willst du die Besteigung unternehmen, so brauchst du
nicht zu fürchten, die Nacht auf einem Gletscher zuzubringen,
da dir das Wirthshaus beim Schwarrenbach gastliches Obdach gewährt. Aber Morgens früh, etwa um 4 Uhr, musst
du aufbrechen, und gehst, natürlich nicht ohne Führer, zurück bis da, wo der Weg sich gegen die Spittelmatte senkt,
und wendest dich nun rechts durch die Felstrümmer des
Rinderhorns dem Sagigletscher zu, verfolgst diesen und er-
klimmst den Sagigrat, der Rinderhorn und Balmhorn verbindet. Schon hier zeigt sich dir der grösste Theil der
Walliseralpen. Nun geht's alles dem Grat entlang gegen
das Balmhorn zu, allmählig aufsteigend, und in 4—5 Stunden (vom Schwarrenbach aus) ist das Ziel erreicht. Hie
und da müssen Tritte gehackt werden, sonst sind keine besondere Schwierigkeiten zu überwinden. Versteht sich, ein
Schwindler darfst du aber nicht sein, sonst bleibe bei den
andern Schwindlern drunten in der Tiefe.

Das Panorama, das sich dir hier oben darbietet, sucht
sicher seines Gleichen. Die Berneralpen erblickt man in
ungewohnter Weise von Südost; namentlich grandios bieten
Blümlis-Alp und Doldenhorn ihre finstern südlichen Felsabstürze dem Beschauer zu, Jungfrau, Eiger und Wetterhorn
gipfeln in schlanken Spitzen aus. Die Walliseralpen kannst
du kaum irgendwo schöner sehen, da du mitten vor ihrer
gewaltigen Front stehst. Gegen Osten zeigen sich dir
darüber hinaus einzelne Tessiner, weiter die Bernina- und
Veltliner-Gruppe und über diese erhebt deutlich der Orteles
sein Haupt. Gegen Norden liegt das Dorf- und Stadtbe-
säete, wohlangebaute und bewaldete Land ausgebreitet, mit
seinen Seen, vom Jura umsäumt, über den hinaus du die
Vogesen und den Schwarzwald noch gut erkennen kannst.
— Doch lässt sich solch ein Gemälde nicht mit kurzen

V.

Kleinere Mittheilungen.

anlasste, ihm auf die Nacht eine Tasse Milch zur Verfügung zu stellen. Zwischen 11 und 12 Uhr gab er seine Unruhe durch lange anhaltendes Pfeifen kund, ohne dass er von der ihm dargebotenen Nahrung Gebrauch machte; wahrscheinlich bedeutete jenes Pfeifen die Vorhersage des am Morgen des 1. März fallenden Schnees. Von da an versank der junge Dithmar wieder in festen Schlaf; infolge der durch Föhnsturm vom 5.—7. eingetretenen Wärme regte er sich wieder und von da an machte er sich in kürzern Intervallen bemerkbar und genoss auch von Zeit zu Zeit die ihm vorgesetzte Nahrung, so dass der eigentliche Winterschlaf als mit dem Eintritte jener erhöhten Temperatur gebrochen angesehen werden kann.

Der 26. März war ein bedeutungsvoller Gedächtnisstag für den „Munk". An diesem Tage nämlich erschien sein Bezwinger, der junge Rud. Elmer, der ihn am 10. Aug. v. J. aus seiner elterlichen Wohnung in Val Rusein, nicht ohne blutige Merkmale seines Widerstandes, entführt hatte. Diesen Anlass benützte ich, um den Gefangenen einer Untersuchung zu unterstellen. Ich hatte mir vorgestellt, derselbe könnte möglicherweise infolge des Winterschlafes von seiner demselben vorangegangenen Wildheit etwas nachgelassen haben, aber dem war nicht so, sondern nach der Resurrection gebährdete er sich womöglich noch scheuer und unbändiger als im verwichenen Herbste; nur mit grösster Mühe und Gewaltanwendung brachten wir ihn mit heiler Haut ans Tageslicht. Dagegen fand ich mich nicht getäuscht in der Annahme, dass das Thierchen sein während Sommer und Herbst gesammeltes Fett durch den Winterschlaf eingebüsst haben werde; es hatte sich fast zur Unkenntlichkeit verwandelt, erschien um die Hälfte kleiner und war beim Betasten nichts als Haut und Bein. Ich meiner-

seits halte den Bericht eines Bündner Jägers in Fr. v. Tschudi's Thierleben der Alpenwelt, dass er im April ein aus dem
Winterschlaf erwachtes Murmelthier geschossen habe, das
so fett war als im Herbste, aus scientifischen und empy-
rischen Gründen für unrichtig. — Bei diesem Anlass hatte
übrigens auch Gelegenheit, die merkwürdige Muskelkraft
dieser Thierchen zu erproben; ich hatte es bei den hinteren
Läufen und hielt es in die Höhe, eine Weile verhielt es sich
ruhig, dann aber drehte es sich plötzlich, reckte den Kopf
und setzte sein Gebiss in Bereitschaft meine Finger zu
packen, als ich noch rechtzeitig die Gefahr gewahrte und
durch den Rückzug der Hand den Feind entwaffnete.

Mit diesem Tage begann der „Munk" wieder seine ge-
wohnte Lebensweise und animalischen Functionen, sein
ganzes Wesen bewegte sich aber in gesteigerter Wildheit;
fast keine Nacht verging, ohne dass er Beschädigungen an-
richtete, Thüren zernagte, Mörtel von den Mauern wegriss
u. s. w. Zur Strafe dafür sperrte ich ihn eine Nacht ein;
infolge dessen verhielt er sich etwa 8 Tage ganz ruhig, dann
ging der Tanz wieder los, dass ich mitten in der Nacht genöthigt war aufzustehen und den Störefried mit einigen
Schlägen zu züchtigen. Diess geschah in der Nacht vom
24.—25. April. Von da an verhielt er sich wieder etwa
8 Tage ruhig, liess sich sogar bei Tage nun nicht mehr
blicken, während er ehedem immer noch von Zeit zu Zeit
aus dem Versteck hervorgekommen war. Jetzt erreichte
die Scheue und Wildheit des Thierchens den höchsten Grad.
In den ersten Tagen des Mai begann der nächtliche Spuk
von Neuem und setzte sich aller Züchtigungen ungeachtet
regelmässig fort; sobald er merkte, dass alle Hausbewohner
im Schlafe seien, begann er seine wilde Jagd, nagte und
polterte an Thüren, Tischen, Bänken und Geräthschaften,

drohte Ziegelwände und Mauern zu durchbrechen und richtete jede Nacht immer grössere Beschädigungen an. Da
Freiheits- und Leibesstrafen nicht den mindesten Erfolg
mehr hatten, wurde das Todesurtheil über ihn ausgesprochen,
und, sodann am 11. Mai Vormittags 9 Uhr an ihm vollzogen.
Der Jäger Büchsenschmied Casp. Blumer von Glarus machte
den Executor: er erfasste mit der linken Hand den Delin-
quenten am Nacken und versetzte ihm mit der Rechten
durch ein eisernes Stäbchen den tödtenden Streich auf den
Schädel; plötzlich hatte der Unglückliche sein unruhiges
Leben verendet und seine Seele in die Hand des unerbittlichen Mörders ausgehaucht; das spärliche Blut floss augenblicklich aus Maul und Nase, und der einst die Freude und
der Stolz seines Herrn gewesen, war eine Leiche.

Der „Munk" sollte nun ausgestopft werden, um zum
Andenken an sein abenteuerliches Schicksal, seine romanhafte
Kindheit und sein tragisches Ende, unter den Trophäen der
Section Tödi aufbewahrt zu werden, allein auch diese Hoffnung konnte leider nicht in Erfüllung gehen. Nicht nur war
der Balg schon bei der Tödtung zu beiden Seiten des Bauches
der Haare entblösst, sondern beim Versuche zur Ausstopfung
zeigte es sich, dass auch die Behaarung des Rückens und
des Kopfes nicht Stand hielt, und so musste auch seine arm-
selige Hülle dem allgemeinen Auflösungsprocess überant-
wortet werden, und auch diese Spur seines Daseins erlosch.—

Hauser.

	Bern.					Grimsel.		
Mitteltemperatur.	Max.	Min.	Barometerstand.	Witterung.		Mitteltemperatur.	Witterung.	Tag.
$22^{o},2$	$29^{o},5$	$14^{o},7$	714,0	Schön		$14^{o},7$	Etwas bewölkt	Aug. 7
21,4	28,4	13,3	713,7	Schön		14,3	Schön	8
22,2	30,0	13,0	713,8	Schön		14,1	Schön	9
16,9	20,8	11,0	714,0	Bewölkt		5,8	Bewölkt	10
11,4	15,0	7,6	716,9	Bewölkt		0,1	Bewölkt	11
12,1	18,0	5,0	719,6	Schön		5,0	Bewölkt	12
12,3	18,4	5,6	718,2	Schön		5,9	Wolkig	13
12,7	17,1	8,3	718,8	Schön		4,1	Wklkig	14
14,2	19,7	8,6	716,8	Schön		10,0	Schön	15
17,2	24,4	·9,3	715,9	Schön		10,3	Schön	16

Vom 6. August an beginnt das Barometer bei vorherrschend südwestlichen Winden langsam zu sinken, erreichte für unsere Gegenden am 10. sein Minimum und erhob sich dann rasch wieder mit heftigen nordöstlichen Winden, die bis zum 16. andauerten, bedeutend über den mittleren Stand. Mit dem Sinken des Barometers trat am 10. und 11. in Bern Regen, auf der Grimsel, wo die Temperaturdifferenz bedeutend fühlbarer war, als in Bern, sogar Schnee ein.

Diese Erscheinungen waren keineswegs local; durch das Netz der meteorologischen Beobachtungsstationen, die in täglichem telegraphischen Verkehr mit der Pariser Sternwarte stehen, wurde man schon zu Anfang des August von heftigen Stürmen in Russland, England, Frankreich, Spanien und Italien in Kenntniss gesetzt, und am 7. August wurde die Schweiz benachrichtigt, dass auch sie in Kurzem stürmisches Wetter zu erwarten habe.

Die sichere Vorausbestimmung der Witterung in den Alpenregionen wäre gewiss jedem Touristen erwünscht, die vorhandenen meteorologischen Beobachtungsreihen sind jedoch noch zu unvollständig, um sichere Schlüsse ziehen zu können; — möge daher diess ein Anlass sein, die Alpenbesucher aufzufordern, die Variationen in der Atmosphäre jener Regionen zu erforschen und auf diese Weise zu einer Climatologie der Gebirgsgegenden beizutragen. —

Jenzer.

Abends vorher trafen die Festtheilnehmer in Thierfehd ein
und tanzten zur heiteren Einleitung der Feier die Nacht
durch bis zum frühen Morgen. Dann ward der Bergstock
zur Hand genommen und im Glanze des Mondes über die
Sandalp nach dem Wallfahrtsorte gepilgert, der um $10^{1}/_{2}$ Uhr
die Gesellschaft bei sich versammelt fand. Zu den Clubisten
und den Baumeistern Heusser, Kundert und Stucki hatten
sich die Elite der Führer des Grossthales und zwei Aelpler
der Gegend gesellt, um dem ungewohnten Taufacte beizu-
wohnen. Der Act bestand darin, dass erst der Bau besichtigt, mit der Zeichnung verglichen, richtig befunden und den
Baumeistern abgenommen ward. Dann trat der Präsident
Hauser vor und hielt in dem ihm eigenen schwungvollen
Styl eine Anrede. Sie ward mit einem Hoch geschlossen,
dessen Töne kräftig an den gegenüberstehenden Felswänden
des Bifertenstockes wiederhallten. Drauf kreiste der
Ehrenwein, ein köstlicher Johannisberger, und es erscholl
Mozart's ehrwürdiges „Brüder, reicht die Hand zum Bunde.“
Noch legte Herr Rathsherr Hefti von Häzingen das allen
Reisenden unentgeltlich offen stehende Asyl der Wachsamkeit
der Führer und Aelpler ans Herz. — Champagnergeknall,
neuer Sang, Gejodel, Gejauchz, eine donnernde Lawine, die
in eben dem Augenblicke von der gelben Wand nach der
berüchtigten Schneerunse hinabstürzte — und das Fest war
aus.   *A. R.*

————————

Topographische Notizen
über das Blatt XVIII. der Dufourkarte.

Wenn man mit aufmerksamem Blick die auf dem Blatt
XVIII des eidgenössischen Atlasses beschriebenen Gletscher-

reviere des Berner Oberlandes mustert und die Höhen-Angaben von oben herunter der Reihe nach sich merkt, so ist man erstaunt, zu finden, dass einige der höchsten Gipfel der Berner Alpen keinen Namen haben, während weit niedrigere Gipfel mit gesperrter Schrift benannt sind.   Diese Lücke in der Geßirgsnomenclatur betrifft ganz besonders die Gebirgsgruppe, welche den Collectiv-Namen Vieschergrat oder: „die Viescherhörner" trägt, und ein Blick auf die Karte wird uns zeigen, dass wir es hier mit Gipfeln ersten Ranges zu thun haben.   Allerdings umfasst diese Kette ein Gebiet, welches zu den centralsten unter den Berner Alpen gehört, und da die Gipfel dieser Kette alle mehr oder weniger zurücktreten, ist ihr bis in die jüngste Zeit wenig Aufmerksamkeit geschenkt worden.   Nachdem aber in den letzten Jahren die Gletscherreviere des Berner Oberlandes in allen Richtungen sind begangen worden, hat sich der Mangel an einer richtigen Nomenclatur sehr fühlbar gemacht, nicht nur der Mangel an Namen für Bergspitzen, sondern ganz besonders auch für die grossen Firnreviere, welche die Quellgebiete der ins Thal niedersteigenden Gletscher genannt werden können.   Im vorigen Jahre sind zur Erforschung dieser Gebirgsgruppe mehrere Touren gemacht worden, und eine Anzahl mit diesem Terrain aus eigener Anschauung vertrauter Clubisten der Berner Section hat sich im Laufe des Winters versammelt und' unter dem Präsidium des Herrn Ober-Ingenieurs Denzler folgende Correcturen beschlossen: Die Kette der Viescherhörner wird deutlicher definirt und getrennt in Grindelwaldner und Walliser Viescherhörner. Sie umfasst einerseits die Hochfirne des Walliser Viescher-Gletschers und eines der Firnthäler des grossen Aletsch-Gletschers, andererseits umgibt sie den Grindelwaldner Viescher-Gletscher, einen Zufluss des oberen Grindelwaldner

Eismeeres. Die Grindelwaldner Viescherhöner streichen in
ihrer Hauptrichtung von Südost nach Nordwesten und verbinden das Agassizhorn mit dem Mönch. Diese Kette ist
der eigentliche Vieschergrat, der vom Mönch durch eine be-
gletscherte Einsattelung durch das Mönchjoch getrennt ist.
Die Grindelwaldner-Viescherhörner bilden den Knotenpunkt
dieses Vieschergrates und erheben sich an den Ecken eines
durch einen Hochfirn gebildeten Plateau's, das die Form
eines Dreiecks hat. Dieses Dreieck, eine circa 11000′ hohe
Firnebene, verbindet die Gipfel mit einander, welche auf der
Dufour-Karte folgende Zahlen aufweisen. Der südliche Eckpunkt dieses Hochfirndreiecks = 4020 Meter, der nord-
westliche Eckpunkt = 4048 Meter und der südöstliche =
3873 Meter, bilden die drei Gipfel der Grindelwaldner
Viescherhörner, von welchen die beiden letzteren von Norden
aus in der Hauptkette der Berner Alpen sichtbar sind, das
südliche 4020 M. hohe Viescherhorn dagegen tritt so zurück,
dass es nur von sehr nordöstlich und weit entfernt gelegenen
Standpunkten aus sichtbar wird, so von einzelnen Höhen des
Juras und des Ober-Aargaus, wo es zwischen den beiden andern
hervorguckt.

Auf dem Blatt XVIII. stehen nun zu diesen drei Gipfeln
nur zwei Namen, nämlich der allgemeine Name Viescherhörner und sonderbarer Weise zu der niedrigsten Höhenzahl
unter den dreien der Name Grosses Viescherhorn, neben der
Zahl 3873 M. Hier ist nun offenbar ein Irrthum, jedenfalls
eine Inconsequenz in der Nomenclatur begangen worden, und
die versammelte Commission hat folgende Vorschläge adoptirt.

Der Name Grosses Viescherhorn ist dem höchsten,
wie ganz natürlich beizulegen und neben die Zahl 4048 M.
zu setzén. Es ist dies der westliche der beiden von Grindelwald aus sichtbaren Viescherhörner, und heisst auch schon

lange in Grindelwald Grosses Viescherhorn. Dieser Gipfel ist der Höhe nach der siebente in den Berner Alpen. Er wurde zum ersten Male den 23. Juli 1862 von einem Engländer bestiegen.

Da wo jetzt der Name Gr. Viescherhorn neben der Zahl 3873 M. steht, ist das Gr. in Kl. umzuwandeln und dazu zu setzen „oder der Ochs“. So heisst nämlich das kleine Viescherhorn auch, sowohl in Grindelwald als besonders auf der Grimsel, von wo es sichtbar ist. Das „Kleine Viescherhorn oder der Ochs“ wurde den 28. Juli 1864 zum ersten Male von Grindelwald aus vom Unterzeichneten bestiegen. Es ist der östliche, felsig abgerissene Gipfel der beiden von Grindelwald aus sichtbaren Viescherhörner.

Das dritte Viescherhorn, das südliche mit der Höhe 4020 M. wurde Hinter-Viescherhorn benannt, es steht südlich zurück und ist von Grindelwald aus nicht sichtbar. Noch unerstiegen.

Um diese drei Gipfel herum in leichtem Bogen sollte der Name Grindelwaldner-Viescherhörner gesetzt werden. Der Name Vieschergrat bleibt an seinem bisherigen Platze. Dem Namen Viescher-Gl., nördlich des Vieschergrates wird „Grindelwalder“ vorgesetzt zur deutlichen Trennung vom Walliser Viescher-Gletscher. Von einem jeden dieser drei Gipfel senkt sich der Grat mit Abzweigungen sternförmig ab; vom Grossen Viescherhorn nordwestlich gegen das Mönchjoch (3560 M.); vom Kleinen Viescherhorn nördlich über das Grindelwaldner Grünhorn und die Grünen.Wänge bis zum Zäsenberg, wo er sich in das untere Grindelwaldner Eismeer versenkt und den Gr. Viescher-Gletscher auf dessen östlicher Seite eindämmt, südlich in scharfem Kamme bis zum Agassizhorn den eigentlichen Vieschergrat in der normalen Streichrichtung fort-

setzt. Vom Hinter-Viescherhorn löst sich rein südlich ein
rasch abfallender Grat ab, um jenseits einer tief eingeschnittenen Schlucht sich zu einer neuen Gebirgsgruppe zu erheben, welche wir hiermit der Beachtung jedes Topographen
empfehlen.

Haben wir den Grindelwalder Viescherhörnern vom
Agassizhorn bis zum Mönchjoch eine nordostsüdwestliche
Kammrichtung gegeben, so finden wir bei den Walliser
Viescherhörnern eine rein nordsüdliche Streichungslinie.
Die Verbindung beider Gruppen bildet ein vielgipfliger Gebirgsstock, der nördlich durch die obenerwähnte Schlucht
vom Hinter-Viescherhorn, südlich durch die Grünhornlücke
von den Walliser Viescherhörnern getrennt ist.   Auch hier
finden wir drei Höhenangaben auf dem eidgenössischen Atlas und zu unserem Erstaunen rechts von dem imposanten
Felsenstock, der sich nördlich von der Grünhornlücke erhebt
und schon auf der Karte der Zeichnung nach sich als Gipfel
ersten Ranges habilitirt, die Zahl 4047 M, also der acht-
höchste unserer Berner Alpen ohne Namen.   Gleich südlich darunter finden wir die Zahl 3869 M., gleich nördlich
anstossend wieder einen kleinen Felsenstock gezeichnet mit
der Zahl 3927 M.   Von Namen steht nichts als unten am
westlichen Thor der Grünhornlücke bei der untergeordneten
Zahl 3287 M. den kleinen Namen Grünhorn.   Allen denen,
die je die Firnreviere des Aletschs oder Walliser Vieschergletschers begangen haben, oder die aufs Finsteraarhorn
gestiegen sind, wird der gewaltige Felsenstock, nördlich der
Grünhornlücke aufgefallen sein, der an Höhe und Furchtbarkeit der jähen Gehänge mit den ersten Häuptern unserer
Hochalpen kühn wetteifern kann; und steigt man vollends
empor auf die Höhe des Mönchjochs oder auf irgend einen
Punkt des Vieschergrats, so wird man sofort gewahr, dass

dieser Gipfel das Centrum einer kleinen Gruppe bildet, welche ein sehr schönes Mittelglied zwischen dem Finsteraarhorn und Aletschhorn bildet.

So hat denn die Benennungscommission diesem Gebirgsstock den Collectiv-Namen G r ü n h o r n g r u p p e beigelegt als Verbindungsglied der Walliser und Gr. Viescherhörner und als wohlberechtigte neue Gruppe im Kranze der Berner Alpen. Bei der Nomenclatur dieser Gruppe hat sich die Commission ganz streng an die schon bestehenden Namen oder Bodenverhältnisse und Beschaffenheit der Localität gehalten. — Da bei dem Gipfelchen 3287 M. das Wort Grünhorn steht und die Grünhornlücke die Basis dieses Gebirgsstockes bildet, so muss die ganze Gruppe sich diesen schon bestehenden Bezeichnungen anlehnen, jedoch haben wir gefunden, dass die noch mit spärlicher Gemsweide mager besetzten Abhänge dieses 3287metrigen Grünhorns eine Umwandlung in G r ü n e c k wohl begründen. Es ist eben bloss ein mit Trümmern bedeckter Ausläufer eines noch weit höheren Hornes. Also wird das Wort Grünhorn neben der Zahl 3287 M. in G r ü n e c k umgewandelt. Die Grüneck bildet aber selbst nur die untersten Fluhsätze eines sehr schönen in bogenförmigem Schwung ausgipfelnden mit scharfer Gwächte gekrönten Hornes, welches die Zahl 3869 M. trägt. Wie könnte man dieses schöne, die Grünhornlücke unmittelbar dominirende Horn besser benennen als mit dem Namen G r ü n e c k h o r n 3869 M*). Nördlich daran stösst jetzt erst der Central-Klotz dieser ganzen Gruppe. Hat der getäuschte Topograph den Gipfel des Grüneckhorns beinahe erstiegen, so starrt durch eine unwirthbare Schneeschlucht von ihm getrennt eine noch höhere Potenz in die Lüfte. Dunkel grün allerdings aber in jähen Felsen ragt für heute

---

*) Auf unserer Karte steht an dieser Stelle unrichtig Grünhorn.

unerreichbar der Felsenkegel des 4047metrigen grossen
Unbekannten in die Lüfte, dem Gross-Schreckhorn in Form
und Furchtbarkeit nicht unähnlich. Da ist kein anderer
Name indicirt als der des Gross-Grünhorns 4047 M. als
des Chefs der ganzen Gruppe.

Ebenso wie der Name Grosses Viescherhorn
4048 M. soll der Name Gross-Grünhorn mit der gesperr-
ten Schrift der Gipfel ersten Ranges eingetragen werden.
Auch dieser würdige Kumpan harrt noch des demüthigenden
Steinmannlis. Wie das Grossschreckhorn in seiner nördlichen Fortsetzung einen kleinen Vasallen besitzt, das Klein-
schreckhorn, so auch das Gross-Grünhorn. Wie bei der
Schreckhornkette das Klein-Schreckhorn als jäher Felsenkegel, in seiner äusseren Form und seinem allgemeinen Habitus dem Gross-Schreckh. sehr ähnlich ist, so ragt auch
gerade nördlich vom Gross-Grünhorn ein kleinerer Felsenkegel in die Lüfte, ebenso steil, ebenso felsig und von ähnlicher Form, die besonders vom Trugbergfirn aus auffallend
erscheint. Breit und klotzig, von vorherrschendem Felsen-
habitus, in einen Felsenthurm ausgipfelnd, ist das Gross-
Grünhorn, eben so steil und felsig, jedoch mit etwas gekrümm-
terem Felsenhorngipfel zeigt sich das 3927 M. hohe Klein-
Grünhorn, welcher Name sich sofort von selbst ergab und
adoptirt wurde. Diese vier Namen sind hinlänglich zur genauen Orientirung in dieser terra incognita; will ein Spe-
cialist einen Namen mehr, so ragt als östlicher Eckpfeiler
des Grüneckhorns gleich über dem Ostthor der Grünhornlücke noch ein scharfer eleganter Felsenzahn in die Lüfte
mit 3600 M. Diesen könnte man Grünhörnli nennen,
doch es sind der Namen genug und mit Grüneck 3287 M.,
Grüneckhorn 3869 M., Gross-Grünhorn 4047 M. und
Klein-Grünhorn 3927 M. wurde die Nomenclatur dieser

Mittelgruppe zwischen den beiden Viescherhorngruppen ab-
geschlossen.

Auf Herrn Regierungsstatthalter Studers Panorama vom
Grossen Wannehorn aus ist das Grüneckhorn und
das Gross-Grünhorn sehr schön sichtbar, ebenso die drei
Grindelwaldner Viescherhörner in ihrer wahren Lage, sowie vorne am Grüneckhorn rechts das Grünhörnli. Verdeckt
sind die Grüneck durch das zunächstliegende Walliser Viescherhorn, und das Klein-Grünhorn durch das Grosse.

Gehen wir nun über zur Gruppe der Walliser Viescherhörner, so finden wir auch hier einige wünschenswerthe
Aenderungen, auf welche die Benennungscommission aufmerksam gemacht hat. Auch hier trägt die höchste Zahl,
der höchste Gipfel der ganzen Kette keinen Namen, während
der zweithöchste Punkt Wannehorn heisst. Der höchste
Punkt der ganzen Kette mit 3905 Metern wurde voriges
Jahr (siehe Jahrbuch) zum ersten Male von den HHrn. Regierungsstatthalter Studer und Apotheker Lindt aus Bern
erstiegen. Dieser Gipfel soll nun Wannehorn heissen oder:
will man den Namen Wannehorn belassen, da wo er jetzt
steht, so füge man ihm (mit der Zahl 3717 M.) das Prädicat
Klein zu und der Zahl 3905 M. den Namen Gross-
Wannehorn. Endlich wurde noch für den über dem
Schönbühl aufsteigenden Gipfel mit der Zahl 3864 der
Name: Schönbühlhorn adoptirt. Es ist dies auf dem
Studer'schen Panorama der vorderste Gipfel rechts vom Kamm.

Da wir noch an der Nomenclatur der Gipfel sind, so
fügen wir noch einige Berichtigungen bei, welche die Commission angenommen und als Desiderata eingesandt hat.

1) Der Name Grünenhorn für den Gipfel zwischen dem
Scheuchzerhorn und Oberaarhorn soll in Grunerhorn umgeändert werden, da der Name dieses Gipfels
dem alten Erforscher der Helvetischen Eisgebirge zum
Gedächtniss zu gleicher Zeit mit dem Escher,- Scheuchzerhorn und Altmann creirt worden ist. Also Grunerhorn und nicht Grünenhorn.

2) Zur definitiven Trennung der beiden dominirenden
Gipfel der Lötschen-Gebirge wird, um künftighin Ver-
wechselungen vorzubeugen, statt: Nesthorn oder
Bietschhorn einfach eingetragen: Bietschhorn
3953 M.; also das „Nesthorn od." weggelassen, und
bei Gr. Nesthorn das „Gr." weggelassen und einfach
Nesthorn 3820 M. eingetragen.

3) Statt Birchgrat soll corrigirt werden: Beichgrat und
das Firnfeld, welches sich vom Beichgrat gegen den
Ober-Aletschgletscher hinunterzieht, mit dem Namen
„Beichfirn" belegt. Der Name Aletschpass der
Engländer für diesen längst bekannten Grat wird nicht
angenommen.

4) Vergessen sind die Namen Kranzberg für die Spitze
mit 3662 M. zwischen dem Firnthal, welches sich vom
Aletschgletscher gegen die Jungfrau hinzieht und den
hängenden Gletschern, welche vom Roththalgrat und
Gletscherhorn herunterkommen, und

Trugberg für die Spitze mit 3933 M., welche
den Gipfelpunkt des südlich vom Mönch auslaufenden
Grates bildet, welcher den Jungfraufirn vom Ewigschneefeld trennt. Beide Namen rühren aus der ersten Zeit
der Bereisung dieser Gegenden und sind seither allgemein gebraucht und als adoptirt betrachtet worden.
Um auch die Firnreviere allmählig zu bezeichnen und

von den compakten Gletschern zu unterscheiden, und damit
bei Beschreibungen von Gletscherfahrten man weitschweifige
topographische Auseinandersetzungen sich ersparen könne,
hat die Benennungscommission den Hauptfirnrevieren der
Berner Alpen Namen beigelegt, welche theils schon die
Gletscherführer seit längerer Zeit gebrauchen, theils der
Umgebung möglichst angepasst sind:

a)- Wie schon erwähnt, wird bei dem Grindelwalder Viescher-Gletscher ein „Gr." vorgesetzt.

b) In das · lange Firnthal zwischen dem Vieschergrat,
Agassizhorn, Finsteraarhorn und Rothhorn einerseits
und dem Absturz der Firnhochebene zwischen den drei
Grindelwalder Viescherhörnern, der Grünhorngruppe
und den Walliser Viescherhörnern andererseits wird
eingetragen „Walliser-Viescherfirn" und weiter
unten dem Viescher-Gl. vorgesetzt: Walliser V.-Gl.

c) In das Firnthal zwischen Studerhorn, Oberaarhorn,
Oberaarjoch und Rothhorn wird der Name Studerfirn
eingetragen.

d) Das weite beinahe ebene Firnthal, welches von dem
Faulberg als kaum ansteigendes Schneefeld sich bis
zum Mönchjoch hinzieht und von dem Trugberg einerseits und den Gr. Viescherhörnern und Grünhörnern
andererseits eingefasst wird, wird nach dem Ausdruck
der Gletscherführer Grindelwalds: Ewigschneefeld
benannt, welcher Name einzutragen ist*).

e) Das Firnthal zwischen Trugberg, Jungfrau und
Kranzberg, welches bis zum Jungfraujoch sich hinzieht
und den viel begangenen Weg zu dieser Region bildet,
heisst Jungfraufirn und soll so eingetragen werden.

---

*) Auf unserer Karte steht an dieser Stelle unrichtig Ewigschneefirn.

f) Entsprechend dem Grossen Aletsch-Gletscher ist
dem riesigen Firnthal, welches von der Lötschenlücke
herabkömmt und von Aletschhorn und Dreieckhörnern
einerseits und der Lauterbrunner-Grenzkette andererseits eingefasst wird, der Name „Grosser Aletschfirn" zu verleihen, welcher Name in leichtem Bogen
bis zum Faulberg ausgedehnt werden kann*).

g) Der Name Jägigletscher als Firnrevier des Ober-
Aletschgletschers hat da, wo er jetzt steht, durchaus
keinen Sinn, da die Jägihörner an zwei verschiedenen
Orten und weit davon entfernt sind. Dieser Name soll
ganz unterdrückt werden und dafür der Name Ober-
Aletsch-Gletscher im Halbbogen bis zum Fuss des
Atleschhorns ausgedehnt geschrieben werden, da es
doch am natürlichsten ist, alle Aletschzuflüsse von dem
Centralknotenpunkt der ganzen Gruppe, dem namen-
gebenden Aletschhorn abzuleiten.

h) Endlich ist der Name Strahleckgletscher in das
Gletscherthal zwischen den Strahleckhörnern und den
Lauteraarhörnern einzutragen.

Zum Schlusse hat die Commission noch geäussert, es
sei zudem wünschenswerth, es möchten die Namen der in
neuerer Zeit gemachten Gletscherpässe oder Gratübergänge
auch auf die grösseren Karten eingetragen werden. Jedenfalls ist es für die $1/_{50000}$ Blätter sehr werthvoll und für den
gletscherwandernden Clubisten von der höchsten Wichtig-
keit, die Gletscherübergänge eingetragen zu haben zu seiner
und Anderer Orientirung. Die meisten können übrigens,
ohne der Uebersichtlichkeit zu schaden oder Ueberhäufung
und Undeutlichkeit hervorzubringen, auch auf die $1/_{100000}$.

---

*) Auf unserer Karte steht hier unrichtig Ober-Alesch-Gletscher.

Blätter eingetragen werden. Es sind in unserem Reviere folgende:

a) Zwischen dem Gletscherhorn und der Jungfrau vom Roththal direct auf den Grossen Aletschfirn am Kranzberg vorbei das Lauinenthor Prof. Tyndalls (erst einmal gemacht).

b) Das Jungfraujoch, zwischen Mönch und Jungfrau, direct von der Wengern-Alp nach dem Aeggischhorn, der kürzeste Weg von den Ufern der Lütschine zur Rhone, in 16—18 Stunden: der schönste Pass des Berner Oberlandes. Mehrmals gemacht.

c) Eiger-Joch. Zwischen Eiger und Mönch von der Wengern-Alp hinüber nach dem Ewigschneefeld. Sehr lang, äusserst mühsam und ohne praktischen Werth. Einmal gemacht. —

d) Mönchjoch. Wahrscheinlich der alte Viescherpass vor und zu Hugis Zeiten. Von Grindelwald hinüber aufs Ewigschneefeld und Aeggischhorn, überhaupt der nächste Zugang der Aletschzuflüsse von Grindelwald aus. Nicht allzuschwer und sehr lohnend. Alle Jahre häufig überschritten. —

e) Finster-Aarjoch. Ob wohl die alte Strahleck? Direct vom oberen Grindelwalder Eismeer über die Hochfirne des zerklüfteten Finsteraargletschers am Finsteraarhorn vorbei nach dem Abschwung. In neuerer Zeit einmal gemacht. —

f) Studerjoch. Vom Finsteraargletscher zwischen Studerhorn und Oberaarhorn hinüber nach dem Studerfirn und Rothloch. Mehrmals gemacht.

Edm. v. Fellenberg.

Gletscherführer.

Wir führen hier die im ersten Jahrgange begonnene
Liste der tüchtigsten Hochgebirgsführer, so wie des Neuen,
was schon namhaft gemachte Führer geleistet haben, fort.
Dabei müssen wir jedoch unser Bedauern aussprechen, dass
für unsere Zwecke brauchbare Notizen uns diesmal nur von
Grindelwald, Oberhasli, Kandersteg und (durch die Freund-
lichkeit des Herrn Iwan' von Tschudi) aus dem Wallis zugekommen sind. Wir beginnen auch diesmal mit dem

Berner Oberland.
Grindelwald.

1) *Peter Bohren* im Grund, genannt Bohren-Peterli
(vid. 1. Jahrg. S. 572) fügte im verflossenen Jahr zu seinen
früheren Leistungen hinzu: Col du Géant, — Eiger, —
Mönchjoch, — Jungfraujoch.

2) *Christen Almer* am Gugger (vid. 1. Jahrg. S. 573)
machte im letzten Jahr u. a.: Pic des Ecrins in der Dau-
phiné, erste Ersteigung nach vielen vergeblichen Versuchen.
—Mont-Blanc, in einem Tage. — Rimpfischhorn. — Aletsch-
horn. — Eiger. — Wetterhorn. — Brêche' de la Meije, erste
Besteigung. — Col des Chardonets. — Fenêtre de Saléna.
— Col des Ecrins. — Col de Pilate, erste Besteigung. —
Col d' Hérens. — Biesjoch. — Momingpass. — Baichgrat.
— Wetterlücke. — Grand Cornier.— Dom.—Weisshorn.—
Aletschhorn. — Col du Weisshorn (zwischen Weisshorn und
Schallhorn), erste Ueberschreitung. — Jungfraujoch. —
Wetterhorn. — Jungfrau. — Monte-Rosa. — Alphubelpass.
— Col du Géant.

3) *Christen Michel* auf der Halten (vid. 1. Jahrg. S. 573)
erweiterte im verflossenen Jahre sein Repertoire mit: Baichgrat. — Mönchjoch. — Damma-Gletscher. — Tödigebiet. —
Porcha bella-Gletscher im Bergün und Piz Kesch, erste Ersteigung. — Bernina-Gruppe, und zwar: Scersen-Gletscher,
Cresta agiuza, Piz Zupò, Zupòpass (zwischen Piz Zupò und
Bella vista), Gletscherhöhe zwischen Fellaria- und Palü-
gletscher, erste Ueberschreitung eines ungekannten Gletscher-
passes auf der Seite des Piz di Verona (drei neue Pässe und
eine erste Ersteigung in einem einzigen Tage). — Monte
Confinale (etwas über 11,100'), erste Ersteigung. — Ma-
datschjoch am Orteles, erste Ueberschreitung. — Höchster
Punkt des Cristallo, dann über den Grat zwischen Zebrun-
und Formothal nach S. Catharinà (eine erste Besteigung und
ein neuer Pass). — Königsspitze, zweithöchster Gipfel der
Ortelesgruppe, erste Ersteigung. — Pass über den Sulden-
Gletscher, erste Ueberschreitung. — Höchste Spitze des Orteles. — Bei der Besteigung des Monte della Disgrazia durch
Sturm zurückgetrieben. — Forno-Gletscher, neue Unternehmung. — Christen Michel hat sich durch diese seine vorjährigen Touren den Ehrentitel eines „Pfadfinders" erworben.

4) *Peter Michel* zu Mettenberg (vid. 1. Jahrg. S. 573).
Beichgrat. — Mönchjoch. — Grosses Viescherhorn. — Wetterlücke. — Schreckhorn. — Eiger. — Wetterhorn, 2 Mal.

5.) *Peter Inäbnit* im Gartenboden. (vid. 1. Jahrg S. 574).
Kleines Viescherhorn, erste Ersteigung. — Viescherjoch. —
Mönchjoch. — Schreckhorn. — Eiger. — Berglistock,
erste Ersteigung. *)

---

*) Wir können uns nicht enthalten, aus dem Führerbuch Inä-
bnit's folgendes Zeugniss eines Franzosen als Curiosum zu copiren:
„Je certifie que Inäbnit m'a accompagné dans mon ascension au
Mettenberg ou Schreckhorn ainsi qu'à la Lauberhorn."

6) *Hans Baumann* zu Mettenberg. (vid. 1. Jahrg. S.574)
Eiger. — Finsteraarhorn. — Jungfraujoch. — Wetterhorn.

7) *Ulrich Kaufmann* in der Teuffi (vid. 1. Jahrg. S.574).
Viescherjoch. — Kleines Viescherhorn, erste Ersteigung. /—
Mönchjoch. — Wetterhorn.

Im ersten Jahrgang nicht genannt, aber seither durch
tüchtige Leistungen ausgezeichnet ist:

Peter Egger auf der Gerbi. Das Repertoire dieses noch
jungen Mannes umfasst: Berglistock, erste Ersteigung. —
Wetterhorn. — Schreckhorn. — Eiger. — Jungfrau. —
Mönchjoch. — Jungfraujoch.

In die gleiche Categorie zählt: *Peter Bernet.* Neue
Liste zeigt: Jungfraujoch, 3Mal. — Mönchjoch 3Mal. —
Wetterhorn. — Wetterlücke. — Beichpass. — Jungfrau.

Selbständige erste Ersteigungen haben ferner ausge-
führt: *Christen Bohren, Peter Schlegel, Peter Rubi, Ulrich
Wenger, Christen Gertch, Peter Baumann, Rudolf Boss,
Peter Kaufmann* und *Christen Bleuer.*

Wie man sieht, stehen die Grindelwaldner in ihren Leistungen immer noch obenan; einen kleinen Schatten auf dieses
sonst vortreffliche Corps wirft hingegen die von den Reisenden schon mehrmals beklagte Thatsache, dass einige selbst
der tüchtigsten Führer dem Gläschen allzusehr zuzuspre-
chen beginnen.

Oberhasli.

1) *Melchior Anderegg* in Meiringen (vid. 1. Jahrg S.575)
hat im verflossenen Jahr folgende hauptsächlichste Fahrten
gemacht: Eiger. — Balmhorn. — Aletschhorn. — Jungfrau
vom Roththal aus. — Zinal-Rothhorn, erste und einzige
Ersteigung. — Dom. — Lyskamm. — Rimpfischhorn. —
Mont-Blanc.

2) *Kaspar Blatter* in Meiringen. (vid. 1. Jahrg. S. 575) Spitzliberg, erste Ersteigung. — Sämmtliche Gipfel un Pässe des Triftgebietes. — Studerhorn, erste Ersteigung. Wannehorn, erste Ersteigung. — Jungfrau, 2 Mal.

3) *Johann Tännler* auf Wyler in Innertkirchen (vid. 1. Jahrg. S. 576) hat im vergangenen Sommer viele grosse Touren in den Berner und Walliser Alpen gemacht, die ihn nach Aussage unsrer Gewährsmänner eine tüchtige Stufe höher gehoben.

4) *Johann Fischer* von Meiringen (vid. 1. Jahrg. S. 575) bewegte sich letztes Jahr vornehmlich im Triftgebiet.

5) *Andreas Jaun* auf Schattenhalb, im vorigen Jahrgang nicht genannt, hat folgendes Repertoire: Triftgebiet. — Wetterhorn. — Neuer Pass von Gadmen über den Wendengletscher nach Engelberg. — Diablerets.

6) *Andreas v. Weissenfluh* von Mühlestalden (vid. 1. Jahrg. S. 576) bewegte sich vornehmlich in der ihm benachbarten Triftregion, fuhr aber auch in den Urner und Glarner Bergen herum.

7) *Jakob Blatter* von Meiringen (vid 1. Jahrg. S. 576) Triftregion. — Studerhorn. — Jungfrau. — Walliser Breithorn. — Monte-Rosa.

8) *Jakob Anderegg* von Meiringen, im vorigen Jahrgange nicht genannt, ist durch seinen Vetter Melchior Anderegg zu einem tüchtigen Führer herangebildet worden. Seine wichtigsten bisherigen Touren sind: Jungfrau. — Aletschhorn. — Balmhorn. — Alphubelpass. — Triftpass bei Zermatt. — Col d' Hérens. — Lyskamm. — Monte-Rosa. — Rimpfischhorn. — Adlerpass. — Rothhorn bei Zermatt. — Mont-Blanc. — Col d'Argentière. Ausserdem machte Jakob alle vorjährigen Touren Melchior Andereggs mit.

9) *Melchior Blatter* von Meiringen (vid. 1. Jahrg. S. 576) ein ausgezeichneter Mitführer, war letzten Sommer auf: Ritzlihorn. — Hangendgletscherhorn. — Galenstock. — Walliser Breithorn.

10) *Johann Tännler* in Hausen: Schlossberg. — Pass von Göschenen über Damma- und Galengletscher nach der Furka. — Monte-Rosa. — Weissthor.

Ausser diesen haben sich seither hervorgethan und aspiriren auf den Rang tüchtiger Gletscherführer: *Johann Zwald* von Innertkirchen, *Kaspar Steiger* von Innertkirchen, *Melchior Moor* von Gadmen, *Peter Sulger* von Guttannen. *Melchior Schläppi* auf der Grimsel, *Andreas Huggler* auf der Grimsel, *Johann v. Bergen* von Meiringen, *Johannes Kleck* von Innertkirchen, *Kaspar Maurer* von Innertkirchen.

Kandersteg.

1) *Gilgian Reichen* auf dem Bühl bei Kandersteg. — Doldenhorn, erste Besteigung. — Balmhorn, 2. Besteigung. Altels, 8 Mal etc.

2) *Fritz Ogi* im Kehr in Kandersteg: Blümlisalphorn, 1. Besteigung. — Altels, mehreremal. — Aletschhorn. — Monte-Rosa.

3) *Christian Hari*, Christian's, ein junger gewandter Bursche, Balmhorn, 2. Besteigung.

Kanton Wallis.

Die Gletscherführer des Kantons Wallis reihen sich denjenigen des Berner Oberlandes würdig an. Das Repertoire mehrerer derselben, wie der Moriz Andenmatten in Visp, Franz Andenmatten in Saas, J. Peter Perren in Zermatt wird wohl kaum von den Leistungen irgend welcher anderen Gletschermänner der Schweiz übertroffen.

Leider ist es uns, trotz aller Bemühungen, nicht gelungen eine vollständige Liste aller nennenswerthen Führer des ganzen Kantons zu erhalten, da die Erforschungen in dem Turtmann- und Eringerthal zu ungenügende Resultate lieferten, um die Uebersicht vervollständigen zu können.

Zermatt.

Johann Peter Perren, Schreiner, 31 Jahre alt. Spricht deutsch und französisch.—Alphubel, erste und bis jetzt einzige Ersteigung. — Alphubelpass, 3 Mal. — Dom. — Allalinpass — Adlerpass. — Schwarzberggletscherpass. — Weissthor, — alle oftmals. — Alter Weissthorpass — Monte-Rosa, 15 Mal. — Signalkuppe, erste Ersteigung. — Lysskamm, erste Ersteigung, 3 Mal. — Lysspass, 4 Mal. — Breithorn. — Col Tournanche, erster und einziger Uebergang. — Col du Mont Cervin, erster Uebergang. — Dent d' Hérens, erste Ersteigung. — Gletscherpass nach Val Pellina, 6—7 Mal.— Evolenapass, 4 Mal. — Triftpass, oftmals. — Weisshorn.— Weisshornpass, erster Uebergang. — Col du Tour. — Astola und Col de Sonadon. — Col de Miage, 2 Mal. — Col de Trélatête. — Mont-Blanc 10 Mal. — Grand Paradis. — Grivola, erste Ersteigung. — Rechts vom Grand Paradis nach Ceresole. — Monte Viso. — Ueber den Col d' Ecrin nach Vallouise und von da über den Glacier-Blanc nach Val Crave, erste Uebergänge. — Jungfrau, 3 Mal. — Mönchjoch. — Wetterhorn. — Lauteraarjoch. — Oberaarjoch. — Galenstock. — Klaridenpass. — Tödi. — Sardonapass. — Vogelberg. — u. s. w., u. s. w.

Matth. Zumtaugwald, 40 Jahre alt. Spricht deutsch und etwas französisch. — Dom. — Alphubelpass, 5 Mal. — Adlerpass, Weissthorpass, Schwarzberggletscherpass, oftmals. — Alter Weissthorpass. — Monte-Rosa, etwa 40 Mal.

— Pass über die Parrotspitze nach Alagna. — Lysskamm
3 Mal — Breithorn, oftmals. — Triftpass und Evolenapass
mehrmals. — Gletscherpässe nach Val Pellina und Chamouny. — Mont-Blanc. — Gassenriedpass, erste Ueberschreitung. — Turtmangletscherpass von Zinal, nördlich vom Bru-
neckhorn, von ihm entdeckt.

Johannes Zumtaugwald, Schuster, 37 Jahre alt. Spricht
deutsch und etwas italienisch. — Dom, 8 Mal, darunter erste
Ersteigung. — Alphubelpass, 8 Mal. — Täschhorn, erste
und bisher einzige Ersteigung. — Adlerpass und Weissthor,
oftmals. —Monte-Rosa, etwa 40 Mal, darunter erste Ersteigung. — Lysskamm, 2 Mal. — Lysspass. — Zwillingspass
— Schwarzberggletscherpass. — Breithorn. — Gletscherpässe nach Val-Pellina und nach Chamouny, 4 Mal. — Grand
Combin. — Jungfrau. — Finsteraarhorn, 2 Mal.

Johannes Kronig, Schneider, 30 Jahre alt. Spricht deutsch
und etwas französisch. —.Dom, 2 Mal, darunter erste Erstei-
gung. — Alphubelpass, erste Ueberschreitung. — Allalinpass,
Adlerpas, Weissthorpass, öfters. — Monte-Rosa, 29 Mal. —
Lysspass. — Breithorn. — Triftpass und Evolenapass, öfters.
— Col Durand. — Gletschertour nach Val-Pellina und nach
Chamouny, 12 Mal. — Mont-Blanc, 2 Mal. — Col du Géant,
mehrmals. — Oberaarjoch. — Finsteraarhorn. —

Peter Taugwalder, Vater, 44 Jahr alt. Spricht deutsch.
— Alphubelpass, 6 Mal. Allalinpass, Adlerpass, Schwarzberggletscherpass, Weissthorpass, öfters. — Col delle Loggie.
Monte-Rosa, etwa 85 Mal. — Lysskamm, 3 Mal. — Lysspass, 8 Mal. — Schwarzthorpass, 2 Mal. — Breithorn, oftmals. — Trift- und Evolenapass, mehrmals. — Col de
Colon etc.

Peter Taugwalder, Sohn, 21 Jahre alt. Spricht deutsch
und etwas französisch — Alphubelpass, 3 Mal. — Allalin-

pass. — Adlerpass, mehrmals. — Schwarzberggletscherpass,
4 Mal. — Weissthorpass, oftmals. — Alter Weissthorpass.
— Monte-Rosa, 26 Mal. — Weisshorn. — Breithorn, öfters.
— Triftpass, 3 Mal. — Evolenapass, 5 Mal. — Uebergänge
nach Val Pellina etc.

Peter Perren, Schuster, 30 Jahre alt. Spricht deutsch
und etwas französisch. — Alphubelpass, 8 Mal. — Allalinpass, 2 Mal. — Adlerpass, etwa 10 Mal. — Schwarzberggletscherpass 12 Mal. — Weissthorpass, öfters. — Alter
Weissthorpass. — Monte-Rosa, etwa 20 Mal. — Lysspass.
— Breithorn, 15 Mal. — Triftpass, 6 Mal. — Evolenapass,
mehrmals.

Alois Grawen, 30 Jahre alt. Spricht deutsch und etwas
französisch. Alphubelpass, 2 Mal. — Allalinpass. — Adlerpass,
Schwarzberggletscherpass, oftmals. — Weissthorpass, 14 Mal.
— Alter Weissthorpass. — Monte-Rosa, 11 Mal. — Lyss-
pass. — Breithorn. — Monte-Rosatour. — Uebergänge nach
Val-Pellina und Chamouny. — Evolenapass. etc.

Joseph Maria Perren, 30 Jahre alt. Spricht deutsch
und etwas französisch. Alphubelpass, 4 Mal. — Adlerpass,
2 Mal. — Schwarzberggletscherpass und Weissthorpass, oftmals. — Monte-Rosa, 15 Mal. — Lysskamm. — Triftpass. —
Evolenapass, mehrmals. — Gletschertour nach Val-Pellina
und nach Chamouny. —

Franz Biner, Sohn Johanns. 30 Jahre alt. Spricht
deutsch. — Weisshorn, 4 Mal. — Triftpass, 3 Mal. Evolenapass, mehrmals. — Uebergänge nach Val-Pellina und Chamouny. —

Stephan Zumtaugwald, 31 Jahre alt. Spricht deutsch,
etwas französisch und englisch und lateinisch. Ungefähr das
gleiche Repertoire wie seine Brüder Matthä und Johannes.

Als gute Führer sind ferner zu nennen: *Ignaz* und *Stephan Biner*, *Joh.* und *Jos. Brantschen* und *A. Julen.* In Täsch: *Jos. Moser.*

Randa.

Hieronimus Brantschen, 25 Jahre alt. Spricht deutsch, französisch und lateinisch. — Dom, 4 Mal, erste Ersteigung. Weisshorn, 2 Mal. — Alphubelpass. — Weissthorpass. — Monte-Rosa. — Breithorn etc. etc.

Peter Joseph Sommermatter, 29 Jahre alt. Spricht deutsch und französisch. — Täschhorn, erste Ersteigung. — Weisshorn. — Alphubelpass. — Monte-Rosa. — Weissthorpass etc.

St. Niclaus.

Joseph Maria Hitz (im Sommer in Zermatt), 25 Jahre alt. Spricht deutsch, französisch und lateinisch. — Monte-Rosa, 8 Mal. — Breithorn. — Strahlhorn. Col de Colon. — Col d'Hérens. — Triftpass. — Lysspass. — Adlerpass. — Alphubelpass. — Balfrin. —

Joseph Maria Lochmatter, 31 Jahre alt. Spricht deutsch und etwas französisch und italienisch. Dom. — Monte-Rosa, öfters. — Breithorn. — Alphubelpass. — Weissthorpass etc.

Als empfehlenswerthe Führer in den Zermatterbergen verdienen ferner genannt zu werden: *Peter Knubel*, 34 Jahre alt, *Peter Jos. Imboden*, *Joh. Imboden* und *Alex. Lochmatter*.

Saas.

Franz Andenmatten, Eigenthümer des Hôtel Monte-Rosa und des Gasthauses im Mattmark. 35 Jahre alt. Spricht deutsch, auch etwas französisch und italienisch. — Laquinhorn (der südl., höhere Fletschhorngipfel). Erste und bisher einzige Ersteigung. — Laquinpass, erste Ueberschreitung. —

Allalinhorn, erste Ersteigung. — Alphubel., erste und einzige
Ersteigung. — Allalinpass und westl. Bergspitze von Mischabel, erste und einzige Ersteigung. — Gassenriedgletscher-
pass, erste Ueberschreitung. — Ueber den Vuibezgletscher
nach Val-Pellina, erster und einziger Uebergang. — Bies-
pass, erster Uebergang. — Weissmies, 3 Mal, erste Ersteigung. — Strahlhorn. — Allalin- und Adlerpass. — Ulrichs-
horn, erste Ersteigung. — Teufelshorn (Diablons?) erste Ersteigung. — Monte-Rosa, 4 Mal. — Dom. — Monte-Leone. —
Parrotspitze. — Lysspass. — Weissthor etc. Alle Pässe der
Vispertäler, die meisten im Einfisch- und Lötschenthal und
viele Gipfel und Pässe im Berneroberland, Tessin, Uri, Glarus
und Graubünden.

Johann Peter ZurBriggen, genannt Schuster, 33
Jahre alt. Spricht deutsch und italienisch. — Alphubel. —
Monte-Rosa, 6 Mal. — Lysskamm, 2 Mal. — Breithorn,
oft. — Die meisten Pässe der Visperthäler.

Peter Jos. Vannetz, 33 Jahre alt. Spricht deutsch, italienisch und etwas französisch. — Weissmies, erste Ersteigung. — Laquinpass, erste Ueberschreitung. — Alphubelpass. — Allalinpass. — Strahlhorn. — Triftpass. — Monte-
Rosa, oftmals. — Weissthorpass und andere Zermatterpässe.

Franz Burgener, 23 Jahre alt. Spricht deutsch, italienisch und etwas französisch. Täschhorn. — Weissmies. —
Gletscherhorn. — Monte-Rosa, 3 Mal. — Zwillingspass. —
Allalinhorn. — Alphubel. — Breithorn. — Vuibezgletscher-
pass, erste Ueberschreitung. — Col du Grand Cornier. —
Triftpass und 7 Reisen im Wallis, Berneroberland, Graubünden, Tessin und Italien. —

Macugnaga.

Franz Lochmatter, Gastwirth zum Hôtel Monte-Rosa und seine Brüder Jos. Maria und Alexander (siehe St. Niclaus), die im Sommer gewöhnl. in Macugnaga sind, sprechen deutsch, italienisch und etwas französich, als zuverlässige Führer für Monte-Rosa und Umgebung sehr zu empfehlen.

Sepping und *Marcell Orella* werden als baumstarke, kühne und ausdauernde Gletschermänner namentlich für schwierige Excursionen empfohlen, haben aber noch nicht sehr oft Reisende begleitet. —

Visp.

Moritz Andenmatten, Gemeindepräsident in Visp, 43 Jahre alt. Spricht deutsch und französisch. — Monte-Rosa, 15 Mal. — Lysskamm, 2 Mal. — Dom, 3 Mal. — Strahlhorn, 5 Mal. — Breithorn, 6 Mal. — Cima de Jazzi mit Weissthorpass etwa 20 Mal. — Weissmies. — Allalinhorn. — Alphubel mit Alphubelpass. — Adlerp., oftmals. — Ueber den Schwarzberggletscher nach Mattmark, erstesmal. — Lysspaas, erste Ueberschreitung. — Schwarzthorp., erster Ueberg. — Val-Pellinapässe, 5 Mal. — Resteraula (?), zwischen Chermontane und Val-Pellina, 4 Mal. — Çol de Sonadon, erste Ueberschreitung. — Turtmangletscherpass. — Col du Mont-Rouge, erstesmal, — Col du Mont-Cervin, erstesmal. — Grand Combin. — Mont-Velan. — Col du Tour. — Aiguille du Tour, erste und einzige Ersteigung. — Mont-Blanc, 9 Mal. — Buet und Dent du Midi, 4 Mal. — Col de Miage. — Col du Chien, 10 Mal. — Col d'Argentière, 3 Mal. — Jungfrau, 3 Mal. — Finsteraarhorn, 2 Mal. — Oberaarjoch und Oberaarhorn, 3 Mal. — Galenstock, 2 Mal. — Sardonapass etc. etc.

Blitzingen.

Anton Ritz, jetzt auf Aeggischhorn, 30 Jahre alt. Spricht deutsch, italienisch und etwas französisch. Monte-Rosa, etwa 40 Mal. — Lysskamm. — Breithorn. — Strahlhorn: — Weissthor. — Altes Weissthor. — Lysspass und andere Zermatterpässe. — Finsteraarhorn. — Jungfrau. — Aletschhorn.

Lötschenthal.

Nachstehende Führer sind in den Bergen des Lötschenthals genau bekannt. Die 4 ersten nahmen an der ersten und bis jetzt einzigen Ersteigung des Nesthorns Theil. — Besonders zeichnet sich dabei aus

Joseph Siegen von Ried, erster Ersteiger des Bietschhorns; dann *Ignaz Lehner* von Kippel, *Joseph Ebener* von Wiler, *Johannes Sigen* von Ried. — Ferner die Gemsjäger *Martin Rieder* in Kippel, *Peter Sigen* in Ried; *Jos. Ebiner* in Platten, *Jos. Sigen* in Ried, *Lazarus Lehner* in Kippel und *Ignaz Rieder* in Kippel.

Einfischthal.

Jean Baptiste Epiney, Gastwirth in Siders und Zinal, 47 Jahre alt. Spricht französisch, deutsch und italienisch. Entdeckte 1856 den Triftpass und den Durandgletscherpass. — Dom. — Lo Besso. — Rothhorn. Stellihorn, die meisten Partien mehrmals und A. Vorzügl. Führer in den Gebirgen und Gletschern des Einfischthales.

Joseph Viannin, 41 Jahre alt. Spricht französisch und etwas deutsch. Weisshorn, erste Ersteigung. — Lo Besso und Diablons. — Triftpass. — Durandpass. — Dent Blanchepass. — Weisshornpass. — Turtmangletscherpass. — Dom. — Monte-Rosa, fast alle öfters u. A.

Binnenthal.

Augustin Tennisch und *Joh. Joseph Welschen*, beide im Dorfe Binn wohnhaft, sind wohl die einzigen tüchtigen Führer in diesem von Touristen verhältnissmässig noch wenig besuchten Thal; — namentlich für Bettlihorn, Helsenhorn, Ofenhorn, Ritterpass, Kriegalppass etc.

Val d'Illiez.

Joseph Obrozen, Gemsjäger, 34 Jahre alt. Spricht französisch. Tour de Sallière, zum erstenmal. — Dent du Midi — und die meisten Pässe des Chamounythales.

Antoine Grinon, 32 Jahre alt. Spricht französisch. — Mont-Blanc. — Dent du Midi, 25 Mal. — Buet. — Mont-Blanc und Monte-Rosapässe.

Augustin Birraz, 43 Jahre alt. Spricht französisch. Tour de Sallière, erste Ersteigung. Col de Sagéroux; und andere Chamounypässe. Dent du Midi, oftmals u. A.

Jean Maurice Chapelay, 34 Jahre alt. Spricht französisch und italienisch. Dent du Midi und Chamounypässe etc.

Bagnesthal.

Fréd. Florentin Felley iu Lourtier, 32 Jahre alt. Spricht französisch. Grand Combin, erste Ersteigung. — Mont Pleureur. — Pässe um den Gétrozgletscher. — Otemmagletscher etc.

Louis Felley in Villette, 42 Jahre. Spricht französisch. Mont-Colon. — Mont-Rouge. — Otemma und Gétrozgletscher. — Pässe in die benachbarten Thäler.

Justin Felley in Chable, 35 Jahre. Spricht französisch. Otemmagletscher. — Col de Sonadon. — Col du Mont-Rouge, de la Maison-Blanche, de Tournanche etc. etc.

Verlag von Scheitlin & Zollikofer in St. Gallen.

Iwan Tschudi's

SCHWEIZERFÜHRER.

REISETASCHENBUCH

für

die Schweiz, die benachbarten italischen Seen und Thäler, Mailand, Turin, das Chamounythal, die Umgebungen des Mont-Blanc und des Monte-Rosa, Veltlin, das angrenzende Tyrol, Montafon, Vorarlberg und den südlichen Schwarzwald.

Sechste, gänzlich umgearbeitete und starkvermehrte Auflage. 1865.

Mit 1 Reisekarte der Schweiz, 6 Stadtplänen und 12 Gebirgspanoramen.

DREI THEILE.

I. NORD- UND WESTSCHWEIZ.

Enthaltend

die Kantone Thurgau, Schaffhausen, Zürich, Aargau, Basel, Solothurn, Bern, Freiburg, Neuenburg, Waadt und Genf, den Bodensee, den Bregenzerwald, den südlichen Schwarzwald, Chablais, Faucigny und das Chamounythal.

Mit

einer Reisekarte der Schweiz, den Plänen von Basel, Bern, Genf und Zürich und den Gebirgspanoramen von Bern, von der Heimwehfluh, von Mürren und vom Faulhorn.

II. UR- UND SÜDSCHWEIZ.

Enthaltend

die Kantone Luzern, Unterwalden, Zug, Schwyz, Uri, Wallis und Tessin, die benachbarten italischen Seen und Thäler, Mailand und Turin.

Mit

einem Plane von Mailand und den Gebirgspanoramen vom Rigi-Kulm, von Rigi-Scheideck, vom Titlis, vom Gornergrat und vom Torrenthorn.

III. OSTSCHWEIZ.

Enthaltend

die Kantone Graubünden, Glarus, St. Gallen und Appenzell, das Veltlin, das angrenzende Tyrol, Montafon und Vorarlberg.

Mit

einem Plane von St. Gallen und den Gebirgspanoramen vom Piz Mundaun, Piz Languard und Speer.

Preis complet 1 Thlr. 18 Ngr. 2 fl. 40 kr. 5 Fr. 60 Cts.

von Jahren mehrwöchentlich in Höchenschwand auf, und es gehörte in der That nicht nur Kenntniss des Landes und ein nicht geringes Talent für die Auffassung und getreue Wiedergabe der Formen, sondern auch des (1862 verstorbenen) Verfassers beharrlicher Fleiss dazu, diese Arbeit auszuführen.

In der Absicht, das Characteristische der Umrisse unverkümmert wiederzugeben, und dadurch vielleicht werthvolle Untersuchungen zu erleichtern, entschloss sich der Herausgeber, das Panorama im Mafsftab der Original-Aufnahme erscheinen zu lassen, was allen Kennern willkommen sein wird. Die Färbung der landschaftlich colorirten Ausgabe ist möglichst der Natur entsprechend.

Die günstigste Jahrszeit zum Genuss dieser unvergleichlichen Alpenansicht an Ort und Stelle ist im Frühling und Herbst.

Das Pfarrdorf *Höchenschwand*, der Standpunkt des Panorama, liegt auf dem höchsten Punkt der Poststrasse von der badischen Eisenbahnstation *Waldshut* nach *S. Blasien*, 1 ¼ Stunde von Diesem, 3 ½ Stunden von Jenem entfernt, und hat tägliche Postverbindung sowohl mit Freiburg i. B. über Lenzkirch, als mit Waldshut. Es besitzt ein treffliches Gasthaus (zum Ochsen).

Von S. Blasien, dessen Besuch sehr zu empfehlen, führt eine andere Strasse durch das enge, romantische Albthal wieder hinaus an den Rhein, nach der Eisenbahnstation Albbruck (zwischen Waldshut und Lauffenburg). Uebrigens ist Niedermühl im Albthal, wo der interessantere Theil dieser Strasse beginnt, der nicht weniger als 6 Tunnels zählt, mit dem seitwärts auf der Höhe liegenden Höchenschwand durch eine weitere Strasse in Communication, welche gestattet, ohne Umweg die so lohnende Albthal-Route mit dem Besuch auf Höchenschwand zu verbinden.

Zum Voraus überzeugt, dass Niemand aus Speculation es durchführen wird, diese Alpenansicht aus solcher Ferne neu *nach der Natur* aufzunehmen, rechnet der Herausgeber auf die Loyalität des Publikums, welches die Originalausgabe dieses Panoramas vor allfälligen Copieen in gleichen oder in einem kleineren Mafsftab (denn Reductionen sind im Grunde nichts als Copieen) — gewiss begünstigen wird; überdies stützt er sich auf die Gesetze.

Am Schlusse dieser Notizen fühle ich mich gedrungen, den Personen, welche das Unternehmen wohlwollend durch manche Mittheilungen förderten, hiermit aufs Wärmste zu danken.

Hoh. Keller.

Firma: Hoh. Kellers geogr. Verlag in Zürich.

Empfehlenswerthe Touren im südlichen Schwarzwald sind ferner:

Von Schopfheim in 7 Stunden durch das Werra-Thal über Todtmoos nach S. Blasien und Höchenschwand.

Von Freiburg im Br. in 8 Std. über Oberried und Hofsgrund auf den Feldberg (wo ein Hôtel), und von da über Menzenschwand nach S. Bl. u. Höchenschwand.

Von Freiburg in 9 Std. durch das Höllenthal, am Titi-See und (über Aha) am Schluchsee vorbei, und entweder über Muchenland nach S. Bl. oder, der Poststrasse folgend, direct nach Höchenschwand.

Quelques Notices

sur le

Panorama de Hœhenschwand
(village dans la Forêt Noire badoise),

(longueur 3,45 Mètres, contenant environ 700 noms)

chromo-lithographié,

dessiné par Henri Keller de Zurich.

Prix de l'édition à coloris non géologique Fcs. 6.

Cette vue de la Chaîne des Alpes Suisses est certes, sous le rapport géographique, la plus complète et la plus instructive de toutes celles qui jusqu'ici ont été publiées. Plus qu'aucune autre elle a droit au titre:

Vue générale des Alpes Suisses.

En vain chercherait-on dans la Suisse ou dans la Forêt Noire un point de vue semblable, qui réunît les mêmes avantages, à la seule exception du Feldberg, peut-être, qui est la sommité la plus élevée (1491 mètres) de la Forêt Noire, mais qui est bien moins facilement abordable.

Outre la richesse, l'intégralité pour ainsi dire, ce panorama se distingue de ceux connus jusqu'ici par un avantage essentiel: l'on y observe mieux que partout ailleurs les relations des cimes, parce que les pics qui ferment l'horizon, s'élèvent au-dessus des montagnes situées plus près, d'une manière vraiment surprenante. Cet avantage du panorama de Hœhenschwand, qu'il doit à l'élévation du point de vue (1010 mètres au-dessus de la mer) et à la distance favorable des objets, le rend propre à l'usage tant à Hœhenschwand que sur le Feldberg on aur d'autres sommités de la Forêt Noire, ainsi que sur la plupart des hauteurs de la septentrionale.

Le village de *Hœhenschwand*, notre point de vue, est sur le point culminant de la route postale qui conduit de ᴴ hut (station du chemin de fer badois et situé près de la j du Rhin et de l'Aar) à l'ancienne abbaye de S. Blaise. La de Waldshut est de 8 1/2 lieues; celle de S. Blaise de 1 A Hœhenschwand il y a une bonne auberge. Ce village est communication postale journalière avec Fribourg en Brisgau Lenzkirch, et avec Waldshut.

On conseille de visiter, en revenant de Hœhenschwand et y allant, l'intéressant défilé de l'Alb (affluent droit du Rhin) est traversé tout de long par une route nouvellement co De Hœhenschwand on y arrive facilement soit par S. Blaise par Tiefenhæusern et Niedermuhl.

Les saisons les plus favorables pour jouir de la vue des Suisses à Hœhenschwand même, sont le printemps et l'automne.

Bern.

Topographisches Atelier, B. Leuzinger in der Länggasse übernimmt Zeichnungen und Stich aller topographischen und geographischen Karten.

Lithographische Anstalt von F. Lips — übernimmt neben Arbeiten, wie die in vorliegendem Band ausgeführten, Aufträge für alle übrigen Branchen der Lithographie.

Bergschuhe. J. Riesen in Bern, Spitalgasse 126, hält stets vorräthig eine schöne Auswahl solider und wasserdichter Bergschuhe für Herren und Damen.

Abendberg.

Circa 1 1/2 Stunde von Interlaken, durch schattige Waldwege. Eigenthümer J. Sterchi. Ganz neu als Gasthof eingerichtet, wird allen HH. Touristen und ganz besonders den Pensionairen als Kurort bestens empfohlen.

Giessbach — Brienzersee.

Hôtel mit **Pension** und **Restaurant.** — Eigenthum der Dampfschifffahrt-Gesellschaft und unter Controle derselben verwaltet von **Ed. Schmidlin.** Einrichtung mit 150 Betten; täglich dreimal table d'hôte. Anfang der regelmässigen allabendlichen Beleuchtungen der Wasserfälle mit dem 1. Juni; von jedem Zuschauer wird 1 Fr. Beitrag erhoben.

Grindelwald.

Gasthof zum Adler, gehalten von Rudolph Bohren-Ritschard, empfiehlt sich den HH. Touristen bestens. Demselben ist inmitten schöner Gartenanlagen das ehemals der Fürstin von Schwarzburg-Sondershausen gehörende Châlet als gut eingerichtete Pension beigefügt.
Englischer Gottesdienst. — Grundstein gelegt zu einer kleinen Bibliothek. — Warme und kalte Bäder. — Für Führer, Träger, Wagen und Reitpferde sich auf dem Bureau zu melden. — Landsleute werden besonders berücksichtigt.

Gasthof zum Gletscher. — Eigenthümer **Christian Burgener.** — Ganz neues Hôtel und bestens empfohlen durch seine billigen ·eise und gute Bedienung.
Unmittelbar in der Nähe der Gletscher und des Eismeeres, und rhaupt schöne Aussicht nach dem Eiger, Mettenberg und etterhorn.
Wagen, Reitpferde, Träger und Führer im Hôtel zu erfragen.

Bodensee — Rheinfall.

Hôtel Witzig. -- Proprietär **H. A. Witzig-Rietmann.** — Eisenbahnstation Dachsen am Rheinfall.
Die eigentliche Rheinfallstation 15 Minuten bis zum Fall (Fischetz) für Eisenbahnfahrer die bequemste Art, an den Rheinfall zu gelangen. Gute, billige und freundliche Bedienung, Aussicht auf die Gebirge, vom Säntis an bis zur Jungfrau.

Hôtel et Pension Schweizerhof, am Rheinfall, ehemals Hôtel Weber. — Besitzer **F. Wegenstein.** In nächster Nähe der Eisenbahnstation Neuhausen (neu eröffnete Eisenbahn von Basel nach Schaffhausen und Constanz), in prachtvoller und unstreitig bester Lage, gegenüber dem Rheinfall, mit herrlicher Aussicht auf denselben und auf die ganze Alpenkette; mit Lesekabinet, Musiksaal, Billards, Bädern, Promenaden etc. — Ausstattung und Bedienung vorzüglich. Billige Preise. — Für Familien und Touristen gleich empfehlenswerth. — In wöchentlichem Aufenthalt ermässigte Pensions-Preise.

Friburg, Suisse,

Hôtel des Merciers, dit: Abbaye des Marchands, tenu par le propriétaire **Ad. Hartmann-Muller.** — Cet hôtel, au centre de la ville et des affaires commerciales, à côté de la Cathédrale où se trouve le grand orgue, non loin des Ponts, de la Poste et des Bureaux du télégraphe, a été restauré et meublé complétement à neuf et au dernier goût; il se recommande aux voyageurs par ses prix modérés, joint à tout le comfort désirable.

Gotthardstrasse.

Gasthaus zum Realp-Hospiz. — Den HH. Furkatouristen empfiehlt das Gasthaus zum Hospiz Realp, mit dem Versprechen guter und anerkannt billiger Bedienung, dessen einstweiliger Besitzer und Postablagehalter **P. Arsenius, Superior.**

Hôtel St.-Gotthard, in Andermatt. — Eigenthümer Dr. **Christen.** — Dieser rühmlichst bekannte Gasthof wird allen resp. HH. Reisenden, namentlich denjenigen des schweizerischen Alpenclubs, auf's neue angelegentlichst empfohlen, und zugleich höflichst für das frühere Zutrauen gedankt.

Chur.

Hôtel Lukmanier. — Miteigenthümer **Benner-Rott,** bisheriger Gérant des Hôtels des Churhauses in St-Moritz, Engadin. — Beste Lage zunächst dem Bahnhofe, gegenüber der Post. Omnibus von und nach dem Bahnhofe.

] tel **Steinbock** (im Erdgeschoss Café). Besitzer **Küpfer-Hauser.** Dieser vor einem Jahr grossartig erweiterte und zeitgemäss restaurirte Gasthof, bietet den resp. Familien und Touristen jede wünschbare Bequemlichkeit. Büreau der Extraposten im Hause selbst.

langen, Berlepsch' Buch auf das Angelegentlichste. Der Verfasser
ist in den Naturwissenschaften, namentlich in der Geologie zu Hause,
und weiss uns vortrefflich das Charakteristische der Alpenlandschaften und ihre ästhetischen Wirkungen nach den grossen Naturgesetzen
zu erklären; er eröffnet uns gleichsam das geologische Verständniss
des Erhabenen oder Schönen, den naturhistorischen Sinn der Formen
und ihrer Wechsel.   Das Ausland.

Gerstäcker, Friedrich, Achtzehn Monate in Süd-Amerika und
dessen deutschen Colonien. 6 Theile in 3 Bänden. 8. broch.
5¹/₃ Thlr.

Humboldt's, Alexander von, Briefwechsel mit Heinrich Berg-
haus aus den Jahren 1825 bis 1858. Drei starke Bände. gr. 8.
broch. à Band 2 Thlr. 12 Ngr.

Verlag von **C. Baedeker** in Coblenz:

Doldenhorn und Weisse Frau. Zum ersten Mal erstiegen und
geschildert von **Abraham Roth** und **Edmund v. Fellenberg.**
Mit 11 Farbendruckbildern, 4 Abbildungen in Holzschnitt und
1 Karte in Farbendruck. 1863. Fr. 6. 70.
(Erschien auch in englischer Sprache.)

Baedeker, K. „Die Schweiz nebst den benachbarten ober-italischen
Seen, Savoyen und angrenzenden Theilen von Piemont, der Lombardei und Tirol." Mit 14 Karten, 7 Städteplänen und 6 Panoramen. 10. Auflage. 1865. Fr. 7.—

— „La Suisse, ainsi que les lacs avoisinant de l'Italie septentrionale,
la Savoie et contrées limitrophes du Piémont, de la Lombardie et
du Tirol." Avec 12 cartes géographiques, 7 plans de villes, et
6 panoramas. 6ᵐᵉ édit. 1864. fr. 7.—

— „Switzerland, the Italian lakes, Savoy and the adjacent portions
of Piedmont, Lombardy and the Tyrol," with 12 maps, 7 plans
and 6 panoramas. 2ⁿᵈ edition. 1864. fr. 7.—

Von demselben Verfasser erschienen ferner:

Belgien und Holland. 8. Auflage. 1863.	Fr. 5. 35.
Belgique et Hollande. 3ᵐᵉ édition. 1864.	„ 5. 35.
Die Rheinlande. 13. Aufl. 1864.	„ 5. 35.
Les Bords du Rhin. 6ᵐᵉ éd. 1864.	„ 5. 35.
The Rhine. 2ⁿᵈ edition 1864.	„ 5. 35.
Deutschland nebst Theilen der angrenzenden Länder. 11. Aufl. 1864.	„ 12. —

Daraus einzeln:

Mittel- und Nord-Deutschland	„ 35.
Oesterreich, Süd- und West-Deutschland	„ —
Oesterreich	„ 36.
Südbayern, Tirol und Salzburg	„ —
Allemagne et quelques parties de pays limitrophes	„ 1(70.
Ober-Italien bis Nizza, Genua, Bologna. 2. Aufl. 1863	35.

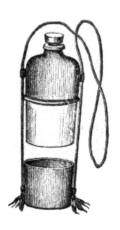
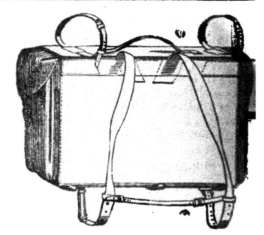

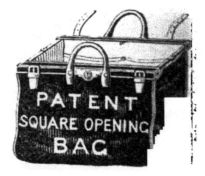

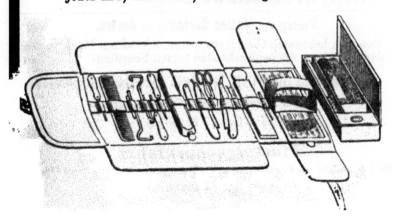

warehouse 8º A.
facing

Verlag
der
Expedition des Jahrbuchs des S. A. C.
in Bern.

Benjamin Besse in Verségère, 24 Jahre. Spricht französisch und wenig deutsch. Grand Combin, erste Ersteigung. — Col du Mont-Durand und viele andere Pässe. Kennt Gétroz und Otemmagletscher genau.

Camille Besse in Verségère, 19 Jahre. Spricht französisch. Grand Combin, erste Ersteigung. — Pierraz-Vire. — Gétrozgletscher und Pässe in die Nachbarthäler.

Jos. Gillioz in Champsec. 38 Jahre. Spricht französisch. — Mont-Pleureur. — Ruinette. — Mont-Colon. — Mont-Rouge. — Passages de la Maison Blanche. — Glacier d'Otemma. — Tête Blanche. — Col du Cret etc.

Jean Francois Moron in Chatte. 39 Jahre. Spricht französisch. Mont-Colon und Mont-Rouge. Kennt die Pässe in die benachbarten Thäler, Otemmagletscher, Mont-Durand, Corbassière- und Gétrozgletscher etc.

Verlag der **J. Dalp**'schen Buchhandlung
in Bern:

Bildliche Erinnerungen vom eidgenössischen Truppen-
zusammenzug im August 1861. Nach der Natur gezeichnet von **Eugen Adam,** Text von **Dr. Abraham
Roth.** 16 Blätter in Lithographie nebst 16 Blätter Text.
Fr. 37. 50. Eleg. gebunden Fr. 48. —

Gelpke, E. F., Prof. „Die christliche Sagengeschichte
der Schweiz." 1862. Fr. 4. 50. Eleg. geb. Fr. 5. 50.

— „Die Kirchengeschichte der Schweiz." 1861. 2 Bände.
Fr. 18. —

Fischer, L., Prof. „Verzeichniss der Phanerogamen und
Gefässkryptogamen des Berner Oberlandes und der Umgebungen von Thun." 1862. Fr. 1. 30.

Kurz, Dr. Heinrich. „Die Schweiz." Land, Volk und
Geschichte in ausgewählten Dichtungen. Eleg. gebunden
Fr. 5. —

Wurstemberger, J. L. „Geschichte der alten Landschaft
Bern." 1861. 2 Bände. Fr. 12. —

Tschudi, Frédéric de. „Les Alpes." Description pittoresque de la nature et de la faune alpestres, avec 24 gra-
vures. Eleg. geb. Fr. 20. —

Blösch, Dr. C. A. „Geschichte der Stadt Biel und ihres
Panner-Gebietes." 2 Bände. Fr. 12. —

Bonstetten, S. de. „Recueil d'antiquités suisses accompagné de 28 planches." Fr. 50. —

— Supplément au „Recueil d'antiquités suisses." Fr. 35. —

— „Notices sur les tombelles d'Anet" (canton de Berne), accompagnées de planches. Fr. 4. —

Beiträge zur geologischen Karte der Schweiz. Herausgegeben von der geologischen Commission der schweizerischen naturforschenden Gesellschaft auf Kosten der Eidgenossenschaft. Erste Lieferung **(Basler Jura)** mit 4 Karten. Fr. 12. —

Die zweite Lieferung: **Theobald G.**, geolog. Beschreibung der nordöstlichen, in den Blättern X. und XV. des eidgenössischen Atlasses enthaltenen Gebirge von Graubündten. Mit 2 colorirten Karten und vielen Durchschnitten. Preis der ganzen Lief. mit Karten Fr. 00. — Blatt XV. einzeln Fr. 15. — Blatt X. Fr. 00. —

Rütimeyer, Dr. L. „Vom Meer bis zu den Alpen." Schilderungen von Bau, Form und Farbe unseres Continents auf einem Durchschnitt von England bis Sicilien. 1854. Fr. 4. —

Sammlung der in Kraft bestehenden Gesetze, Beschlüsse und Verordnungen des Bundes über das **schweizerische Militärwesen.** 1862. Fr. 5. 60.

AUG 8 **1918**

Druck von C. Grumbach in Leipzig.

Verlag von **Scheitlin & Zollikofer** in St. Gallen.

Iwan Tschudi's

SCHWEIZERFÜHRER.

REISETASCHENBUCH

für

die Schweiz, die benachbarten italischen Seen und Thäler, Mailand, Turin, das Chamounythal, die Umgebungen des Mont-Blanc und des Monte-Rosa, Veltlin, das angrenzende Tyrol, Montafon, Vorarlberg und den südlichen Schwarzwald.

Sechste, gänzlich umgearbeitete und starkvermehrte Auflage. 1365.

Mit 1 Reisekarte der Schweiz, 6 Stadtplänen und 12 Gebirgspanoramen.

DREI THEILE.

I. NORD- UND WESTSCHWEIZ.

Enthaltend

die Kantone Thurgau, Schaffhausen, Zürich, Aargau, Basel, Solothurn, Bern, Freiburg, Neuenburg, Waadt und Genf, den Bodensee, den Bregenzerwald, den südlichen Schwarzwald, Chablais, Faucigny und das Chamounythal.

Mit

einer Reisekarte der Schweiz, den Plänen von Basel, Bern, Genf und Zürich und den Gebirgspanoramen von Bern, von der Heimwehfluh, von Mürren und vom Faulhorn.

II. UR- UND SÜDSCHWEIZ.

Enthaltend

die Kantone Luzern, Unterwalden, Zug, Schwyz, Uri, Wallis und Tessin, die benachbarten italischen Seen und Thäler, Mailand und Turin.

Mit

einem Plane von Mailand und den Gebirgspanoramen vom Rigi-Kulm, von Rigi-Scheideck, vom Titlis, vom Gornergrat und vom Torrenthorn.

III. OSTSCHWEIZ.

Enthaltend

die Kantone Graubünden, Glarus, St. Gallen und Appenzell, das Veltlin, das angrenzende Tyrol, Montafon und Vorarlberg.

Mit

einem Plane von St. Gallen und den Gebirgspanoramen vom Piz Mundaun, Piz Languard und Speer.

Preis complet 1 Thlr. 18 Ngr.   2 fl. 40 kr.   5 Fr. 60 Cts.

Neue Urtheile der Presse über den Schweizerführer.

Tschudi's „Schweizerführer" hat sich gleich bei seinem ersten Erscheinen durch alle Eigenschaften eines vorzüglichen Reisebuches ausgezeichnet. Darin stimmten alle Recensenten, alle Kenner unseres Landes, alle Touristen vollkommen überein, und der Erfolg war daher auch ein sehr günstiger. Es folgten sich in kurzer Frist Auflage um Auflage, und jede folgende überbot die vorherige an Reichhaltigkeit, Genauigkeit der Darstellung und Eleganz. Einen sehr bedeutenden Fortschritt machte aber der „Schweizerführer" letztes Jahr mit dem Erscheinen seiner 5. Auflage; der unausgesetzte Fleiss, die Kenntniss und Umsicht, die Liebe und Begeisterung des Verfassers für das Land und das Werk, so wie so vieler seiner Freunde, namentlich mancher der thätigsten und verdientesten Mitglieder des Schweizer Alpenclubs, die schon seit Jahren mit der genauesten Durchforschung unseres Hochlandes beschäftigt, hatten damit dieses vortreffliche Reisetaschenbuch in eine ganz neue Phase und auf einen Standpunkt gebracht, von welchem aus es fast alle übrigen Reisehandbücher der Schweiz an praktischer Brauchbarkeit überflügelte. Dessen ungeachtet hat auch die diesjährige Ausgabe wieder so manche Berichtigungen, so werthvolle Ergänzungen und Bereicherungen in Text und Beilagen erhalten, dass sie ohne Unbescheidenheit füglich als 6. Auflage hätte declarirt werden dürfen, wie solches anderwärts ja so leicht und gerne geschieht, ohne dass dabei der Käufer, wie hier, die volle Beruhigung haben kann, dass er ein Buch besitzt, welches vollkommen auf der Höhe der Zeit steht.

Wir besitzen nun sowohl in der deutschen als in der französischen Ausgabe des „Schweizerführers" Reisetaschenbücher, welche sich nicht allein durch gedrängte Kürze, Reichhaltigkeit, Billigkeit und bequemes Format, sondern zugleich auch durch Vollständigkeit und Allseitigkeit, auf persönliche Anschauung und Erfahrung gegründete Zuverlässigkeit und kritische Originalität in höchst bemerkenswerthem Grade auszeichnen. Die den neuesten Verkehrswegen und Verkehrsmitteln, oder auch bis jetzt weniger begangenen Pässen und Pfaden entsprechenden kleinen Routen und Exkursionsgebiete lassen sich, wie eine Mosaik, auf die leichteste und mannigfaltigste Weise mit einander zu einem Ganzen verbinden; die Pläne unserer grössern Städte, die Panoramen unserer berühmtesten Fernsichten sind gegebenen Falles die billigsten und bestorientirenden Ciceroni.

Es gibt allerdings noch wohlfeilere Wegweiser; aber T s c h u d i , der gleichmässig den Zwecken des Städte- und Kurortebesuchens, des gewöhnlichen kleinen Touristen auf den begangensten Wegen wie des kühnen Hochlands- und Gletscherfahrens zu dienen vermag und in leicht wie schwer Gepäck immer genüglich Platz findet, ist bei seiner Ausstattung unbestritten das b i l l i g s t e und in der ganzen bisherigen Reiseliteratur h a n d l i c h s t e und b e s t e Buch, zugleich ein wahrhaftes topographisch-statistisches Compendium der Schweiz im kleinsten Format.

Bund 1864 (Bern).

In Plan und Anlage war Tschudi's Reisetaschenbuch schon längst das ausgezeichnetste, in Exaktität, Genauigkeit und Wahrheit entschieden das erste und in körniger, kräftiger, gesunder und lebensfroher Schilderung der Touren, der Lokalitäten, der geschichtlichen Anknüpfungen und Erinnerungen das trefflichste, das bis jetzt über die Schweiz unter dem so Mannigfachen erschienen ist. Man sieht es sozusagen auf den ersten paar Seiten, die man beliebig aufschlägt und durchliest,

dass das ein Schweizer ist, der so geschrieben hat, dass dieser es nicht
aus Büchern, sondern aus der Natur selber genommen hat. Ueberhaupt
verdient dies Reisehandbuch von Tschudi unbestritten den Vorzug vor
denjenigen deutscher Verfasser, die glauben, sie hätten nur Kinder
vor sich, so detaillirt und breit sind sie und oft gerade über das min-
dest Wichtigste; während Tschudi körnig und gedrängt und treffend
dem Reisenden viel mehr zeigt, auf mehr aufmerksam macht und — was
bei andern gar nicht immer der Fall ist, denn diese führen z. B. noch
Wirthshäuser und Posten auf, die seit Jahr und Tag nicht mehr existiren
— sich auf keiner Unrichtigkeit betreffen lässt. Tschudi's Führer regt
zur Selbstthätigkeit und zum Denken an; er nöthigt gleichsam den Touristen selber zu gehen und zu sehen und lässt ihn nicht vollgefr..... —
wie jener Engländer war — beim Stachelbergerbad hinten mit dem
Buch in der Hand auf dem Bauch liegen und „that is the Sentis!" ausrufen.

Bote am Rhein 1864.

Ein „vielgereister Alpenwanderer" spricht sich wie folgt aus:

Dieses höchst gemeinnützige Buch, das wir schon bei seinem ersten
Erscheinen als ein vortreffliches bezeichneten, liegt uns nun, beinahe zum
doppelten Umfang angewachsen, in einer fünften, mit allem Fleiss
und grösster Umsicht vermehrten Auflage vor und ist jetzt nach unserm
unmassgeblichen Dafürhalten das beste Reisehandbuch, das wir überhaupt
besitzen, nicht für die Schweiz allein, sondern nach praktischem Gehalt
und handlicher Brauchbarkeit in der ganzen Reiseliteratur. Das Bezeich-
nendste, was wir zur Empfehlung des Werkes in ganz objektiver Weise
sagen können, ist die Thatsache; dass sich gerade die Schweizer
ganz vorzugsweise und nahezu ausschliesslich dieses Buches bedienen;
sollen wir aber subjektive Ansichten und persönliche Erfahrungen aussprechen, so müssen wir bekennen, dass das Buch nach allen Seiten hin
zuverlässiger und sichtlich mehr auf persönliche Anschauung und Erfahrung gegründet ist, als seine bekannten Konkurrenten. Es ist uns
vielfach selbst begegnet, dass wir die Angaben anderer Schweizerführer
ungenau, und dagegen diejenigen von Tschudi immer erprobt fanden. Aus
eigener Erfahrung können wir namentlich denjenigen, welche als Fuss-
wanderer sowohl die Naturherrlichkeiten als Land und Leute der Schweiz
unbefangen und genauer kennen lernen wollen, anstatt nur die Gasthöfe
und tables d'hôte, den Tschudi'schen Schweizerführer als den aller-
besten und allzeit paraten handlichsten Rathgeber empfehlen, der kurz
und bündig den Verständigen das Nöthige und Nützliche lehrt, und der
Jedem zu der genussreichen Reise verhilft.

So möge denn dieses praktische und höchst lehrreiche Reisehandbuch
unter den deutschen Alpenwanderern reichlich diejenige Anerkennung finden, welche der Fleiss, die Ausdauer und Umsicht seines Verfassers reichlich verdienen. **Erheiterungen 1864** (Stuttgart).

Kurz und bündig sagt der Verfasser Alles was nöthig ist — so vollständig als irgend ein Reisehandbuch und zuverlässiger als viele. Dazu
bringt er mit eigener Erfahrung und mit den Beiträgen einer Anzahl von
Alpenklub-Mitgliedern eine Reihe von bisher noch unbekannten Hoch-
landspartien, so namentlich in Graubünden, diesem in vielen Beziehungen noch verborgenen Platze.

In Bezug auf Routen, Entfernungen etc. genau, weiss er Dir auch
immer die rechten Ruheplätze anzuweisen. Probatum est: Wo er den
besten Veltliner anzeichnete: da trinkst Du ihn auch. Auf parole. —

St. Galler-Zeitung 1864.

Editeurs : Scheitlin & Zollikofer, à St-Gall.

GUIDE SUISSE DE TSCHUDI.

LIVRE DE POCHE DU VOYAGEUR

qui veut voir la Suisse, les lacs et les vallées du nord de l'Italie, Milan, Turin, la vallée de Chamouny, les alentours du Montblanc et du Monte-Rosa, Valteline, la partie limitrophe du Tyrol, le Montafon et le Vorarlberg.

Avec une petite carte synoptique de la Suisse, les plans de Bâle, de Berne, de Genève, de Milan, de St-Gall et de Zurich et les panoramas de montagnes pris du Rigi-Kulm, de la Rigi-Scheideck, de Berne, de la Heimwehfluh, de Mürren, du Faulhorn, du Torrenthorn, du Gornergrat et du Piz-Mundaun.

Nouvelle édition entièrement refondue et considérablement augmentée.

Prix 1 Thlr. 10 Ngr. 2 fl. 20 kr. 5 Fr.

Jugements de la Presse sur le Guide Suisse.

Nous avions des Guides en Suisse; mais nous n'avions pas un Guide Suisse. MM. Scheitlin et Zollikofer, éditeurs à St-Gall, viennent de combler cette lacune en publiant une édition française du Guide Suisse de M. Iwan Tschudi, qui est sans contredit l'ouvrage le mieux réussi dans le genre. Il a un format des plus commodes, les caractères en sont nets et même élégants, et on s'y orient aisément. C'est l'ouvrage qui donne les détails les plus particuliers sur les principales villes, les lieux de cures et les Alpes.

Chroniqueur de Fribourg.

Parmi les nombreux ouvrages destinés à guider les voyageurs dans notre belle patrie, aucun ne nous a plu autant que le Guide Suisse d'Iwan Tschudi, tant par l'habile disposition des matières que par la concision exempte de sécheresse, les indications exactes et le format commode de ce manuel de voyage.

L'Observateur du Léman.

Grâce à la consciencieuse et intelligente mise en œuvre de la matière, comme aussi à l'habile emploi de ressources techniques, le „Guide-Suisse de Tschudi" se distingue avantageusement parmi ses confrères, même encore par son format qui le rend commodément portatif et dans ce petit cadre à la main il nous offre un exposé si riche et si pratique de ce qu'il y a de plus intéressant à voir et à savoir sur monts et vallées qu'il n'était réservé qu'à un enfant du pays de nous donner de semblables notions basées sur la vue des lieux et son intime connaissance de la patrie et de son peuple.

Nouvelle Gazette de Zurich.

Bemerkungen zum Panorama

von

Höchenschwand im bad. Schwarzwald,

(11½ Fuss = 3.45 Mètres lang)

enthaltend 700 Namen,

in Farbendruck (mit landschaftlichem Colorit)

gezeichnet von Hch. Keller von Zürich.

Preis Fcs. 6. —

Diese Ansicht der Schweizeralpen ist ganz unstreitig die weitaus vollständigste und geographisch lehrreichste von allen bisher gezeichneten, und daher am meisten (wenn auch natürlich nicht buchstäblich) berechtigt zu dem Titel:

General-Ansicht der Schweizer-Alpen.

Wol kein anderer Ort, weder der Schweiz noch des Schwarzwalds, mit Ausnahme des Feldbergs etwa, gestattet so umfassende Uebersicht und so interessante Einblicke in die Gliederung der Alpen zwischen Vorarlberg und Savoyen. Die Höhe des Standpunktes (3409 Par. Fuss oder 1010 Mètres über Meer) in Verbindung mit dem günstigen Mass seiner Entfernung von den Objecten, bewirkt ein solch ausserordentliches Emporsteigen der höhern und entferntern Alpengipfel am Horizont (man sehe z. B. die imposante, pyramidale Gruppirung von Finsteraarhorn, Schreck- und Wetterhörner, Abtheil V.), dass die Gipfel in ihrem Zusammenhang erscheinen wie kaum von einem andern Aussichtspunkt her. Diese Eigenschaft macht das Panorama von Höchenschwand auch zugleich brauchbar für den *Feldberg,* sowie für die Aussichtspunkte des Schwarzwalds überhaupt *und für die meisten der nördlichen Schweiz.* Aus demselben Grunde wol erhielt dieses Panorama den Vorzug vor allen andern, als vom Tit. Redactionscomité des schweiz. Alpenklubs der verdienstliche Plan gefasst wurde, eine *geologisch colorirte* Ansicht unserer Berge herauszugeben.

Da die Enfernung selbst der *nächsten* Schneeberge bei 20 Stunden, dagegen die der entferntesten sichtbaren bei 48 Stunden beträgt, so war die Aufnahme dieser Zeichnung mit grossem Zeitaufwand verbunden, wegen der Seltenheit hinlänglich klarer Witterung. Der Verfasser hielt sich zu diesem Zwecke während einer Reihe von Jahren mehrwöchentlich in Höchenschwand auf, und es gehörte in der That nicht nur Kenntniss des Landes und ein nicht geringes Talent für die Auffassung und getreue Wiedergabe der Formen, sondern auch des (1862 verstorbenen) Verfassers beharrlicher Fleiss dazu, diese Arbeit auszuführen.

In der Absicht, das Characteristische der Umrisse unverkümmert wiederzugeben, und dadurch vielleicht werthvolle Untersuchungen zu erleichtern, entschloss sich der Herausgeber, das Panorama im Mafsstab der Original-Aufnahme erscheinen zu lassen, was allen Kennern willkommen sein wird. Die Färbung der landschaftlich colorirten Ausgabe ist möglichst der Natur entsprechend.

Die günstigste Jahrszeit zum Genuss dieser unvergleichlichen Alpenansicht an Ort und Stelle ist im Frühling und Herbst.

Das Pfarrdorf *Höchenschwand*, der Standpunkt des Panorama, liegt auf dem höchsten Punkt der Poststrasse von der badischen Eisenbahnstation *Waldshut* nach *S. Blasien*, 1 1/4 Stunde von Diesem, 3 1/2 Stunden von Jenem entfernt, und hat tägliche Postverbindung sowohl mit Freiburg i. B. über Lenzkirch, als mit Waldshut. Es besitzt ein treffliches Gasthaus (zum Ochsen).

Von S. Blasien, dessen Besuch sehr zu empfehlen, führt eine andere Strasse durch das enge, romantische Albthal wieder hinaus an den Rhein, nach der Eisenbahnstation Albbruck (zwischen Waldshut und Lauffenburg). Uebrigens ist Niedermühl im Albthal, wo der interessantere Theil dieser Strasse beginnt, der nicht weniger als 6 Tunnels zählt, mit dem seitwärts auf der Höhe liegenden Höchenschwand durch eine weitere Strasse in Communication, welche gestattet, ohne Umweg die so lohnende Albthal-Route mit dem Besuch auf Höchenschwand zu verbinden.

Zum Voraus überzeugt, dass Niemand aus Speculation es durchführen wird, diese Alpenansicht aus solcher Ferne neu *nach der Natur* aufzunehmen, rechnet der Herausgeber auf die Loyalität des Publikums, welches die Originalausgabe dieses Panoramas vor allfälligen Copieen in gleichem oder in einem kleinern Mafsstab (denn Reductionen sind im Grunde nichts als Copieen) — gewiss begünstigen wird; überdies stützt er sich auf die Gesetze.

Am Schlusse dieser Notizen fühle ich mich gedrungen, den Personen, welche das Unternehmen wohlwollend durch manche Mittheilungen förderten, hiermit aufs Wärmste zu danken.

Hch. Keller.

Firma: Hch. Kellers geogr. Verlag in Zürich.

Empfehlenswerthe Touren im südlichen Schwarzwald sind ferner:

Von Schopfheim in 7 Stunden durch das Werra-Thal
über Todtmoos nach S. Blasien und Höchenschwand.

Von Freiburg im Br. in 8 Std. über Oberried und Hofsgrund auf den Feldberg (wo ein Hôtel), und von da
über Menzenschwand nach S. Bl. u. Höchenschwand.

Von Freiburg in 9 Std. durch das Höllenthal, am Titi-
See und (über Aha) am Schluchsee vorbei, und
entweder über Muchenland nach S. Bl. oder, der
Poststrasse folgend, direct nach Höchenschwand.

Quelques Notices

sur le

Panorama de Hœhenschwand
(village dans la Forêt Noire badoise),

(longueur 3,45 Mètres, contenant environ 790 noms)

chromo-lithographié,

dessiné par Henri Keller de Zurich.

Prix de l'édition à coloris non géologique Fcs. 6.

Cette vue de la Chaîne des Alpes Suisses est certes, sous le
rapport géographique, la plus complète et la plus instructive de
toutes celles qui jusqu'ici ont été publiées. Plus qu'aucune autre
elle a droit au titre:

Vue générale des Alpes Suisses.

En vain chercherait-on dans la Suisse ou dans la Forêt Noire
un point de vue semblable, qui réunit les mêmes avantages, à la
seule exception du Feldberg, peut-être, qui est la sommité la
plus élevée (1491 mètres) de la Forêt Noire, mais qui est bien
moins facilement abordable.

Outre la richesse, l'intégralité pour ainsi dire, ce panorama
se distingue de ceux connus jusqu'ici par un avantage essentiel:
l'on y observe mieux que partout ailleurs les relations des cimes,
parce que les pics qui ferment l'horizon, s'élèvent au-dessus des
montagnes situées plus près, d'une manière vraiment surprenante.
Cet avantage du panorama de Hœhenschwand, qu'il doit à l'élévation du point de vue (1010 mètres au-dessus de la mer) et à la
distance favorable des objets, le rend propre à l'usage tant à
Hœhenschwand que sur le Feldberg ou sur d'autres sommités de

la Forêt Noire, ainsi que sur la plupart des hauteurs de la Suisse septentrionale.

Le village de *Hœhenschwand*, notre point de vue, est situé sur le point culminant de la route postale qui conduit de Waldshut (station du chemin de fer badois et situé près de la jonction du Rhin et de l'Aar) à l'ancienne abbaye de S. Blaise. La distance de Waldshut est de 3 1/2 lieues; celle de S. Blaise de 1 1/4. A Hœhenschwand il y a une bonne auberge. Ce village est en communication postale journalière avec Fribourg en Brisgau par Lenzkirch, et avec Waldshut.

On conseille de visiter, en revenant de Hœhenschwand ou en y allant, l'intéressant défilé de l'Alb (affluent droit du Rhin) qui est traversé tout de long par une route nouvellement construite. De Hœhenschwand on y arrive facilement soit par S. Blaise, soit par Tiefenhæusern et Niedermuhl.

Les saisons les plus favorables pour jouir de la vue des Alpes Suisses à Hœhenschwand même, sont le printemps et l'automne.

Anzeigen.

Brestenberg am Hallwylersee.

Wasserheil-Anstalt, Seebäder, warme und Dampfbäder, Trauben-kuren. — Prachtvolle Lage, zweckmässige Einrichtungen für Kur und Unterhaltung. Schifffahrt, Jagd, Fischerei. Das ganze Jahr besucht. — Direktor Dr. **A. Erismann.**

Kurort Heiden.

Hôtel garni zum Sonnenhügel. Besitzer **J. Eugster.** Ist seit Ende Mai wieder eröffnet. Beste reelle Bedienung wird zuge-sichert.

Basel.

Gasthof zum Storchen. — Eigenthümer **J. Klein-Weber.** — Empfiehlt seinen in der Mitte der Stadt gelegenen neu renovirten, und durch vorzügliche Küche sowie gute und reelle Weine bestens versehenen Gasthof. — Derselbe enthält 80 Zimmer und Salons.

Eigene Omnibus von und nach allen Bahnhöfen, sowie auch Familienwägen im Hôtel. Freundliche Behandlung und billige Preise sind zugesichert.

Gasthof zur Krone. — Eigenthümer **F. Lindenmeyer-Müller.** — In schönster Lage am Rhein, empfiehlt sich durch aufmerk-same Bedienung, nebst billigen Preisen. — Omnibusdienst nach beiden Bahnhöfen.

Bern.

Schänzli. — **Café-Restaurant.** — **E. Lanz-Moser,** proprié-taire. — Déjeûners, dîners à la carte. Vue magnifique sur les Alpes, Concert instrumental trois fois par semaine.

Hôtel Bellevue. — Eigenthümer **Oswald,** früher Gastwirth **zum Falken.** — Ganz neuer Gasthof ersten Ranges neben der eid-genössischen Münzstätte, mit vollständiger Alpenaufsicht von den Zimmern sowie von der Gartenterrasse aus. Moderirte Preise wie früher im Falken. — Eröffnung am 1. Juli 1865.

Bernerhof neben dem Bundes-Rathhaus, unfern des Bahnhofs. Grosses Hôtel ersten Ranges mit der vollen Alpenansicht. — Pension vom 1. October bis Ende Mai.

Hôtel du Boulevard. — Besitzer **E. Müller.** Mit Café-Restaurant verbunden, nächst dem Bahnhof, im neuen Post- und Telegraphen-bureau-Gebäude.

Neue geräumige Zimmer mit guten Betten, empfehlenswerthe Küche, reelle Weine, deutsches Bier und billige Preise.

Bern.

Hôtel de l'Europe. — Neuer eleganter Gasthof ersten Ranges in der Nähe des Bahnhofes. Auf dem Dach Terrasse mit vollständiger Alpenaussicht.

Gasthof zum Falken mit Dependencen, gehalten von **H. Regli.** Neu meublirt und restaurirt, in günstiger Lage, bietet der Gasthof dem Fremden alle wünschbaren Bequemlichkeiten. Omnibus nach dem Bahnhof.

Gasthof zum Storchen, neu gebaut und zweckmässig eingerichtet, in der Nähe des Bahnhofes an der Hauptstrasse gelegen, mit zahlreichen neu meublirten Zimmern, empfiehlt sich den Reisenden durch vortreffliche reine Weine, gute Küche und aufmerksame Bedienung. **Charles Steffen,** Propriétaire.

Casino, gehalten von **J. Imboden.** — Garten - Terrasse mit prachtvoller Aussicht auf das Schneegebirge, Café restaurant, table d'hôte. warme und kalte Speisen à la carte zu jeder Tageszeit, mit bekannten vorzüglichen Weinen zu moderirten Preisen. Wöchentlich zwei bis drei Mal Orchestermusik.

J. Dalp'sche Buch- und Kunsthandlung vis-à-vis vom Bahnhof. — Deutsche, französische und englische Literatur. Reisehandbücher von Bädeker, Tschudi, Berlepsch, Joanne, Murray, Pall etc. Die Blätter des grossen Dufour'schen Atlas der Schweiz. Reliefs, grosse Auswahl von Ansichten der Schweiz, sowie Stereoscopbilder aus derselben, Costümbilder etc.

Feine Schnitzereien in Holz und Elfenbein. Fabriklager von **J. Becker & Comp.,** Christoffelgasse 235 c. Neues Etablissement. Reelle Preise.

Zoologisches Kabinet zu verkaufen. Das in Bern stehende **Museum Zahnd** ist wegen Mangel einer passenden Lokalität unter günstigen Zahlungsbedingungen zu verkaufen. Diese Sammlung enthält nur schweizerische Fauna, ist nach Cuvier's System benannt und familienweise mit Alten und Jungen gruppirt. Dieselbe besteht aus 58 Säugethieren, worunter Bären, Dachse. Murmelthiere, Füchse in ihrem Baue, dann Dammhirsche. Steinböcke, Gemsen und kleinere Thiere. An Vögeln sind 486 Exemplare vorhanden, worunter Geier, Lämmergeier. Adler, Falken, Eulen, Berghühner und alle Zwischenarten bis zu den Enten und Säger vertreten sind. Eine solche Sammlung eignet sich vorzüglich für ein städtisches Museum, für eine höhere Lehranstalt oder ein grösseres Pensionat als Lehrmittel, so wie auch für ein Jagdschloss als Zierde. Die Arbeit, sowohl Präparation und Stellungen, wie Zooplastik sind so naturgetreu als nur möglich. Für Kataloge wie sonstige Auskunft wende an sich an Herrn **Zahnd** in Bern selbst.

Bern.

Topographisches Atelier, B. Leuzinger in der Länggasse übernimmt Zeichnungen und Stich aller topographischen und geographischen Karten. .

Lithographische Anstalt von F. Lips — übernimmt neben Arbeiten, wie die in vorliegendem Band ausgeführten, Aufträge für alle übrigen Branchen der Lithographie.

Bergschuhe. J. Riesen in Bern, Spitalgasse 126, hält stets vorräthig eine schöne Auswahl solider und wasserdichter Bergschuhe für Herren und Damen.

Abendberg.

Circa 1½ Stunde von Interlaken, durch schattige Waldwege. Eigenthümer **J. Sterchi**. Ganz neu als Gasthof eingerichtet, wird allen HH. Touristen und ganz besonders den Pensionairen als Kurort bestens empfohlen.

Giessbach — Brienzersee.

Hôtel mit **Pension** und **Restaurant.** — Eigenthum der Dampfschifffahrt-Gesellschaft und unter Controle derselben verwaltet von **Ed. Schmidlin.** Einrichtung mit 150 Betten; täglich dreimal table d'hôte. Anfang der regelmässigen allabendlichen Beleuchtungen der Wasserfälle mit dem 1. Juni; von jedem Zuschauer wird 1 Fr. Beitrag erhoben.

Grindelwald.

Gasthof zum Adler, gehalten von **Rudolph Bohren-Ritschard,** empfiehlt sich den HH. Touristen bestens. Demselben ist inmitten schöner Gartenanlagen das ehemals der Fürstin von Schwarzburg-Sondershausen gehörende Châlet als gut eingerichtete Pension beigefügt.

Englischer Gottesdienst. — Grundstein gelegt zu einer kleinen Bibliothek. — Warme und kalte Bäder. — Für Führer, Träger, Wagen und Reitpferde sich auf dem Bureau zu melden. — Landsleute werden besonders berücksichtigt.

Gasthof zum Gletscher. — Eigenthümer **Christian Burgener.** — Ganz neues Hôtel und bestens empfohlen durch seine billigen ise und gute Bedienung.

Unmittelbar in der Nähe der Gletscher und des Eismeeres, und rhaupt schöne Aussicht nach dem Eiger, Mettenberg und tterhorn.

Wagen, Reitpferde, Träger und Führer im Hôtel zu erfragen.

1 *

Berner Oberland.

Gurnigel-Bad im Kanton Bern. Eröffnung am 1. Juni. Der Unterzeichnete, schon einige Zeit Eigenthümer des Etablissements, hat dessen Leitung nun selbst übernommen.

Der vieljährige Badarzt Hr. Dr. Verdat wird auch fernerhin die ärztliche Praxis besorgen.

Mannigfaltige Verschönerungen und Verbesserungen an Mobilien und Gebäulichkeiten, wobei namentlich auch auf Unterhaltung der Kurgäste bei ungünstiger Witterung Bedacht genommen. ganz besonders aber Fund und Fassung einer zweiten — reichern — und stärkern — Schwarzbrünnli-Quelle, — wodurch die Erstellung neuer zweckmässiger Douche-Einrichtungen ermöglicht worden, lassen mich hoffen, das bisherige Zutrauen werde dem hiesigen Kurorte, mit seinen langbewährten Heilquellen, auch fürderhin verbleiben; durch aufmerksame und gute Bedienung werde ich dasselbe zu rechtfertigen wissen.

Zur Bequemlichkeit meiner verehrlichen Gäste wird der tägliche Omnibus erst nach Ankunft der Schnellzüge der Ost- und West-Schweiz um 2 Uhr 15 Minuten vom Gasthaus zum Wildenmann in Bern abfahren.

Depôt der hiesigen Mineralwasser in frischer Füllung, befindet sich wie bisher bei HHrn. S. Friedly, jgr. in Bern und Trog, Apotheker in Thun.

Gurnigelbad im Mai 1865.   **J. Hauser.**

Interlaken.

Hôtel Belvédère, Gasthof ersten Ranges; neben dem Kursaal, mit prachtvoller Aussicht auf die Alpen, warme und kalte Bäder im Hause.

Hôtel und Pension zum Casino. J. Imboden, Eigenthümer. Dieses bekannte Etablissement befindet sich am berühmten Höheweg, in der Nähe der englischen und katholischen Kapelle, mit prachtvoller Aussicht auf die Jungfrau und die malerische Umgebung Interlakens, bietet sowohl Familien, als einzelnen Reisenden jede wünschbare Bequemlichkeit.

Table d'hôte um 2, 5 und 7 Uhr. Billige Preise, Pensionspreis von 5 bis 7 Fr. Der Omnibus des Hôtels befindet sich beim Landungsplatz der Dampfschiffe. Für Führer, Wagen und Reitpferde wird bestens gesorgt.

Hôtel Schweizerhof. — Propriétaire **Strübin-Müller.** — Cet Etablissement situé au centre d'Interlaken, contient: avec Dépendances 120 Chambres, Salle à manger, Salon, Salle à fumer et 'ursieurs Salons particuliers. Table d'hôte à 2 et 6 heures. D. rs particuliers à la carte. On parle français, anglais et italien. J r naux français, anglais et allemands. Voitures, guides et c^h ux de montagne.

Interlaken.

Disconto - Cassa. — Auswechslung in- und ausländischer Papiere und Geldsorten zu möglichst billigen Conditionen.

Hôtel & Pension Victoria. — **Ed. Ruchty,** propriétaire. — Dieses comfortable Etablissement, im Centrum der Promenade Interlakens gelegen, die schönste Aussicht nach Jungfrau und Alpenkette bietend, empfiehlt sich den verehrten Reisenden bestens.

Table d'hôte 1, 4 und 6 Uhr. Dîner á la carte zu jeder Stunde. — Gute Weine. Mässige Preise. — Bei den Landungsplätzen Omnibus vom Hôtel.

Kurhaus Jungfraublick. — Das Kurhaus mit seiner vollen Aussicht auf das Lauterbrunnenthal mit der Jungfrau, auf den Thuner- und Brienzer-See, inmitten schattiger Waldungen und ausgedehnter Parkanlagen, wird im Juni dieses Jahres eröffnet. — Molkenkuren, künstliche Mineralwasser. — Hôtel ersten Ranges mit 150 Betten.

Kandersteg.

Hôtel zum Bären. — Eigenthümer **Egger,** früher Gastwirth zum Hôtel Victoria daselbst. — Ganz neuer Gasthof ersten Ranges mit 40 Zimmern am Fusse der Gemmi. Man findet gute und billige Bedienung sowie Reitpferde und Träger über die Gemmi und Wagen nach Thun und Interlaken. Es werden auch Fremde in Pension genommen. Eröffnung 1. Juni.

Meiringen.

Gasthof zum wilden Mann, vis-à-vis des Reichenbachfalles. — Prachtvolle Aussicht vom Altan des Hauses auf Rosenlauigletscher, Wellhorn, Engelshörner, etc. — Reelle und gute Bedienung, billige Preise. Warme und kalte Bäder.

Für Führer, Wagen und Reitpferde sich auf dem Büreau zu melden. Deutsche, französische und englische Zeitungen.

Hôtel Hof près Meiringen. Alexander Nægeli. Dieser Gasthof empfiehlt sich besonders, wegen seiner, für Touristen vorzüglichen Lage, als Knotenpunkt des Susten-Grimselpasses, und der seit neuerer Zeit immer mehr besuchten Passage von Hof nach Rosenlauï etc. Tüchtige Führer und gute Pferde sind stets zu Tarif-Preisen zu haben.

Hôtel et Bains de Reichenbach - Meiringen. Dieses Hôtel nittelbar am schönen und malerisch berühmten Reichenbachfall Meiringen gelegen, empfiehlt sich durch seine schöne Lage vohl wie durch aufmerksame und sorgfältige Bedienung. Patene Führer und eingeschulte Bergpferde sind im Hôtel zu haben. abendliche Beleuchtung der herrlichen Cascaden finden vom ʰel aus statt.

Gotthardstrasse. Hospenthal.

Hôtel Meierhof. — In diesem Hôtel befindet sich eine Auswahl von feinen Schweizer Holzschnitzwaaren, Reiseeffekten, etc. etc.

Mürren.

Hôtel Silberhorn im Lauterbrunnenthal (5018 Fuss über Meer), gehalten von **J. Sterchi.** — Empfiehlt sich wegen der schönen Gletscheraussicht und reinen Alpenluft den T o u r i s t e n und Pensionärs. Die Besteigung des Schilthorns ist sehr lohnend.

Schynige Platte.

Gasthof zur Alpenrose. — Wirth **Adolf Seiler.** — Wenn schon an und für sich die unvergleichlich schöne Lage, Angesichts der nahe stehenden Kette der herrlichen Schneeberge, des Thunersees, der beiden, vom Schmadribach bis zum obern Grindelwaldgletscher so lieblich unter den Augen liegenden Thäler von Lauterbrunnen und Grindelwald, der Besuch dieses in allen Reisehandbüchern rühmlichst erwähnten, nur ein paar Stunden von Interlaken entfernten Aussichtpunktes den Ruf als eine der unstreitig lohnendsten Bergtouren erworben hat, so wird der Unterzeichnete sich zur Aufgabe stellen, seinen vor zwei Jahren ganz neu erstellten Gasthof **zur Alpenrose,** wie vorher, durch billige und zuvorkommende Bedienung, gute Betten, reelle Speisen und Getränke den geehrten Besuchern möglichst angenehm zu machen.

Seiler.

Hôtel et Pension de la Grimsel gehalten von **Bilharz.** Dieses Hôtel auf der Kreuzstation für den St. Gotthard, Wallis und die herrlichen Gletscherparthien gelegen, bietet jedem **Touristen** den besten Comfort. Preise fix und billig. Vorzügliche, selbst in allen Clubbüchern erwähnte, Gletscherführer, sowie Bergpferde, sind im Hause sicher zu finden. Table d'hôte um 7 Uhr.

Bilharz.

Thun.

Hôtel Freienhof, au débarcadère des Bâteaux à vapeur, café, billard au plainpied, se recommande par la modicité de ses prix, une bonne cuisine et un service actif. Omnibus à tous les trains.

Hôtel de Bellevue. — Gasthof ersten Ranges in wundervoller Lage mit Park und Garten-Anlagen. Englische Kirche, Salons de lecture, etc. Pension vom 1. October bis Ende Juni.

Bodensee — Rheinfall.

Hotel Bodan, Besitzer **H. Meyer,** gegenüber dem Bahnh, und der Dampfbootlandung, empfiehlt sich hauptsächlich durc' ine schönen Räumlichkeiten sowie gute Bewirthung.

Bodensee — Rheinfall.

Hôtel Witzig. -- Proprietär **H. A. Witzig-Rietmann.** — Eisenbahnstation Dachsen am Rheinfall.
Die eigentliche Rheinfallstation 15 Minuten bis zum Fall (Fischetz) für Eisenbahnfahrer die bequemste Art, an den Rheinfall zu gelangen. Gute, billige und freundliche Bedienung, Aussicht auf die Gebirge, vom Säntis an bis zur Jungfrau.

Hôtel et Pension Schweizerhof, am Rheinfall, ehemals Hôtel Weber. — Besitzer **F. Wegenstein.** In nächster Nähe der Eisenbahnstation Neuhausen (neu eröffnete Eisenbahn von Basel nach Schaffhausen und Constanz), in prachtvoller und unstreitig bester Lage, gegenüber dem Rheinfall, mit herrlicher Aussicht auf denselben und auf die ganze Alpenkette; mit Lesekabinet, Musiksaal, Billards, Bädern, Promenaden etc. — Ausstattung und Bedienung vorzüglich. Billige Preise. — Für Familien und Touristen gleich empfehlenswerth. — In wöchentlichem Aufenthalt ermässigte Pensions-Preise.

Friburg, Suisse,

Hôtel des Merciers, dit: Abbaye des Marchands, tenu par le propriétaire **Ad. Hartmann-Muller.** — Cet hôtel, au centre de la ville et des affaires commerciales, à côté de la Cathédrale où se trouve le grand orgue, non loin des Ponts, de la Poste et des Bureaux du télégraphe, a été restauré et meublé complétement à neuf et au dernier goût; il se recommande aux voyageurs par ses prix modérés, joint à tout le comfort désirable.

Gotthardstrasse.

Gasthaus zum Realp-Hospiz. — Den HH. Furkatouristen empfiehlt das Gasthaus zum Hospiz Realp, mit dem Versprechen guter und anerkannt billiger Bedienung, dessen einstweiliger Besitzer und Postablagehalter **P. Arsenius, Superior.**

Hôtel St.-Gotthard, in Andermatt. — Eigenthümer Dr. **Christen.** — Dieser rühmlichst bekannte Gasthof wird allen resp. HH. Reisenden, namentlich denjenigen des schweizerischen Alpenclubs, auf's neue angelegentlichst empfohlen, und zugleich höflichst für das frühere Zutrauen gedankt.

Chur.

Hôtel Lukmanier. — Miteigenthümer **Benner-Rott**, bisheriger Gérant des Hôtels des Churhauses in St-Moritz, Engadin. — Beste Lage zunächst dem Bahnhofe, gegenüber der Post. Omnibus von und nach dem Bahnhofe.

Hôtel Steinbock (im Erdgeschoss Café). Besitzer **Küpfer-Hauser.** Dieser vor einem Jahr grossartig erweiterte und zeitgemäss restaurirte Gasthof, bietet den resp. Familien und Touristen jede wünschbare Bequemlichkeit. Büreau der Extraposten im Hause selbst.

Davos.

Hôtel und Pension zum Strehla, 4800 Fuss über Meer. — Besitzer **Fr. Michel.**—Empfielt sich den HH. Curanten und Touristen bestens. Gute und billige Bedienung, reelle Veltliner Weine, Aussicht auf das Schynhorn, Schwarzhorn und Weissfluh. — Aller Art Fuhrwerke und Reitpferde stehen zur Verfügung. — Bleibt das ganze Jahr geöffnet.

Ponte. Ober-Engadin.

Gasthaus zum Albula.—Eigenthümer **Max. Gartmann,** Lehrer. — Empfiehlt sein an der Albulastrasse gelegenes Gasthaus bestens. Gute Küche sowie reelle Getränke wird Jedermann finden. Gefährte sowie Reitpferde über den Albula sind stets zu haben.

Obiger führte im Sommer 1863 mehrere seiner Herren Gäste auf die Albulaspitze (Pız Uertsch), Müsella und Schlossruine von Guardovall, und wird auch von nun an dazu bereit sein.

Pontresina.

Gasthaus und Pension zur Krone (Post).—Besitzer **L. Gredig.** Empfiehlt den HH. Touristen und Curanten seinen mit neuem Salon und 38 Zimmern versehenen Gasthof bestens. — Gute und billige Bedienung, reelle Veltliner Weine, prachtvolle Aussicht auf den Rosegg-Gletscher und Umgebung. Fuhrwerke und Pferde zu Ausflügen stehen immer zur Verfügung.

Samaden.

Hôtel Bernina. — Centralpunkt des Oberengadiner-Verkehrs und Touristen-Standquartier für die Oberengadiner-Touren. Hauptstationspunkt der enetbergischen Postrouten. — Hôtel Bernina mit schöner Aussicht auf die Bernina-Gruppe empfiehlt sich bestens.

Thusis.

Hôtel de l'Aigle d'or et de **Poste.** Jouissant de la plus belle vue, tant sur les montagnes que sur la riante vallée de Domleschg. Voitures pour la Viamala, Andeer, Splügen, et ailleurs. Chevaux pour le passage très-pittoresque du Schyn, et guides pour toutes les excursions des environs.

Weissenstein.

Weissenstein-Albula. — **J. Rud. Jecklin,** Eigenthümer dieses ungefähr in der Mitte zwischen Ponte und Bergün gelegenen Gasthauses, empfiehlt sich den Herren Touristen bestens. — Vorzügliche Küche. Auswahl guter, reeller Weine. Treffliche Forellen. — Freundliche Behandlung und billige Preise.

Neuchâtel.

Hôtel Bellevue. — Grand hôtel de premier ordre situé to ıu bord du lac. Vue des plus étendues sur les Alpes. Bains. n-sion dès Octobre à Mai. Service religieux anglais.

Schaffhausen.

Hôtel zur Krone. — Besitzer J. Hirt. — Nahe bei Bahnhof, Post u. Dampfschiff. — Altes gutes Haus, von Geschäftsreisenden und Familien stark besucht. — Table d'hôte um 12 Uhr. Restauration à la carte zu jeder Zeit, um die Abreise mit den Nachmittagszügen zu erleichtern. — Wagen und Omnibus sind im Hause zu finden. — 10 Mal täglich per Eisenbahn zum Rheinfall für 10 Cent.

Engelberg. Kurort.

(3200 Fuss über Meer, am Fusse des Titlis).

Pension und Kurhaus Müller ist seit dem 1. Juni wieder eröffnet. Auskunft der Prospecte ertheilt der Besitzer J. Fr. Müller, Regierungsrath.

Bad und Gasthof zum Engel. — Besitzer: Wittwe Cattani und Kinder. — Kurgäste finden die gewöhnlichen Kurpreise, Reisende billige Gasthofpreise. — Engelberg ist für den Bergsteiger einer der geeignetsten Orte, um von da aus die schönsten Bergtouren zu unternehmen. Tüchtige Führer zu kürzeren oder längeren Reisen sind stets erhältlich.

Luzern.

Gasthof zum wilden Mann. — Eigenthümer F. Estermann. — Nach den Gasthöfen ersten Ranges erlaubt sich der Eigenthümer, seinen restaurirten Gasthof bestens zu empfehlen. Derselbe befindet sich in der Nähe des Bahnhofes, der Post, des Regierungsgebäudes und Museums. Etwa 20 sehr comfortable Zimmer stehen zu sehr bescheidenen Preisen bereit. Preise für Schweizer 1 Fr. Dieser Gasthof ist das gewöhnliche Absteigequartier der Herren Grossräthe und Beamten vom Lande. — Gute Weine und Küche. Speisen nach der Karte sowie Table d'hôte.

Pension-Seeburg. Eigenthümer H. Muller. — ½ Stunde von Luzern, prachtvolle Aussicht — kalte Bäder, Verbindung mit Luzern per Dampfschiff.

Rigi-Scheidegg.

Kurort Rigi-Scheidegg. Eröffnung den 1. Juni. Milch, Molken und eisenhaltiges Mineralwasser. Douchen-, Mineral- und Molkenbäder. Prachtvolle Aussicht. Logis für 150 Personen. In der Pension Müller in Gersau am Vierwaldstätter-See (welche dem gleichen Besitzer angehört) sind immer Pferde und Träger bereit zur Besteigung von Rigi-Scheidegg und Rigi-Kulm. In Gersau, sowie auf Scheidegg befinden sich Post- und Telegraphen-Bureaux.

Schwyz.

Pension Jütz, (2000' über Meer) mit weiter prachtvoller Aussicht in die Gebirgswelt und auf den Vierwaldstätter- und Lowerzer-See. — Frische Molken-, Kuh- und Ziegenmilch ist täglich zu haben. — Billige Preise und aufmerksame Bedienung wird zugesichert.

Seewen bei Schwyz.

Hôtel und Penision zu den Mineralbädern zum **Rössli.** Inmitten herrlicher Wiesen und Obstbäume am Lowerzer-See gelegen, 1 Stunde vom Vierwaldstätter-See, 1½ Stunde von Goldau etc. Täglich mehrmalige Postverbindung. — Eisenhaltige Mineral-, Douche-, Dampf- und Seebäder. Kuh- und Ziegenmilch, Molken und fremde Mineralwässer. — Gute Bedienung und billige Preise sichere den verehrten Kurgästen und Touristen zu. Die Eigenthümer: **Wittwe Beeler & Söhne.**

Lugano.

Hôtel et Belvédère du Parc von A. **Beha.** — Inmitten schattiger Gartenanlagen der üppigsten Vegetation des Südens, am See gelegen. Diese grossen Gebäulichkeiten mit ihren weiten Räumen, deren östliche und südliche Frontseiten sich auf 34 Fenster Länge in jedem Stockwerke erstreben, und von wo aus sich dem Beschauer Landschaftsbilder entfalten, wie diese so reizend wohl kaum wieder zu finden sind, bedürfte kaum einer andern Empfehlung, als die in sämmtlichen anerkannt guten Reisehandbüchern, wie Baedeker, Tschudi, Berlepsch und Murray enthaltene. Doch möge sich an diese noch eine weitere Autorität mit folgendem in das Album des Hôtels gezeichnetem Ausspruche reihen: Die HH. Professoren F. von Liebig und Wöhler schreiben: „Wir bedauern, dass andere Ziele uns nöthigen den unvergleichlichen Aufenthalt bei Hrn. Beha, früher als wir es wünschten verlassen zu müssen.“

Vevey.

Hôtel du Lac, tenu par Ed. **Delajoux** propriétaire. — Situation magnifique au bord du Lac et du Quai Neuf. — Table d'hôte et Restauration à la carte. Prix modérés et pension d'hiver.

Zermatt.

Hôtel Mont-Cervin. — Eigenthümer J. Ant. **Clemenz.** — Neuer Gasthof mit schöner Aussicht von den Zimmern auf den Dom, Matterhorn, Görner-Gletscher, Theodulpass. — Englischer Gottesdienst. — Pension vom 1. Juni bis am 20. Juli.

Rapperschwyl.

Hôtel du Lac am Zürich-See. Dieses Etablissement liegt in prachtvoller Lage, zunächst der Eisenbahnstation und anlandungsplatze der Dampfboote. Gasthof ersten Ranges.

langen, Berlepsch' Buch auf das Angelegentlichste. Der Verfasser
ist in den Naturwissenschaften, namentlich in der Geologie zu Hause,
und weiss uns vortrefflich das Charakteristische der Alpenlandschaften und ihre ästhetischen Wirkungen nach den grossen Naturgesetzen
zu erklären; er eröffnet uns gleichsam das geologische Verständniss
des Erhabenen oder Schönen, den naturhistorischen Sinn der Formen
und ihrer Wechsel. Das Ausland.

Gerstäcker, Friedrich, Achtzehn Monate in Süd-Amerika und
dessen deutschen Colonien. 6 Theile in 3 Bänden. 8. broch.
5¹/₃ Thlr.

Humboldt's, Alexander von, Briefwechsel mit Heinrich Berg-
haus aus den Jahren 1825 bis 1858. Drei starke Bände. gr. 8.
broch. à Band 2 Thlr. 12 Ngr.

Verlag von C. Baedeker in Coblenz:

Doldenhorn und Weisse Frau. Zum ersten Mal erstiegen und
geschildert von **Abraham Roth** und **Edmund v. Fellenberg.**
Mit 11 Farbendruckbildern, 4 Abbildungen in Holzschnitt und
1 Karte in Farbendruck. 1863. Fr. 6. 70.
(Erschien auch in englischer Sprache.)

Baedeker, K. „Die Schweiz nebst den benachbarten ober-italischen
Seen, Savoyen und angrenzenden Theilen von Piemont, der Lombardei und Tirol." Mit 14 Karten, 7 Städteplänen und 6 Panoramen. 10. Auflage. 1865. Fr. 7. —

— „La Suisse, ainsi que les lacs avoisinant de l'Italie septentrionale,
la Savoie et contrées limitrophes du Piémont, de la Lombardie et
du Tirol." Avec 12 cartes géographiques, 7 plans de villes, et
6 panoramas. 6ᵐᵉ édit. 1864. fr. 7. —

— „Switzerland, the Italian lakes, Savoy and the adjacent portions
of Piedmont, Lombardy and the Tyrol," with 12 maps, 7 plans
and 6 panoramas. 2ⁿᵈ edition. 1864. fr. 7. —

Von demselben Verfasser erschienen ferner:

Belgien und Holland. 8. Auflage. 1863.	Fr. 5. 35.
Belgique et Hollande. 3ᵐᵉ édition. 1864.	„ 5. 35.
Die Rheinlande. 13. Aufl. 1864.	„ 5. 35.
Les Bords du Rhin. 6ᵐᵉ éd. 1864.	„ 5. 35.
The Rhine. 2ⁿᵈ edition 1864.	„ 5. 35.
Deutschland nebst Theilen der angrenzenden Länder. 11. Aufl. 1864.	„ 12. —

Daraus einzeln:

Mittel- und Nord-Deutschland		5.
Oesterreich, Süd- und West-Deutschland		—
Oesterreich	„	6.
Südbayern, Tirol und Salzburg	„	—
Allemagne et quelques parties de pays limitrophes	„ 1	0.
Ober-Italien bis Nizza, Genua, Bologna. 2. Aufl. 1863	„	5.

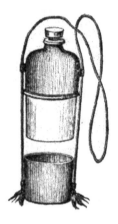

Christoph v. Christoph Burckhardt,

Nr. 4 Freienstrasse, Basel.

Grosse Auswahl

von

Reiseartikeln.

Damenkoffer.
Englische Herrenkoffer.
Handkoffer.
Tornister.
Feldstühle.
Künstlerstöcke.

Besteck-Etuis.
Reisesäcke.
Garnirte do.
Umhängtaschen.
Courriertaschen.
Garnirte Reisekörbe.
Pick-Nick-Reiseflaschen.
Toiletten-Necessaire für Herren und Damen.
Plaids, Reisedecken.
Riemen etc. etc.

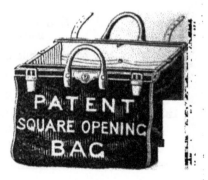

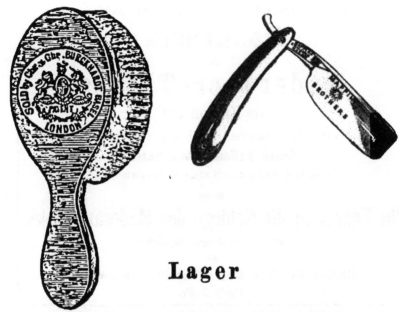

Lager

englischer, französischer, deutscher, italienischer

Quincaillerie-, Parfumerie-
und
Toiletten-Artikel

jeder Art, in reicher, vollständiger Auswahl.

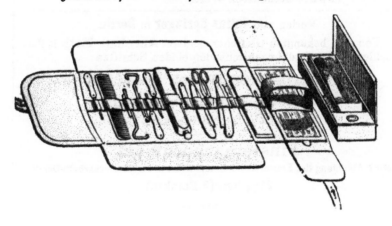